2020 최신 개정

피부 필기
미용사

핵심 완벽정리

NF books

| 감수 |

김미혜 겸임교수   전남과학대학교

| 지음 |

김성숙 겸임교수   더 뷰티디자인 코스메틱 대표
김수영 전임교수   오산대학교 피부미용과
김인옥 겸임교수   송호대학교 뷰티케어학과
김창숙 교수   동덕여자대학교 평생교육원
박지영 교수   J뷰티미용학원 대표
함혜근 교수   동국대학교 문화예술대학원

| 2020 개정판 |

피부 미용사(필기) 핵심 완벽정리

초판 1쇄 발행 2020년 12월 9일

지 은 이 ‖ 김성숙·김수영·김인옥·김창숙·박지영·함혜근
펴 낸 이 ‖ 위북스
펴 낸 곳 ‖ 위북스
출판등록 ‖ 제406-2013-000011호
주   소 ‖ 경기도 고양시 일산동구 무궁화로 43-15 한강세이프빌 205-3
홈페이지 ‖ www.webooks.co.kr
전화번호 ‖ 031-955-5130
이 메 일 ‖ we_books@naver.com

ⓒ webooks, 2016

ISBN ‖ 979-11-88150-42-7 03600

값 25,000원

이 책은 저작권법에 따라 보호받는 저작물이므로 무단 전재와 무단 복제를 금지하며,
이 책의 내용 전부 또는 일부를 이용하려면 반드시 위북스 담당자의 서면동의를 받아야 합니다.

PREFACE | 머리말

21세기 현대사회는 뷰티산업의 성장과 발달로 피부 미용은 더욱 아름답고 건강한 삶을 지향하는 인식의 변화와 지속적인 발전을 통해 전문성을 겸비한 직업으로 피부미용사의 가치와 위상이 높아지고 있는 추세입니다.

피부 미용은 인간의 외적인 아름다움뿐만 아니라 내면의 아름다움과 건강까지 채워주는 전문성을 갖춘 에스테티션을 발굴하기 위해 노력하고 있으며, 2008년 10월 5일 미용사(피부)국가자격 시험을 시작으로 해마다 많은 피부 미용사들이 배출되고 있습니다.

이에 본 교재는 2020년 최신 개정을 통한 피부미용학, 피부학, 해부생리학, 화장품학, 미용기기학, 공중보건학을 한국산업인력공단이 제시한 출제 기준에 준하여 이론을 체계적으로 정리하였으며 출제 빈도가 높은 과목별 핵심 문제 및 모의고사를 수록하였습니다.

미래의 멋진 에스테티션을 꿈꾸는 후배들을 위해 본 교재가 부족한 부분이 없도록 최선을 다해 준비하였으며 미용사(피부)국가기술자격 필기시험에 합격의 영광이 있기를 진심으로 기원합니다.

끝으로 피부 필기미용사 핵심 완벽정리 교재를 출간할 수 있도록 함께 해주신 저자님들께 깊은 감사의 인사를 드리며 교재를 출판할 수 있도록 도와주신 의북스 대표님과 편집부 관계자 여러분들께도 감사의 마음을 전합니다.

저자 드림

CONTENTS | 목차

PART 01
피부미용학

CHAPTER 01	피부 미용 개론	08
CHAPTER 02	피부분석과 상담	11
CHAPTER 03	클렌징(Cleansing)	16
CHAPTER 04	딥클렌징(Deep Cleansing)	19
CHAPTER 05	피부유형별 관리방법	21
CHAPTER 06	매뉴얼 테크닉(Manual Technic)	29
CHAPTER 07	팩과 마스크(Pack & Mask)	32
CHAPTER 08	제모	37
CHAPTER 09	전신관리	40
CHAPTER 10	마무리	44
PART 01	피부미용학 예상문제	45

PART 02
피부학

CHAPTER 01	피부와 피부부속기관의 구조 및 기능	62
CHAPTER 02	피부와 영양	74
CHAPTER 03	피부장애와 질환	77
CHAPTER 04	피부와 광선	81
CHAPTER 05	피부면역	82
CHAPTER 06	피부노화	84
PART 02	피부학 예상문제	86

PART 03
해부생리학

CHAPTER 01	해부생리학의 개념	104
CHAPTER 02	골격계	110
CHAPTER 03	근육계	114
CHAPTER 04	호흡기계	120
CHAPTER 05	소화기계	121
CHAPTER 06	순환기계	122
CHAPTER 07	비뇨기계	127
CHAPTER 08	생식기계	128
CHAPTER 09	내분비계	129
CHAPTER 10	신경계	130
PART 03	해부생리학 예상문제	132

PART 04
피부미용 기기학

CHAPTER 01	피부미용기기	150
CHAPTER 02	피부미용기기 사용법	154
PART 04	피부미용 기기학 예상문제	162

PART 05
화장품학

CHAPTER 01	화장품 개론	180
CHAPTER 02	화장품 제조	188
CHAPTER 03	화장품 성분학	190
CHAPTER 04	기초 화장품	201
CHAPTER 05	색조 화장품	207
CHAPTER 06	바디 & 네일 화장품	208
CHAPTER 07	방향 화장품	209
CHAPTER 08	아로마 에센셜	210
PART 05	화장품학 예상문제	213

PART 06
공중보건학

CHAPTER 01	공중보건학	230
CHAPTER 02	소독학	245
CHAPTER 03	공중위생관리법	250
PART 06	공중보건학 예상문제	271

제 1 ~ 8 회 실전모의고사

2020 최신 개정

피부미용사 필기

핵심 완벽정리

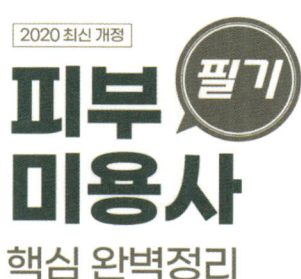

PART 01 피부미용학

CHAPTER 01	피부 미용 개론
CHAPTER 02	피부 분석과 상담
CHAPTER 03	클렌징
CHAPTER 04	딥클렌징
CHAPTER 05	피부유형별 관리방법
CHAPTER 06	매뉴얼 테크닉
CHAPTER 07	팩과 마스크
CHAPTER 08	제모
CHAPTER 09	전신관리
CHAPTER 10	마무리

PART 01 피부미용학

| CHAPTER 01 | 피부 미용 개론

1. 피부미용의 정의

피부미용은 얼굴 및 전신 피부의 생리기능 및 신진대사 향상과 영양공급을 통해 피부를 건강하고 아름답게 유지하는 것으로 피부유형에 알맞은 화장품과 매뉴얼테크닉 및 미용기기를 사용하여 신체를 아름답게 가꾸는 전신 미용술이다.

2. 피부미용 용어 정리

피부미용(Kosmetik)은 'Kosmos', 즉 '우주, 조화'를 의미하는 그리스어에서 유래되었고 에스테틱(Aesthetic)은 고대 그리스어인 '아이스테시스(aisthesis)', '감응, 지각'에서 유래되었다. 18세기 독일의 미학자 바움가르텐(Baumgarten)이 '예술적인, 심미적인, 조화된, 미학'의 의미를 가진 '에스테틱(Esthetigue)'이라는 용어를 처음으로 사용하였다.

(피부미용 용어)

나라	용어	나라	용어
영국	• Cosmetic	미국	• Skin Care, Aesthetic
프랑스	• Esthetique	독일	• Kosmetik

3. 피부미용의 역사

1) 서양의 피부미용

(1) 이집트
- 이집트 시대의 미용술은 상류사회의 영역이자 종교적 상징과 함께 의학적, 보호적 기능을 함께 지녔다. 종교적인 정화의식으로 목욕제도와 함께 시작되었다.
- 클레오파트라 여왕은 천연재료인 나귀 우유 목욕법을 즐기고 달걀노른자, 우유, 올리브 오일, 아몬드 오일, 꿀 및 머드(진흙)를 혼합한 화장품으로 피부를 관리하였다.
- BC(기원전) 1,500년경 식물성 염모제인 헤나(Henna)로 머리카락을 염색하였고, 가발로 상류사회 신분을 나타내었다. BC 500년경에는 거울, 면도날, 매니큐어 및 눈썹연필을 사용하였고 이는 현대 아이섀도(Eyeshadow)의 기원으로 여겨진다.

(2) 그리스

- 자연주의로 '건강한 신체에 건강한 정신이 깃든다'라고 믿어 운동, 식이요법, 목욕 및 마사지를 통해 건강하게 신체를 관리하였으며 의학의 아버지인 히포크라테스는 미용식, 일광욕, 목욕법과 마사지를 권장하였다.
- 메이크업(Make-up)보다는 깨끗한 피부에 중점을 두어 목욕문화가 발달하였다.

(3) 로마

- 청결을 중시하던 시대로 화장품이 생활필수품으로 등장하였고 의사 갈렌(Galen)에 의해 최초의 콜드크림(Cold Creme) 원료인 연고를 개발하였다.
- 오렌지즙, 레몬즙과 포도주 등을 이용해 각질과 피지를 관리하였고 버터, 오일, 옥수수, 밀가루 등을 사용한 마사지 방법이 성행하면서 남녀 모두 피부미용에 높은 관심을 보였다.

(4) 중세

- 기독교 금욕주의의 영향으로 짙은 화장을 천시하고 깨끗한 피부를 유지하기 위한 미용 관리가 이루어졌다.
- 약초를 끓여 나오는 수증기를 쐬는 스팀 요법이 개발되었고 상류층을 중심으로 향이 나는 오일을 이용하여 마사지를 한 것이 아로마 요법의 기초가 되었다.

(5) 르네상스 시대

- 중세의 기독교적인 인식의 변화로 화장에 대한 높은 관심이 생겼고 이로 인한 과도한 몸치장, 얼굴화장 및 향수 등이 성행하였으며, 넓은 이마가 미의 기준으로 눈썹과 앞머리 제모가 유행하였다. 또한 몸의 채취를 없애기 위한 향수 문화가 더불어 발달하였다.

(6) 근세 시대 – 17~18C(바로크, 로코코, 엠파이어)

- 광택 없는 흰 얼굴빛과 투명함을 선호하여 백납이 함유된 화장품을 사용하였으나 납 성분의 독성이 치명적인 피부 손상을 일으켜 사용을 금지하였다.
- 개성을 중시한 화려한 화장법이 성행하였고 향수와 색조화장품이 발달하는 시기였다.
- 18C 후반은 고전주의 영향으로 자연스러운 화장법이 유행하였다.

(7) 근대 시대 – 19C(로맨틱, 크리놀린, 버슬, S-letter)

- 위생과 청결이 중시되면서 비누 사용이 보편화 되었고, 독일의 의사 홋페란트가 화장을 지우는 클렌징크림을 개발하고 운동 마사지를 권장하였다. 귀족들은 우유와 딸기로 목욕을 즐겼고 흰 피부를 위해 레몬과 달걀 흰자위를 사용하였다.
- 특수 계층의 전유물이었던 크림 등의 화장품이 널리 보편화 되었다.

PART 01 피부미용학

(8) 현대 시대 – 20C 이후
- 산업화의 발전으로 화장품의 종류가 다양해지고 대량생산으로 일반 시민들에게도 대중화 되는 계기가 되었다.
- 미국에서는 영화배우들의 영향으로 피부미용이 발전하였다. 전문적인 피부미용 지식을 갖춘 관리사가 배출되었고 피부미용사라는 직업의 활성화 되었다.

2) 동양의 피부미용

(1) 고조선
- 고대 우리나라의 미용에 대한 뚜렷한 고서는 없지만, 고분 출토물이나 벽화 등을 통해 우리나라 사람들은 백색을 선호하여 쑥을 달인 물에 목욕을 하거나 꿀에 재어둔 마늘을 얼굴에 발라 피부 관리를 하였다.
- 겨울에는 돼지기름을 피부에 발라 추위에 의한 피부를 보호하였다.
- 단군신화에서 곰과 호랑이가 인간이 되기 위해 100일 동안 햇빛을 차단하고 쑥과 마늘을 먹었다는 기록은 미백에 관심이 집중된 예이다.

(2) 삼국시대와 고려 시대
- 삼국시대는 불교의 영향으로 향 문화와 목욕문화가 발달하였고 이 시기의 미의 기준은 밝고 깨끗한 피부로 밝은 톤을 유지하기 위한 온천욕과 목욕법도 성행하였다.
- 고려 시대에도 불교의 영향이 지속되면서 청결을 강조한 목욕문화가 발달되었고 과도한 화장은 선호하지 않았다. 얼굴 화장품인 액상 타입의 면약이 개발되어 남녀 모두 사용하였다.
- 봉숭아 꽃물로 세안을 하거나 난을 이용한 입욕제를 통해 몸에 향기가 나도록 하였다.

(3) 조선 시대
- 유교 제사 문화의 영향으로 피부 청결을 중시하여 목욕문화가 발달하였고, 목욕법으로 난탕과 삼탕을 선호하였다. 여성은 내적인 아름다움을 미덕으로 여겨 화장보다 피부를 깨끗하게 가꾸었으며 천연재료인 참기름을 이용한 피부 관리를 하였다.
- 사대부의 가정백과인 『규합총서』에는 당시의 미용재료나 피부미용법 등이 소개되어 있다.

(4) 근대 시대 – 19C(개화기)
- 개화기의 조선은 신여성의 등장으로 백분, 비누, 향수와 콜드크림이 발달하였고 우리나라의 최초의 화장품인 박가분(1915년)이 제조되었다.

(5) 현대 시대 – 20C 이후

- 1960년대에는 화장품 산업의 발전되었고, 1970년대는 천연성분(인삼의 사포닌) 등을 사용한 항노화와 미백 기능성 화장품들이 다양화되었다.
- 1980년대는 YWCA에서 처음으로 피부관리사 양성하는 전문교육을 실시하였고 생화학, 생리학, 전기학 및 생약학 등 과학기술을 적용한 피부미용이 발전하였다.

| CHAPTER 02 | 피부분석과 상담

1. 피부분석의 정의 및 목적

고객의 피부 상태를 정확하게 분석하여 효율적이고 적절한 피부관리 프로그램을 수립하고 홈케어 관리를 조언하기 위한 피부관리 과정의 첫 단계이다. 피부의 문제점을 파악해 피부관리의 필요성을 인식시켜 주고 전문적인 관리방법을 바탕으로 고객에게 심리적 안정감과 만족감을 주는 것을 목적으로 한다. 피부분석은 고객이 방문할 때마다 실시하여 고객의 현재 피부 상태를 파악해야 한다.

2. 피부분석의 효과

① 피부 유형에 맞는 적절한 제품을 사용하고 관리할 수 있다.
② 전문적이고 효과적인 홈케어 관리방법이 대한 조언을 할 수 있다.
③ 체계적인 피부관리 프로그램 수립으로 정상적인 피부 기능을 기대할 수 있다.
④ 피부의 문제를 파악하여 전문적 제품과 관리를 통한 피부 개선을 기대할 수 있다.

3. 피부분석 방법

1) 피부진단방법

(1) 문 진

고객에게 피부 상태를 파악할 수 있는 질문과 답변을 통해 피부 유형을 판독하는 방법이다.
질문의 내용은 고객의 화장품 사용 이력, 식생활, 생활습관, 수면 정도, 과로 정도, 성격, 복용 중인 약, 피부질환 내력, 스트레스 정도, 피부관리 습관 및 환경 등으로 구성된다.

(2) 견진

고객의 피부결, 모공 크기, 색소침착 상태, 각질 여부, 번들거림 정도, 주름 상태, 모세혈관 상태, 피부 트러블 여부 및 안색 등을 눈으로 직접 판독하여 피부유형을 분석하는 방법이다.

(3) 촉진

고객의 피부를 손이나 스파츌라(Spatula)로 쓰다듬거나 눌러서 피부의 각질 상태, 예민 정도, 피지량, 탄력 정도, 수분보유량 및 피부 두께 등을 판독하여 피부유형을 분석하는 방법이다. 촉진은 고객이 불편함이나 거부감을 느끼지 않도록 주의해야 한다.

(4) 기기 사용

① 확대경(Magnifying Glass)

육안의 3.5~5배율로 피부를 확대하여 모공상태, 잔주름, 모세혈관, 색소침착 및 면포 등을 명확히 파악할 수 있다.

② 우드램프(Wood Lamp)

자외선 파장을 이용하여 피부상태를 분석하는 기기로 주변을 어둡게 하여 사용한다. 피부상태에 따라 다른 색조가 나타난다. 고객과의 거리를 5~6cm 정도 거리를 둔 위치에서 시행한다. 피부과에서 의료 목적으로 개발되어 현재는 피부와 두피 곰팡이 진단에 활용되고 있다.

[우드램프 피부상태에 따른 반응 색상]

피부상태	반응 색상	피부상태	반응 색상
정상	• 청백색	예민피부 (모세혈관 확장)	• 진보라색
건성(수분부족)	• 연보라색	각질부위	• 흰색
지성(피지, 면포)	• 오렌지색	색소침착	• 암갈색

③ 피부분석기(Skin Scope, Skin Scanner)

피부의 상태를 80~200배 정도 확대하여 관찰할 수 있으며 모니터나 사진으로 정확히 볼 수 있으며 측정 센서를 통해 모공, 주름, 색소침착 및 피부 톤을 객관적인 수치로 파악할 수 있는 기기로 고객과 관리사가 동시에 분석할 수 있다는 장점도 있다.

④ 피부측정기(유분, 수분, pH)

피부 표면에 유분, 수분 및 pH를 측정할 수 있는 프로브(Probe)를 접촉시켜 나타난 수치를 부위 별로 기준치에 의해 피부유형과 상태를 판독하는 방법이다.

2) 피부분석 판독법

피부의 유분, 수분, 안색 및 모공 상태 등이 정상기능(적당), 과기능(과잉) 및 기능 부족(부족)인지 분석하여 피부유형을 판단한다. 피부유형을 판단하는 가장 중요한 기준은 유분 함유량(피지)과 수분 함유량이다. 유분과 수분 함유량에 따라 정상, 건성, 지성 및 복합성 피부로 구분한다.

(1) 유분 함유량과 모공크기

피부유형을 결정하는 가장 중요한 요인으로 피지 분비 정도가 적당하면 정상, 과잉이면 지성, 부족하면 건성으로 판단한다.

피지분비량이 많을수록 모공의 크기는 커진다. 정상 피부의 모공 크기는 U-존에 비하 T-존 부위가 큰 편이지만, 지성과 여드름 피부는 얼굴 전체에 모공이 큰 경우가 많다.

(2) 수분함유량

피부에 주름도 없고 탄력이 좋으면 정상, 잔주름이 많이 보이고 당김 현상이 나타나면 건성으로 판단한다. 피부표면에 당김 현상이 있어도 유분의 분비량이 많다면 지성에 속한다. 이런 지성을 건 지루성이라고 한다.

(3) 각질 상태와 피부결

피부표면을 육안으로 보았을 때 각질의 여부와 만져보았을 때 부드러운지 거친지를 파악한다. 지성과 여드름 피부는 각질세포가 축적되는 과각화 현상과 넓은 모공으로 피부가 거칠게 느껴지고 정상 피부는 모공이 작고 결이 고르며 외관이 매끄럽고 탄력이 있어 보인다. 건성 피부는 피부결이 섬세하고 모공이 보이지 않으며 전체적으로 예민해 보인다.

(4) 안색

정상피부는 가장 이상적인 피부로 적절한 피지와 수분의 균형으로 이뤄진 맑은 안색의 피부이다. 적당한 각질의 두께를 가진 피부이다. 각질이 두껍고 혈액순환에 장애가 있다면 회색빛 피부가 된다.

PART 01 피부미용학

[피부미용사 국가고시 관리계획 차트]

관리계획 차트(Care Plan Chart)				
비번호:		형별:	시험일자	20 . . .(부)
관리목적 및 기대효과 || 관리목적:			
^^ || 기대효과:			
클렌징 || □ 오일	□ 크림	□ 밀크/로션	□ 젤
딥 클렌징 || □ 고마쥐(gomage)	□ 효소(enzyme)	□ AHA	□ 스크럽
매뉴얼 테크닉 제품타입 || □ 오일	□ 크림		
손을 이용한 관리형태 || □ 일반	□ 림프		
팩	T존:	□ 건성타입 팩	□ 정상타입 팩 || □ 지성타입 팩
^^	U존:	□ 건성타입 팩	□ 정상타입 팩 || □ 지성타입 팩
^^	목 부위:	□ 건성타입 팩	□ 정상타입 팩 || □ 지성타입 팩
마스크 || □ 고무마스크	□ 석고마스크		
고객관리 계획 || 1주:			
^^ || 2주:			
^^ || 3주:			
^^ || 4주:			
자가관리 조언 (홈케어) || 제품을 사용한 관리:			
^^ || 기타:			

4. 피부유형의 특성

피부의 유형은 유분과 수분 함유량 또는 피지선과 한선의 기능에 따라 정상, 건성, 지성 및 복합성 피부 유형으로 분류된다.

- 정상피부는 적당한 피지 분비량, 충분한 수분 함량을 통해 피부의 생리적 기능이 활발하다.
- 지성피부는 과다한 피지분비로 먼지 같은 불순물이 묻기 쉽고 피부 트러블이 잘 생긴다.
- 건성피부는 피부의 유·수 분량이 적어 잔주름과 피부 당김 현상이 나타난다.
- 복합성 피부는 얼굴의 T존과 U존의 부위에 따라 피부타입이 다르다.

5. 피부상담의 개념

1) 피부상담의 목적

① 고객의 방문 동기와 목적을 알아보기 위한 단계이다.
② 효율적이고 전문적인 피부관리 프로그램의 필요성을 인지시켜준다.
③ 고객 피부의 문제점과 어떤 피부를 원하는지를 정확히 분석·파악한다.
④ 피부관리 방법과 절차 등에 관해 설명함으로써 고객의 이해를 돕는다.
⑤ 피부관리의 시작은 만족스러운 피부상담에서 시작된다.

2) 피부상담자의 자격요건

① 고객의 입장에서 생각하고 경청하려는 자세를 유지한다.
② 다양한 전신관리 기법에 따른 매뉴얼테크닉에 대한 전문성이 필요하다.
③ 화장품 종류, 사용방법 및 성분 등에 대한 지식과 응용능력이 필요하다.
④ 고객에게 전달사항과 홈케어 조언에 대한 사전지식이 필요하다.
⑤ 고객의 피부관리 습관을 지적하기 보다는 "~을 하는 것이 더 나을 텐데요." 식의 화법으로 고객을 인정해주고 이해하려는 고객과의 대화 능력이 필요하다.

PART 01 피부미용학

| CHAPTER 03 | 클렌징(Cleansing)

1. 클렌징의 정의 및 효과

클렌징이란 피부관리의 기본 단계로 피부 표면의 먼지, 메이크업 잔여물, 피지, 땀 및 노폐물을 피부에 자극 없이 깨끗하게 제거하는 것으로 정상적인 피부 생리기능을 유지시켜 준다.

2. 좋은 클렌징의 조건

① 피부의 피지막을 파괴해서는 안 된다.
② 피부유형과 메이크업 상태에 적합한 제품을 선택해야 한다.
③ 유분이 잘 녹고 피부에 자극 없이 물에 잘 씻겨야 한다.
④ 피부 표면의 잔여물과 노폐물이 깨끗하게 제거되어야 한다.

3. 클렌징 방법

1) 클렌징 단계

(1) 1차 클렌징(포인트 메이크업 클렌징, Point Make-up Cleansing)
 ① 화장솜에 포인트 메이크업 리무버를 골고루 적셔서 눈과 입술 부위를 덮어둔다.
 ② 립스틱은 윗입술은 위에서 아래로, 아랫입술은 아래에서 위로 닦아낸다.
 ③ 마스카라는 안에서 밖으로 화장솜과 면봉을 사용하여 닦아낸다.

(2) 2차 클렌징(안면 클렌징, Facial Cleansing)
 피부유형과 메이크업 상태에 따른 적절한 제품을 선택하여 얼굴, 목, 데콜테 등의 노폐물을 러빙한 후 티슈, 해면, 습포를 사용하여 닦아준다. 안면 클렌징 시간은 약 3분 정도의 시간이 적당하다.

2) 습포(Wet Compress)

(1) 습포의 종류
 물을 적절히 묻힌 타월을 습포라고 하며 온장고에 넣어 따뜻하게 유지한 것은 온습포이며, 냉장고나 실온에 차갑게 유지한 것은 냉습포라고 한다.

(2) 습포의 효과 및 주의사항

① 온습포: 피부 온도의 상승으로 혈액순환과 신진대사를 촉진시켜 노폐물 배출이 용이하게 하고 각질을 연화시켜 피지 분비를 원활하게 도와주며 민감성 피부, 모세혈관 확장피부, 여드름 피부의 경우에는 사용을 주의해야 한다.

② 냉습포: 화학적 딥클렌징 사용 후 및 피부관리 마무리 단계에서 피부를 진정시키기 위해 사용한다.

4. 클렌징의 종류와 특성

1) 클렌징 로션(Cleansing Lotion)

O/W(Oil in the Water)의 친수성 제품으로 물이 잘 녹고 사용감이 가벼우며 산뜻한 느낌을 준다. 크림 타입보다는 세정력이 떨어지나 자극이 적어 모든 피부에 적합하다.

2) 클렌징 크림(Cleansing Cream Type)

W/O(Water in the Oil)의 친유성 제품으로 무대 화장 같은 진한 메이크업을 지울 때 적합하다. 세정력은 높지간 유분감이 남을 수 있어 이중세안이 필요하며 지성과 민감성 피부는 사용하지 않는 것이 좋다.

3) 클렌징 오일(Cleansing Oil Type)

물과 친화력이 높은 오일(친수성 오일)로 진한 메이크업을 지울 때 매우 효과적이며 이중세안이 필요하지 않다. 노화, 민감성 및 건성피부에도 적합하다.

4) 클렌징 젤(Cleansing Gel Type)

오일 성분이 전혀 함유되지 않지만 세정력이 우수하고 사용한 후 가볍고 산뜻한 느낌을 주는 클렌징 제품으로 지성과 여드름 피부에 적합하다. 피부에 자극이 적어 민감성과 알레르기성 피부에도 사용되는 제품이다.

5) 폼 클렌징(Cleansing Foam Type)

계면활성제의 세안용 화장품으로 비누처럼 부드러운 거품을 일으켜 피부의 노폐물을 제거해 준다. 비누의 단점인 피부 당김 현상을 완화한 제품으로 이중세안용으로 주로 사용된다.

6) 클렌징 워터(Cleansing Water Type)

화장수 타입으로 끈적이지 않아 산뜻하며 가벼운 화장을 지울 때, 포인트 메이크업(눈, 입술 화장)을 지울 때 사용한다.

7) 비누(Soap)

알칼리성인 비누는 피부의 노폐물 제거에 탁월하지만 피지막을 파괴시켜 사용 후 피부가 건조해지기도 한다. 민감한 피부, 노화피부 및 건성피부에는 부적합한 제품이다.

5. 화장수의 종류와 특성(토너 Toner, 스킨로션 Skin Lotion)

정제수, 보습제와 알코올 등의 기본 원료로 만들어진 용액인 화장수는 세안 후 남아 있는 노폐물과 메이크업 잔여물 등을 제거하기 위해 사용하는 제품이다. 피부에 수분을 공급할 뿐 아니라 세안으로 파괴된 피부의 pH를 회복시키는 역할을 한다.

1) 유연 화장수(유연수)

피부를 촉촉하게 해주는 보습 성분과 부드럽게 해주는 유연 성분이 함유되어있어 모든 피부가 사용할 수 있으며 건성과 노화 피부에 효과적이다. 각질층에 보습막을 생성시켜 촉촉하고 부드러운 피부를 기대할 수 있다.

2) 수렴 화장수(아스트린젠트, Astringent, 수렴수)

피부에 수분을 공급하고 모공을 수축시키며 청량감을 부여한다. 지성과 복합성 피부에 주로 사용되며 여름철처럼 땀이나 피지 같은 피부 노폐물에 노출되기 쉬운 계절에는 모든 피부에 사용이 가능하다.

3) 소염 화장수(소염수)

다른 화장수들보다 알코올 함량이 높아 모공 수축, 살균 및 소독 작용을 하며 피부에 산뜻한 청량감을 부여한다. 여드름, 지성, 복합성 피부의 염증이 생긴 피부에 주로 사용한다.

| CHAPTER 04 | 딥클렌징(Deep Cleansing)

1. 딥클렌징의 정의

클렌징으로 제거되지 않은 피부 각질층의 죽은 세포와 모공 속 노폐물을 제거하는 것을 의미한다. 주기적인 딥클렌징은 정상적인 각질층을 유지시켜 건강하고 아름다운 피부를 가질 수 있게 만들어준다.

2. 딥클렌징의 목적 및 효과

① 피부의 죽은 각질을 제거시켜 거친 피부결을 개선시킨다.
② 피지분비를 조절하고 모공 입구를 깨끗이 유지한다.
③ 색소침착과 연관된 칙칙한 피부를 개선한다.
④ 피부의 신진대사를 원활하게 하여 과각화 현상을 방지한다.
⑤ 피부의 보습 능력을 증가시키고 잔주름을 개선한다.
⑥ 규칙적인 딥클렌징은 면포를 연화시켜 주드 피부의 모공이 커지는 것을 예방한다.

4. 딥클렌징 제품

1) 딥클렌징 분류

딥클렌징은 물리적, 생화학적, 화학적 및 복합적 딥클렌징으로 구분된다.

[딥클렌징 분류]

분류		종류	좋은 피부	금기 피부
물리적		• 스크럽 • 고마쥐	• 넓은 모공, 각질 두꺼운 피부, 지성	• 여드름, 민감성, 염증, 일광화상, 건선
화학적	생화학적	• 효소	• 정상, 건성, 지성, 민감성등 모든 피부	• 염증, 일광화상
	화학적	• AHA, BHA	• 여드름, 노화	• 산성 알러지 피부
복합적		• 일반적 제품	• 사용방법에 따라	• 사용방법에 따라

2) 딥클렌징 특징 및 사용방법

(1) 물리적 딥클렌징

① 스크럽(Scrub)

곡식의 껍질이나 견과류 씨앗(살구, 복숭아, 아몬드), 조개껍질 가루, 규석(규조토) 등의 재료를 이용해 각질 제거에 사용한다.

사용방법은 제품을 얼굴에 고르게 펴 바르고 스크럽 제품이 마르지 않도록 물을 공급하며 손으로 문지른다. 모공이 넓은 부위, T-존, 각질이 많은 부위를 중심으로 문지른다.

② 고마쥐(Gommage)

동물성 및 식물성 각질분해 효소를 함유한 제품으로 화학적 방법과 물리적 방법이 모두 혼합되어 있다. 사용방법은 제품을 얼굴에 고르게 펴 바르고 3~4분 정도 건조(화학적 방법) 시킨 후 피부결에 따라 손으로 밀어주면(물리적 방법) 제품과 함께 각질이 제거된다.

(2) 화학적 딥클렌징

① 생물학적 딥클렌징: 효소(Enzyme)

파파인(파파야), 브로멜린(파인애플) 및 트립신(동물성) 등 같은 단백질 분해 효소를 사용한 제품이다. 피부의 각질(단백질)을 녹이는 제품으로 모든 피부에 사용이 가능하다. 단 일광화상이나 모세혈관 확장증처럼 염증이 있고 혈관이 약해진 부위에는 사용을 자제해야 한다.

사용방법은 적당량의 제품을 물과 섞어 브러시로 얼굴에 고르게 펴 바른다. 제품과 피부유형에 따라 다르며 일반적으로 5~10분 정도 온습포 또는 스팀 기기로 체온보다 높은 온도와 습도를 제공하여 각질을 제거한다.

② 아하(AHA, Alpha Hydroxy Acid)

주로 과일에서 추출한 천연산으로 글리콜릭산(glycolic acid: 사탕수수), 말릭산(malic acid: 사과), 구연산(citric acid: 감귤), 주석산(tartar acid: 포도) 및 젖산(lactic: 발효 우유) 등이 있다. 가장 많이 사용되는 산은 입자가 가장 작은 글리콜릭산이다. 화학적인 작용으로 각질을 연화시켜 피부가 매끄러워지고 각질제거로 피부 재생을 활성화 시킨다. 피부미용에서는 10% 이하의 농도를 사용하고 지성, 여드름, 노화 피부 등에 효율적이다.

③ 바하(BHA, Beta Hydroxy Acid)

BHA는 버드나무의 껍질에서 주로 추출되는 성분으로 AHA보다 살균과 소독효과가 강하다. 표피의 죽은 각질을 제거뿐 아니라 진피층까지 침투하여 모공 속의 각질에도 작용한다. 1~2%가 가장 이상적인 농도이며 여드름 피부에 효과적이다.

| CHAPTER 05 | 피부유형별 관리방법

1. 화장품 도포의 정의

피부에 영양을 공급해서 생리 기능을 증진시켜주어 건강미를 유지하고, 피부의 장점을 살리고 단점은 보완하여 신체를 아름답게 가꿔준다. 또 외부 먼지나 자외선, 대기오염 및 온도변화 등으로부터 피부를 보호하는 방법이다.

2. 화장품 도포의 목적 및 효과

① 피부를 청결하게 하고 유수분의 균형을 유지시켜 건강한 피부로 만든다.
② 피부 표면의 건조함을 방지하여 촉촉한 피부를 유지시켜 준다.
③ 공기 중의 세균과 자외선 등의 자극으로부터 피부를 보호한다.
④ 습도, 바람 등의 자극으로부터 피부가 약해지는 것을 방지한다.

3. 피부유형에 따른 관리방법

1) 정상피부(Normal Skin)

(1) 정상피부 정의 및 관리법
가장 이상적인 피부로 유·수분 균형이 적당하여 촉촉하고 건강한 피부이다. 관리가 미흡할 경우 문제성 피부로 이어질 수 있어 꾸준한 관리를 통해 현재의 피부 상태를 유지시키는 것이 필요하다.

[정상피부 관리법]

	피부	관리방법	관리목적	기대효과
정상	클렌징	• 로션	• 항노화 관리 위주로 철저한 세안과 적절한 영양 및 수분공급하기	• 현재 상태유지와 노화예방 효과로 건강한 피부 유지하기
	딥클렌징	• 물리적, 화학적, 복합적 제품 모두 사용 가능 • 주 1회		
	화장수	• 유연수		
	매뉴얼테크닉	• 주 1회		
	팩	• 주 1회		
	마무리 및 성분	• 자외선 차단제 사용 • 프로폴리스, 아데노신, 아미노산, 비타민C, 콜라겐, 알란토인 등		

PART 01 피부미용학

(2) 특징
① 피부결이 가지런하고 섬세하며 표면이 촉촉하고 매끄럽다.
② 유·수분의 균형이 맞아 세안 후 당기거나 각질이 일어나지 않는다.
③ 유분이 적절하여 메이크업이 잘 받고 화장이 오래 지속된다.
④ 색소침착, 여드름 및 잡티가 없으며 안색이 맑다.
⑤ 피부 조직의 탄력성이 좋고 주름이 없다.

2) 건성피부(Dry Skin)

(1) 건성피부 정의 및 관리법
피지선과 한선의 기능 저하로 인해 유분과 수분의 균형이 맞지 않는 피부이다. 유전적인 요인과 연령 증가, 환경의 변화, 다이어트 및 자외선 노출 등으로 인해 발생한다.

[건성피부 관리법]

피부		관리방법	관리목적	기대효과
건성	클렌징	• 로션	• 보습관리 위주로 피지선과 한선 기능항진 및 유·수분 공급하기	• 피부의 유·수분 균형을 맞춰 맑고 깨끗하며 건강한 피부로 개선하기
	딥클렌징	• 화학적(생물학적) • 2주 1회		
	화장수	• 유연수		
	매뉴얼테크닉	• 주 1회		
	팩	• 주 1회(특수관리 팩)		
	마무리 및 성분	• 유연화장수, 보습 크림, 아이 크림, 자외선 차단(SPF, PA) 제품 사용 • 히아루론산, 세라마이드, 알로에 베라, 천연보습인자, 비타민 A/E/C, 콜라겐 등		

(2) 특징
① 모공이 작고 피부결이 가지런하며 매끈하다.
② 피지와 땀의 분비가 적어 피부 표면이 항상 건조하고 거칠다.
③ 유분부족으로 화장이 잘 받지 않고 머릿결도 푸석푸석하다.
④ 수분보유력이 부족하여 피부에 탄력이 없고 눈가나 입 주변 등 잔주름이 많다.
⑤ 피부보호막이 얇고 다른 피부 타입에 비해 노화현상이 빨리 올 수 있다.

[건성피부의 유형]

유형	정의 및 특성
일반(Normal)	• 한선과 피지선의 기능이 저하되어 유·수분의 함량이 부족해서 건조한 피부
표피 수분부족 (Dehydrated Skin)	• 젊은 피부층에서 많이 발생 • 알레르기, 가려움증 등을 유발하고 피부가 예민해져 트러블 발생 • 수분 증발이 지속적으로 일어나 잔주름 형성
진피 수분부족 (Deep Dehydrated Skin)	• 잦은 자외선에 노출, 공해 등에 의한 진피 손상 등으로 발생 • 냉난방, 자외선 등의 외부 환경요인과, 부적절한 피부관리 습관과 화장품의 사용 등으로 발생 • 진피를 지지해 주는 콜라겐과 엘레스틴을 만드는 섬유아세포(f broblast)의 비활성

3) 지성피부(Oily Skin)

(1) 지성피부 정의 및 관리법

과다한 피지분비로 인해 모공이 크고 피부 표면이 번들거리며 각질층이 두꺼워 보인다. 유전적 영향과 환경적 요인으로 발생하며, 피지분비를 촉진하는 안드로겐의 증가로 피지분비량이 증가하여 피부에 트러블이 생기기 쉽다.

[지성피부 관리법]

피부		관리법	관리목적	기대효과
지성	클렌징	• 젤	피부정화 관리 위주로 과다피지분비 제거 및 수분 공급하기	피지선과 한선 기능 정상화로 맑고 건강한 피부로 개선하기
	딥클렌징	• 물리적, 화학적(BHA), 복합적 제품 모두 가능 • 주 1회		
	화장수	• 수렴수		
	매뉴얼테크닉	• 주 1회		
	팩	• 주 1회(클레이팩, 정화팩)		
	마무리 및 성분	• 자외선 차단(SPF, PA) 제품을 사용 • 클레이, 화산송이, 알란토인, 위치하젤, 비타민 3, B1, B2, C, 콜라겐 등		

(2) 특징

① 모공이 넓고 피부결이 거칠며 과다피지 분비로 인해 피부가 번들거린다.
② 과다피지로 피지가 모공 속에 축적됨으로써 여드름이 다른 피부보다 잘 생긴다.
③ 피부가 칙칙해 보이고, 유성지루, 건성지루 피부로 분류된다.
④ 각질층이 두꺼워져 피부가 두터워 보이고 피부가 불투명하다.
⑤ 화장이 잘 지워지고 쉽게 뭉친다.

PART 01 피부미용학

[지성피부의 유형]

유형	정의 및 특성
유성지루 (Seborrhoea Oleosa)	• 구진과 농포 동반 • 피부 표면의 유분량이 많고 피지막이 두꺼운 피부 유형 • 남성 호르몬의 영향으로 여성보다 남성에게 많이 발생
건성지루 (Seborrhoea)	• 물리적인 외부 충격에 매우 민감 • 수분 부족으로 인하여 피부가 당기는 느낌 발생 • 피지선 기능은 증가되고 한선의 역할은 감소되는 피부 유형

4) 복합성 피부(Combination Skin)

(1) 복합성 피부 정의 및 관리법

피지선과 한선의 기능이 균형이 맞지 않아 두 가지 이상의 피부 유형이 공존한다. T-존 부위(이마와 코 주변)는 모공이 크고 유분량이 많아 거칠고, U-존 부위(뺨과 턱 주변)는 얇고 윤기가 없으며 건조한 상태이다.

[복합성피부 관리법]

피부		관리법	관리목적	기대효과
복합성	클렌징	• 로션(T-존 부위 세안 주의)	• 부위별에 맞는 관리 및 적절한 수분 공급하기	• 피지선과 한선 기능의 균형이 맞아 맑고 건강한 피부로 개선하기
	딥클렌징	• 부위별 피부유형에 따라 적용시간을 다르게 한 물리적, 화학적, 복합적 방법 ex) T-존: 스크럽, U-존: 효소		
	화장수	• 수렴수		
	매뉴얼테크닉	• 주 1회		
	팩	• 주 1회		
	마무리 및 성분	• 자외선 차단 제품을 사용		

(2) 특징

① T-존은 모공이 크고 거칠며 유분기가 많으며 블랙면포와 여드름 증상 등이 나타난다.
② U-존은 모공이 보이지 않고, 윤기가 없고 유분과 수분이 부족해서 건조하다.
③ T-존과 U-존의 피부유형이 달라서 피부톤이 일정하지 않다.
④ 광대뼈 부위(볼)에는 색소침착 현상이 발생하기도 한다.
⑤ 눈가와 입 주변에 잔주름이 생긴다.

5) 문제성 피부

(1) 민감성 피부(Sensitive Skin)

① 민감성 피부 정의 및 관리법

민감성 피부는 선천적으로 피부조직이 얇고 피지선과 한선의 기능이 저하되어 피부의 면역기능이 떨어져 외부환경과 물질에 예민한 반응을 보인다. 피부에 자극을 주는 화장품의 사용이나 강한 매뉴얼테크닉은 사용하지 않도록 한다.

(민감성피부 관리법)

피부		관리법	관리목적	기대효과
민감성	클렌징	• 워터(무향, 무색소), 미지근한 물	• 피부조정 관리 위주로 피부면역 강화 및 수분 공급하기	• 피부면역강화 및 피지선과 한선 기능의 균형이 맞아 맑고 건강한 피부로 개선하기
	딥클렌징	• 생물학적(효소)		
	화장수	• 유연수(무향, 무색소)		
	매뉴얼테크닉	• 주 1회(림프드레나쥬)		
	팩	• 주 1회		
	마무리 및 성분	• 자외선 차단(SPF, PA) 제품을 사용 • 아줄렌, 비타민 P/ B, C/ K, 병풀추출물, 알로에베라 등		

② 특징

㉠ 피부조직이 얇고 모세혈관이 피부 표면에 드러나 보이기도 한다.
㉡ 눈가와 입가 주변에 잔주름이 형성되며 색소침착 현상이 잘 나타난다.
㉢ 모공이 작아서 피부결이 고르고 깨끗해 보이나 윤기가 부족하고 세안 후 당기고 피부 알레르기 현상이 잘 나타난다.
㉣ 호르몬이나 자율신경계 불균형으로 나타나거나 약물복용, 생리 전후, 환절기 등으로 민감성 피부 상태로 이어질 수도 있다.

(2) 기미(Chloasma)와 과색소침착(Hyper Pigmentation) 피부

① 기미피부 정의 및 원인

피부가 자외선에 노출되거나 상처를 입게 되면 피부를 보호하기 위해 색소형성세포가 다량의 색소를 만들어 광대뼈와 눈 밑에 진한 갈색의 색소가 발현되는 질환이다. 여성 호르몬인 에스트로겐(Estrogen)과 프로게스테론(Progesterone)은 피부색소형성세포를 자극하여 많은 양의 멜라닌 생성을 유도하므로 주로 경구피임약을 복용하는 여성과 호르몬 불균형으로 인한 30~40대 중년 여성에게 나타난다. 계절적으로는 일광

PART 01 피부미용학

노출이 심한 여름철에 발생하고 선탠(Suntan), 딥필링(Deep Peeling) 후 사후관리 미흡, 피로와 스트레스 등도 주요 원인이 된다.

② 관리법
  ㉠ 정신적, 육체적 스트레스를 최소화한다.
  ㉡ 비타민 함유가 많은 과일과 야채 등을 섭취한다.
  ㉢ 피부 레이저 치료를 받은 이후에 사후관리에 대해서 주의한다.
  ㉣ 자외선 차단제, 모자, 선글라스 등을 이용하여 자외선으로부터 피부를 보호한다.
  ㉤ 알부틴, 감초 추출물, 닥나무 추출물, 나이아신아마이드, 비타민C 유도체 및 비타민C 등이 함유된 화장품 사용한다.

(3) 여드름 피부(Acne Skin)

① 여드름 피부 정의 및 관리 방법

여드름은 남성호르몬인 안드로겐의 영향이나 여드름을 유발하는 성분이 함유된 화장품 사용과 의약품 복용, 스트레스 등으로 피지선에서 피지가 과다 분비되거나 표피층의 과증식으로 모공 입구가 막혀서 피지가 제대로 배출되지 못해 염증이 생기면서 여드름을 유발한다.

[여드름피부 관리법]

피부		관리법	관리목적	기대효과
여드름	클렌징	• 젤	• 피부정화와 재생 관리 위주로 과다피지분비 제거, 세포재생 도움 및 수분공급하기	• 피지선과 한선 기능 정상화로 맑고 건강한 피부로 개선하기
	딥클렌징	• 물리적, 화학적(BHA) 딥클렌징 모두 사용 가능 • 주 1회		
	화장수	• 수렴수나 소염수		
	매뉴얼테크닉	• 주 1회(림프드레나쥐, 자극이 적은 매뉴얼테크닉들)		
	팩	• 주 1회(클레이팩, 정화팩, 염증완화팩)		
	마무리 및 성분	• 자외선 차단(SPF, PA) 제품을 사용 • 클레이, 알란토인, 위치하젤, 비타민 A/ B군/ C, 티트리 에센셜오일 등		

② 특징
  ㉠ 모공이 넓고 화장이 잘 받지 않는다.
  ㉡ 여드름 흉터로 인한 과색소 침착이 발생할 수 있다.
  ㉢ 피부 표면이 귤껍질처럼 굴곡이 많고 피부결이 거칠다.
  ㉣ 피지가 모낭 속에 갇혀 여드름균(P. acne)의 활성화로 염증반응이 나타난다.

③ 여드름 피부의 종류

여드름 피부는 4단계의 진행단계가 있고, 면포성(비염증성, Non-inflammatory Acne)과 염증성(Inflammatory Acne)으로 나누어진다.

【 여드름피부 종류 】

여드름		특성
종류	면포성 (모공이 막혀서 생기는 것)	• 검은 면포: 피지가 산소를 만나서 산화된 검은색 면포들
		• 흰 면포: 막혀진 코낭에 갇혀 산화되지 않은 흰색 면포들(화농성으로 발전 가능성 높음)
	화농성 (여드름균 활성화로 생기는 것)	• 구진: 뾰루지, 붉은색 피부발진
		• 농포: 모낭 안에 노란색 고름이 쌓여 있는 피부발진
		• 결절: 모낭 벽이 터져서 주변으로 염증물질이 흘러나온 피부발진
		• 낭포(낭종): 여러 결절들이 뭉쳐서 생긴 피부발진

(4) 모세혈관 확장피부(Couperose Skin)

① 정의 및 원인

표피에 근접한 모세혈관이 약화되거나 파열되어 붉은 실핏줄이 보이는 것을 의미한다. 원인은 심한 온도변화, 자외선, 잦은 사우나, 자극적인 피부관리 및 화장품 사용 등에 의해서 모세혈관이 상해서 나타나거나 내분비 장애, 부신피질 호르몬을 함유한 연고 사용, 스트레스에 의해서 피부가 얇아지거나 모세혈관이 약해져서 발생한다.

② 특징
  ㉠ 주로 성인의 코 주변에서 잘 관찰된다.
  ㉡ 혈관 주변의 결체조직이 손상되면서 나타난다.
  ㉢ 만성적으로 태양 빛에 손상 받는 볼에서 잘 발생한다.
  ㉣ 바람과 한냉 및 열에 노출되면 발생하고 온도변화에 아주 민감하다.

③ 관리법
  ㉠ 혈액순환을 도와주는 비타민 B2와 E를 섭취한다.
  ㉡ 세안 시 스크럽이 포함된 제품을 매일 사용하지 않는다.
  ㉢ 클렌징은 손으로 거품을 충분히 내서 부드럽게 닦는다.
  ㉣ 진정과 재생을 도와주는 알로에 성분이 함유된 제품을 사용한다.
  ㉤ 혈관벽을 튼튼히 해주는 비타민 P, B, C, K를 섭취하거나 포함된 화장품을 사용한다.

PART 01 피부미용학

(5) 노화피부(Ageing Skin)

① 정의

나이가 들어감에 따라 피부의 대사와 생리기능은 감소하여 진피의 형태를 유지시켜주고 있던 콜라겐(교원섬유, Collagen)과 엘라스틴(탄력섬유, Elastin)의 기능이 저하되어 주름이 생기고 탄력성을 잃어버리게 된다. 색소형성세포의 기능이 약화되어 색소의 분포가 불규칙하게 되어 노인반점(age-spots)이 발생하기도 한다.

② 특징

㉠ 신진대사 활동의 저하로 인해 혈액순환이 느려진다.
㉡ 각질형성세포의 재생력 저하로 각질이 쉽게 보이고 재생이 느려진다.
㉢ 콜라겐의 기능 저하로 피부에서 수분을 보유할 수 있는 기능이 감소한다.
㉣ 손상에 대한 회복력과 면역기능의 저하로 피부질환에 발생 빈도가 높다.

③ 노화피부의 종류

[노화피부의 유형]

유형	정의 및 특성
내인성 노화 (자연적)	• 나이가 증가함에 따라 나타나는 자연스러운 노화 • 각질세포, 색소형성세포, 섬유아세포 등의 수의 감소와 기능의 저하 • 각질층이 얇아지고 자외선 방어 및 피부면역 기능의 저하뿐 아니라 깊은 주름 등이 생김
광노화 (환경적)	• 지속적인 자외선 노출로 나타나는 노화 • 피부가 건조해지고 굵음 주름 발생 • 노인성 반점과 색소침착이 많아지고 모세혈관 확장이 유발됨

④ 관리법

㉠ 자외선 차단기능이 있는 제품을 사용한다.
㉡ 피부 보습 및 피부 대사 활성화 등의 피부 관리를 꾸준히 한다.
㉢ 엘라스틴, 콜라겐, 천연보습인자, 비타민 A와 E가 함유된 화장품 사용한다.
㉣ 노화의 주원인으로 밝혀진 활성산소를 억제시키는 성분이 함유된 화장품 사용한다.

| CHAPTER 06 | 매뉴얼테크닉(Manual Technic)

1. 매뉴얼테크닉의 정의

매뉴얼테크닉은 '매뉴얼(Manual), 손을 사용하는'과 '테크닉(Technic), 기술이나 능력'을 결합한 합성어이고 마사지는 그리스어 'Masso'에서 유래된 말로 '문지르다, 쓰다듬다'의 뜻을 가지고 있다. 피부를 쓰다듬고, 문지르고, 두드리고 및 주무르는 기법으로 인체에 물리적인 자극을 줌으로써 혈액순환을 돕고 신체 조직을 회복시키거나 맑고 건강한 피부를 개선 또는 유지시켜주는 것을 말한다.

2. 매뉴얼테크닉의 목적 및 효과

① 화장품의 흡수율을 높여준다.
② 조직의 노폐물 배출을 촉진시켜 피부에 청정작용을 한다.
③ 신경 진정과 심리적 안정감을 주어 스트레스 해소에 도움을 준다.
④ 림프와 혈액순환 촉진으로 신진대사와 물질대사를 증진시킨다.
⑤ 자율신경에 영향을 주어 긴장된 근육을 이완시켜 통증 완화에 도움을 준다.

3. 매뉴얼테크닉의 주의사항

① 근육결을 고려하여 실시한다.
② 모든 동작에 리듬감과 연속성이 있어야 한다.
③ 관리사의 손 온도는 고객의 체온에 맞추어서 시술한다.
④ 크림과 오일이 눈과 코, 입에 들어가지 않도록 주의한다.
⑤ 관리실 내부를 청결하게 하고 주변 환경을 아늑하게 유지한다.
⑥ 손톱은 항상 짧게 하고 액세서리(팔찌, 반지 등)는 착용하지 않는다.
⑦ 손을 밀착시켜서 적당한 압력과 일정한 속도감으로 10~15분 정도 실시한다.
⑧ 정맥과 림프순환 방향을 고려하여 말초에서 중심을 향하는 구심성 방향으로 실시한다.

4. 매뉴얼테크닉의 금기사항

① 수술 직후에는 매뉴얼테크닉을 피한다.

PART 01 피부미용학

② 감기나 고열 증상이 있는 경우에는 피한다.
③ 뼈에 손상이 있거나 관절이 좋지 않은 경우에는 피한다.
④ 일광화상 후 피부에 홍반현상이 있는 경우 피한다.
⑤ 감염성 피부질환, 상처, 외상 또는 염증이 있는 경우 피한다.
⑥ 악성 종양 환자, 급성 전염병과 천식 환자는 피한다.
⑦ 정맥류, 심장부종, 심장장애, 혈전증, 혈관에 문제가 있는 경우 피한다.
⑧ 임산부는 임신 4개월 이후부터 가능하며, 출산 후에는 3개월이 지난 후에 적용한다.

5. 매뉴얼테크닉의 기본 동작

매뉴얼테크닉의 기본 동작은 5가지로 경찰법(Effleurage, 에플러라지), 강찰법(Friction, 프릭션), 유연법(Petrissage, 페트리사지), 고타법(Tapotement, 타포트먼트), 진동법(Vibration, 바이브레이션)으로 구성된다. 이 외 압박법(Dr. Jaquet, 닥터 자케)이 있다.

1) 경찰법(Effleurage: 쓰다듬기)

[경찰법]

명칭	동작 및 특징	효과
경찰법, 무찰법 (Effleurage, 에플러라쥐) 쓰다듬기	• 손바닥 전체를 이용하여 힘을 빼고 천천히 가볍게 쓰다듬기 • 매뉴얼테크닉에서 가장 많이 사용되는 동작 • 시작과 연결 및 마무리 동작	• 대표적인 효과: 진정과 긴장 완화, 심리적 안정감 • 신진대사 증진 • 피부 내 영양공급 촉진 • 혈액과 림프액의 순환 촉진

2) 강찰법(Friction: 문지르기, 마찰하기)

[강찰법]

명칭	동작 및 특징	효과
강찰법 (Friction, 프릭션) 문지르기, 마찰하기	• 손가락을 이용하여 근육에 적절한 압력을 주어 회전동작으로 문지르기(마찰하기) • 강도는 경찰법보다 강하며 유연법보다 약함	• 대표적인 효과: 탄력성 증진(결체조직 탄력 증진), 주름완화 • 뭉친 근육 이완 • 신진대사 증진 • 피지선을 자극하여 노폐물 배설 촉진 • 혈액과 림프액의 순환 촉진

3) 유연법(Petrissage: 주무르기, 반죽하기)

(유연법)

유형	정의 및 특성
유연법, 우찰법, 유날법	• Petrissage(페트리사지), 주무르기, 반죽하기
동작 및 특징	• 손가락 전체를 이용하여 피부와 근육을 쥐고, 당기며 반죽하듯이 주무르기(반죽하기) • 강도가 강한 동작
효과	• 대표적인 효과: 근육 긴장 이완, 지방분해(노폐물 배출 촉진) • 근육의 경련 풀기 • 신진대사 증진, 노폐물 배설 촉진 • 혈액과 림프액의 순환 촉진
종류	• 강한 유연법, 풀링(Pulling): 근육이 많은 부위에 사용, 주름잡듯이 행하는 동작 • 압박 유연법, 롤링(Rolling): 손바닥으로 누르며 둥글게 나선형으로 굴리는 동작 • 린징(Wringing): 강한 압박으로 근육을 비틀듯이 행하는 동작(양손 이용) • 처킹(Chucking): 한쪽 손으로 고정시켜 두고 다른 손으로 근육을 쥐고 가볍게 상, 하로 움직이는 동작

4) 고타법(Tapotement: 두드리기)

(고타법)

유형	정의 및 특성
고타법	• Tapotement(타포트먼트), 두드리기
동작 및 특징	• 손가락, 손바닥, 손 측면, 손등 및 주먹 등으로 가볍게 빠른 동작으로 두드리기
효과	• 대표적인 효과: 피부 탄력 증가 • 경직된 근육 이완 • 신진대사 증진, 노폐물 배설 촉진 • 혈액과 림프액의 순환 촉진
종류	• 태핑(Tapping): 손가락을 이용해서 피아노 치듯 두드리는 동작 • 슬래핑(Slapping): 손바닥을 이용해서 두드리는 동작 • 커핑(Cupping): 손바닥을 오목하게 만들어서 두드리는 동작 • 해킹(Hacking): 손의 바깥쪽 측면을 이용하여 두드리는 동작 • 비팅(Beating): 주먹을 가볍게 살짝 쥐고 두드리는 동작

PART 01 피부미용학

5) 진동법(Vibration: 떨어주기)

(진동법)

명칭	동작 및 특징	효과
진동법 (Vibration, 바이브레이션)	• 손가락과 손 전체로 피부를 섬세하게 떨어주기	• 대표적인 효과: 경직된 근육 이완, 근육 경련 이완 • 결체조직의 탄력 강화 • 신진대사 증진 • 피지선을 자극하여 노폐물 배설 촉진 • 혈액과 림프액의 순환 촉진
떨어주기		

6) 압박법(Dr. Jaquet: 잡아당기기, 꼬집기)

(압박법)

명칭	동작 및 특징	효과
압박법 (Dr. Jaquet, 닥터 자켓)	• 1950년, 미국의 물리요법사 '재규어트' 박사가 고안 • 엄지와 검지 또는 중지를 이용해서 피부를 약하게 잡아서 밖으로 꼬집듯이 잡아당기기(꼬집기)	• 대표적인 효과: 피지 등 노폐물 제거에 효과 • 피지선을 자극하여 노폐물 배설 촉진 • 혈액과 림프액의 순환 촉진
꼬집기, 잡아당기기		

| CHAPTER 07 | 팩과 마스크(Pack & Mask)

1. 팩과 마스크의 개념

고대부터 사용된 팩(Pack)과 마스크(Mask)는 쑥, 마늘, 꿀, 곡물가루 및 우유 등의 다양한 천연재료를 활용하였다. 화장품의 발달로 팩과 마스크의 종류와 효능 등이 다양하며 피부유형에 맞게 선택할 수 있다. 팩과 마스크는 피부관리 과정 중에서 마지막 단계에서 이뤄진다.

2. 팩과 마스크의 정의

1) 팩(Pack)

팩은 영어의 'Package'에서 유래된 것으로 '감싸준다, 포장하다'의 의미를 가진다. 공기가 통하며 굳어지지 않은 상태에서 제거한다.

2) 마스크(Mask)

마스크는 피부에 도포하면 막을 형성해서 수분, 열 및 외부의 공기를 차단하고 제품의 영양 손실을 막을 수 있다. 공기가 통하지 않고 굳은 상태로 제거한다.

3) 팩과 마스크의 목적 및 효과

① 피부에 보습, 미백 및 진정의 효과가 있다.
② 혈액과 림프 순환 촉진으로 신진대사를 활성화한다.
③ 모공 속에 노폐물을 제거하여 피부가 청결해지는 청정 효과가 있다.
④ 피부에 양양과 유효 성분을 공급하여 노화예방에 효과가 있다.

4) 팩과 마스크의 주의사항

① 사용 시간과 방법을 준수해야 한다.
② 피부 유형과 상태에 따른 팩과 마스크의 종류를 선택해야 한다.
③ 도포하거나 제거할 때 눈, 코, 입에 들어가지 않도록 해야 한다.

3. 팩의 종류 및 특성

1) 제거 방법에 따른 분류

(1) 필 오프 타입(Peel Off Type)
① 팩 도포 후 건조되면 아래에서 위로 떼어낸다.
② 노폐물과 묵은 각질 등이 제거되어 피부가 청결해진다.
③ 피부에 수분공급과 긴장감을 주어 탄력성이 부여된다.
④ 필름막을 떼어낼 때 예민성 피부는 자극이 있으므로 주의해야 한다.

(2) 워시 오프 타입(Wash Off type)
① 팩 도포 후 10~30분 정도 시간이 지나면 미온수로 씻어낸다.
② 보습효과가 우수하고 피부에 자극이 적어 일반적으로 사용한다.
③ 제품의 종류는 크림, 클레이, 분말, 젤 및 거품 등 종류가 다양하다.

(3) 티슈 오프 타입(Tissue Off Type)
① 팩 도포 후 10~15분이 경과한 후 티슈로 닦아낸다.
② 팩의 잔여물이 피부에 남아 있어도 무관하며 보습과 영양공급 효과가 뛰어나다.
③ 노화와 건성피부에 효과적이지만, 여드름과 지성피부에는 적합하지 않다.

2) 재료 제형(형상)에 따른 분류

(1) 파우더(Powder) 제형의 팩
해초와 약초 추출물, 한방 재료 등을 분말화하여 정제수, 화장수, 앰플 등과 섞어서 사용하는 팩으로 석고 마스크와 고무 마스크가 대표적이다.

(2) 젤(Gel) 제형의 팩
수분이 많은 고분자 물질들로 이루어진 젤 형태의 제품으로 촉촉한 느낌을 주며 보습과 진정 효과가 있어 민감한 피부에 효과적이다.

(3) 크림(Cream) 제형의 팩
① 유화형(Water와 Oil이 교반되어진 크림이나 로션) 팩으로 피부에 제품을 도포한 후 10~20분 정도 지난 후에 제거하는 형태이다.
② 크림팩 도포 후 영양침투를 돕기 위해 적외선 기기를 사용할 수 있다.
③ O/W형: 수분이 많이 함유된 친수성 팩으로 진정과 수분공급에 효과적이다.
④ W/O형: 유분이 많이 함유된 친유성 팩으로 영양공급에 효과적이다.

(4) 클레이(Clay) 제형의 팩
① 맥반석 가루 또는 점토와 진흙 같은 광물을 함유한 가루를 물, 에탄올과 보습제의 수상물질에 혼합해 만든 머드팩을 의미한다.
② 흡착력이 강해서 피지와 노폐물 제거에 적합하여 지성과 여드름 피부에 효과적이다.
③ 과도한 유분 제거로 건성과 노화피부에는 적합하지 않다.

3. 마스크의 종류 및 특징

1) 콜라겐 벨벳 마스크

콜라겐을 건조시켜 종이 형태로 만든 것으로 시트 타입(Sheet type)의 마스크이다. 여드름 피부와 필링 후 재생관리에 효율적이다. 뛰어난 보습효과로 모든 피부에 사용이 가능하다.

2) 석고 마스크

가루 형태의 석고를 물과 섞어서 피부에 도포하고 일정시간이 지나면 굳어지면서 열이 발생한다. 마스크가 굳어지면 외부와의 공기를 차단하고 38~45°C까지 열이 올라가 영양공급과 혈액순환을 촉진시켜 건성피부, 노화피부 및 처진 피부에 효과적이다. 열이 발생하므로 모세혈관 확장증, 여드름, 지성 및 민감성 피부에는 적합하지 않다.

3) 파라핀 마스크(왁스)

온도가 약 45~50°C 가량 되는 왁스를 피부에 덮어서 혈액순환을 증대시켜 보습과 탄력성을 부여한다. 건성피부, 노화피부, 처진 피부, 손과 발 관리에 효과적이나 열이 발생하므로 모세혈관 확장증, 여드름, 지성 및 민감성 피부에는 적합하지 않다.

4) 모델링 마스크

보습력이 우수한 해초 추출물인 알긴산을 함유한 가루에 정제수나 앰플을 혼합해서 피부에 도포하여 사용한다. 뛰어난 보습효과로 모든 피부에 사용이 가능하다.

4. 한방 팩과 천연 팩

1) 한방 팩

(1) 한방 팩 개요

한방 가루를 정제수, 우유 또는 추출물 등에 섞어 사용한다. 한방 재료에 따라 정상, 건성, 지성, 색소침착, 여드름 및 노화 피부 등에 적합하게 사용할 수 있다.

(2) 한방 팩의 종류 및 효과

(한방 팩)

종류	효과	피부유형
감초	• 세포 재생, 해독, 미백, 소염	• 여드름, 염증, 기미, 색소침착
당귀	• 혈액 촉진, 노화예방, 혈관 강화, 해독	• 건성, 노화, 모세혈관 확장, 기미, 색소침착
백강잠	• 미백, 색소침착 예방, 호르몬 조절, 자외선 차단, 진정	• 기미, 색소침착, 노화, 민감성
율무(의이인)	• 항산화, 색소침착 예방, 잔주름 완화	• 기미, 색소침착, 건성, 노화
토사자	• 미백, 여드름과 기미예방	• 기미, 여드름, 색소침착
상엽	• 진정, 혈액 정화, 부종 완화	• 부종, 여드름
도인	• 혈액순환, 재생, 각질화 방지	• 기미, 색소침착, 노화, 여드름
율피	• 모공 수축, 미백, 노화예방, 피지와 각질 제거	• 기미, 지성, 여드름, 노화
행인	• 미백, 진정작용, 영양공급해독, 배농, 피부 수축	• 기미, 건성, 노화
맥반석	• 피지흡착, 여드름과 기미 예방, pH 조절	• 기미, 여드름, 지성
녹두	• 미백, 진정, 수분 공급, 해독작용	• 지성, 여드름, 염증

2) 천연 팩

(1) 천연 팩 개요

식재료가 가진 특성에 따라 효과도 각각 다르다. 사용하기 직전에 1회 분량만 만들어서 사용해야 하며 과일 알러지와 민감성 피부를 가진 사람들을 주의해야 한다. 한방 팩보다 천연 팩은 보관 기간이 짧으며 사용되는 재료에 따라 정상, 건성, 지성, 색소침착, 여드름 및 노화 피부 등에 적합하게 사용한다.

(2) 천연팩의 종류 및 효과

(천연 팩)

종류	효과	피부유형
포도	• 미백, 보습, 주름, 탄력	• 기미, 노화
바나나	• 보습, 영양	• 노화, 건성
사과	• 탄력, 노폐물 배출	• 지성, 여드름, 민감성
오렌지	• 미백, 보습	• 건성, 기미, 주근깨
딸기	• 수분, 수렴, 영양	• 기미, 색소침착
수박	• 수분, 진정	• 기미, 일광화상
키위	• 보습, 미백	• 기미, 주근깨, 지성
레몬	• 미백, 피지배출, 탄력	• 노화, 기미, 색소침착
토마토	• 피지배출, 진정	• 지성, 여드름
인삼	• 영양, 항산화, 재생	• 건성, 노화, 민감성
감자	• 소염, 진정	• 기미, 색소침착, 일광화상
시금치	• 영양, 보습	• 민감성, 여드름
당근	• 피지배출, 영양	• 지성, 여드름, 일광화상
오이	• 미백, 보습, 소염	• 여드름, 기미, 일광화상

| CHAPTER 08 | 제모

1. 제모의 정의

제모란 신체의 털(Hair)을 미용상의 목적으로 제거하는 것이다. 제모 부위는 눈썹, 이마, 코밑, 턱, 얼굴 전체, 액와(겨드랑이), 팔, 다리, 서혜부, 목 뒤 헤어 라인 등 다양한 부위어 적용이 가능하다.

2. 제모의 종류 및 특징

1) 영구적 제모

영구적 제모는 모낭(털을 감싸는 주머니)까지 제거하기 때문에 반복적인 제모는 필요 없다.

2) 영구적 제모의 종류

(1) 갈바닉 트위저(쪽집게)

㉠ 갈바닉 전류(Galvanic Current)를 이용해서 털을 제거하는 방법이다.
㉡ 털마다 적용하기 때문에 많은 시간이 걸리고 여러 번 시술해야 하며 통증이 있다.
㉢ 제모 1시간 전에 국소 마취제를 바르고 털마다 전기 침을 꽂아서 털을 제거한다.
㉣ 침의 끝부분에 전기가 통하며 모근(모발의 끝부분)과 모유두가 파괴되어 털이 자라지 않는다.

(2) 전기분해 제모법

㉠ 전기를 이용한 방법으로 모낭을 파괴하는 제모 방법이다.
㉡ 한 번에 수백 개의 털을 제거할 수 있으며 영구적인 제모 방법이다.
㉢ 시간이 많이 걸리고 통증도 많으며 가격이 비싼 단점이 있다.

(3) 레이저 제모법

㉠ 전기분해 제모법의 단점을 보완하여 시술 시 통증을 줄여준다.
㉡ 제모 후 흉터가 없고 단시간에 제모가 가능하며 안전하다는 장점이 있다.
㉢ 특수 파장의 레이저를 제모 부위에 비추면 털의 모유두가 파괴되는 영구적 제모 방법이다.

3) 일시적 제모

일시적 제모는 피부 표면에 나와 있는 모간(눈에 보이는 털 부분)이나 성장기의 털을 면도기, 집게, 왁스 등을 사용하여 제거하는 방법으로 일정한 기간이 지나면 반복적으로 제거해야 한다.

4) 일시적 제모의 종류

(1) 면도기 제모
㉠ 털이 성장하는 반대 방향으로 밀어 깨끗하게 제거한다.
㉡ 면도 후에는 진정크림이나 항염 물질이 함유된 연고제를 바른다.
㉢ 면도기를 간편히 사용하여 짧은 시간에 얼굴, 액와 및 전신의 모간만 제거한다.
㉣ 면도기 사용 전에 폼 클렌징이나 비누로 모공을 확장시킨 후 털이 부드럽게 되면 제모한다.
㉤ 면도기는 모간을 잘라 제모하므로 털의 단면적이 넓어져서 털이 거칠어지고 진해지는 것처럼 보인다.

(2) 족집게(Pincette, 핀셋) 제모
㉠ 털의 성장 방향으로 제거한다.
㉡ 원하는 눈썹의 형태를 쉽게 만든다.
㉢ 제모 후에는 진정, 살균 및 소독을 한다.
㉣ 족집게를 이용하여 눈썹과 겨드랑이 털을 제모한다.
㉤ 모근까지 제거하기 때문에 새로운 제모까지 약 4주 정도의 시간이 있다.

(3) 화학적 제모
㉠ 주 1회 정도 정기적인 제거가 필요하다.
㉡ 팔, 겨드랑이 및 다리 등 넓은 부위에 적용하기 쉽다.
㉢ 강알칼리 성분이 모발 내의 화학결합을 분해하여 모발을 제거하는 방법이다.
㉣ 제모 크림을 적용 부위에 바르고 5~10분 경과 후 깨끗이 씻어내고, 진정 로션이나 파우더로 마무리한다.
㉤ 강알칼리 화학적 제품이므로 알레르기 반응검사 후 적용해야 한다.
㉥ 제모 후에는 비누 세정, 수영, 사우나, 목욕 및 향수 등은 하루 정도는 피한다.

(4) 왁스 제모
㉠ 털의 모근이 제거되므로 새로 자라는데 시일이 걸린다.
㉡ 털을 지속적으로 반복 제거하면 모근의 손상으로 인해 서서히 탈모상태가 된다.

ⓒ 왁스로 털을 제거한 후에는 진정 크림을 바른다.
② 왁스의 종류는 온왁스와 냉왁스가 있다.

(왁스의 종류)

종류	방법 및 특징
온왁스	• 상온에서는 고체 형태의 왁스를 워머기(Warmer)로 녹여 사용 • 손목 안쪽에서 온도 테스트 후 고객의 피부에 적용 • 하드와 소프트 왁스 강법 존재 • 적용 부위를 소독한 후 파우더로 습기를 제거 후 왁스 도포 • 제모 후에는 알로에 겔이나 진정 크림 도포 • 제거되지 않고 남은 털은 핀셋으로 제거

하드 왁스(Hard wax)	소프트 왁스(Soft wax)
• 겨드랑이, 눈썹 및 비키니 같은 굵은 털이 존재하고 민감한 부위에 적용 • 스트립 사용하지 않음 • 털이 난 반대 방향으로 도포	• 팔, 다리 및 등 같은 넓은 부위에 적합(바디 왁스) • 스트립 사용(부직포, 두슬린천) • 털이 난 방향으로 도포

종류	방법 및 특징
냉왁스	• 데우지 않고 바로 사용 가능 • 가슴, 팔과 다리 같은 넓은 부위 털 제거에 사용 • 적용 부위를 소독한 후 파우더로 습기를 제거 후 털의 성장 방향으로 왁스를 얇게 도포 • 제모 후에는 알로에 겔이나 진정 크림 도포 • 제거되지 않고 남은 털은 핀셋으로 제거

5) 제모 후 주의사항

① 모세혈관 확장증과 민감한 부위에는 제모를 피한다.
② 피부에 상처, 염증 및 문제가 있는 경우에 제모를 피한다.
③ 사마귀나 점 위의 털은 제거하지 않는다.
④ 안면 제모 직후에는 메이크업을 피한다.
⑤ 제모 후 24시간 내에는 사우나, 목욕, 수영, 향수 사용, 선탠 및 장시간 자외선 노출을 피한다.

PART 01 피부미용학

| CHAPTER 09 | 전신관리

1. 전신관리의 정의 및 목적

신체의 전반적인 관리를 의미하며 매뉴얼테크닉, 바디 스크럽, 스파 등 신체 혈액순환을 촉진하여 탄력성을 증진시키고 근육의 긴장을 이완시켜 건강한 체형관리가 목적이다.

2. 전신관리의 효과

① 뭉친 근육의 이완을 도와 통증을 완화시킨다.
② 신경계 진정과 스트레스 완화로 생리적·정신적인 피로감을 줄여준다.
③ 각질 제거로 인해 영양분의 흡수를 촉진시켜 피부가 촉촉하며 노화를 예방한다.
④ 혈액과 림프액 순환을 촉진시켜 노폐물 배출과 신진대사를 원활하게 해준다.

3. 전신관리의 종류 및 방법

스웨디쉬, 림프드레나쥐, 수요법, 아로마테라피, 한국형 미용경락, 아유르베딕, 딥티슈, 뱀부 테라피와 타이 테라피 등이 있다.

1) 스웨디쉬 마사지(Swedish Massage)

[스웨디쉬 마사지]

유형	정의 및 특성
유래	• 스웨디쉬 마사지는 스웨덴 물리치료사인 Pehr Henrink Ling(1776-1839)에 의해 창시된 매뉴얼테크닉으로 과학적이고 체계적인 기본 마사지 형태로 발전되었다.
방법	• 경찰법, 강찰법, 유연법, 고타법 및 진동법으로 이루어진 매뉴얼테크닉으로 피부와 근육을 자극
목적 및 효과	• 근육 이완과 올바른 체형관리 • 스트레스 완화, 심신 이완 효과 • 신진대사 증진, 노폐물 배설 촉진 • 혈액과 림프액의 순환 촉진

2) 림프드레나쥐(Lymph Drainage)

(림프드레나쥐)

유형	정의 및 특성
유래	• 1930년대 덴마크의 생물학자·이자 마사지 치료사인 에밀 보더(Emil Vodder) 박사와 부인 에스티리(Estid)에 의해 창안된 매뉴얼테크닉이다.
기본동작 4가지	• 고정원 동작(Stationary circles) • 회전 동작(Rotary technique) • 펌프 동작(Pump technique) • 퍼올리기 동작(Scoop technique)
목적 및 효과	• 림프액의 순환 촉진 • 스트레스 완화, 심신 이완 효과, 부교감신경 활성화 • 신진대사 증진, 노폐물 배설 촉진 • 적용 가능: 주사, 모세혈관확장증, 튼살, 여드름, 민감성 및 알러지 피부 개선, 부종 감소, 수술 후 상처 회복, 셀룰라이트 배출 등 • 금기 사항: 악성종양, 급성 염증, 임신초기, 혈전증, 심장부족, 림프절부종, 갑상선 기능장애, 천식 등

3) 수요법(Water Therapy, Hydrotherapy)

(수요법)

유형	정의 및 특성
정의	• 물의 다양한 물리적·화학적 성질을 이용하는 것 • 수압, 부력, 함유 성분 및 온도 등이 중요
종류	• 전신 각질 제거: 미세한 알갱이가 들어있는 스크럽 제품을 타월과 브러시 등으로 가볍게 마찰하여 전신의 각질을 제거하는 방법 • 목욕 관리: 월풀을 사용하여 많은 물을 분출시켜 신체의 각 부분을 마사지하여 근육의 이완 효과, 신진대사 활성화, 노폐물 배출, 혈액순환 촉진, 심신의 안정에 효과적인 관리 • 비키 샤워(Viki Shower): 고객이 누운 상태에서 수많은 물줄기를 통해 척추와 전신의 긴장된 근육을 이완시켜 주는 샤워 • 제트 샤워(Jet Shower): 4~5cm 떨어진 거리에서 그압의 물을 분출하여 전신 근육을 이완시켜 주는 샤워로 부위별에 자극 강도에 따라 분출형태와 압력 조절이 가능 • 딸라소테라피(Thalassotherapy): 바다의 천연 제품을 이용하여 인체의 노폐물 배출, 인체 균형유지 등을 유도하는 테라피
목적 및 효과	• 스트레스 완화, 심신 이완 효과 • 각질제거, 영양물질 침투 도움 • 신진대사 증진, 노폐물 배설 촉진 • 근육 이완, 혈액순환 촉진으로 올바른 체형관리 • 림프액의 순환 촉진으로 부종 감소, 피부 탄력 유지

4) 아로마테라피(Arome Therapy)

(아로마테라피)

유형	정의 및 특성
유래	• 아로마테라피는 고대 중국 의서에서 종교의식과 치료제로 사용되었고 이집트에서 시신의 방부처리, 미용, 의료 및 종교의식에서 사용되었다.
방법	• 향기가 나는 정유(Essential oil)와 식물성 오일을 브렌딩(Blending)하여 매뉴얼테크닉, 목욕법, 습포법 및 발향법 등으로 응용
목적 및 효과	• 생리적 기능 정상화, 항노화, 상처 재생 • 신경 진정작용, 스트레스 완화, 심신 이완 효과 • 신진대사 증진, 노폐물 배설 촉진 • 혈액과 림프액의 순환 촉진

5) 한국형 미용경락(Holistic Oriental Therapy)

(한국형 미용경락)

유형	정의 및 특성
유래	• 기원전 약 4700여 년 전 중국의 『황제내경』이라는 의서에서 유래되었다. 기(氣)라는 개념을 전제로 몸을 흐르는 12개의 경락과 혈도를 자극하여 생명 그 자체인 기의 건강한 순환을 도와준다.
방법	• 인체에는 기와 혈(血)이 운행되는 길이 존재하며, 기가 잘 통하도록 경락과 경혈을 자극하는 방법
목적 및 효과	• 근육 이완 및 생리적 기능 정상화 • 신진대사 증진, 노폐물 배설 촉진 • 혈액과 림프액의 순환 촉진

6) 아유르베딕 테라피(Ayurvedic Therapy)

아유르베다는 우주와 인간이 하나로 연결되어 있다고 보는 인도의 전통의학이다.

(아유르베딕 테라피)

유형	정의 및 특성
유래	• 기원전 5000년 전부터 시작된 고대인도 의학에 유래를 둔 전통 치료법이다. 생활의 과학이라는 산스크리트어에서 유래되었다.
방법	• 전통약초, 식물성 오일과 에센셜 오일(Essential oil)을 이용하여 체질에 맞춘 전신관리 실시
목적 및 효과	• 생리적 기능 정상화, 항노화, 상처 재생 • 신경 진정작용, 스트레스 완화, 심신 이완 효과 • 신진대사 증진, 노폐물 배설 촉진 • 혈액과 림프액의 순환 촉진

7) 딥티슈 테라피(Deep Tissue Therapy)

(딥티슈 테라피)

유형	정의 및 특성
유래	• 20C 초 독일의 여성 물리치료사인 엘리자베스 디케 박사(Dr. Elizabeth Dicke)가 스웨디시 테크닉을 근간으로 창시하였다. 결합조직(Connective tissue)과 심부연부조직(Deep soft tissue)에 자극을 주는 매뉴얼테크닉으로 근육, 근막, 건 및 인대의 문제점 개선에 초점을 두고 있다.
방법	• 해부학적으로 정확하게 근닥과 근섬유의 결에 따라 진행되어야 하는 테크닉으로 근육과 근막의 부착점을 멜팅(Melting)시켜 딥정 스트로크(Stroke)가 진행된 후에 심부 근막 압통점(Deep myofascial trigger points)을 풀어주는 방법이 핵심
목적 및 효과	• 자세 불균형 개선 • 관절 가동범위 증진 • 림프와 혈액 순환 촉진 • 근육, 근막, 건의 통증과 관절 기능장애 관리 • 노폐물 배출 및 인체의 신진대사 촉진

8) 뱀부 테라피(Bamboo Therapy)

(뱀부 테라피)

유형	정의 및 특성
유래	• 19C경 프랑스 낭트라는 지역에서 대나무를 이용한 매뉴얼테크닉 기법이 유래되었다. 스웨디시나 딥티슈 방법에 대나무를 도구로 접목시킨 테라피이다.
방법	• 다양한 크기, 형태, 온도의 대나무 스틱으로 신체 부위에 맞는 쓰다듬기, 둔지르기, 반죽하기, 두드리기, 진동하기 및 누르기 등의 동작을 접촉하여 근육에 자극을 주는 전신관리
목적 및 효과	• 생리적 기능 정상화, 항노화, 상처 재생 • 신경 진정작용, 스트레스 완화, 심신 이완 효과 • 신진대사 증진, 노폐물 배출 촉진 • 혈액과 림프액의 순환 촉진

9) 타이 테라피(Thai Therapy)

(타이 테라피)

유형	정의 및 특성
유래	• 2500여 년 전 고대 인도의 '지바카 코마라바카'가 인도에서 태국으로 건너와 태국인들에게 불교와 의술인 타이마사지를 전파하였다.
방법	• 명상, 요가 및 호흡법을 함께 이용하여 신체를 누르고 스트레칭하여 이완시키는 방법
목적 및 효과	• 골격 튼튼, 근육 이완 • 스트레스 완화, 심신 이완 효과 • 신진대사 증진, 노폐물 배설 촉진 • 혈액과 림프액의 순환 촉진

PART 01 피부미용학

| CHAPTER 10 | 마무리

1. 마무리의 정의 및 목적

① 피부결을 정돈하여 피부의 항상성을 유지한다.
② 피부에 적절한 유·수분 공급으로 탄력성을 부여한다.
③ 외부 자극으로부터 피부를 보호하여 건강한 피부로 유지한다.
④ 피부를 청결하고 건강하게 하여 피부의 노화예방에 목적이 있다.
⑤ T(Time, 시간), P(Place, 장소), O(Ocasion, 상황)에 따른 특성을 생각하여 마무리 연출하는 것이 필요하다.

2. 마무리의 방법

피부 관리를 끝낸 후 화장수, 에센스, 아이크림, 보습크림과 자외선 차단제 등을 사용하여 마무리 한다.

[계절별 마무리 방법]

계절	마무리 방법
봄	• 철저한 이중 세안, 보습 관리 위주 • 피부트러블 발생 시 초기 진정관리 • 꼼꼼한 자외선 차단제 도포, 철저한 단계별 메이크업 실시
여름	• 냉타월이나 얼음찜질로 진정관리 • 꼼꼼한 자외선 차단제 도포, 철저한 단계별 메이크업 실시 • 딥클렌징으로 묵은 각질을 자극없이 제거하여 피부 청결관리 • 오이나 수박 등의 천연팩으로 보습관리 • 비타민C, 레티놀(비타민A), 기능성 앰플 및 재생크림 등으로 영양공급
가을	• 딥클렌징으로 묵은 각질을 자극 없이 제거하여 피부 청결관리 • 보습 관리 위주와 색소침착 완화를 위한 미백관리 • 림프순환 촉진으로 다크써클 예방관리
겨울	• 비타민C, 레티놀, 기능성 앰플, 석고마스크 및 재생크림 등으로 충분한 영양공급 • 찬바람으로부터 피부 보호를 위해 단계별 메이크업 실시 • 림프와 혈액순환 촉진을 위한 매뉴얼테크닉

PART 01 | 피부미용학 예상문제

01 피부미용에 대한 설명으로 가장 거리가 먼 것은?
㉮ 피부를 청결하고 아름답게 가꾸어 건강하도록 변화시키는 과정이다.
㉯ 피부미용은 스킨케어, 에스테틱 및 코스메틱 등의 이름으로 불리고 있다.
㉰ 외국에서는 일반적으로 매니큐어와 페디큐어도 피부미용의 영역에 속한다.
㉱ 화장품 중심으로 기기 등을 사용하는 관리법이 주를 이룬다.

해설
피부미용은 제품에만 의존한 관리법이 아니라 매뉴얼테크닉과 기기적 관리도 포함되는 종합적 과정이다.

02 피부미용의 용어와 정의로 설명으로 거리가 먼 것은?
㉮ 피부미용은 프랑스는 Esthetique, 독일은 Kosmetik, 영국은 Cosmetic 미국은 Skin Care라고 한다.
㉯ 피부미용은 얼굴 및 전신의 피부를 아름답게 유지, 보호, 관리, 개선하기 위해 수행하는 직무이다.
㉰ 독일의 미학자 바움가르텐(Baumgarten)이 에스테틱이라는 용어를 약 200년 전에 처음 사용되었다.
㉱ 치료 미용을 포함한 외적인 전신 미용술을 의미하는 미용술이다.

해설
피부미용은 치료미용이 포함되지 않는 신체를 젊고 건강하게 아름다운 피부로 유지하고 보호해 주는 전신 미용술을 의미한다. 피부미용은 피부를 보호하고 문제점 개선과 심리적인 안정을 도와준다.

03 피부관리의 정의와 가장 거리가 먼 것은?
㉮ 피부미용사의 손과 화장품 및 적용 가능한 피부미용기기를 이용하여 관리하는 것
㉯ 전신의 골격과 근육 상태를 개선하고 유지하기 위한 것

㉰ 얼굴과 전신의 피부유형을 분석하고 관리하여 피부상태를 개선시키는 것
㉱ 의약품을 사용하지 않고 피부상태를 아름답고 건강하게 만드는 것

해설
피부관리는 얼굴과 전신의 피부를 분석하여 적절한 제품, 기기 및 매뉴얼테크닉으로 관리하는 것이다.

04 피부관리의 목적으로 바르게 설명한 것은?
㉮ 꾸준한 피부관리로 피부의 생리기능을 건강하게 유지하는 것이다.
㉯ 노화예방을 위하여 청결한 세안과 영양만 공급하여 탄력성을 주는 것이다.
㉰ 피부의 정상적인 대사기능으로 치료하고 회복시킨다.
㉱ 여드름 피부를 치료하여 정상적인 신진대사 기능으로 유지하는 것이다.

해설
꾸준한 피부관리는 생리기능을 바르게 하여 피부에 보습 기능을 주어 촉촉하고 탄력있는 피부로 가꾸어 준다.

05 피부관리의 순서로 바르게 된 것은?
㉮ 클렌징-팩-마무리-매뉴얼테크닉
㉯ 클렌징-마무리-팩-매뉴얼테크닉
㉰ 클렌징-매뉴얼테크닉-팩-마무리
㉱ 클렌징-마무리-매뉴얼테크닉-팩

해설
피부관리의 순서는 청결(클렌징) – 자극(매뉴얼테크닉) – 침투(팩) – 정리(마무리)로 진행된다.

 정답   01 ㉰   02 ㉱   03 ㉯   04 ㉮   05 ㉰

PART 01 피부미용학

06 피부미용 개념의 설명으로 거리가 먼 것은?

㉮ 피부는 건강을 유지하기 위한 관리이다.
㉯ 안면과 전신의 피부를 관리하는 미용술이다.
㉰ 두발관리도 피부미용의 한 부분이다.
㉱ 물리·화학적 방법을 이용해 피부기능을 활성화 시킨다.

두발은 미용일반(헤어)에 해당되며 피부미용의 영역이 아니다.

07 피부미용의 개념에 대한 설명으로 바른 것은?

㉮ 피부미용이란 내·외적 요인으로 인한 미용상의 문제를 물리·화학적인 방법을 이용하여 유지시키는 방법이다.
㉯ 피부미용이란 피부의 생리기능을 개선하여 아름답고 건강한 피부로 가꿔주는 행위이나 과학적이지 않다.
㉰ 피부미용은 과학적인 지식과 기술을 바탕으로 미의 본질과 형태를 다루는 예술적 행위이자 하나의 과학이다.
㉱ 피부미용은 과학적 지식을 바탕으로 다양한 미용적인 관리를 행하지 않는다.

피부미용은 과학적 지식을 바탕으로 다양한 미용관리를 실시하므로 하나의 과학이자 예술적 행위라고 할 수 있다.

08 위생과 청결이 중시되고 크림과 화장품 등이 일반 시민들에게도 보편화 된 시기는?

㉮ 18세기(근세)   ㉯ 19세기(근대)
㉰ 15세기(르네상스)   ㉱ 21세기(현대)

19세기에는 비누사용이 일반화되고 특수계층의 전유물이었던 크림과 화장품이 일반인에게도 보편화 되었다.

09 피부미용의 역사에 대한 설명으로 바르게 설명한 것은?

㉮ 고려시대는 규합총서에 피부 관리 방법을 기록 되었다.
㉯ 히포크라테스는 천연재료인 진흙과 우유를 활용한 건강관리법을 권장하였다.
㉰ 통일신라시대에는 복숭아 꽃물이나 난을 입욕제로 이용해 피부 관리를 하였다.
㉱ 클레오파트라는 천연재료인 진흙과 우유 등을 이용해 피부 관리를 하였다.

『규합총서』는 조선시대에 피부미용 관리법 등에 대해 기재되어 있다. 이 기재되어 있다. 히포크라테스는 건강하게 신체를 관리하는 방법으로 운동, 식이요법, 목욕과 마사지를 권장하였다. 클레오파트라는 진흙과 우유 같은 천연물질로 피부관리를 하였다. 고려시대에는 목욕과 향료 발달로 인해 복숭아 꽃물로 세안하거나 목욕을 해서 피부를 관리하였다. 피부에 대한 설명으로 다른 것을 고르시오.

10 피부진단 방법에 대한 설명으로 거리가 먼 것은?

㉮ 우드램프와 확대경 같은 기기 등을 이용하여 피부 유형을 분석한다.
㉯ 고객의 생각대로만 피부유형을 분석한다.
㉰ 견진으로 잔주름 정도, 각질상태 및 모공 크기 등을 분석한다.
㉱ 고객에게 피부상태에 대해서 질문한 결과를 토대로 피부유형을 분석한다.

피부유형 진단 방법은 문진, 견진 촉진과 기기분석 방법이 있다. 문진은 질문을 통해서, 견진은 눈으로 보고, 촉진은 만져보고, 기기분석은 우드램프와 확대경 같은 기기를 통해 피부유형을 분석하는 방법이다.

✔ 정답   06 ㉰   07 ㉰   08 ㉯   09 ㉱   10 ㉯

11 피부분석 방법으로 바르게 설명한 것은?

㉮ 피부의 유분 측정은 클렌징하기 전에 측정해야 정확하다.
㉯ 스킨 스코프(Skin Scope)는 피부분석기이며 관리사가 고객에게 피부유형을 설명해 줘야만 한다.
㉰ 촉진은 스파츌라(Spatula)를 사용하여 피부에 자극을 주고 반응을 살펴본다.
㉱ 피부분석은 클렌징 후에 해야 정확하다.

[해설] 올바른 피부분석은 피부 표면의 메이크업 잔여물과 불순물 등을 먼저 클렌징 한 후 청결한 상태에서 분석해야 한다. 스킨 스코프는 고객과 관리사가 동시에 피부유형을 볼 수 있다는 장점을 가진다. 촉진은 스파츌라로 피부 표면을 눌러 나타나는 변화를 관찰하여 피부유형을 분석한다.

12 피부유형을 분석하는 가장 중요한 요인이 연결된 것을 고르시오.

㉮ 피지분비정도-수분함유량
㉯ 수분함유량-안색
㉰ 피지분비정도-유분함유량
㉱ 각질상태-수분함유량

[해설] 피부유형을 분석하는 가장 중요한 요인 2가지는 유분(피지분비정도)과 수분함유량이다.

13 피부 관리 중 피부분석을 통한 고객카드 관리 기록에 대한 설명으로 바른 것은?

㉮ 고객의 피부상태는 거의 변하지 않으므로 피부관리를 시작하는 첫 회에 한 번만 피부분석을 해서 고객카드에 분석 내용을 기록해두고 매 회마다 활용한다.
㉯ 고객의 피부유형과 피부상태는 수시로 변하므로 매 회마다 피부 관리 전에 피부분석을 해서 고객카드에 분석 내용을 기록해두고 활용한다.
㉰ 피부분석은 첫 회 피부 관리를 시작할 때 한 번, 중간에 한 번 그리고 마지막 회에 한 번 해서 상태 변화와 좋아진 점을 고객에게 설명해 준다.
㉱ 피부분석은 첫 회 피부 관리를 시작할 때 한 번하고 마지막 회에 한 번 해서 상태 변화와 좋아진 점을 고객에게 설명해 준다.

[해설] 개인의 피부유형과 피부상태는 수시로 변화하므로 매회 피부 관리 전에 피부분석을 해야 한다. 피부분석은 고객에게 알맞은 피부관리를 제공하기 위한 과정이다. 분석 내용을 고객 카드에 기록을 해두고 매회 활용한다.

14 피부 상담 시 고객과의 대화와 적절하지 못한 것은?

㉮ 고객의 알레르기 유무에 대해서 질문한다.
㉯ 고객이 사용하고 있는 화장품과 사용해 본 화장품에 대해서 질문한다.
㉰ 고객의 잘못된 피부관리 습관을 고쳐주기 위해서 단호하게 지적한다.
㉱ 피부유형에 적합한 홈케어 관리법에 대해서 조언한다.

[해설] 고객과의 대화에선 고객의 말을 먼저 경청하고 고객의 피부관리 습관에 대해서는 조언해줘야 한다. 부드러운 어투로 대화하듯이 조언해야 한다.

15 피부상담 시 대화 주제로 적합한 사항이 아닌 것은?

㉮ 질병 유·무   ㉯ 화장품 사용법
㉰ 식생활   ㉱ 성격

[해설] 피부 상담에는 화장품 사용법, 식생활, 질병의 유·무, 직업, 심리적 요소 등을 세심하게 분석해야 하지만 고객의 성격을 파악하는 질문은 적절하지 않다.

✔ 정답   11 ㉱   12 ㉮   13 ㉯   14 ㉰   15 ㉱

PART 01 피부미용학

16 피부관리실 환경의 조건으로 거리가 먼 것은?

㉮ 환기를 자주 시키고 청결하고 위생적인 환경을 유지한다.
㉯ 불쾌한 냄새를 제거하고 긴장을 풀어주기 위해 아로마 향을 피워 준다.
㉰ 관리실 조명은 직접과 간접 조명을 적절히 설치하여 고객에게 편안한 분위기를 제공한다.
㉱ 피부에 미치는 온도의 영향을 최소화하기 위해 실내·외 온도변화를 최소화 한다.

고객이 편안한 관리를 받기 위해서는 냉·난방의 시설이 잘 되어 있어야 한다.

17 피부관리 전문가의 자격 요건에 대한 설명으로 거리가 먼 것은?

㉮ 정확한 피부분석과 판별 능력이 필요하다.
㉯ 피부유형에 적절한 전문 화장품과 성분에 대한 풍부한 지식이 필요하다.
㉰ 효율적인 매뉴얼테크닉에 대한 전문성이 필요하다.
㉱ 고객과 편안하게 대화하면서 숙련된 화장품 판매능력이 가장 중요하다.

관리사는 고객과 편안하게 대화하는 능력과 제품판매 능력이 필요하지만 가장 중요한 사항은 아니다.

18 여드름 피부에 대한 홈케어 조언으로 거리가 먼 것은?

㉮ 얼굴이 당기거나 수분이 부족해 질 때는 수분크림과 에센스를 사용한다.
㉯ 지나친 당분이나 지방섭취는 자제한다.
㉰ 붉어지는 얼굴 부위는 약간 진하게 파운데이션이나 파우더를 사용해서 감춘다.
㉱ 여드름 피부를 위한 전용 화장품을 사용한다.

여드름 피부는 청결관리가 우선이며, 붉어지는 부위를 진하게 파운데이션이나 파우더를 사용하지 않는다.

19 클렌징에 대한 설명으로 거리가 먼 것은?

㉮ 클렌징 제품에는 효소와 고마쥐가 있다.
㉯ 피부 내부에서 분비되는 피지와 땀을 제거한다.
㉰ 모든 피부관리의 기본단계로 메이크업 잔여물과 색조 메이크업을 제거한다.
㉱ 피부 표면의 노폐물과 먼지를 제거한다.

효소와 고마쥐는 딥클렌징 제품이다. 딥클렌징은 모공 속에 있는 노폐물과 묵은 각질을 제거해준다.

20 클렌징 기능에 대한 설명으로 적절한 것은?

㉮ 클렌징은 땀과 같은 수용성 요소와 피지와 메이크업 같은 유용성 요소를 제거하여 피부를 청결하게 한다.
㉯ 노화를 막고 영양의 흡수를 돕는다.
㉰ 피지, 메이크업, 크림 및 로션류 등은 유성물질로 클렌징제로 제거가 어렵다.
㉱ 먼지와 땀과 같은 노폐물만 제거하여 피부를 청결하게 해준다.

클렌징은 땀과 같은 수용성 요소와 피지와 메이크업 같은 유용성 요소를 제거하여 청결한 피부 상태로 만든다.

✓ 정답   16 ㉱   17 ㉱   18 ㉰   19 ㉯   20 ㉮

21 좋은 클렌징 제품의 조건으로 바른 것은?
㉮ 피부 표면의 잔여물과 묵은 각질을 깨끗하게 제거시켜야 한다.
㉯ 피부의 피지막을 완전히 제거한다.
㉰ 피부유형과 메이크업 상태에 적합한 제품을 선택해야 한다.
㉱ 메이크업 제품이 잘 녹고 피부에 자극을 주지만 잘 씻겨야 한다.

해설) 피부표면의 묵은 각질 제거는 딥클렌징의 효과이다.

22 1차 클렌징인 포인트메이크업 과정 시 주의할 사항으로 가장 거리가 먼 것은?
㉮ 아이 라인을 지울 때는 화장솜을 활용하여 안에서 밖으로 닦아낸다.
㉯ 입술화장을 지울 때는 화장솜으로 윗입술은 위에서 아래로, 아랫입술은 아래에서 위로 닦는다.
㉰ 포인트메이크업을 지울 때는 콘택트렌즈를 뺀 후 시작한다.
㉱ 진한 마스카라를 지울 때는 화장솜으로 안에서 밖으로 강하게 자극하여 닦아낸다.

해설) 포인트메이크업을 지울 때 강한 자극 없이 부드럽게 제거한다.

23 클렌징 방법에 대한 설명으로 거리가 먼 것은?
㉮ 1차는 포인트메이크업을 지우는 단계로 눈과 입술의 전용제품을 사용한다.
㉯ 2차 클렌징인 안면 클렌징은 깨끗이 메이크업 잔여물을 지우기 위해 5분 이상을 유지한다.
㉰ 안면 클렌징 후 티슈, 해면 그리고 습포 순서로 닦아준다.
㉱ 3차 클렌징은 화장수이다.

해설) 안면 클렌징은 3분 정도의 시간이 적당하다.

24 습포의 효과에 대한 설명으로 가장 거리가 먼 것은?
㉮ 온습포는 팩을 제거하기 위해 사용하면 효과적이다.
㉯ 온습포는 혈액순환촉진과 적절한 수분공급의 효과가 있다.
㉰ 냉습포는 피부를 진정시키고 모공을 수축시킨다.
㉱ 온습포는 모공을 확장시켜 노폐물 제거에 도움을 준다.

해설) 팩 제거에 사용하는 습포는 냉습포이다.

25 피부관리 후 마무리 동작에서 수렴작용을 할 수 있는 가장 적합한 방법은?
㉮ 냉습포   ㉯ 건타월
㉰ 미지근한 습포   ㉱ 온습포

해설) 피부관리 마무리 단계에서 진정의 목적으로 냉습포를 사용한다.

✔ 정답 21 ㉰ 22 ㉱ 23 ㉯ 24 ㉮ 25 ㉮

PART 01 피부미용학

26 클렌징 시 주의해야 할 사항 중 가장 거리가 먼 것은?

㉮ 클렌징 할 때 제품이 눈, 코, 입에 들어가지 않도록 주의한다.
㉯ 피부타입에 적절한 클렌징 제품을 사용한다.
㉰ 마스카라와 입술처럼 잘 지워지지 않는 부위는 강하게 문질러 깨끗하게 닦아준다.
㉱ 예민한 부위인 눈과 입은 포인트메이크업 리무버를 사용한다.

해설 메이크업 잔여물이나 노폐물, 먼지 등을 제거하는 과정으로 강하게 문질러 닦는 방법은 피부를 자극하기 때문에 좋지 않다.

27 클렌징의 목적과 가장 거리가 먼 것은?

㉮ 청결과 위생
㉯ 혈액순환 촉진
㉰ 유효성분 침투
㉱ 트리트먼트의 준비

해설 모공 속의 노폐물과 묵은 각질을 제거하여 유효성분 침투에 도움을 주는 것은 딥클렌징의 목적이다.

28 클렌징 제품의 특징에 대한 설명으로 바른 것은?

㉮ 클렌징 크림은 친수성 에멀젼으로 이중세안이 필요하며 모든 피부에 사용된다.
㉯ 클렌징 오일은 친수성 오일로 노화와 건성 피부에 적합하다.
㉰ 클렌징 로션은 친유성으로 가볍고 산뜻함을 부여하여 모든 피부에 사용된다.
㉱ 클렌징 젤은 친유성으로 진한 메이크업을 지울 때 가장 적합하다.

해설 클렌징 크림은 친유성으로 진한 메이크업 을지울 때 가장 적합하며 반드시 이중세안을 해야 한다. 클렌징 로션은 친수성으로 모든 피부에 적합하다. 클렌징 젤은 유분이 함유되지 않은 오일 프리(Oil Free) 제품으로 지성과 여드름 피부에 적합하다.

29 클렌징 단계에 대한 설명으로 가장 바른 것은?

㉮ 1차 클렌징 단계는 클렌징 로션으로 눈과 입술 주위의 약한 피부에 조심스럽게 클렌징 한다.
㉯ 2차 클렌징 단계는 무조건 클렌징 워터를 사용하는 단계이다.
㉰ 3차 클렌징 단계는 폼클렌징으로 적당한 양을 사용하고 눈, 코, 입에 제품이 들어가지 않도록 조심한다.
㉱ 3차 클렌징인 화장수는 세안제의 잔여물을 제거하고 수분을 공급해 주는 단계이다.

해설 2차 안면 클렌징 단계는 피부타입에 맞는 제품을 선택해야 한다. 1차 포인트메이크업 단계에서는 눈과 입술 전용 리무버를 사용해야 한다.

30 피부관리에 대한 설명 중 가장 거리가 먼 것은?

㉮ 열에 약한 피부인 민감성 피부, 모세혈관 확장피부 및 여드름 피부에 온습포 사용은 주의해야 한다.
㉯ 피부에 자극을 최소화하기 위해 딥클렌징을 한 후 화장수로만 가볍게 마무리한다.
㉰ 팩이나 마스크를 한 후 피부유형에 적당한 화장수, 에센스, 아이크림, 보습크림, 자외선 차단제 등을 사용한다.
㉱ 마무리 단계에서는 냉습포를 사용한 후 피부타입에 맞는 화장수로 피부결을 일정하게 한다.

해설 피부관리는 클렌징, 딥 클렌징제, 매뉴얼테크닉과 팩제 순서로 이뤄진다.

 정답 26 ㉰ 27 ㉰ 28 ㉯ 29 ㉱ 30 ㉯

31 화장수의 작용으로 거리가 먼 것은?

㉮ 클렌징 잔여물 제거
㉯ 집중적인 영양공급
㉰ 피부의 pH 균형 조절
㉱ 피부 진정(쿨링)

해설 집중적으로 피부에 영향을 공급하는 단계는 팩 단계이며, 화장수에는 영양공급 작용이 없다.

32 클렌징 제품 중 지성 피부와 여드름피부에 적당하며 세정력이 뛰어난 제품은?

㉮ 클렌징 밀크
㉯ 클렌징 오일
㉰ 클렌징 젤
㉱ 클렌징 크림

해설 지성, 여드름 및 유분에 알러지 있는 피부에 적당한 클렌징 제품은 젤타입이다.

33 첫 피부관리 상담과정에서 고객이 얻는 효과로 가장 거리가 먼 것은?

㉮ 모든 단계의 피부관리방법을 배우게 된다.
㉯ 피부관리에 관련된 지식을 습득하게 된다.
㉰ 피부관리에 대해서 긍정적이고 적극적인 생각을 갖는다.
㉱ 피부관리에 대해 긴장하지 않고 심리적인 안정감을 갖는다.

해설 모든 단계의 피부관리방법을 배울 필요는 없다.

34 클렌징 시술 준비과정의 유의사항에 대한 설명으로 가장 거리가 먼 것은?

㉮ 고객은 정해진 장소에서 가운을 갈아입고 직접 액세서리를 제거하여 보관하게 한다.
㉯ 헤어터번으로 귀를 덮지 않도록 주의한다.
㉰ 깨끗한 시트와 타월로 준비된 침대에 고객을 눕힌 다음 큰 타월이나 담요를 덮어준다.
㉱ 헤어터번이 흘러내리지 않도록 핀셋으로 고정한다.

해설 헤어터번이 흘러내리지 않도록 핀셋으로 고정시키지 않는다.

35 습포에 대한 설명으로 가장 바른 것은?

㉮ 피부관리의 최종단계에서 모공의 수축을 위해 온습포를 사용한다.
㉯ 냉습포는 팔의 안쪽에 밀착시켜 온도를 확인한 후 사용한다.
㉰ 타월은 항상 자비소독 등의 방법을 실시한 후 고객에게 사용한다.
㉱ 피부관리 시 사용되는 수건은 건타월과 냉습포가 일반적이다.

해설 피부관리에는 습포를 주로 사용하며, 온습포는 피부의 온도를 상승시켜 모공을 확장하고 피부의 신진대사를 돕는다. 냉습포는 온도를 확인하지 않는다. 자비소독은 끓는 물에 소독하는 것을 의미한다.

✔ **정답** 31 ㉯ 32 ㉰ 33 ㉮ 34 ㉱ 35 ㉮

PART 01 피부미용학

36 클렌징 단계로 가장 적합한 것을 고르세요?

㉮ 포인트메이크업 클렌징-클렌징 제품도포-클렌징 손동작-화장품 제거-습포
㉯ 화장품 제거-포인트메이크업 클렌징-클렌징 제품도포-클렌징 손동작-습포
㉰ 클렌징 손동작-화장품 제거-포인트메이크업 클렌징-클렌징 제품도포-습포
㉱ 포인트메이크업 클렌징-화장품 제거-클렌징 손동작-클렌징 제품도포-습포

클렌징 단계는 포인트메이크업을 제거한 후 클렌징 제품을 도포하고 클렌징 손동작으로 화장품의 잔여물이나 노폐물을 제거하는 과정을 거친 후 습포와 화장수를 사용

37 안면 클렌징 시술 시의 주의사항 중 가장 거리가 먼 것은?

㉮ 고객의 눈이나 코 안으로 화장품이 들어가지 않도록 주의한다.
㉯ 위에서 아래로 근육결 반대방향으로 시술한다.
㉰ 3분 정도의 시간 안에 가볍고 빠르게 일정한 속도와 리듬감을 유지한다.
㉱ 아래에서 위로 근육이 처지지 않게 한다.

안면 클렌징은 근육결 방향으로 아래에서 위로 동작을 한다.

38 클렌징 크림에 대한 설명으로 바른 것은?

㉮ 여드름과 노화 피부에 적합하며 물에 잘 용해된다.
㉯ 클렌징 효과는 약하나 끈적임이 없고 지성 피부에 특히 적합하다.
㉰ 친수성으로 반드시 이중세안해야 하며 모든 피부에 사용 가능하다.
㉱ W/O타입으로 유성성분과 진한 메이크업 제거에 효과적이다.

크림 타입은 친유성으로 진한 화장이나 메이크업 제거에 효과적이다. 노화피부와 여드름 피부에는 적합하지 않다.

39 화장수에 대한 설명으로 다른 것을 고르시오.

㉮ 유연수는 모든 피부가 사용하며 보습제 함유로 각질층을 촉촉하고 부드럽게 해 준다
㉯ 수렴수는 알코올 함량이 높아 아스트리젠트라고 불리며 피부에 각질 제거 및 미백기능을 한다.
㉰ 소염수는 여드름 피부에서 주로 사용한다.
㉱ 수렴수는 모공을 수축시키고 피부를 정돈해주며 지성피부에 주로 사용된다.

각질 제거와 미백기능을 가진 것은 딥 클렌징이다.

40 피부미용의 관점에서 딥 클렌징의 목적으로 거리가 먼 것은?

㉮ 모공 속 노폐물을 제거하여 영양물질의 흡수를 용이하게 한다.
㉯ 피부 유형에 따라 주 1~2회 정도 실시한다.
㉰ 피부 표면에 화학적 화상을 유발하여 피부세포 재생을 촉진한다.
㉱ 각질층의 일부와 피지를 제거한다.

딥 클렌징은 묵은 각질탈락과 모공 속 노폐물 제거로 영양물질을 흡수하기 위한 과정이다. 화학적 화상을 유발하지 않는다.

✓ 정답 36 ㉮ 37 ㉯ 38 ㉱ 39 ㉯ 40 ㉰

41 딥 클렌징의 효과에 대한 설명으로 바른 것은?

㉮ 모공 속 노폐물 제거와 피부의 불필요한 각질세포를 제거한다.
㉯ 피부표면을 매끈하게 해주고 조직에 영양을 공급한다.
㉰ 혈액순환을 촉진시키고 면포를 연화시킨다.
㉱ 혈액순환을 촉진시키고 피부조직에 영양을 공급한다.

해설) 딥 클렌징은 면포를 연화시키고, 피부 모공 깊숙한 곳의 노폐물과 피부 표면의 묵은 각질을 제거해서 피부를 건강하게 만드는 것으로 혈액순환 촉진과 영양공급과는 무관하다.

42 딥 클렌징에 대한 설명이 바른 것은?

㉮ 고마쥐-물리적 ㉯ 스크럽-화학적
㉰ BHA-물리적   ㉱ 효소-물리적

해설) 물리적 딥클렌징은 스크럽과 고마쥐, 화학적 딥클렌징은 AHA, BHA와 효소이다.

43 딥 클렌징 방법인 효소에 적합하지 않은 피부는?

㉮ 자외선에 의해 손상되거나 일광화상 피부
㉯ 피지가 많고 각질이 두껍고 피부표면이 건조하여 당기는 피부
㉰ 면포가 많은 면포성 여드름과 지성피부
㉱ 흰면포와 비립종을 가진 피부

해설) 자외선에 의해 손상입은 일광화상 피부는 예민하고 민감하므로 효소뿐 아니라 다른 딥클렌징들도 적합하지 않다.

44 딥 클렌징에 관한 설명으로 가장 거리가 먼 것은?

㉮ 딥 클렌징 방법은 크게 화장품을 이용한 방법과 기기를 이용한 방법으로 나눌 수 있다.
㉯ AHA를 이용한 화학적 딥 클렌징은 스티머(Steamer)를 함께 이용한다.
㉰ 딥 클렌징은 피부표면의 노화된 각질을 부드럽게 제거함으로써 유용한 성분의 침투를 높이는 효과를 갖는다.
㉱ 기기를 이용한 딥클렌징 방법에는 브러싱과 디스인크러스테이션 등이 있다.

해설) AHA는 피부유형에 적합하게 적용한 후 냉타월로 정리하는 딥 클렌징이다. 스티머를 함께 사용하는 것은 효소이다.

45 딥 클렌징에 대한 설명으로 바른 것은?

㉮ 고마쥐는 브러시로 가볍게 저어 거품을 충분히 내어 얼굴에 도포하듯 발라준다.
㉯ 딥 클렌징은 잔주름 예방과 항노화에 효과적이다.
㉰ 효소(엔자임)는 글리콜릭산과 주석산이 주성분이며, 적당한 온도와 습도를 만들어 주면 효과가 나타난다.
㉱ 스크럽은 모공이 넓은 지성피부에는 효과적이지만 염증성과 모세혈관 확장증 피부에는 적합하지 않다.

해설) 딥 클렌징은 잔주름 예방이나 항노화 관리와는 연관이 없다. 글리클릭산과 주석산은 AHA의 성분이다. 고마쥐는 도포 후 적당히 마르면 피부결 방향으로 밀어서 각질을 제거한다.

✓ 정답 41 ㉮ 42 ㉮ 43 ㉮ 44 ㉯ 45 ㉱

PART 01 피부미용학

46 AHA를 적용하는 피부가 아닌 것은?

㉮ 지성피부　　㉯ 노화피부
㉰ 민감성피부　㉱ 색소침착피부

화학적 딥 클렌징인 AHA는 민감성 피부와 산에 알러지가 있는 피부에는 부적합하다.

47 물리적 딥 클렌징에 대한 설명으로 가장 거리가 먼 것은?

㉮ 스크럽과 고마쥐 타입이 있다.
㉯ 지성과 각질이 눈에 보이는 건성피부에 효율적이다.
㉰ 자극이 적어 민감성 피부, 염증 피부 및 피부질환이 있는 피부도 적용된다.
㉱ 손이나 기계 등을 이용하여 노화된 각질을 제거하는 방법이다.

물리적 딥 클렌징은 자극이 많아 염증이나 예민한 피부에는 적용하지 않는다.

48 딥 클렌징 스크럽 적용이 가능한 피부는?

㉮ 모세혈관확장증 피부
㉯ 각질이 많은 피부
㉰ 농포성 여드름 피부
㉱ 민감성 피부

물리적 딥 클렌징은 각질이 많은 피부, 모공이 넓은 피부, 면포가 많은 피부에 적합하다.

49 딥 클렌징 AHA에 대한 설명으로 가장 바른 것은?

㉮ 물리적 성분들이 각질의 박리를 촉진하는 방법이다.
㉯ 주로 과일산에서 추출한 성분으로 에스테틱에서는 10% 이하의 농도를 쓴다.
㉰ 글리콜릭산, 주석산, 젖산, 말릭산 및 구연산처럼 과일에서만 추출한다.
㉱ 유기산 물질이 피부를 부드럽게 하여 민감한 피부에도 효능이 있다.

젖산은 발효우유에서 추출하므로 과일산은 아니다. 산 성분은 피부에 자극적이기 때문에 민감성 피부에는 사용하지 않는다.

50 글리콜산, 사과산이나 젖산 등을 이용하여 각질층에 침투시키는 방법으로 각질세포의 응집력을 약화시키며 자연 탈피를 유도시키는 필링제품은?

㉮ Phenol　　㉯ BP
㉰ TCA　　　㉱ AHA

AHA(Alpha Hydroxy Acid)는 사과, 토마토, 오렌지 등 과일에 많이 들어가 있다. AHA는 피부 각질을 연화시켜 탈락을 유도한다.

✔ 정답　46 ㉰　47 ㉰　48 ㉯　49 ㉯　50 ㉱

51 화장품 도포의 목적으로 거리가 먼 것은?

㉮ 피부결을 정돈하고 피부 표면의 pH의 불균형을 정상화시켜 준다.
㉯ 피부에 수분공급으로 피부의 주름을 없애주기 위함이다.
㉰ 세정작용으로 피부 표면에 불순물, 메이크업 잔여물 등을 제거하기 위해 사용된다.
㉱ 피부에 영양공급으로 피부의 신진대사를 활성화시킨다.

화장품은 주름을 제거하지 못한다.

52 피부유형에 따른 관리방법으로 거리가 먼 것은?

㉮ 복합성피부는 유분이 많은 T존 부위는 모공을 막고 있는 피지 등의 노폐물이 쉽게 나올 수 있도록 손을 이용한 관리를 다른 부위보다 많이 한다.
㉯ 노화피부는 피부가 건조해지지 않도록 보습과 영양을 충분히 공급하고 자외선 차단제를 전체적으로 도포한다.
㉰ 모세혈관확장증 피부는 자극 없는 세안제를 손에서 충분히 거품을 낸 후 미온수로 완전히 헹구어 낸다.
㉱ 색소침착피부는 자외선 차단제를 색소가 침착된 부위에 집중적으로 도포한다.

색소침착피부는 얼굴 전체에 자외선 차단제를 꼼꼼히 발라준다.

53 민감성 피부 관리의 마무리단계에 사용될 보습제로 거리가 먼 것은?

㉮ 알란토인   ㉯ 알부틴
㉰ 아줄렌   ㉱ 알로에베라

알부틴(Arbutin)은 월귤나무열매(Bearberry)에서 추출한 글라이코실레이티드 하이드로퀴논으로 미백물질이다.

54 피부유형과 화장품의 사용 목적으로 바르게 연결된 것은?

㉮ 여드름피 부-멜라닌 생성 억제 및 피부기능 활성화
㉯ 민감성피 부-보습과 염증관리
㉰ 건성피부-피지분지 조절, 유·수분을 공급 관리
㉱ 노화피부-결체조직 강화, 주름완화, 보습 및 피부보호 관리

민감성 피부는 진정관리가 필요하고 건성피부는 보습관리가 필요하다. 여드름피부는 피지를 조절하고 염증을 진정시키며 세포재생을 도와주는 항염관리가 필요하다.

55 피지선과 한선의 기능 저하로 유·수분의 균형이 맞지 않아 피부결이 얇고 탄력이 떨어지며 잔주름이 쉽게 형성되는 피부유형은?

㉮ 건성피부   ㉯ 지성피부
㉰ 정상피부   ㉱ 민감피부

피지와 땀의 분비 저하로 유·수분의 균형이 맞지 않고 피부결이 얇으며 탄력이 떨어져서 주름이 쉽게 형성되는 피부는 건성 피부이다.

✓ 정답 51 ㉯ 52 ㉱ 53 ㉯ 54 ㉱ 55 ㉮

PART 01 피부미용학

56 제모의 종류와 방법에 대한 설명으로 바른 것은?

㉮ 일시적 제모는 면도, 쪽집게, 화학적 제모, 전기분해 제모법이 있다.
㉯ 영구적 제모는 갈바닉 트위저(핀셋법), 레이저 제모법, 왁스 제모가 있다.
㉰ 온 왁스 제모는 하드 왁스와 소프트 왁스로 구분할 수 있다.
㉱ 왁스 제모는 피부나 모낭 등에 화학적 물질이 자극을 일으키는 단점이 있다.

 전기분해 제모법은 영구적 제모방법이다. 온 왁스 제모법에는 부직포를 사용하지 않는 하드 왁스와 부직포를 사용하는 소프트 왁스로 구분된다. 화학적 제모는 강알칼리 물질이 피부에 자극을 줄 수 있다.

57 왁스를 이용한 제모의 비적용증으로 가장 거리가 먼 것은?

㉮ 임신, 천식
㉯ 당뇨병, 사마귀
㉰ 정맥류, 모세혈관확장증
㉱ 민감성 피부, 염증

해설 피부가 예민하거나 혈관과 혈액에 문제가 있는 정맥류, 당뇨병, 예민한 피부는 왁스에 적당하지 않다.

58 마스크에 대한 설명 중 가장 거리가 먼 것은?

㉮ 석고 – 석고와 물의 교반 작용 후 황산칼슘과 크리스탈이 열을 발산하여 굳는다.
㉯ 콜라겐 벨벳 – 시트 형태 마스크를 부착시킬 때 콜라겐의 침투가 이루어지도록 기포를 형성시켜 공기층의 순환이 되도록 한다.
㉰ 젤라틴 – 중탕으로 녹인 팩제를 온도 테스트 후 브러쉬로 바른다.
㉱ 파라핀 – 열이 모공을 열어주고 오일 성분이 피부를 코팅하는 과정에서 발한 작용이 발생한다.

 콜라겐 벨벳 마스크는 콜라겐을 건조한 팩으로 공기 없이 피부에 밀착이 되어야 콜라겐의 침투가 용이하다. 모든 피부에 수분을 공급하여 탄력을 증진시켜준다.

59 매뉴얼테크닉이 적용 가능한 경우는?

㉮ 피부에 셀룰라이트(Cellulite)가 있는 경우
㉯ 수술 후 아직 상처가 아물지 않은 경우
㉰ 급성 전염성 피부 질환이 있는 경우
㉱ 피부, 근육 및 골격에 손상이 있는 경우

 피부에 셀룰라이트(Cellulite)가 있는 경우는 림프드레나쥐 같은 매뉴얼테크닉을 적용하면 효과적으로 개선시킬 수 있다.

60 매뉴얼테크닉을 고객에게 적용할 때 영향을 미치는 요인과 가장 거리가 먼 것들은?

㉮ 속도감, 리듬감
㉯ 현란한 기교, 다양한 동작
㉰ 밀착감, 연결성
㉱ 피부결의 방향, 구심성 방향

 매뉴얼테크닉을 실시할 때는 다양하고 현란한 기교보다 고객이 편안한 상태에서 이완될 수 있는 속도감, 리듬감, 밀착감, 연결성, 말초에서 중심으로 이동하는 구심성 방향과 피부결 방향으로 적용하는 것이 더 중요하다.

✓ **정답** 56 ㉰ 57 ㉮ 58 ㉯ 59 ㉮ 60 ㉯

61 온왁스 제모방법에서 스트립(부직포)을 이용하는 일시적 제모의 특징으로 가장 바른 것은?

㉮ 넓은 부위의 제모하고자 하는 털을 한 번에 제거하여 즉각적인 결과를 가져온다.
㉯ 의료적 행위로 넓은 부분의 불필요한 털을 제거하기 위해서는 많은 비용이 든다.
㉰ 깨끗한 외관을 유지하기 위해서 반복적인 시술을 하지 않아도 된다.
㉱ 모근까지 파괴하여 한번 시술을 하면 다시 는 털이 나지 않는다.

해설 스트립을 사용하는 소프트 왁스 제모는 넓은 부위에 지나치게 많은 털을 한 번에 제거하여 즉각적인 효과를 가져온다.

62 피부에 주름이 생기는 원인으로 가장 거리가 먼 것은?

㉮ 나이가 들면서 피부의 수분 보유력이 떨어지며 내인적 요소로 발생한다.
㉯ 콜라겐과 엘라스틴처럼 피부형태를 유지하고 지지시켜주는 결체조직이 부족해서 생긴다.
㉰ 피지분비 증가로 모공이 커지면서 염증이 발생하여 주름이 생긴다.
㉱ 피부의 생리기능 저하로 피지막의 기능 수행이 부족하여 생긴다.

해설 피부의 수화기능이 떨어지면 생긴다 수화기능이란 피부가 수분을 함유할 수 있는 능력으로 피지막의 기능 저하, 콜라겐과 엘라스틴 부족 등의 원인으로 발생한다. 모공이 커지면서 염증이 발생하는 것은 여드름 발생 원인이다.

63 매뉴얼 테크닉 기법 중 닥터 자켓법에 관한 설명으로 가장 적합한 것은?

㉮ 디스인크러스테이션 전에 준비과정으로 실시한다.
㉯ 화농성 여드름 피부를 클렌징할 때 쓰는 동작이다.
㉰ 모공을 수축시키고 피지선의 활동을 억제한다.
㉱ 손가락을 이용하여 모낭 내 피지를 모공 밖으로 배출시킨다.

해설 닥터 자켓법은 손가락의 끝부분으로 피부나 근육을 잡아당겨서 모낭 내 피지를 모공 밖으로 배출시키듯 튕겨주는 동작이다.

64 피부유형에 따른 관리방법에 대한 설명으로 가장 거리가 먼 것은?

㉮ 건성피부는 알칼리성 비누를 이용하여 뜨거운 물로 자주 세안을 한다.
㉯ 지성피부는 수렴 화장수를 사용한다.
㉰ 건성피부는 클렌징 밀크 타입을 선택하여 사용한다.
㉱ 지성피부는 클렌징 젤 타입을 선택하여 사용한다.

해설 건성피부는 피부결이 얇고 유·수분이 균형적이지 않으므로 약알칼리 세안제와 미 온수를 사용하는 것이 좋다. 건성피부는 세라마이드, 호호바 오일, 아보카도 오일, 알로에베라 및 히아루론산 등의 성분이 함유된 화장품을 사용한다.

65 물의 성질과 압력을 이용해 혈액순환을 촉진시켜 체내의 독소배출, 근육이완 및 세포재생 등의 효과를 주는 전신관리 방법은?

㉮ 스파테라피(Spa-therapy)
㉯ 아로마테라피(Aroma-therapy)
㉰ 스톤테라피(Stone-therapy)
㉱ 딸라소테라피(Thalassotherapy)

해설 딸라소테라피(Thalassotherapy)는 해수와 해조류를 이용한 테라디이다. 해수를 사용하긴 하지만 스파테라피와는 차이가 있다.

✓ 정답 61 ㉮ 62 ㉰ 63 ㉰ 64 ㉮ 65 ㉮

PART 01 피부미용학

66 매뉴얼테크닉의 기본 동작 중 신경조직을 자극하여 혈액순환을 촉진시켜 피부 탄력성 증가에 가장 효과적인 동작은?

㉮ 쓰다듬기 ㉯ 두드리기
㉰ 문지르기 ㉱ 떨어주기

탄력을 주고 혈액순환을 도와주는 매뉴얼테크닉의 기본 동작은 두드리기 동작이다. 두드리기는 손가락, 손바닥, 손 측면, 손등 및 주먹 등으로 가볍고 빠른 동작으로 치는 동작이다. 쓰다듬기는 가장 많이 사용하는 동작이며 시작과 마무리를 하는 동작이다. 문지르기는 강한 동작으로 주름 예방에 효과적이다. 떨어주기는 경직된 근육 이완에 가장 효과적인 동작이다.

67 피부에 적용 후 온도가 45°C까지 올라가며, 건성과 노화 피부에 필요한 영양 성분 흡수를 도와주는 효과적인 마스크는?

㉮ 콜라겐 마스크 ㉯ 알긴산 마스크
㉰ 석고 마스크   ㉱ 머드 마스크

콜라겐 마스크와 알긴산 마스크(고무 마스크)는 수분 공급에 효과적이며 머드 마스크는 과다피지제거에 효과적이다.

68 팩에 대한 설명으로 가장 바른 것은?

㉮ 워시오프(Wash off) 타입의 팩은 건조되어 얇은 필름을 형성하며 피부 청결에 효과적이다.
㉯ 티슈오프(Tissue off) 타입의 팩은 건성과 노화피부에 도포 후 건조시켜 떼어내는 형태이다.
㉰ 필오프(Peel off) 타입의 팩은 도포 후 정해진 시간이 지나면 미온수로 닦아내는 일반적인 형태이다.
㉱ 필오프(Peel off) 타입의 파라핀 팩은 여드름 피부와 모세혈관확장 피부에 사용하는 것은 피한다.

여드름과 모세혈관확장피부에 열을 내는 파라핀 팩은 적당하지 않다.

69 제모에 대한 설명으로 가장 거리가 먼 것은?

㉮ 왁스 제모를 시작하기 전에 시술자는 의료용 장갑(라텍스 장갑)을 낀다.
㉯ 소프트 왁스 제모는 부직포(무슬린 천)를 떼어낼 때 털이 난 반대 방향으로 제거한다.
㉰ 화학적 제모 제품은 강알칼리성으로 사용 전 첩포시험을 실시하는 것이 좋다.
㉱ 화학적 제모는 털을 모근으로부터 제거한다.

화학적 제모는 털의 모간만 제거한다. 제모하기 전에 피부를 깨끗이 해야 하며 제모 후 진정제품을 흡수시킨다.

70 매뉴얼테크닉의 기본 동작에 대한 설명으로 가장 거리가 먼 것은?

㉮ 프릭션(Friction)-근육을 횡단하듯 강하게 비틀고 반죽하는 동작
㉯ 에플라쥐(Effleyrage)-손바닥을 이용해 피부에 밀착시켜 가볍고 부드럽게 쓰다듬는 동작
㉰ 타포트먼트(Tapotement)-손바닥과 손가락 등으로 리듬감 있게 두드리는 동작
㉱ 바이브레이션(Vibration)-손가락에 힘을 주어 얼굴과 전신에 진동을 주는 동작

프릭션(Friction)은 강하게 원이나 용수철처럼 문지르며 자극을 주기 위한 동작으로 주름 예방에 효과적이다. 근육을 횡단하듯 반죽하는 동작은 페트리사쥐(Petrissage)이다.

✓ 정답 66 ㉯ 67 ㉰ 68 ㉱ 69 ㉱ 70 ㉮

71 다음에서 설명하는 팩은?

> 효과 및 사용방법 : 유화형태로 피부타입에 따라 다양하게 사용되며 사용감이 부드럽고 일반적으로 사용한다. 필요한 부위에 적당량 바르고 필요에 따라 호일, 랩, 적외선 램프와 함께 사용한다.

㉮ 크림팩
㉯ 벨벳(시트)팩
㉰ 분말팩
㉱ 석고팩

 다양한 유화형태로 사용감이 부드럽고 침투가 쉬운 팩은 크림 팩이다.

72 피부미용 관리의 효율을 높여주는 방법으로 가장 거리가 먼 것은?

㉮ 노폐물 배출을 돕기 위해 따뜻한 허브차를 마시게 한다.
㉯ 시원한 물을 마시게 하여 고객을 안정시킨다.
㉰ 편안하고 조용한 환경으로 고객이 심리적 안정감을 갖도록 한다.
㉱ 온습포를 사용하여 고객의 몸을 이완시켜 준다.

해설 미지근한 물을 마시게 하여 순환을 돕는다.

73 아래 설명과 가장 가까운 피부타입과 관리방법에 대한 설명으로 가장 가까운 것은?

> 넓은 모공, 다른 피부 유형들보다 두꺼운 피부, 블랙헤드(검은 면포)와 뾰루지 등이 존재

㉮ 지성피부-향, 색소, 방부제를 함유하지 않은 화장품
㉯ 건성피부-유분과 수분이 많이 함유된 화장품
㉰ 지성피부-오일이 함유되어 있지 않은 오일 프리 (Oil free) 화장품 사용

㉱ 정상피부-항노화 성분이 함유된 화장품

 지성피부는 모공이 넓고 블랙헤드가 잘 생긴다. 정상피부보다 표피가 두꺼우며 뾰루지가 생성되기 쉽다. 그러므로 피부정화 관리와 과다피지를 제거하고 오일 프리 화장품을 사용한다.

74 매뉴얼 테크닉의 비적용 대상과 가장 거리가 먼 것은?

㉮ 다리 부위에 정맥류가 있는 경우
㉯ 수술 직후나 아물지 않은 외상
㉰ 초기 임산부의 복부와 가슴 매뉴얼테크닉
㉱ 오랫동안 서 있는 직업으로 인한 다리의 부종

 오랫동안 서 있는 자세 때문에 나타나는 다리의 부종은 매뉴얼테크닉 적용이 가능하다.

75 임파선에 작용하여 체내의 노폐물, 독소 및 과도한 체액의 배출을 원활하게 도와주는 전신관리 방법은?

㉮ 시아추 요법
㉯ 인디안 헤드 마사지
㉰ 림프드레나쥐
㉱ 반사 요법

 림프드레나쥐는 인체에 흐르는 림프 순환(임파선 순환)을 촉진시켜 노폐물을 배출을 원활하게 하며 체내의 항상성 유지와 면역에 중요한 역할을 한다. 인디안 헤드 마사지는 두피에 적용하는 관리방법으로 스트레스완화와 탈모예방 등의 효과가 있다. 시아추요법(지압법)은 인체의 통증점을 관리하여 근육이완 등에 도움을 준다. 반사요법은 발, 손, 귀의 반사구를 자극하여 인체의 대사 기능과 작용을 원활하게 하도록 도와준다.

✓ 정답   71 ㉮   72 ㉯   73 ㉰   74 ㉱   75 ㉰

PART 01 피부미용학

76 바디 랩에 관한 설명으로 틀린 것은?

㉮ 허브와 슬리밍 크림을 도포한 후 바디 랩을 한다.
㉯ 몸을 따뜻하게 하기 위해 수증기나 드라이 히트(Dry Heat, 건열)를 사용되기도 한다.
㉰ 독소배출, 노폐물의 배출 증진 및 혈액과 림프 순환 증진에 효과적이다.
㉱ 비닐을 감쌀 때는 근육에 밀착시켜 타이트하게 꽉 조이도록 한다.

해설 혈액과 림프순환을 위해 비닐을 감쌀 때 꽉 조이는 것은 삼간다.

77 피부유형에 따른 화장품 사용방법으로 가장 거리가 먼 것은?

㉮ 민감성피부–무향, 화학적 방부제 무첨가, 무알코올 화장품 사용
㉯ 건성피부–유분과 수분을 모두 공급하는 화장품 사용
㉰ 모세혈관확장피부–2회/1주 정도 딥클렌징제 사용
㉱ 복합성피부–T-존과 U-존 부위에 각각 다른 화장품 사용

해설 모세혈관확장 피부는 예민하고 혈관이 약해 자극적인 딥 클렌징제의 사용을 자제한다.

78 계절에 따른 피부 특성과 관리 목적으로 가장 거리가 먼 것은?

㉮ 봄–자외선이 점차 강해지며 기미와 주근깨 등 색소 침착이 피부표면에 두드러지므로 보습과 미백관리가 필요하다.
㉯ 여름–기온의 상승으로 혈액순환이 촉진되어 진피의 탄력이 증가하므로 진정관리를 해야 한다.
㉰ 가을–기온의 변화가 심해 피지막의 상태가 불안정해지므로 피부 청결관리와 보습 관리에 집중한다.
㉱ 겨울–기온이 낮아져 피부의 혈액순환과 신진대사 기능이 둔화되므로 영양공급 관리가 필요하다.

해설 여름은 기온이 높아 피지분비량이 많아지고 표피와 진피의 탄력이 저하되므로, 과다피지제거, 열을 내려주는 쿨링(진정)관리 및 보습관리가 필요하다.

79 피부관리실에서 피부관리 시 마무리 관리로 가장 거리가 먼 것은?

㉮ 피부유형에 맞는 영양과 보호 화장품 바르기
㉯ 피부상태와 관리목적에 따라 매뉴얼테크닉하기
㉰ 뒷목 부위 풀어주기
㉱ 자외선 차단제 바르기

해설 매뉴얼테크닉은 마무리 전 단계에서 혈액순환과 피부의 생리대사를 증진하기 위한 단계이다.

80 피부관리 후 피부미용사가 마무리하는 내용으로 가장 거리가 먼 것은?

㉮ 피부관리 후 고객 기록카드에 관리내용과 사용 화장품에 대해 기록한다.
㉯ 피부미용관리가 마무리되면 침대, 사용한 제품 및 주변을 청결하게 정리한다.
㉰ 고객의 홈케어에 대해서도 기록하여 추후 참고 자료로 활용한다.
㉱ 반드시 메이크업으로 마무리해 준다.

해설 메이크업은 필수 사항이 아니다.

✓ 정답 76 ㉱ 77 ㉰ 78 ㉯ 79 ㉯ 80 ㉱

PART 02 피부학

CHAPTER 01 피부와 피부부속기관의 구조 및 기능
CHAPTER 02 피부와 영양
CHAPTER 03 피부장애와 질환
CHAPTER 04 피부와 태양광
CHAPTER 05 피부면역
CHAPTER 06 피부노화

PART 02 피부학

| CHAPTER 01 | 피부와 피부부속기관의 구조 및 기능

1. 피부의 구조 및 기능

1) 피부의 정의

① 신체의 표면을 덮고 있는 가장 넓은 기관으로 외부환경 즉, 물리적, 화학적 환경으로부터 신체를 보호하고, 신진대사에 필요한 기능을 수행하는 기관으로 표피(Epidermis), 진피(Dermis), 피하조직(Subcutaneous layer)으로 이루어져 있으며 피지선, 한선, 모발, 조갑 등의 부속기관으로 구성되어 있다.
② 피부면적은 성인기준으로 차이가 있지만 면적은 약 1.6㎡, 눈꺼풀의 두께는 1.6mm, 허벅지는 6mm로 중량은 체중의 16~20% 정도를 이루고 신체 부위와 각질층의 두께에 따라 다를 수 있다.
③ 조직 내·외분비기관과 혈관 등이 분포되어 있어 감각수용기(촉각, 통각, 압각, 냉각, 온각)를 통해 신체 내부를 보호한다.
④ 수분과 지방 그리고 단백질로 구성되어 있으며 생리적 작용을 통해 땀과 피지분비, 체온 조절, 노폐물배출, 호흡 등에 관여를 한다.
⑤ 자외선으로부터 피부를 보호하고 비타민 D형성과 저장작용을 한다.

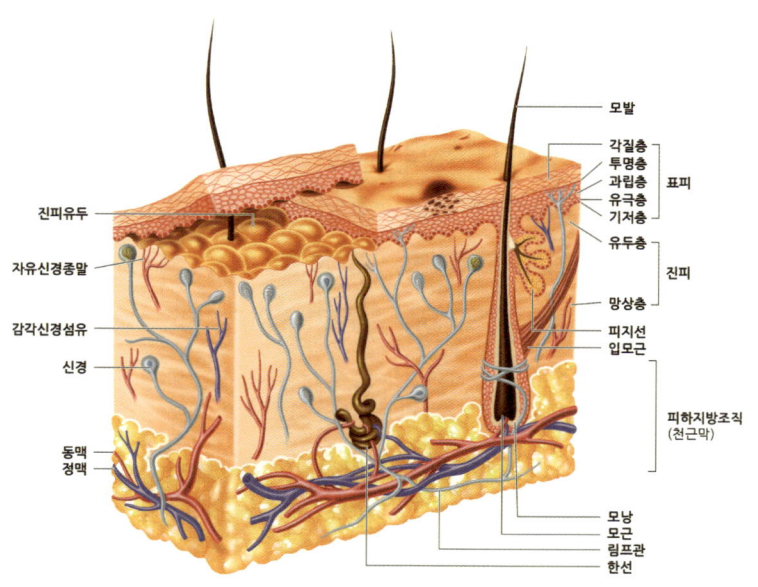

피부의 단면

2) 피부의 구조

(1) 표피(Epidermis)

- 표피의 구성은 상층부 구조인 각질층, 투명층, 과립층, 유극층, 기저층 순으로 이루어져 있고 신경과 혈관이 적게 분포되어 있으며 세균 및 유해외부물질, 자외선으로부터 피부를 보호하는 기능을 가지고 있다.
- 표피의 두께는 눈꺼풀과 볼 주위가 가장 얇으며 손바닥, 발바닥은 가장 두껍고 편평세포로 이루어져 있다.
- 표피를 구성하고 있는 세포는 각질형성세포, 랑게르한스세포, 머켈세포, 멜라닌 세포로 구성되어 있다.
- 산성에는 강하고 알칼리성에 약하며 모공과 땀을 분비하는 한공이 있다.
- 표피의 세포는 각화와 탈락을 반복하며 각화주기는 약 28일 또는 4주이다.

① 각질층(Horny layer)

- ㉠ 기저층에서 생성된 세포가 각화작용에 의해 죽은 세포들로 구성된 층으로 각화가 이루어지기 위해서는 동물성 단백질과 비타민이 필요하다.
- ㉡ 단백질은 피부의 수분유지를 도와주어 피부가 유연하고 부드럽게 해주는 역할을 한다.
- ㉢ 핵이 없는 죽은 세포로 15~25개 층으로 구성되어 있고 표면에 가까울수록 편평한 비늘모양을 하고 있다.
- ㉣ 외부물질을 차단하며 박테리아 또는 곰팡이번식 억제, 이물질의 침입을 막고 자극에 대한 저항력을 가지고 있다.
- ㉤ 주성분은 케라틴 58%, 세포간지질 11%, 천연보습인자 31%로 구성되어 있으며 세포 간 기질성분은 세라마이드 각질층 사이에 라멜라 구조로 존재한다.
- ㉥ 각질층의 수분함유량은 10~20% 정도로 천연보습인자를 통해 각질층의 수분량이 결정되고 피부의 탄력과 피부손상방지의 역할을 한다.

② 투명층(lucid layer)

- ㉠ 핵과 색이 없는 투명한 세포로 구성되어 있으며 보통 1~3개 층으로 이루어져 있다.
- ㉡ 주로 손바닥과 발바닥 같은 두꺼운 피부에 존재하고 수분에 의한 팽윤성이 적다.
- ㉢ 엘라이딘(eleidin)이라는 반유동성 물질이 존재하고 이로 인해 피부는 윤기 있으며 수분 흡수를 방지하며 햇빛을 강하게 굴절시킨다.
- ㉣ 과립층과 각질층 사이의 경계를 이루고 있다.

③ 과립층(granular layer)

- ㉠ 편평 및 방추형의 과립세포들로 구성되어 있고 이물질 유입 및 피부 내부로부터 수분 증발을 저지하는 수분저지막(Barrier Zone)이 있어 피부염이나 피부 건조를 방지한다.
- ㉡ 2~5개 층의 무핵층으로 케라토히알린(keratohyalin)이라는 과립모양의 단백질, 핵산, 지질 및 당분으로 이루어져 있다.
- ㉢ 본격적인 각질화 과정이 시작되는 단지로 수분함유량은 약 30% 정도이다.

PART 02 피부학

④ 유극층(spinous layer)
  ㉠ 표피의 대부분을 차지하며 5~10개의 유핵세포층으로 표피 중 가장 두껍다.
  ㉡ 물질교환이 이루어져 영양 상태를 관장하고 젊을수록 유극층이 두껍다.
  ㉢ 림프액을 통해 노폐물 배출과 혈액순환 및 영영공급에 관여하는 물질대사가 이루어진다.
  ㉣ 짧은 가시모양의 돌기가 있어 유극층이라 이름하며 랑게르한스 세포(langerhans cell)가 존재하여 피부면역에 중요한 역할을 한다.
  ㉤ 피부손상이 생긴 경우 기저층의 세포들과 함께 세포손상을 복구하는 역할을 한다.

⑤ 기저층(basal layer)
  ㉠ 표피의 가장 아래쪽에 존재하며 혈액을 통해 영양소와 산소를 공급받아 세포분열을 하고 기저층에서 발생한 각질형성 세포가 각질층까지 이동하여 탈락하는 과정이 4주 또는 28일정도 소요된다.
  ㉡ 각질형성세포(keratinocyte)와 멜라닌세포(Melanocyte)가 4:1 ~ 10:1의 비율로 구성되어 있고 물결모양의 요철이 많고 깊을수록 젊고 탄력 있는 피부이다.
  ㉢ 각질형성세포, 멜라닌세포, 머켈 세포가 존재한다.
  ㉣ 기저층의 세포분열은 밤 10시~2시 사이에 가장 활발하므로 피부 건강과 재생을 위해서 충분한 휴식과 수면이 필요하다.
  ㉤ 기저층의 세포는 진피의 혈관과 림프관을 통해 영양분을 공급받는다.

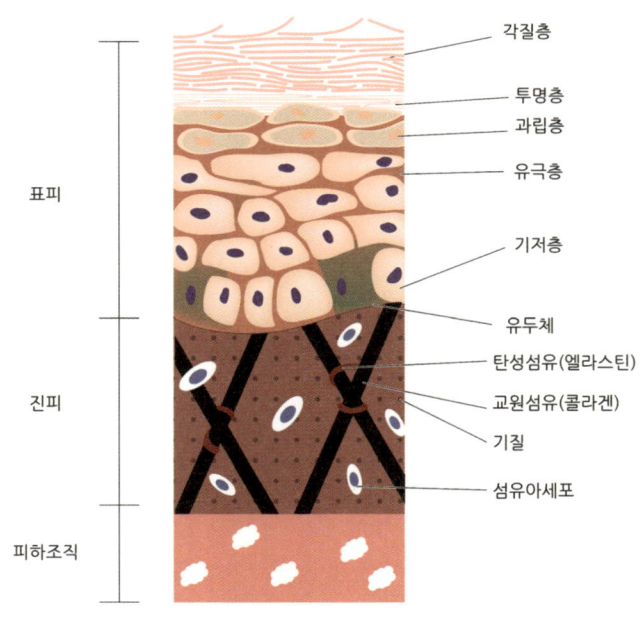

표피의 구조 및 구성세포

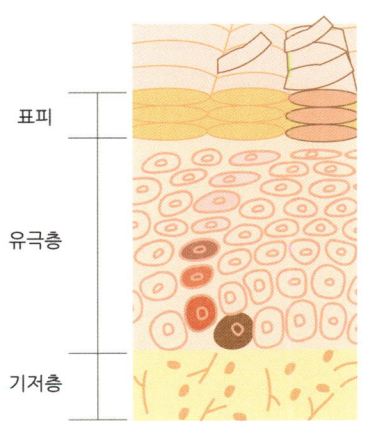

- 각질 관리를 잘한 피부
  표면에 쌓인 각질이 없어
  표피 굴곡이 일정하며
  겉표면이 균일

- 각질 관리를 안 한 피부
  표면에 각질이 쌓여 표피의
  굴곡이 일정하지 않아
  틈이 많다

각질의 탈락 과정 　　　각질 관리한 피부　vs　안 한 피부

각질세포의 탈락과정

[표피의 구성세포]

종류	특징
각질형성세포 (keratinocyte)	• 각화세포라고도 하며 표피세포의 대부분을 차지한다. • 각화과정의 진행 순으로 기저층, 유극층, 과립층, 투명층, 각질층으로 발생하며 각화주기는 4주 또는 28일로 각질층에서 탈락 후 기저층에서 새로운 세포가 매일 형성된다. • 표피를 구성하며 표피세포 중 90% 이상을 차지한다. • 케라틴이라는 단백질의 일종으로 피부를 구성한다.
멜라닌 세포 (Melanocyte)	• 표피와 진피의 경계부분인 기저층에 존재하고, 피부색을 결정하는 멜라닌 색소 세포를 생산하며 표피에서 발생하는 세포들 가운데 약 5~10%를 차지하고 있다. • 수상돌기를 통해 피부자극을 감지하고 멜라닌 세포 수와 크기를 결정한다. • 각질형성 세포와 멜라닌 세포의 비율은 4:1~10:1 정도로 일정하다. • 자외선의 흡수, 산란을 통해 피부가 손상되지 않도록 보호한다. • 멜라닌 세포가 생산되는 양에 따라 피부색이 결정된다. • 멜라닌 세포의 수는 인종이나 성별에 관계없이 동일하다. • 멜라닌 세포의 수가 증가하는 요인은 자외선, 스트레스, 경구용 피임약, 식생활 및 생활습관 등이 있다.
랑게르한스 세포 (Langerhans cell)	• 방추형의 세포돌기 모양을 가진 면역을 담당하는 면역세포로 인체로 유입되는 세균, 바이러스, 이물질 등을 감지하여 T-임파구에 전달하는 파수꾼 역할을 한다. • 유극층에 존재한다. • 인체의 구강점막, 식도, 모공, 한선, 림프절 등에 분포한다.
머켈세포 (Merkel cell)	• 기저층에 존재한다. • 신경세포와 연결되어 신경자극을 뇌에 전달하여 촉각을 감지하기 때문에 촉각세포라고도 한다. • 털이 없는 손바닥, 발바닥, 입술 등에 주로 분포한다.

PART 02 피부학

(2) 진피(dermis)

- 피부의 90% 이상을 차지하는 두꺼운 층으로 피부의 탄력, 팽창, 윤기에 관여하는 탄력적인 조직이다. 섬유성 단백질인 교원섬유와 탄력섬유, 기질로 구성되어 있다.
- 표피와 피하조직 사이의 결합조직으로 표피에 영양 공급과 신진대사를 조정한다.
- 외부의 바이러스, 세균 등이 침입할 경우 모세혈관에서 백혈구의 식균작용을 통해 외부로부터 신체 내부를 보호한다.
- 유두층과 망상층으로 구성되어 있고 부속기관인 신경, 림프관, 피지선, 한선, 혈관 등이 분포되어 있으며 교감신경과 부교감신경이 지나간다.
- 표피와의 상호작용을 통해 피부 재생과 피부 노화에 깊이 관여한다.

[진피의 구성물질]

종류	특징
교원섬유 (Collagen Fiber, 콜라겐)	• 교원섬유 70%와 5%의 탄력섬유로 구성, 진피의 대부분은 교원섬유로서 단백질로 구성된 가늘고 굵은 섬유로 존재한다. • 교원섬유는 나이가 들면서 섬유가 늘어지고 기능 저하로 인한 노화 진행의 원인이 된다. • 자외선으로 인한 피부손상을 막아주며, 수분 보유 및 보습제 역할을 한다. • 피부에 상처가 생긴 경우 치유 및 회복할 수 있도록 기능한다.
탄력섬유 (Elastin Fiber, 엘라스틴)	• 탄력성이 강한 단백질로 피부탄력을 결정짓는 중요한 역할 수행한다. • 노화가 진행됨에 따라 탄력섬유의 변성으로 인해 주름이 발생한다. • 섬유아세포에서 발생하며 피부의 주름과 이완에 관여한다.
기질 (Ground Substance)	• 친수성으로 일반 수분과 달리 쉽게 증발하지 않으며 다른 조직을 지지하며 수분과 염분의 균형을 조절해 준다. • 무정형의 점액으로 끈적끈적한 액체 상태로 교원섬유와 탄력섬유 사이를 채우고 있는 무코다당류이다. • 히아루론산, 콘드로이친황산, 프로테오글리칸 등으로 이루어져 있다.

① 유두층(Papillary Layer)
  ㉠ 진피와 표피를 연결하며 피부구조 내에서 중요한 대사 활동이 이루어진다.
  ㉡ 교원물질(collagen)이 작은 물결모양으로 불규칙하게 배열된 결합조직으로 신경종말과 림프관, 모세혈관 등이 분포되어 표피에 영양을 공급하고 인체 내 대사활동에 관여한다.
  ㉢ 감각 수용체 중 촉각과 통각이 존재한다.

② 망상층(Reticular layer)
  ㉠ 그물 모양의 결합조직으로 진피의 대부분을 차지하고 있다.
  ㉡ 주성분인 콜라겐과 엘라스틴의 치밀 조직으로 사이사이로 기질이 채워져 있어 피부에 긴장과 탄력을 유지시켜 주는 역할을 한다.
  ㉢ 모세혈관은 유두층에 비해 거의 없으며, 신경층, 피지선, 한선, 림프관, 모낭, 혈관 등이 분포되어 있다.
  ㉣ 감각수용체 중 압각, 온각, 냉각의 감각기관이 존재한다.

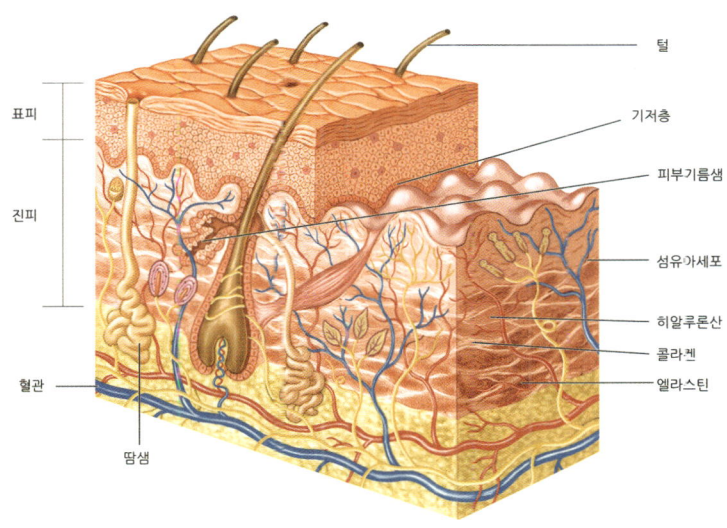

진피의 구성과 구조

[진피의 구성세포]

종류	특징
섬유아세포 (Fibroblast)	• 콜라겐, 엘라스틴, 기질을 만드는 세포로서 편평한 방사형 또는 방추형의 형태로 기저세포에 영향을 준다. • 영양공급 및 노폐물배출, 감각기능을 수행한다.
대식세포 (Macrophage)	• 면역을 주관하는 식균세포로 조직의 대부분에 존재하며 외부로부터 인체에 침투하는 이물질, 세균 및 노화세포 등을 잡아먹는 아메바성 식서 포이다.
비만세포 (Mast cell)	• 히스타민을 분비하여 염증반응을 통해 면역 담당을 하는 세포로 진피의 모세혈관 주변에 존재한다.
색소세포 (Chromatophore)	• 색소가 집중적으로 분포되는 유두, 항문 주위에 발생한다.
형질세포 (Plasma cell)	• 항체를 생산하며 만성 염증이 발생할 경우 림프 조직에서 나타난다.

(2) 피하조직(Subcutaneous tissue)

- 진피의 아래에 위치하고 있으며 진피층에서 내려온 섬유에 의해 형성된 망상조직으로 근육과 뼈 사이에 존재한다.
- 벌집 모양으로 영양분을 저장하며 외부로부터 발생하는 충격을 흡수하여 내부 기관을 보호한다.
- 열의 투과성을 방지하고 체온유지 및 신체를 보호하는 작용을 한다.
- 수분을 저장하며 수분조절 기능을 가지고 있다.
- 지방의 양에 따라 인체의 곡선이 만들어지고 비만체형의 원인이 된다.
- 남성은 상체 및 복부 주변, 여성의 경우 엉덩이와 허벅지 주위에 집중적으로 분포한다.

PART 02 피부학

3) 피부의 생리적 기능

(1) 보호기능

① 물리적 자극에 의한 보호기능

　피부는 스프링 작용과 피부조직의 쿠션작용을 통해 외부의 물리적인 충격, 압력, 마찰 등으로부터 방어하는 기능을 한다.

② 화학적 자극에 의한 보호기능

　피부는 땀과 유분이 뒤엉켜 약산성의 막을 형성하기 때문에 외부의 어떤 자극에 의해 PH의 균형이 일시적으로 균형이 깨지더라도 빠른 시간 내에 복원될 수 있는 능력을 가지고 있다.

③ 태양광선에 대한 보호기능

　멜라닌 색소 형성을 촉진해 신체에 미치는 자외선으로부터 피부 손상을 막아준다.

④ 세균 침입으로부터 보호기능

　피부는 pH 4.5~6.5의 약산성 막을 형성하고 있어 세균의 발육을 억제하고 살균효과가 있으며 면역체를 만드는 세포들로 피부를 보호한다.

(2) 체온 조절기능

인체의 외부 온도가 상승 또는 저하 등의 온도 변화 시 체온을 조절하기 위해 각질층 또는 모발, 모세 혈관, 한선 등을 통해 일정한 온도를 유지하기 위한 조절을 하며 대부분의 열 손실은 피부를 통해 이루어진다.

(3) 분비와 배설기능

체내에 침투된 이물질이나 인체의 신진대사에 따른 노폐물을 배설하며, 피부표면의 얇은 지방막을 통해 피부에 광택을 주며, 수분 증발을 막아준다.

(4) 흡수 기능

피부는 인체에 침투하는 물질을 선택적으로 흡수하는 기능을 가지고 있으며 피부 표면에 수분 및 지용성 물질을 흡수하여 피부를 부드럽고 건강하게 유지해준다. 이때, 피부의 상태나 온도, 환경에 매우 민감하여 흡수하는 정도에 영향을 받기도 한다.

(5) 감각 기능

피부는 외부 자극인 촉각, 온각, 냉각, 통각, 압각 등의 감각에 대해 반사적으로 반응을 나타내며, 냉·온각 등의 자극은 털 세움근 수축이나 모세혈관의 확장을 통해 발한이 나타나는데 이러한 반응은 피부자극을 최소화하기 위한 기능이다.

(6) 호흡 기능

피부의 호흡은 혈액을 통해 운반된 신선한 산소와 영양분이 조직 내의 대사를 거치며 이산화탄소와 노폐물을 배출하게 되는데 이 과정은 99%의 폐호흡과 1% 정도의 피부표면을 통해 이루어진다.

(7) 영양소 저장 기능

인체의 생명유지 활동을 위해 필요한 영양분, 수분, 지방, 혈액 등을 피하조직에 저장하여 필요시 사용한다.

(8) 비타민 D 생성 기능

피부는 자외선 조사를 통해 비타민 D를 생성하게 되는데 이는 칼슘흡수를 촉진하며 뼈의 생성 및 발육에 도움을 주게 된다.

☑ **pH (power of Hydrogen ions)**

수소이온농도로 산(acid) 또는 알칼리(alkali) 상태의 세기 정도를 나타낸다. 피부의 pH는 피부의 피지막 상태를 의미하며 4.5~6.5로 약산성의 기전을 가지고 있다.

2. 피부 부속기관의 기능 및 구조

피부는 표피, 진피, 피하조직 이외에 피부의 변형으로 이루어진 부속기관들이 존재하며 크게 땀샘부속기관(한선, 피지선), 각질부속기관(손톱, 발톱, 털)으로 이루어져 있다.

1) 한선(땀샘, Sweet Gland)

- 땀을 생성하여 피부 표면으로 분비하는 기능으로 에크린선(소한선), 아프크린선(대한선)으로 분류한다.
- 한선은 체내의 노폐물 배출과 체온조절, 피부습도조절 등에 관여한다.
- 진피와 피하지방의 경계에 위치하고 실뭉치 형태로 엉켜있다.

[에크린선과 아포크린선의 특징]

구분	에크린선(Eccrine Sweet Gland, 소한선)	아포크린선(Apocrine Gland, 대한선)
특징	• 입술, 음부, 손톱 등을 제외한 전신에 분포하며 손바닥, 발바닥에 많이 분포한다. • 일반적인 땀으로 체온조절, 세균번식을 억제하는 역할을 한다. • pH 3.8~5.6의 약산성으로 무색, 무취의 체액으로 독립된 땀구멍을 통해 분비, 배출한다. • 피지와 더불어 피부를 보호하고 수분공급을 통해 피부가 건조해지지 않도록 한다.	• 에크린 한선보다 크기가 크고 진피 깊숙한 곳에 존재하며 모낭과 연결되어 피부표면으로 통한다. • 사춘기 이후에 급속히 발달한다. • pH 5.5~6.5의 단백질 함유량이 많고 점성과 우유빛의 희뿌옇거나 노르스름한 액체상태로 특유의 냄새가 난다. • 남성보다 여성에게 많이 나타나고 백인보다 흑인에게 많이 나타난다. • 정신적 스트레스와 감정에 반응한다.

PART 02 피부학

구분	에크린선(Eccrine Sweet Gland, 소한선)	아포크린선(Apocrine Gland, 대한선)
위치	• 실뭉치 모양의 긴 선으로 표피까지 직선으로 뻗어 있다.	• 겨드랑이, 외음부, 배꼽주변 등의 특정한 위치에 분포하고 있다.
성분	• 99%의 수분, 염화나트륨, 요소, 젖산, 암모니아, 단백질 등	• 지방, 단백질, 수분 등의 성분으로 구성되어 있으나 정확하지 않다.

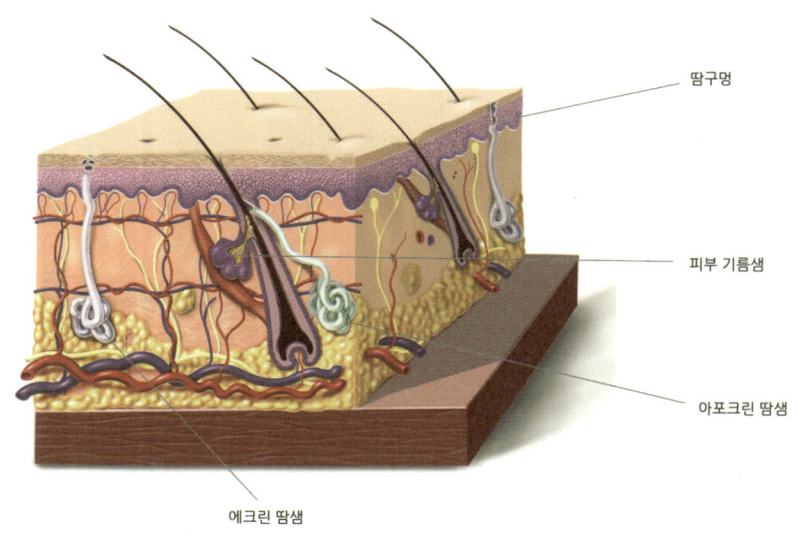

피부의 부속기관

2) 피지선(Sebaceous Gland)

- 진피의 망상층에 위치하고 있으며 모낭 주위에 3~5개의 주머니 형태로 모낭과 연결되어 모공을 통해 피부표면으로 피비를 분비한다.
- 손바닥과 발바닥을 제외한 모든 전신에 분포, 부위에 따라 피지선의 크기, 형태, 분포 정도가 다르게 나타난다.
- 모낭이 없어 직접 피부표면과 연결하여 피지를 분비하는 독립피지선은 윗입술, 구강점막, 유두주변, 눈꺼풀 등에 존재한다.
- 남성호르몬인 안드로겐(Androgen)에 의해 피지분비를 활성화하고 여성호르몬 에스트로겐(Estrogen)은 피지분비를 억제하는 효과가 있다.
- 피지는 하루 1~2g 정도로 한선에서 땀과 함께 유화되어 피지막을 형성하여 수분증발을 막아주고 피부를 부드럽고 촉촉하며 윤기 있게 유지해 준다.
- 약산성 피부를 유지해 세균번식 또는 이물질의 침투를 막아준다.

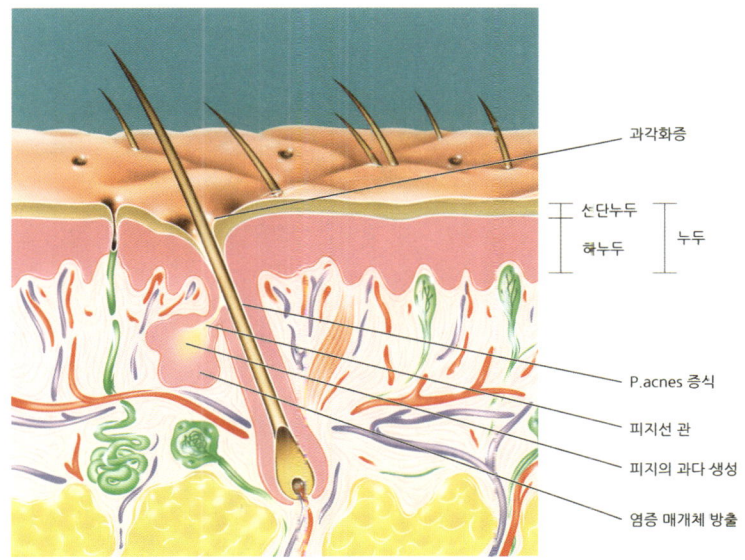

피지선과 한선의 모식도

3) 모발(Hair)

털은 젖샘을 가지고 있는 포유류의 특징으로 전신에 털로 덮여있으며 전신에 약 130~140만 개 정도 분포하고 있다. 외부의 환경으로부터 두부를 보호하고 모발을 통해 중금속 등과 같은 노폐물을 배출하며 장식의 기능이 있어 아름다움을 표현할 수 있다. 모발의 종류는 취모, 연모, 성모의 형태로 분류할 수 있다.

(1) 모발의 형태

인종과 개인에 따라 모발의 형태는 다르며 직모, 반곱슬모, 돌슬모로 분류될 수 있으며 동양인의 경우 약 92~95%가 직모의 형태를 보인다. 직모의 단면은 보통 둥근 원형이고 반곱슬모의 경우 타원형, 곱슬모의 경우는 납작한 단면으로 나타난다.

(2) 모발의 기능

ㄱ 보호기능: 외부의 물리적, 화학적, 기계적 자극으로부터 피부를 보호하며 노폐물배출, 충격 완화 및 흡수, 체온 조절의 보호기능을 가지고 있다.
ㄴ 지각기능: 감각을 감지하는 기능을 가지고 있다.
ㄷ 장식기능: 외모를 아름답게 꾸미는 장식의 미용적 효과를 가지고 있다.

(3) 모발의 구조

- ㉠ 모간: 표피 표면위로 나와 있는 부분
- ㉡ 모근: 모발의 성장 근원이며 표피 내부에 묻혀 있는 부분
  - 모낭: 모근을 싸고 있는 주머니 형태로 피지선과 연결되어 모발에 윤기 부여
  - 모구: 모근의 뿌리로 모질의 성장과 멜라닌 색소형성세포가 있어 색상을 정한다.
  - 모유두: 모세혈관과 신경세포가 분포되어 있으며 혈액순환으로부터 영양분과 산소 공급을 통해 모발의 생성과 성장에 관여한다.
  - 모모세포: 세포분열과 증식에 관여하여 새로운 모발세포를 만들어 낸다.
- ㉢ 기모근: 입모근이라고도 하며 피지선 아래 모낭과 연결되어 있고 자율신경의 지배를 통해 외부의 자극에 의한 수축으로 인해 모발이 서는 현상을 보인다(춥거나 더울 때).

(4) 모발의 단면

- ㉠ 모표피: 모발의 바깥부분으로 얇은 비늘 모양의 각질세포가 겹쳐 있으며 각화작용을 한다.
- ㉡ 모피질: 모발의 85~90%로 멜라닌 색소를 함유하고 탄력성과 신축성을 가지고 있다.
- ㉢ 모수질: 발육 체모에서만 나타나고 모발의 중심부에 존재한다.

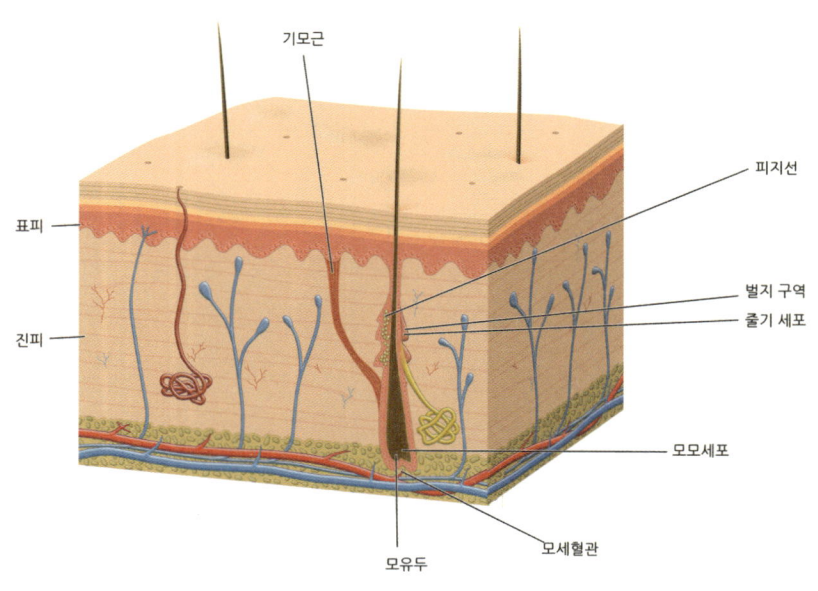

모발의 구조

(5) 모발의 성장주기

구분	특징
성장기 (Anagen)	• 모기질세포가 분열하여 생성, 성장하며 모발 성장기 기간은 3~5년이다. • 질병의 유무, 연령, 유전적요인, 호르몬, 음식 등에 따라 변화할 수 있다.
퇴행기 (Catagen)	• 대사과정이 느려져 성장이 멈추게 되는 시기로 세프분열이 정지되고 모유두와 모구가 분리되며 모근이 위쪽으로 올라와 약해진다. • 퇴행기 수명은 1거월 정도로 전체 머리카락의 1~3%를 차지한다.
휴지기 (Telogen)	• 세포분열을 멈춘 모발이 모낭에 붙어있는 상태로 전체 모발의 10% 정도를 차지한다. • 가벼운 마찰에도 쉽게 빠지게 된다.

4) 손·발톱(조갑)

손가락, 발가락의 끝부분을 보호 및 지지해 주는 경단백질(케라틴)로 이루어진 기관으로 조갑의 경도는 수분의 함유량과 각질상태에 따라 다르게 나타날 수 있다.

(1) 구조

㉠ 조체(Nail Body): 눈으로 보이는 각질세포 부분을 말한다.
㉡ 자유연단(Free Edge): 손톱의 끝부분
㉢ 조상(Nail Bed): 조체를 받쳐주는 역할
㉣ 조근(Nail Root): 손톱의 뿌리부분
㉤ 조모(조기질, Matrix): 세포분열을 통해 손톱을 지속적으로 생산
㉥ 반월(Lumula): 완전히 케라틴화 되지 않은 반달모양의 손톱 아랫부분

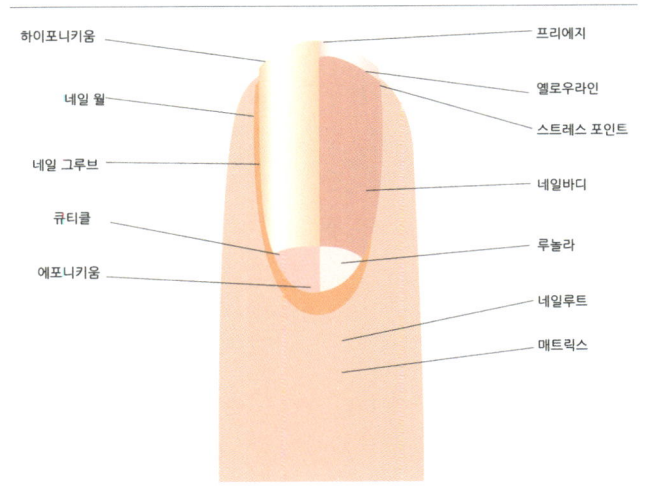

손톱의 구조

(2) 조갑의 성장

9주째 태아기에 생성, 20주째에 거의 완성된다. 모발과 다르게 성장 주기라는 것이 없어서 지속적으로 성장이 이루어진다. 하루에 약 0.1mm씩 자라며 건강상태, 계절적요인, 나이에 따라 성장 속도는 다를 수 있다. 발톱은 손톱에 비해 성장속도가 느린 것이 특징이다.

(3) 건강한 손·발톱의 조건

세균이나 질병에 감염되지 않아야 하며 조상에 강하게 부착되어 있으면서 연한 핑크빛과 윤기가 있어야 하고, 조체가 탄력이 있으며 수분의 함량도 10% 정도를 유지하고 있어야 한다.

PART 02 피부학

| CHAPTER 02 | 피부와 영양

1. 영양과 영양소

생명유지 및 기초대사에 필요한 필수 물질을 영양소라 하며 음식물 섭취 후 신진대사를 통해 인체의 각 기관 유지에 관계하는 것을 영양이라고 일컫는다. 영양소에는 3대영양소인 탄수화물, 단백질, 지방 이외의 무기질, 비타민, 물, 식이섬유가 있다.

- 피부는 신진대사를 통해 건강을 유지하며 대사에 필요한 영양소를 충분히 섭취해야 한다.
- 균형 있는 영영소를 적절히 섭취함으로 건강한 생명유지 활동과 성장발달 및 탄력 있는 피부가 될 수 있도록 해야 한다.
- '기초대사'란 인체의 생명유지활동에 필요한 최소한의 에너지를 말하며, 체온유지, 호흡, 내장 기능의 활성화에 필요한 에너지로 인체가 휴식하는 동안에도 필요한 에너지를 말한다.

1) 영양소의 작용

① 열량을 공급하는 영양소: 단백질, 탄수화물, 지방(에너지 공급)
② 인체를 구성하는 영양소: 단백질, 무기질, 물(신체조직 구성)
③ 인체의 기능조절 영양소: 무기질, 비타민, 물(생리기능과 대사조절)

2) 영양소의 기능

(1) 탄수화물(Carbohydrate)

- 에너지 공급원으로 1g당 4kcal의 열량을 발생하며 혈당을 유지하고 소화흡수 후 남은 탄수화물은 글리코겐 형태로 간에 저장된다.
- 곡물, 감자, 설탕 등의 주성분으로 소장에서 포도당의 형태로 섭취된다.
- 단당류(포도당, 과당, 갈락토오즈), 이당류(맥아당, 서당, 유당), 다당류(전분, 글리코겐 등)로 나누어진다.
- 과다 섭취 시 피부의 저항력을 감소시켜 피부염이나 부종, 비만의 원인이 되며 부족한 경우 신진대사기능의 저하가 나타난다.

(2) 단백질(Protein)

- 에너지 공급원으로 1g당 4kcal의 열량을 발생하며 신체조직(피부, 근육, 모발, 조갑 등)을 생성하고 ph 조절, 효소와 호르몬의 합성을 도와주며 면역세포와 항체를 생성한다.

- 피부 구성성분의 대부분이며 체내의 수분조절 기능을 수행한다.
- 단백질의 흡수가 부족하게 되면 빈혈, 노화, 수분부족, 체중 감소, 간 기능저하 등의 병변이 발생할 수 있다.

【 단백질의 종류 및 특징 】

구분	특징
필수 아미노산	• 체내에서 대사를 통한 합성이 불가능함으로 식품섭취를 통해 흡수 • 성인에게 필요한 필수 아미노산은 리신, 메티오닌, 트립토판, 페닐알라닌, 이소로이신, 로이신, 트레오닌, 발린, 아르기닌이 있으며 히스티딘은 유아 및 어린이에게 필요한 필수아미노산이다.
비 필수아미노산	• 체내 합성이 가능한 아미노산으로 22종의 아미노산 중 필수아미노산을 제외한 아미노산을 의미한다.

(3) 지방(Lipid)

- 에너지 공급원으로 1g당 9kcal의 열량을 발생하며 지용성 비타민(A, D, E, K, F, U)이 인체에 흡수될 수 있도록 도와준다.
- 체온조절기능과 내장기관의 보호기능이 있으며 소장에서 글리세린 형태로 흡수된다.
- 피부를 보호하며 호르몬과 담즙 생산 활동에 관여한다.

【 지방의 종류 및 특징 】

구분	특징
단순 지방질	• 동·식물성지방: 소와 돼지의 기름, 식물에서 얻어지는 지방 등으로 피부건조방지 및 체온유지 작용 • 밀납: 벌꿀을 통해 생산되며 공기 중에서 변질되지 않음
복합 지방질	• 인지질: 세포막형성과 인체의 신경전달에 중요한 작용 • 지단백: 지방산과 단백질의 복합체로 혈액에 존재 • 당지질: 당과 지질의 결합으로 세포구성에 관여하며 뇌신경에 존재
유도 지방질	• 스태롤: 물에 녹지 않는 지방질로 담즙, 성 호몬, 비타민D 합성에 관여 • 콜레스테롤: 식품을 통해 섭취되며 뇌와 신경조직에 함유 • 글리세롤: 당분과 끈적한 느기가 있으며 탄수화물과 상호작용 • 지방산: 상온에서 고체 형태의 동물성 포화지방산(육류, 버터 등)과 불포화 지방산(생선, 식물성 기름 등)으로 존재

(4) 비타민(Vitamin)

- 생명유지에 필요한 유기영양소로 대부분 체내 합성이 이루어지지 않으므로 식품을 통해 섭취한다.
- 3대 영양소인 탄수화물, 지방, 단백질의 대사에 도움을 준다.
- 지용성 비타민과 수용성 비타민으로 나누어지며 질병 예방과 면역 기능 강화에 도움을 준다.

① 지용성 비타민

과잉 섭취 시 체내에 저장되며 쉽게 배출이 되지 않는다.

PART 02 피부학

구분	특징
비타민 A	• 피부세포형성 및 재생에 관여하며 노화, 야맹증, 여드름 등 예방 • 간, 생선, 해조류, 계란, 녹황색 채소에 함유
비타민 D	• 자외선을 통해 합성하며 칼슘대사 및 인슐린 분비촉진 • 난황, 우유, 버섯류, 간유 등에 함유
비타민 E	• 황산화제, 호르몬 생성, 생식기능에 관여하며 노화방지에 도움 • 녹황색 채소, 식물성기름, 버터, 계란 등에 함유
비타민 K	• 혈액응고인자 합성, 골격형성, 모세혈관 강화에 관여 • 육류, 과일, 녹황색 채소 등에 함유

② 수용성 비타민

물에 녹으며 채내 신진대사를 조절하여 인체의 건강과 밀접한 관계가 있다.

구분	특징
비타민 B_1	• 탄수화물 대사에 도움을 주며 민감성 피부, 상처 치유에 관여
비타민 B_2	• 피지분비 조절 및 피부탄력 증가, 부족 시 탈모 등의 질병 유발
비타민 B_3	• 지방분해 효소, 점막의 염증치료, 혈압조절에 효과
비타민 B_5	• 질병에 대한 저항력과 단백질 대사조절에 관여
비타민 B_6	• 신경전달물질 합성 및 세포 재생, 모세혈관 확장, 여드름 피부에 효과
비타민 B_7	• 탈모 예방 및 신진대사 활성화, 지방분해 촉진 효과
비타민 B_8	• 단백질, 엽산의 흡수를 도와주며 근육통 완화 효과
비타민 B_9	• 엽산으로 세포 재생 및 증식관여, DNA, RNA 합성, 적혈구 생성
비타민 B_{12}	• 중추신경계작용, 조혈작용을 하며 세포 재생의 모든 과정에 관여
비타민 C	• 모세혈관을 튼튼하게 하며 멜라닌 색소 생성억제, 교원질 형성 도움
비타민 P	• 피비분비조절 기능, 피부질환 치료에 효과

(5) 무기질(Mineral)

- 신체의 구성과 대사활성화에 관여하며 효소, 호르몬의 구성 성분이다.
- 뼈 조직과 치아형성에 도움을 주며 신경자극 전달에 관여한다.

구분	특징
마그네슘(Mg)	• 삼투압 조절, 근조직활성화 조절에 관여하며 신경안정과 뼈의 구성
나트륨(Na)	• 근육조직의 탄력에 관여하며 위장 활동을 촉진
칼슘(Ca)	• 신경전달물질, 근육수축, 뼈대조직과 치아의 주성분
철분(Fe)	• 혈액에 산소를 공급하며 빈혈방지효과
요오드(I)	• 갑상선 호르몬기능 강화 및 기초 대사량을 조절하고 체온유지에 관여
아연(Zn)	• 면역, 상처회복, 청소년의 성장에 관여
칼륨(K)	• 신경과 근육의 활성화, 체내 노폐물배출 관여
인(P)	• 탄수화물과 지방의 대사에 관여하고 세포의 핵산과 세포막의 구성원
황(S)	• 단백질(케라틴) 합성에 관여하며 피부와 조갑에 윤기 부여

CHAPTER 03 | 피부장애와 질환

1. 피부장애

인체의 질병이나 상처로 인한 피부조직 또는 세포의 파괴, 변성을 말하는데 이러한 피부병변을 발진이라 하고 피부 질환의 1차적 장애를 원 발진, 상태가 더욱 확산 또는 진행된 경우를 2차적 장애로 속발진이라고 한다.

1) 원 발진

피부질혼의 초기병변으로 1차적 장애 증상을 말한다.

(1) 반점(Macule)
주근깨, 기미, 노화반점 등 피부 일부에 색소변화가 일어난 병변이며 융기 또는 함몰은 없다.

(2) 홍반(Erythema)
모세혈관의 울혈에 의해 피부가 붉어지는 병변을 말한다.

(3) 구진(Papule)
직경 1cm 미만의 단단하고 작은 병변의 형터로 약간 돌출된 형쾌를 보인다.

(4) 결절(Nodule)
구진 병변보다 진행된 상태로 표피뿐만 아니라 피하지방까지 침범한 상태를 말한다.

(5) 종양(Tumor)
직경 2cm 이상인 단단한 피부 증식물로 양송, 악성으로 분류된다.

(6) 대수포(Bulla)
혈액성 내용물을 포함하고 있다.

(7) 소수포(Vesicula)
표피 너부에 작고 투명한 물집의 형태로 액체를 포함하고 있다.

(8) 농포(Pustule)
표피 속 고름의 집합체로 주로 모낭 내 또는 한선에 형성된다.

(9) 팽진(Wheals)
두드러기, 담마진이라고 한다.

(10) 낭종(Cyst)
진피에 위치해 심한 통증을 동반하며 여드름 피부의 진행으로 치료 후 흉터가 발생한다.

2) 속 발진
2차적 증상으로 원 발진의 지속적인 진행 또는 손상에 의해 발생된 병변을 말한다.

(1) 인설(Scale)
죽은 각질이 표피 표면에서 탈락된 것을 말하며 각질세포의 잔여물이다.

(2) 가피(Crust)
상처에 의한 분비물이 말라붙은 것을 말하며 세포조각, 표피, 진피의 구성 성분들이다.

(3) 미란(Erosion)
표피의 상처로 인해 피부손실 상태를 말하며 상처가 남지는 않는다.

(4) 찰상(Excoriation)
기계적 자극으로 인해 표피와 진피의 일부가 손상된 병변을 말한다.

(5) 반흔(Scar)
흉터라고 하며 진피 깊숙한 곳까지 상처가 발생해 심부조직까지 결손된 상태를 말한다.

(6) 균열(Fissure)
피부가 갈라진 병변을 말한다.

(7) 궤양(Ulcer)
염증성 질환으로 표피와 진부의 일부 및 전부가 소실된 상태로 치유 후 상처가 남는다.

(8) 태선화(Lichenifications)
표피 전체 또는 진피의 일부가 가죽처럼 단단하고 두꺼워진 상태를 말한다.

2. 피부질환

피부는 여러 요인에 의해 손상을 입거나 세균, 바이러스 감염 등으로 인해 변형, 괴사 등의 질환이 발생할 수 있다.

1) 온도(열)에 의한 피부질환

(1) 화상
뜨거운 물, 불, 강산 또는 강알칼리 등의 화학물질 및 전기 자외선 등으로 인한 피부 손상으로 표피뿐만 아니라 피부조직의 하부 세포가 파괴된 상태로 1도(홍반), 2도(수포), 3도(괴사) 화상으로 분류한다.

(2) 한진(땀띠)
한관의 폐쇄로 인해 땀 배출이 안 되고 축적된 상태로 습한 여름에 많이 발생한다.

(3) 동상
한랭 상태에 피부가 장시간 노출되어 말초혈류 장애가 생긴 피부 질식 상태로 동상상태의 조직은 통증을 느끼지 못하게 되며 창백하게 변한다.

2) 기계적 손상에 의한 피부질환

굳은살, 티눈, 욕창 등의 피부질환을 말하며 모두 압력에 의해 국소적으로 발생하는 질환이다. 욕창의 경우 지속적인 압력을 받는 경우 궤양이 발생하므로 자주 위치를 바꾸어 피부의 자극을 최소화해야 한다.

3) 습진에 의한 피부질환

(1) 접촉 피부염

① 원발성 접촉 피부염
원인이 되는 물질이 직접 피부에 영향을 주어 발생하는 자극성 피부염을 말한다.

② 알레르기성 접촉 피부염
원인 물질로 인해 특정인에게만 발생하는 질환으로 염색약, 화장품 옻나무 등이 있다.

PART 02 피부학

(2) 접촉성 두드러기 질환

① 아토피 피부염

만성 습진으로 어린이에게 주로 발생하며 나이가 들어가며 약화되는 특징이 있다.

② 지루성 피부염

피지의 과다분비로 인한 피부질환으로 홍반을 동반하며 유전적 영향, 알레르기, 환경적 요인이 있다.

4) 감염성 피부질환

세균성 피부질환은 농가진, 봉소염 등이 대표적이며 바이러스성 질환으로는 포진, 대상포진, 사마귀 등이 있다. 진균에 의한 질환은 족부(무좀), 조갑(피부사상균), 두피의 모낭과 그 주위 피부가 피부사상균에 감염되어 발생하는 두부 백선 등이 있다.

5) 색소성 피부질환

(1) 저색소 침착질환(Hypopigmentation)

① 백색증

유전적(선천적) 요인에 속하며 멜라닌 색소 결핍으로 발생하는 피부질환으로 피부나 모발 탈색 등의 증상이 나타난다.

② 백반증

후천적으로 발병하는 피부질환으로 멜라닌 색소세포의 결핍으로 다양한 종류와 크기, 형태로 피부에 나타난다.

(2) 과색소 침착질환(Hyperpigmentation)

① 기미

생활습관, 식습관, 질병에 의한 후천적 과색소 침착질환으로 색소 침착의 정도에 따라 농도와 크기, 형태가 다르게 나타난다.

② 주근깨

선천적인 과색소 질환으로 노화의 진행에 따라 감소되기도 한다.

③ 오타모반

눈 주변, 볼 주변, 이마 등에 나타나는 청갈색 또는 청회색의 색소질환으로 멜라닌 색소의 비정상적 증식에 의해 발생하며 진피층에 존재한다.

6) 안검(눈) 주위의 질환

신진대사 저하로 지방조직이 작은 종양의 형타로 표피에 나타나는 비립종과 에크린 한선에서 발생한 내용물이 없는 구진의 형태인 한관종이 있으며, 한관종의 경우 다발성 양성 종양으로 레이저, 화학적 기기 소각 등의 의료기기를 통해 제거할 수 있다.

| CHAPTER 04 | 피부와 광선

1. 태양광선

생명체의 에너지 근원으로 인체의 신진대사를 원활하게 하고 자율신경 활동에 관여한다. 광선은 눈으로 확인이 가능한 가시광선, 보라색 이상을 넘어 보이지 않는 광선을 자외선으로 표현하며 피부에 영향을 주는 광선이다. 또한, 적색의 광선을 적외선이라 한다.

1) 태양광선의 종류

(1) 가시광선(Visible Ray)
육안으로 확인 가능한 색상으로 컬러테라피 등의 빛을 이용한 테라피에 사용되며 광선의 파장은 400~800nm 정도로 태양광선에서 차지하는 비중은 약 51%이다.

(2) 자외선(Ultre Violet Ray)
피부에 자극을 주며 화학반응을 일으켜 화학선이라고도 한다.

(자외선의 종류)

종류	파장	특징
단파장	200~290nm(JVC, 자외선C)	• 각질층까지 도달하며 피부암의 원인 • 오존층에서 흡수가능하며 살균, 소독작용
중파장	290~320nm(JVB, 자외선B)	• 진피 상부까지 도달, 피부가 두꺼워진다. • 기미와 주근깨 등의 색소침착발생
장파장	320~400nm(JVA, 자외선A)	• 진피층까지 도달, 탄력감소와 주름의 원인 • 광노화 및 백내장 질환의 원인

① 자외선이 인체에 미치는 영향
- 비타민 D 합성 및 살균, 강장 등 인체에 이로운 영향을 주며 피부에 강한 화학반응을 일으킬 수 있기 때문에 화학선이라고 한다. 열을 발생시키지는 않는다.
- 강한 자외선에 지속적으로 노출 시 노화, 일광화상, 색소침착, 홍반, 일광 알레르기, 피부암 등의 피부 장애가 발생하기도 한다.
- 칼슘(Ca)과 인(P)의 영양분 흡수에 필수요소이며 구루병 예방 및 인체 면역력을 증진시키는 효과가 있다.

(3) 적외선(Infrared Ray)
- 열을 발생하는 파장으로 800nm의 열선으로 혈액순환 및 신진대사 촉진, 근육 조직의 수축과 이완을 원활하게 도와주므로 치료광선이라고도 한다.
- 적외선의 종류는 진피침투, 자극에 효과적인 근적외선과 표피의 모든 층에 침투하고 진정효과가 있는 원적외선으로 분류된다.
- 적외선기의 피부와 조사거리는 약 50~90cm 정도이며 그만큼 떨어져 적용해야 한다.
- 적용 부위에 수직으로 적외선을 조사해야 하며 얼굴에 사용 시 눈은 아이패드로 보호해야 하며 사용 시간은 약 10~30분 정도로 설정해야 한다.

CHAPTER 05 | 피부면역

1. 면역(Immunity)

면역은 인체 내에 침입하는 세균, 바이러스, 화학물질, 미생물, 이물질 등에 대한 방어능력을 의미하며 특히, 인체를 공격하는 외부인자로 판단되었을 경우 침입물질을 공격하고 제거하는 능력을 포함한다. 또한, 질병 후 항체를 만드는 생체방어 기능을 수행하고 면역은 선천적으로 획득할 수 있는 면역(자연면역)과 후천적으로 획득할 수 있는 면역(획득면역)으로 분류한다.

[면역관련 용어]

구분	특징
항체	• 항원에 대응하기 위해 림프구에서 만들어진 방어물질이다.
항원	• 인체 내에 침입한 원인물질(세균, 바이러스, 이물질 등)을 말한다.
대식세포	• 항원을 잡아먹고 면역의 정보를 림프구에 전달하는 면역세포이다.
사이토카인	• 방어체계를 구축하고 자극하는 신호물질로 염증반응을 보인다.
보체	• 항체의 활동을 도와 항원에 대한 방어기능을 도와주는 단백질이다.
T림프구	• 항체형성을 도와주며 혈액 내 림프구의 약 9%를 차지한다.
B림프구	• 항체를 생산하는 세포로 면역 글로불린이라는 단백질을 만들어 낸다.

1) 면역의 종류와 작용

(1) 자연면역(비특이성면역)
선천적으로 획득하고 있는 방어기전으로 질병을 치유하며 기억 작용은 없다.

① 1차 방어기전
　신체적 방어력으로 피부를 통한 면역과 눈물, 기침, 재채기를 통해 항원을 배출한다.

② 2차 방어기전
　화학적 방어력으로 면역세포(대식세포)의 식균 작용, 히스타민 분비를 통한 염증반응, 발열, T림프구, B림프구를 통해 인체를 보호하는 방어 작용을 한다.

(2) 획득면역(특이성 면역)
① 질병완치 또는 예방접종을 통해 후천적으로 획득한 면역으로 기억 작용을 하고 자연 면역을 도와주는 역할을 한다.
② 후천적 면역은 능동면역과 수동면역으로 분류된다.
③ 3차 방어기전: 림프구와 대식세포의 특이성 면역 활동을 의미한다.

종류		특징
능동면역	자연능동면역	• 질병이완 후 획득되는 면역
	인공능동면역	• 질병관련 백신 접종 후 획득되는 면역
수동면역	자연수동면역	• 모체(태반, 모유)로부터 획득되는 면역
	인공수동면역	• 면역항체를 인체에 직접 침투시켜 획득되는 면역

2) 면역에 대한 반응

(1) 체액성 면역반응
면역글로불린이라고 하는 B림프구로 특이항체를 생산하는 기능을 수행한다.

(2) 식세포 면역반응
병원체의 항원을 제거하는 식균 작용을 하고 면역에 관련된 정보를 림프구에 전달한다.

(3) 세포성 면역 반응
T림프구를 통해 항원을 인식하고 림프절에 그에 해당하는 정보를 전달하는 역할을 수행하고, 면역세포들과 함께 항원을 공격하는 기능을 수행한다.

PART 02 피부학

3) 피부의 면역작용

① 유극층의 랑게르한스 세포가 피부층의 중요한 면역담당기능을 수행한다.
② 진피층의 대식세포 비만세포는 피부면역에 중요한 면역담당기능을 수행한다.
③ 피부는 약산성의 피지막을 형성하여 박테리아, 세균 등의 성장과 번식을 억제한다.
④ 피부는 방어체계를 구축하고 자극하는 사이토카인을 생성하여 면역반응을 수행한다.

| CHAPTER 06 | 피부노화

1. 피부노화의 정의

피부조직이 나이 들어가며 피부의 기능과 구조가 점점 퇴화되어가는 과정으로 내·외적 변화에 빠른 대처 및 대응능력이 떨어지는 특징을 보인다. 노화의 진행 속도는 개인에 따라 다소 차이가 있지만 대부분 내·외적요인 즉, 생활습관, 유전적 요인, 면역기능 저하, 호르몬의 영향에 따라 피부의 주름 정도, 탄력감소, 습윤의 저하, 피지분비 감소, 색소 침착 등의 병변을 보인다.

1) 피부노화 현상

① 과각화로 인해 피부가 칙칙해지고 각질형성세포의 성장과 분열 속도가 감소됨으로 인해 표피층이 감소하여 표피가 얇아진다.
② 랑게르한스 세포 수의 감소는 면역과 밀접한 관련이 있으므로 유해물질의 감지 능력이 저하 된다.
③ 콜라겐섬유의 굵기와 강도가 약해져 탄력이 저하되고 주름이 형성된다.
④ 피하지방층의 지질감소로 체온 소실이 증가하면서 추위에 약해진다.

2. 피부노화 형태

1) 내인성 노화

나이가 들어가며 인체의 생리적 기능이 저하되는데 이때 발생하는 자연적 노화현상을 의미한다.

- 피부층의 두께가 얇아지며 멜라닌 세포의 감소로 인해 자외선에 대한 방어능력이 떨어진다.

- 랑게르한스 세포 수와 기능의 저하로 인해 드부면역기능이 약화된다.
- 진피층의 콜라겐섬유의 감소와 피하조직의 지질변화로 인해 탄력이 점차 줄어들어 주름이 발생한다.
- 피부의 보습력 저하로 인해 피부가 건조해진다.
- 두피가 약해지고 탈모현상과 함께 멜라닌 색소의 감소로 머리카락의 백색화가 진행된다.

2) 외인성 노화(광노화)

노화를 촉진시키는 외부환경 및 태양에 장시간 피부가 노출되면서 나타나는 노화현상

- 주로 자외선에 의해 발생하므로 광노화라고 하며 그 외 외부환경(냉·난방, 바람, 공해)의 지속적인 자극에 의해 나타난다.
- 엘라스틴과 콜라겐 섬유가 약해져 수분보유량이 감소하고 탄력이 저하되고 주름이 발생한다.
- 광노화는 표피층의 두께가 증가되면서 피부가 건조해지고 거칠어지는 특징이 있다.
- 조기노화의 원인이 되며 과색소침착이 일어난다.
- 실외에서 일하는 직업군은 외인성 노화가 빠르게 진행된다(농부, 어부, 건설노동자 등).

(내인성 노화와 광노화의 조직적 차이)

노화요인	내인성 노화의 변화 정도	광노화의 변화 정도
건조정도	증가	증가
탄력정도	감소	감소
면역 세포(랑게르한스 세포)	감소	감소
멜라닌세포의 양	감소	증가 또는 감소
각질형성세포의 양	증가	증가
진피층	감소	증가
표피층	증가 또는 감소	증가
혈관확장정도	감소	증가
주름정도	증가	증가

PART 02 피부학

| PART 02 | 피부학 예상문제

01 표피층의 구조를 알맞게 나열한 것은?
㉮ 각질층-유극층-투명층-기저층-과립층
㉯ 각질층-투명층-유극층-과립층-기저층
㉰ 각질층-투명층-과립층-유극층-기저층
㉱ 각질층-기저층-과립층-유극층-투명층

해설) 표피는 5개 층으로 이루어져 있으며 각질층, 투명층, 과립층, 유극층, 기저층의 순서로 이루어져 있다.

02 피부에 대한 설명으로 다른 것을 고르시오.
㉮ 신체의 표면을 덮고 있는 가장 넓은 기관이다.
㉯ 조직 내·외분비기관과 혈관과 감각 수용기를 통해 신체 내부를 보호한다.
㉰ 생리적 작용을 통해 땀과 피지분비, 체온조절, 노폐물배출, 호흡 등에 관여한다.
㉱ 자외선을 흡수하고 비타민 B군 형성과 저장작용을 한다.

해설) 태양광선으로부터 피부를 보호하고 비타민 D 형성과 저장작용을 한다.

03 표피층에 대한 설명으로 다른 것을 고르시오.
㉮ 신경과 혈관이 적게 분포되어 있으며 세균, 자외선으로부터 피부를 보호한다.
㉯ 표피에 존재하는 세포는 각질형성세포, 머켈세포, 섬유아세포, 대식세포 등이다.
㉰ 모공과 땀을 분비하는 한공이 있다.
㉱ 표피의 두께는 눈꺼풀과 볼 주위는 얇으며 손바닥, 발바닥은 두껍다.

해설) 표피에 존재하는 세포는 각질형성세포, 멜라닌세포, 머켈세포, 랑게르한스세포가 존재

04 랑게르한스 세포가 존재하는 표피층으로 알맞은 것을 고르시오.
㉮ 유극층 ㉯ 기저층
㉰ 투명층 ㉱ 과립층

해설) 방추형의 세포돌기모양으로 인체에 침입하는 세균, 바이러스 등을 감지하며 인체의 파수꾼 역할을 하는 랑게르한스 세포는 유극층에 존재한다.

05 표피세포가 퇴화되면서 실질적인 각질화 과정이 시작되는 표피층을 고르시오.
㉮ 각질층 ㉯ 기저층
㉰ 유극층 ㉱ 과립층

해설) 과립층은 각질화 과정이 시작되는 단계로 수분 함유량은 약 30% 정도이다.

✅ **정답** 01 ㉰ 02 ㉱ 03 ㉯ 04 ㉮ 05 ㉱

06 표피 중 손·발바닥과 같은 두꺼운 피부에 존재하는 층을 고르시오.

㉮ 투명층   ㉯ 유극층
㉰ 기저층   ㉱ 표피층

해설) 과립층은 각질화 과정이 시작되는 단계로 수분 함유량은 약 30% 정도이다.

07 각질형성세포, 멜라닌세포, 머켈 세포가 존재하는 층을 고르시오.

㉮ 투명층   ㉯ 유극층
㉰ 기저층   ㉱ 표피층

해설) 랑게르한스세포는 유극층에 존재한다.

08 표피를 구성하는 세포 중 약90%이상을 차지하며 케라틴으로 이루어진 세포를 고르시오.

㉮ 멜라닌 세포   ㉯ 머켈세포
㉰ 랑게르한스세포 ㉱ 각질형성세포

해설) 멜라닌세포는 수상돌기를 통해 피부자극을 감지하고 멜라닌 세포수와크기를 결정하고 랑게르한스 세포는 인체의 구강점막, 식도, 모공, 한선, 림프절 등에 분포하며 면역에 관여한다. 머켈세포는 신경세포와 연결되어 신경자극을 뇌에 전달하는 역할을 한다.

09 멜라닌 세포에 대한 설명으로 틀린 것을 고르시오.

㉮ 표피와 진피의 경계부분인 기저층에 존재한다.
㉯ 멜라닌세포가 생산하는 양에 따라 피부색이 결정된다.
㉰ 각질형성세포와 멜라닌세포의 비율은 10:1~5:1 정도로 일정하다
㉱ 멜라닌 세포의 수의 증가요인으로 자외선, 스트레스, 경구용 피임약, 생활습관 등이 있다.

해설) 표피에서 발생하는 세포들 가운데 약5~10%를 차지하고 있으며 각질형성세포와 멜라닌 세포의 비율은 4:1~10:1 정도로 일정하다.

10 피부의 구조 중 진피층으로 구성된 것을 고르시오.

㉮ 유두층, 기저층   ㉯ 유두층, 망상층
㉰ 망상층, 기저층   ㉱ 망상층, 투명층

해설) 피부의 90% 이상을 차지하는 두꺼운 층으로 유두층, 망상층 순으로 이루어져 있다.

✓ 정답   06 ㉮   07 ㉱   08 ㉱   09 ㉰   10 ㉯

PART 02 피부학

11 진피에 대한 설명으로 틀린 것을 고르시오.

㉮ 피부의 탄력, 팽창, 윤기에 관여하는 탄력적인 조직이다.
㉯ 각질형성세포를 통해 혈액을 공급하며 영양소와 산소를 통해 세포분열을 한다.
㉰ 표피와 상호작용을 통해 피부 재생에 관여한다.
㉱ 부속기관인 신경, 림프관, 피지선, 한선, 혈관 등이 분포하고 있다.

해설) 교원섬유와 탄력섬유, 기질로 구성되어 있으며, 표피와 피하조직 사이에 위치한 결합조직으로 표피의 영양 공급과 신진대사를 조정한다.

12 진피를 구성하고 있는 물질이 아닌 것을 고르시오.

㉮ 콜라겐 ㉯ 기질
㉰ 엘라스틴 ㉱ 멜라노사이트

해설) 멜라노사이트는 멜라닌을 생산하며 표피의 기저층에 존재한다.

13 섬유아세포에서 발생하며 피부의 주름과 이완에 관여하는 구성 물질은 무엇인지 고르시오.

㉮ 엘라스틴 ㉯ 교원섬유
㉰ 기질 ㉱ 콜라겐

해설) 노화가 진행됨에 따라 주름의 원인이 되며 노란 탄력섬유(엘라스틴)의 변성으로 이해할 수 있다.

14 진피의 구성 물질로 기질에 대한 설명이다. 알맞은 것을 고르시오.

㉮ 나이가 들면 섬유가 늘어지고 기능이 저하되어 노화가 진행된다.
㉯ 친수성으로 다른 조직을 지지하며 수분과 염분의 균형을 조절해 준다.
㉰ 피부에 상처가 생긴 경우 치유 및 회복을 할 수 있게끔 돕는다.
㉱ 자외선으로 인한 피부손상을 막아주며, 수분 보유 및 보습제 역할을 한다.

해설) ㉮, ㉰, ㉱는 교원섬유(콜라겐)의 특징에 대한 설명이다.

15 진피의 유두층에 대한 설명이다. 다른 것을 고르시오.

㉮ 진피와 표피를 연결하며 피부구조 내의 대사활동에 관여한다.
㉯ 교원물질이 작은 물결모양으로 불규칙하게 배열된 결합조직이다.
㉰ 감각수용체 중 압각, 온각, 냉각의 감각기관이 존재한다.
㉱ 신경종말과 림프관, 모세혈관 등이 분포되어 표피의 영양공급을 한다.

해설) 유두층에 존재하는 감각수용체는 촉각과 통각이며, 압각, 온각, 냉각수용체는 망상층에 존재한다.

✅ **정답** 11 ㉯ 12 ㉱ 13 ㉮ 14 ㉯ 15 ㉰

16 대식세포에 대한 설명으로 알맞은 것을 고르시오.

㉮ 콜라겐, 엘라스틴, 기질을 만드는 세포로서 기저 세포에 영향을 준다.
㉯ 히스타민을 분비하여 염증반응을 통해 면역을 담당하는 세포이다.
㉰ 면역을 주관하는 식균서 포로 외부에서 인체로 침투하는 이물질, 세균 등을 제거한다.
㉱ 항체를 생산하며 만성 염증이 발생할 경우 림프 조직에서 나타난다.

 ㉮는 섬유아세포에 대한 설명이며 ㉯는 비간세포, ㉱는 형질세포에 대한 설명이다.

17 피부구조 중 피하조직에 대한 설명이다. 다른 것을 고르시오.

㉮ 진피의 아래에 위치하고 있는 망상조직으로 근육과 뼈 사이에 존재한다.
㉯ 수분 조절 기능을 가지고 있다.
㉰ 외부로부터 발생하는 충격을 흡수하는 보호작용을 한다.
㉱ 벌집모양으로 지방을 축적하며 단백질을 배출한다.

피하조직은 영양분을 저장하고 체온유지 및 신체를 보호하는 작용을 하며 벌집모양의 형태를 두지하고 있다.

18 다음 중 피부의 생리적 기능에 해당되지 않는 것을 고르시오.

㉮ 호르몬 합성기능 ㉯ 체온 조절기능
㉰ 분비와 배설기능 ㉱ 보호기능

피부는 외부의 자극으로부터 인체를 보호하고 분비와 배설, 체온조절, 영양소저장 등의 기능을 가지고 있다.

19 분비와 배설기능에 대한 설명으로 알맞은 것을 고르시오.

㉮ 일정한 온도를 유지하기 위한 조절을 한다.
㉯ 체내에 침투된 이물질과 인체의 신진대사에 따른 노폐물 배설기능을 담당한다.
㉰ 세균의 발육을 억제하고 면역체를 만드는 세포들로 피부를 보호한다.
㉱ 영양분, 수분, 지방, 혈액 등을 필요할 때마다 분비한다.

㉮의 설명은 체온조절 기능이며, ㉰는 세균침입으로부터 피부를 보호하는 기능, ㉱의 경우 영양소 저장 기능에 대한 설명이다.

20 자외선 조사를 통해 생성되는 비타민으로 칼슘 흡수에 도움을 주는 것을 고르시오.

㉮ 비타민 B ㉯ 비타민 F
㉰ 비타민 A ㉱ 비타민 D

 피부는 자외선 조사를 통해 비타민 D를 생성하며 이는 칼슘의 흡수 및 촉진하여 뼈의 생성 및 발육어 도움을 준다.

✓ 정답   16 ㉰   17 ㉱   18 ㉮   19 ㉯   20 ㉱

PART 02 피부학

21 피부의 이상적인 pH로 알맞은 것을 고르시오.
㉮ pH 3.5~6.5
㉯ pH 4.5~6.5
㉰ pH 7.5~8.5
㉱ pH 4.5~9.5

> 해설) 피부는 pH 4.5~6.5의 약산성으로 세균의 발육을 억제하고 살균효과가 있다.

22 피부 부속기관의 기능 중 한선(땀샘)에 대한 설명으로 다른 것을 고르시오.
㉮ 땀을 생성하여 피부의 표면으로 분비하는 기능을 한다.
㉯ 체내의 노폐물 배출과 체온조절, 피부습도조절 등에 관여한다.
㉰ 표피와 진피의 경계에 위치하고 실뭉치 형태로 엉켜있다.
㉱ 에크린선(소한선), 아포크린선(대한선)으로 분류한다.

> 해설) 한선(땀샘)은 진피와 피하지방의 경계에 위치하고 실뭉치 형태로 엉켜있다.

23 다음 중 에크린선(소한선)에 대한 설명으로 알맞은 것을 고르시오.
㉮ 진피 깊숙한 곳에 존재하며 모낭과 연결되어 피부 표면으로 통한다.
㉯ 사춘기 이후에 급속히 발달한다.
㉰ 정신적 스트레스와 감정에 반응한다.
㉱ 입술, 음부, 손톱 등을 제외한 전신에 분포한다.

> 해설) ㉮, ㉯, ㉰에 대한 설명은 아포크린한선(대한선)에 대한 설명이다.

24 다음 중 아포크린한선(대한선)에 대한 설명으로 알맞은 것을 고르시오.
㉮ 수분공급을 통해 피부가 건조하지 않도록 한다.
㉯ pH 5.5~6.5의 단백질 함유량이 많고 특유의 냄새가 난다.
㉰ pH 3.8~5.6의 약산성으로 독립된 땀구멍을 통해 분비한다.
㉱ 일반적인 땀으로 체온조절, 세균번식을 억제하는 역할을 한다.

> 해설) ㉮, ㉰, ㉱에 대한 설명은 에크린한선(소한선)에 대한 설명이다.

25 피지선에 대한 설명으로 다른 것을 고르시오.
㉮ 모낭과 연결되어 모공을 통해 피부표면으로 피지를 분비한다.
㉯ 독립피지선은 윗입술, 구강점막, 유두주변, 눈꺼풀 등에 존재한다.
㉰ 약산성 피부를 유지해 세균번식 또는 이물질의 침투를 막아준다.
㉱ 여성호르몬인 에스트로겐에 의해 피지분비가 활성화된다.

> 해설) 남성호르몬인 안드로겐에 의해 피지분비를 활성화하고 여성호르몬 에스트로겐은 피지분비를 억제하는 효과가 있다.

✔ 정답 21 ㉯ 22 ㉰ 23 ㉱ 24 ㉯ 25 ㉱

26 모발의 기능으로 알맞지 않는 것을 고르시오.

㉮ 보호기능　　㉯ 흡수기능
㉰ 지각기능　　㉱ 장식기능

> 해설
> 모발은 외부의 물리적, 화학적, 기계적 자극으로부터 피부를 보호하며 감각을 감지 하는 기능을 수행하고 미용적 효과를 가지고 있다.

27 모발의 구조 중 표피 표면 위로 나와 있는 부분을 고르시오.

㉮ 모간　　㉯ 모근
㉰ 모유두　　㉱ 모표피

> 해설
> 모표피는 모발의 단면을 말하며 모유두는 모근 속에 포함되어 있다.

28 모구에 대한 설명이다. 바르게 설명한 것을 고르시오.

㉮ 모근을 싸고 있는 주머니 형태로 피지선과 연결되어 모발에 윤기를 더해준다.
㉯ 세포분열과 증식에 관여하여 새로운 모발세포를 만들어 낸다.
㉰ 모근의 뿌리로 모발의 성장과 모발의 색상을 정한다.
㉱ 모세혈관과 신경세포가 분포되어 있다.

> 해설
> ㉮는 모낭, ㉰는 모모세포, ㉱는 모유두에 대한 설명이다.

29 모발의 단면인 모수질에 대한 설명으로 닿는 것을 고르시오.

㉮ 모발의 바깥부분으로 얇은 비늘 모양의 각질세포가 겹쳐 있다.
㉯ 각화작용을 한다.
㉰ 모발의 85~90%로 멜라닌 색소를 함유하고 탄력성과 신축성을 가지고 있다.
㉱ 발육 체모에서만 나타나고 모발의 중심부에 존재한다.

> 해설
> ㉮, ㉯는 모표피에 대한 설명이며, ㉰는 모피질에 대한 설명이다.

30 모발의 성장주기에 대한 설명으로 다른 것을 고르시오.

㉮ 성장기는 모수질 세포가 분열하며 모발 성장기간은 5~10년이다.
㉯ 퇴행기는 대사과정이 느려져 성장이 멈추게 되는 시기로 세포분열이 정지된다.
㉰ 퇴행기수명은 1개월 정도로 전체 머리카락의 1~3%를 차지한다.
㉱ 휴지기는 세포분열이 멈춘 모발이 모낭에 붙어 있는 상태로 모발의 10% 정도이다

> 해설
> 모기질세포가 분열하여 생성, 성장하며 모발 성장기 기간은 3~5년으로 질병의 유무, 연령, 유전적요인, 호르몬, 음식에 따라 변화할 수 있다.

✓ 정답　26 ㉯　27 ㉮　28 ㉰　29 ㉱　30 ㉮

PART 02 피부학

31 다음 조갑에 대한 설명이 다르게 연결된 것을 고르시오.

㉮ 조체: 눈으로 확인 가능한 각질세포 부분
㉯ 자유연: 손톱의 끝부분
㉰ 조근: 세포분열을 통해 손톱을 지속적으로 생산하는 부분
㉱ 반월: 반달모양의 손톱 아랫부분

조근은 손톱의 뿌리부분이며, 세포분열을 통해 손톱을 지속적으로 생산하는 부분은 조모이다.

32 조갑의 특징으로 잘못된 것을 고르시오.

㉮ 매일 약 0.1mm씩 자라며 발톱은 손톱보다 성장 속도가 느리다.
㉯ 피부를 보호하며 방어의 기능을 하기도 한다.
㉰ 10%의 수분을 유지하며 탄력이 있다.
㉱ 건강한 조갑은 조체에 단단하게 부착되어 있으며 핑크빛을 띤다.

건강한 조갑은 조상에 단단하게 부착되어 있어야 한다.

33 다음 짝지어진 영양소 중 열량을 공급하는 영양소로 구성된 것을 고르시오.

㉮ 단백질, 비타민, 물
㉯ 단백질, 탄수화물, 지방
㉰ 단백질, 탄수화물, 무기질
㉱ 단백질, 무기질, 지방

열량을 공급하는 영양소 즉, 에너지 공급원은 단백질, 탄수화물, 지방으로 구성되어 있다.

34 생리적 기능과 대사조절에 관여하는 영양소로 구성된 것을 고르시오.

㉮ 무기질, 비타민, 물
㉯ 단백질, 탄수화물, 지방
㉰ 단백질, 탄수화물, 물
㉱ 단백질, 무기질, 탄수화물

인체의 기능조절 영양소로 생리적 기능과 대사조절에 관여하는 영양소는 무기질, 비타민, 물로 구성되어 있다.

35 인체를 구성하는 3대 영양소에 해당되지 않는 것을 고르시오.

㉮ 단백질   ㉯ 지방
㉰ 무기질   ㉱ 탄수화물

3대 영양소는 단백질, 지방, 탄수화물이다.

✓ 정답   31 ㉰   32 ㉱   33 ㉯   34 ㉮   35 ㉰

36 탄수화물에 대한 설명으로 다른 것을 고르시오.

㉮ 에너지 공급원으로 1g당 4kcal의 열량을 발생한다.
㉯ 소화흡수 후 남은 탄수화물은 단당류 형태로 간에 저장된다.
㉰ 곡물, 감자, 설탕 등의 주성분으로 소장에서 포도당의 형태로 섭취된다.
㉱ 과다 섭취 시 피부의 저항력을 감소시켜 피부염이나 부종, 비만의 원인이 된다.

해설) 인체흡수 후 남은 탄수화물은 간에 글리코겐 형태로 저장된다.

37 단백질에 대한 설명으로 다른 것을 고르시오.

㉮ 신체조직을 생성하고 pH 조절, 효소와 호르몬의 합성을 도와준다.
㉯ 소화흡수 후 남은 탄수화물은 단당류 형태로 간에 저장된다.
㉰ 에너지 공급원으로 1g당 10kcal의 열량과 영양소를 저장한다.
㉱ 피부 구성성분의 대부분이며 체내의 수분조절 기능을 수행한다.

해설) 단백질은 1g당 4kcal의 열량을 발생하며 피부, 근육, 모발, 조갑 등을 생성하고 pH 조절, 효소와 호르몬의 합성을 도와주며 면역세포의 항체를 생성한다.

38 지방에 대한 설명으로 다른 것을 고르시오.

㉮ 에너지 공급원으로 1g당 9kcal의 열량을 발생한다.
㉯ 소장에서 글리세린 형태로 흡수한다.
㉰ 피부를 보호하며 호르몬과 담즙 생산 활동에 관여한다.
㉱ 생명유지에 필요한 유기영양소로 체내 합성이 이루어지지 않는다.

해설) 생명유지에 필요한 유기영양소로 대부분 체내 합성이 이루어지지 않으므로 식품을 통해 섭취되는 것은 비타민에 대한 설명이다.

39 다음 지용성 비타민으로 이루어진 것을 고르시오.

㉮ 비타민 A, 비타민 D, 비타민 K, 비타민 E
㉯ 비타민 A, 비타민 B, 비타민 K, 비타민 B_2
㉰ 비타민 C, 비타민 B_{12}, 비타민 B_7, 비타민 E
㉱ 비타민 A, 비타민 D, 비타민 B_3, 비타민 B_2

해설) 지용성 비타민은 체내에 저장되며 쉽게 배출되지 않고 비타민 A, D, K, E가 해당된다.

40 수용성 비타민에 대한 설명으로 다른 것을 고르시오.

㉮ 비타민 B_1 : 탄수화물 대사용이, 민감성피부, 상처치유에 관여
㉯ 비타민 B_6 : 신경전달물질 합성 및 세포저생, 모세혈관확장, 여드름 피부에 효과
㉰ 비타민 C : 단백질, 엽산의 흡수를 도와주며 근육통 완화 효과
㉱ 비타민 B_3 : 지방분해 효소, 점막의 염증치료, 혈압조절에 효과

해설) 비타민 C는 모세혈관을 튼튼하게 하며 멜라닌 색소 생성 억제, 교원질형성 도움을 주며 비타민 B_8은 단백질, 엽산의 흡수를 도와주며 근육통 완화 효과가 있다.

✓ 정답   36 ㉯   37 ㉰   38 ㉱   39 ㉮   40 ㉰

PART 02 피부학

41 생명을 유지하는 데 필요한 최소한의 에너지 명칭으로 알맞은 것을 고르시오.
㉮ 에너지대사량 ㉯ 기초대사량
㉰ 최소대사량 ㉱ 활동대사량

인체의 움직임이 없더라도 생명을 유지하기 위한 신진대사에 필요한 최소한의 열량 소모량을 말한다.

42 신체의 구성과 대사활성화에 관여하며 효소, 호르몬의 구성 성분을 고르시오.
㉮ 마그네슘 ㉯ 비타민 E
㉰ 아연 ㉱ 황

마그네슘, 아연, 황 등은 무기질로 신체의 구성에 관여하며 비타민 E는 지용성 비타민에 대한 설명이다.

43 다음 중 원 발진에 속하지 않는 것을 고르시오.
㉮ 소수포 ㉯ 궤양
㉰ 반점 ㉱ 구진

궤양은 속발진으로 염증성질환으로 표피와 진부의 일부 및 전부가 소실된 상태로 치유 후 상처가 남는다.

44 구진에 대한 설명으로 알맞은 것을 고르시오.
㉮ 직경 1cm 미만의 단단하고 작은 병변으로 약간의 돌출된 형태.
㉯ 직경이 2cm 이상 피부의 증식물로 양성, 악성으로 분류된다.
㉰ 혈액성 내용물을 포함하고 있다.
㉱ 표피 내부에 작고 투명한 물집의 형태로 액체를 포함.

㉯는 종양, ㉰는 대수포, ㉱는 소수포에 대한 설명이다.

45 다음 중 속발진의 병변으로 구성된 것을 고르시오.
㉮ 인설, 낭종 ㉯ 팽진, 가피
㉰ 미란, 농포 ㉱ 균열, 궤양

속발진의 병변은 인설, 가피, 미란, 찰상, 반흔, 궤양, 균열, 태선화가 해당된다.

✔ 정답 41 ㉯ 42 ㉯ 43 ㉯ 44 ㉮ 45 ㉱

46 표피 또는 진피의 일부가 가죽처럼 단단해지고 두꺼워지는 병변을 고르시오.

㉮ 균열 ㉯ 반흔
㉰ 태선화 ㉱ 가피

해설
균열은 피부가 갈라지는 병변, 반흔은 흉터, 가피는 상처에 의한 분비물이 말라붙은 것을 말한다.

47 온도에 의한 피부질환에 대한 설명으로 잘못된 것을 고르시오.

㉮ 지속적인 압력은 궤양 발생의 원인이 되므로 자주 위치를 변경한다.
㉯ 뜨거운 물, 불, 강산 또는 강알칼리 등에 의한 피부손상
㉰ 한랭의 상태에 피부가 장시간 노출되어 생긴 말초혈류장애
㉱ 한관의 폐쇄로 인해 땀의 순환 및 배출이 안되어 발생

해설
㉮는 기계적 손상에 의한 피부질환에 대한 설명이다.

48 습진에 의한 질환으로 구성된 것을 고르시오.

㉮ 원발성 접촉 피부염, 봉소염
㉯ 지루성 피부염, 농가진
㉰ 대상포진, 아토피 피부염
㉱ 지루성 피부염, 아토피 피부염

해설
농가진, 봉소염, 대상포진의 병변은 감염성 피부질환으로 분류된다.

49 과색소 침착 질환으로 기미에 대한 설명이 바른 것을 고르시오.

㉮ 선천적인 과색소 질환으로 노화의 진행에 따라 감소되기도 한다.
㉯ 생활습관, 후천적 과색소 침착질환으로 색소침착의 정도에 따라 농도와 크기, 형태가 다르다.
㉰ 눈 주변, 볼 주변, 이마 등에 청갈색 또는 청회색의 색소질환이다.
㉱ 멜라닌 색소가 비정상적 증식에 의해 발생하며 진피층에 존재한다.

해설
㉮는 주근깨의 특징이며, ㉰, ㉱는 오타모반에 대한 설명이다.

50 안검주변의 질환으로 다발성 양성종양을 달하는 병변을 고르시오.

㉮ 비립종 ㉯ 한관종
㉰ 다발성종 ㉱ 포진종

해설
에크린 한선에서 발생한 내용물이 없는 구진의 형태인 한관종의 경우 다발성의 양성 종양으로 레이저, 화학적 기기 소각 등의 의료기기를 통해 제거할 수 있다.

 정답 46 ㉰ 47 ㉮ 48 ㉱ 49 ㉯ 50 ㉯

PART 02 피부학

51 파장 400~800nm 이상으로 테라피에 적용되는 광선을 고르시오.
- ㉮ 가시광선
- ㉯ 자외선
- ㉰ 적외선
- ㉱ 감마선

> **해설** 육안으로 확인 가능한 색상으로 컬러테라피 등의 빛을 이용한 테라피에 사용되며 광선의 파장은 400~800nm 정도로 광선에서 차지하는 비중은 약 51%이다.

52 단파장에 대한 설명으로 다른 것을 고르시오.
- ㉮ 200~290nm(UVC, 자외선 C)의 파장을 가지고 있다.
- ㉯ 각질층까지 도달하며 피부암의 원인
- ㉰ 진피 상부까지 도달, 피부가 두꺼워진다.
- ㉱ 오존층에서 흡수가능하며 살균, 소독작용

> **해설** 진피 상부까지 도달하며 피부가 두꺼워지는 파장은 중파장이다.

53 자외선이 인체에 미치는 영향으로 다른 것을 고르시오.
- ㉮ 비타민 D 합성 및 살균, 강장 등 인체에 이로운 영향을 준다.
- ㉯ 피부에 강한 화학반응을 일으킬 수 있기 때문에 화학선이라고 한다.
- ㉰ 칼슘(Ca)과 인(P)의 영양분 흡수에 필수요소이다.
- ㉱ 구루병 예방 및 인체 면역력을 증진 시키는 효과가 있다.

> **해설** 자외선은 비타민 D 합성 및 살균, 강장 등 인체에 이로운 영향을 주며 피부에 강한 화학반응을 일으킬 수 있기 때문에 화학선이라고 하며 열을 발생시키지는 않는다.

54 다음 적외선의 특징으로 볼 수 없는 것을 고르시오.
- ㉮ 혈액순환 및 신진대사촉진, 근육 조직의 수축과 이완을 원활하게 한다.
- ㉯ 적용부위에 수직으로 빛을 조사해야 한다.
- ㉰ 적외선기기와 피부 조사거리는 10~30cm 정도 떨어져 적용한다.
- ㉱ 혈관을 확장시켜 혈액순환을 원활하고 체내 노폐물 배출을 도와준다.

> **해설** 적외선기기의 피부와 조사거리는 약 50~90cm 정도 떨어져 적용한다.

55 자외선 UV-B에 파장범위로 알맞은 것을 고르시오.
- ㉮ 290~320nm
- ㉯ 200~290nm
- ㉰ 320~400nm
- ㉱ 400~800nm

> **해설** 자외선 B는 중파장으로 290~320nm의 파장을 가지고 있다.

 정답　51 ㉮　52 ㉰　53 ㉯　54 ㉰　55 ㉮

56 인체에 침입하는 세균, 바이러스 등에 방어하는 능력을 말하는 것을 고르시오.
㉮ 방역 ㉯ 생체방어
㉰ 면역 ㉱ 방어막

해설) 면역은 인체 내에 침입하는 세균, 바이러스, 화학물질, 미생물, 이물질 등에 대한 방어능력을 의미한다.

59 면역의 1차적 방어기전의 설명으로 올바른 것을 고르시오.
㉮ 식균작용 ㉯ 기침, 재채기
㉰ 히스타민분비 ㉱ 발열

 해설) 신체적 방어력으로 피부를 통한 면역과 눈물, 기침, 재채기를 통해 항원을 배출한다.

57 면역에 대한 설명으로 바른 것을 고르시오.
㉮ 인체침입물질에 대한 방어능력
㉯ 침입물질을 공격하고 제거
㉰ 질병 후 항체 재생 불가
㉱ 자연면역과 후천면역으로 분류

 해설) 면역은 질병 후 항체를 만들어 생체방어 기능을 수행한다.

60 질병이완 후 획득 가능한 면역에 대한 설명으로 바른 것을 고르시오.
㉮ 자연수동면역 ㉯ 인공수동면역
㉰ 자연능동면역 ㉱ 인공능동면역

 해설) 후천적으로 획득한 면역을 기억하고 있는 면역으로 자연능동면역이라고 한다.

58 항체에 대한 설명으로 올바른 것을 고르시오.
㉮ 인체 내에 침입한 원인물질
㉯ 림프구에서 만들어진 방어물질
㉰ 방어기능을 도와주는 단백질
㉱ 면역의 정보를 림프구에 전달

 해설) 항체는 항원에 대응하기 위해 림프구에서 만들어진 방어물질이다.

✓ 정답 56 ㉰ 57 ㉱ 58 ㉯ 59 ㉯ 60 ㉰

PART 02 피부학

61 자연수동면역에 관한 설명으로 올바른 것을 고르시오.
㉮ 면역항체를 인체에 직접 침투시켜 획득되는 면역
㉯ 모체로부터 획득되는 면역
㉰ 백신 접종 후 획득되는 면역
㉱ 질병이완 후 획득되는 면역

해설 자연수동면역은 모체의 태반, 모유로부터 획득되는 면역이다.

62 면역에 대한 반응 설명으로 다른 것을 고르시오.
㉮ 체액성 면역반응   ㉯ 식세포 면역반응
㉰ 세포성 면역반응   ㉱ 림프절 면역반응

해설 면역에 대한 반응은 체액성, 식세포, 세포성 면역반응으로 기능을 수행한다.

63 특이성 면역에서 나타나는 방어 작용을 고르시오.
㉮ 사토카인
㉯ 림프구와 대식세포 활동
㉰ 발열
㉱ 눈물

해설 특이성 면역은 림프구와 대식세포의 특이성 면역 활동을 의미한다.

64 피부의 면역작용의 설명으로 다른 것을 고르시오.
㉮ 랑게르한스세포가 피부층 면역담당
㉯ 진피층의 대식세포와 비만세포가 피부면역 담당
㉰ 피부의 약산성의 피지막을 통해 면역 담당
㉱ 면역정보를 항원에 전달하여 방어

해설 피부는 방어체계를 구축하고 자극하는 사이토카인을 생성하여 면역반응을 수행한다.

65 피부노화와 관련된 설명으로 다른 것을 고르시오.
㉮ 각질형성세포의 성장 및 분열의 속도가 느려 표피층감소 및 표피가 얇아진다.
㉯ 랑게르한스세포의 수의 감소로 유해물질 감지능력이 저하된다.
㉰ 콜라겐섬유의 굵기와 강도가 약해져 탄력저하 및 주름이 형성된다.
㉱ 노화는 자연현상이므로 예방하거나 지연 시킬 필요는 없다.

해설 노화는 관리를 통해 예방하고 지연시킬 필요가 있다.

✔ 정답   61 ㉯   62 ㉱   63 ㉯   64 ㉱   65 ㉱

66 내인성 노화의 특징이 아닌 것을 고르시오.

㉮ 주로 자외선에 의해 발생하므로 광노화라고도 한다.
㉯ 멜라닌 세포의 감소로 인해 자외선에 대한 방어 능력이 떨어진다.
㉰ 피부의 보습력 저하로 인해 피부가 건조해진다.
㉱ 피하조직의 지질변화로 인해 탄력이 점차 줄어 들어 주름이 발생한다.

해설 ㉮에 대한 설명은 외인성 노화에 대한 설명이다.

67 나이가 들어감에 따라 자연스럽게 나타나는 노화현 상의 설명을 고르시오.

㉮ 광노화   ㉯ 외인성 노화
㉰ 내인성 노화   ㉱ 태양에 의한 노화

해설 내인성 노화는 나이가 들어가며 자연스럽게 나타나는 노화 현상이다.

68 외인성 노화로 인해 나타나는 피부의 현상의 설명 으로 맞는 것을 고르시오.

㉮ 탄력의 정도가 감소된다.
㉯ 혈관확장 정도는 감소된다.
㉰ 주름이 증가된다.
㉱ 면역세포가 감소된다.

해설 ㉯, ㉰, ㉱의 설명은 내인성 노화의 변화를 설명한 것이다.

69 외인성 노화와 관계된 설명으로 올바른 것을 고르 시오.

㉮ 랑게르한스 세포 수와 기능 저하
㉯ 피하조직의 지질변화
㉰ 유전적요인
㉱ 자외선(태양)

해설 외인성 노화의 자외선, 실외에서 일하는 직업군, 외부환 경(냉, 난방)에 의해 진행되는 노화의 특징이다

70 자외선의 영향으로 나타나는 장점으로 바르지 않는 것을 고르시오.

㉮ 홍반반응   ㉯ 살균, 소독효과
㉰ 강장효과   ㉱ 비타민 D 합성효과

해설 자외선으로 인해 나타나는 피부장애는 홍반반응, 색소 침착, 광노화 등이 있다.

✔ **정답** 66 ㉮   67 ㉰   68 ㉮   69 ㉱   70 ㉮

PART 02 피부학

71 항원에 대응해 이물질을 잡아먹고 소화하는 면역세포 설명으로 바른 것을 고르시오.

㉮ 글리세린 ㉯ 보체
㉰ B림프구 ㉱ 대식세포

대식세포는 항원을 잡아먹고 면역의 정보를 림프구에 전달하는 면역세포이다.

72 한선에 대한 설명으로 바르지 않는 것을 고르시오.

㉮ 땀을 분비함으로 체온조절을 한다.
㉯ 진피와 피하지방의 경계에 위치하고 실뭉치 형태로 엉켜있다.
㉰ 입술, 음부, 손톱을 포함하여 전신에 분포한다.
㉱ 대한선과 소한선으로 분류한다.

㉰ 입술, 안검, 생식기 손톱, 발톱을 제외한 전신에 분포한다.

73 신선한 산소와 영양분이 조직 내의 대사를 통해 발생한 이산화탄소와 노폐물을 배출하는 기능에 대하 바르게 설명한 것을 고르시오.

㉮ 감각 기능 ㉯ 영양소 저장기능
㉰ 호흡기능 ㉱ 분비와 배설

피부는 외부의 충격이나 신진대사를 통해 인체의 기능을 원활하게 하기위한 기능을 수행한다.

74 망상층의 설명으로 알맞은 것을 고르시오.

㉮ 치밀하게 짜여진 콜라겐과 엘라스틴 사이로 기질이 채워져 있다.
㉯ 유두의 물결모양이 느슨해져 피부탄력성이 떨어진다.
㉰ 림프관과 신경종말을 통해 체내 노폐물을 제거하는 역할을 한다.
㉱ 표피와 진피의 경계를 이루고 있다.

㉯, ㉰, ㉱의 설명은 진피의 유두층에 대한 설명이다.

75 다음 중 소장에서 글리세린 형태로 흡수되는 것을 고르시오.

㉮ 단백질 ㉯ 지방
㉰ 비타민 ㉱ 탄수화물

지방은 소장에서 글리세린 형태로 흡수되며, 과다 섭취 시 콜레스테롤이 증가한다.

✔ 정답 71 ㉱ 72 ㉰ 73 ㉰ 74 ㉮ 75 ㉯

76 피부조직의 각화로 인해 각질의 형태로 최종 탈락되는 피부층을 고르시오.

㉮ 기저층 ㉯ 유극층
㉰ 각질층 ㉱ 유두층

해설) 죽은 세포로 각화주기인 약 28일 만에 각질층에서 자연 탈락한다.

77 진피에 속하는 세포가 아닌 것을 고르시오.

㉮ 비만세포 ㉯ 대식세포
㉰ 섬유아세포 ㉱ 머켈세포

해설) 머켈 세포는 표피 중 기저층에 존재하며 촉각세포라고도 한다.

78 표피의 대부분을 차지하는 구조에 대한 설명으로 바른 것을 고르시오.

㉮ 각질층 ㉯ 과립층
㉰ 유극층 ㉱ 기저층

해설) 유극층은 표피의 대부분을 차지하며 5~10개의 유핵세포 층으로 표피 중 가장 두껍다.

79 면역의 종류 중 획득면역으로 알맞은 것을 고르시오.

㉮ 신체적 방어 ㉯ 화학적 방어
㉰ 염증반응 ㉱ 예방접종

해설) 예방접종을 통해 획득한 면역으로 자연 면역을 도와주는 역할을 한다.

80 피부의 기능으로 다르게 설명한 것을 고르시오.

㉮ 보호기능 ㉯ 호흡기능
㉰ 감각기능 ㉱ 장식기능

해설) 장식기능은 피부의 기능이 아니다.

✔ 정답 76 ㉰ 77 ㉱ 78 ㉰ 79 ㉱ 80 ㉱

2020 최신 개정

피부 미용사 필기

핵심 완벽정리

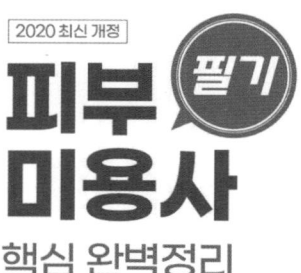

PART 03 해부생리학

CHAPTER 01　해부생리학의 개념
CHAPTER 02　골격계
CHAPTER 03　근육계
CHAPTER 04　호흡기계
CHAPTER 05　소화기계
CHAPTER 06　순환기계
CHAPTER 07　비뇨기계
CHAPTER 08　생식기계
CHAPTER 09　내분비계
CHAPTER 10　신경계

PART 03 해부생리학

CHAPTER 01 해부생리학의 개념

1. 해부생리학의 정의

해부학은 생물체의 구조와 형태, 위치를 연구하는 학문이며 생리학은 성질이나 그 기능을 연구하는 학문이다.

2. 인체의 분류

1) 물질적 분류

살아 있는 생물은 기본적으로 동일한 원소로 구성되어 있다. 이러한 원소들은 저분자나 이온의 형태로 존재하기도 하지만 대부분 서로 결합하여 탄수화물, 단백질, 지질, 핵산 등의 고분자 물질을 이룬다.

【 인체의 구성 】

원 소	비율(%)	원 소	비율(%)
산소	65.0	칼륨	0.35
탄소	18.0	황	0.25
수소	10.0	나트륨	0.15
질소	3.0	염소	0.15
칼슘	1.9	마그네슘	0.04
인	1.0	기타	0.16

2) 구조적 분류

인체는 수많은 미세한 구조물로 이루어진 유기체이다. 즉 세포, 조직, 기관, 계통의 4단계의 구조물로 되어있다. 가장 작은 구조적 단위가 세포이며, 유사한 세포가 모여 조직을 구성하고, 조직이 모여 기관을 이루고 같은 성격을 가진 기관들이 모여서 계통을 이루어 인체를 형성하게 된다.

3) 인체의 면

해부학적 자세(anatomical position)는 양쪽 발을 어깨 너비로 서서 정면을 바라보며 양 손바닥을 앞으로 향한 채 똑바로 서있는 자세를 말한다.

① 정중단면(median plane): 인체를 좌우로 나누는 면
② 가로단면(transverse plane): 인체를 수평으로 나누는 면
③ 관상단면(coronal plane): 인체를 앞뒤로 나누는 면

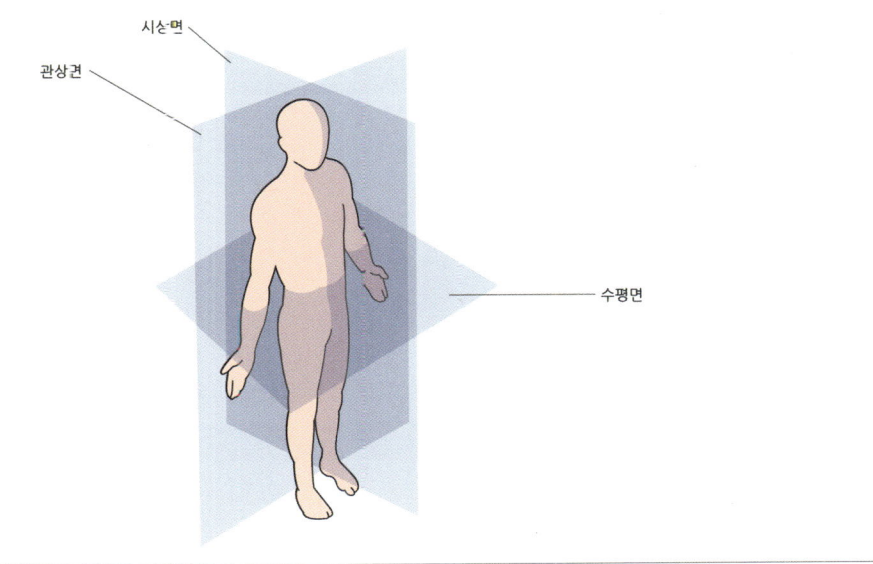

인체의 면

3. 세포의 구조와 기능

1) 세포의 구조

생물체를 이루는 기본 단위로, 세포막으로 둘러 싸여 있으며 핵과 세포질로 구성되어 있다.

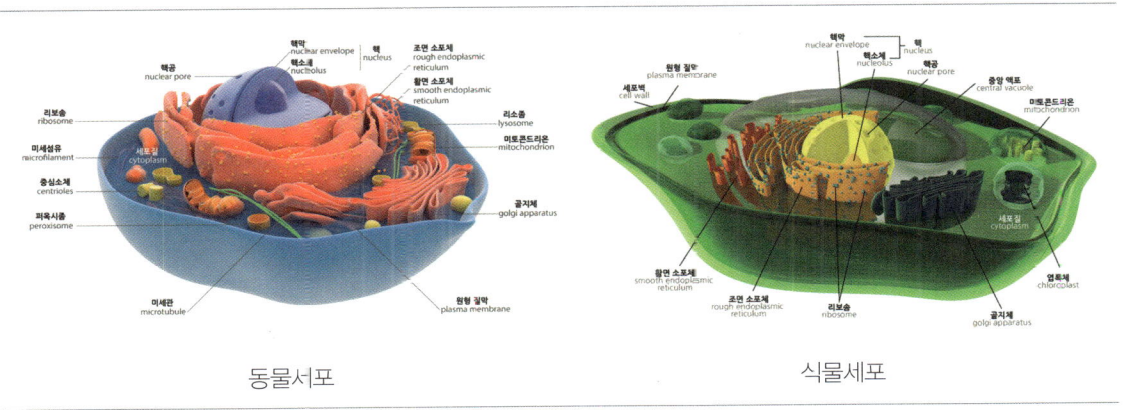

세포의 구조

PART 03 해부생리학

(1) 세포막

세포 전체를 둘러싸고 있는 인지질 2중층 막으로, 세포의 형태를 유지하고 내부에서 생명활동이 가능하도록 보호해주며 선택적 투과성이 기능이 있어 세포 안팎으로 드나드는 물질의 이동을 조절한다.

[세포막의 구성]

종류	특징
인지질	• 친수성인 머리(인산)와 소수성인 꼬리(지방산) 부분으로 되어 있어 물로 둘러싸인 세포 내외의 환경에서 2중층을 형성하여 안정성을 유지할 수 있다.
단백질	• 인지질층 곳곳에 모자이크 모양으로 파묻혀 있거나 관통하고 있으며 세포막을 드나드는 영양분과 노폐물 등의 물질 이동 통로로 작용한다.

(2) 세포막을 통한 물질의 이동

[세포막을 통한 물질의 이동]

종류	특성
확산	• 농도가 높은 곳에서 낮은 곳으로 이동하는 현상
여과	• 막을 통해 압력이 높은 곳에서 낮은 곳으로 액체가 이동하는 현상
삼투	• 농도가 낮은 곳에서 높은 곳으로 이동하는 현상

(3) 세포질

세포질(cytoplasm)은 세포 내부를 최대 80%까지 채우고 있는 투명한 점액 형태의 물질로 세포의 모양 및 항상성을 유지하며, 세포소기관을 지탱해주는 역할을 한다. 또한 생명 유지에 반드시 필요한 화학 물질을 저장하는 장소이기도 하다.

[세포소기관]

종류		특징
미토콘드리아	내막과 외막의 2중막 구조로 둥근 막대 모양	• 세포 호흡이 일어나는 곳으로, 포도당과 같은 유기물을 분해하여 생명 활동에 필요한 에너지(ATP)를 생산한다.
소포체	긴 관 모양	• 막의 일부가 핵막에 연결되어 있는 구조로 세포 내 물질 이동 통로이다.
골지체	납작한 주머니를 겹쳐 놓은 모양	• 소포체의 일부가 떨어져 나와 생긴 것으로, 물질을 저장하거나 분비하는 작용을 한다.
리소좀	단일막 구조	• 골지체에서 만들어졌으며 여러 종류의 가수 분해 효소를 지닌 주머니로 세포 내 소화를 담당하고, 세포의 노폐물을 분해하고 처리한다.
리보솜	알갱이 모양	• 유전자 암호에 저장된 정보를 세포 내 단백질 분자로 전환시켜 합성한다.

(4) 핵

핵(nucleus) 속에는 유전 물질인 DNA가 있어 유전 현상을 나타내고, 세포의 생명 활동을 조절하는 중추 역할을 한다.

(핵의 구성)

종류	특징
핵막	• 내막과 외막의 2중막 구조로 되어있으며 핵의 모양을 유지하며 세포질과 분리된다.
핵공	• 핵막에는 작은 구멍의 핵공이 있어 유전 정보가 세포질로 전달되어 단백질 합성이 발현되는 등 핵과 세포질 사이에서 물질 교환이 일어난다.

2) 조직

특수한 기능을 수행하기 위해서 형태와 기능이 비슷한 세포들이 집합하여 배열된 세포와 세포사이물질을 말한다.

(1) 상피조직

상피조직(epithelial tissue)이란 몸의 외표면이나 위·장과 같은 내장성 기관의 내면을 싸고 있는 세포조직으로 보호와 흡수, 분비, 배설 그리고 세포내외로 물질을 선택적으로 투과하기 위한 장벽을 형성하고 있다.

(상피 조직)

종류		특징
편평상피	단층편평상피	• 편평한 세포층이 한 층을 이룬다. • 혈관과 림프관의 내피, 흉막, 심막, 복막, 폐포, 고막의 안쪽 등에 존재한다.
	중층편평상피	• 편평상피세포가 겹쳐 여러 층을 이룬다. • 구강, 식도, 질, 직장 등에 존재한다
입방상피	단층입방상피	• 높이와 폭이 비슷한 상피세포이다. • 갑상샘 소포, 난소의 표면 상피세포에 존재한다.
	중층입방상피	• 입방세포가 겹쳐 여러 층으로 배열된다. • 땀샘과 난소 세포에 존재한다.
원주상피	단층원주상피	• 너비보다 키가 더 큰 상피세포이다. • 소화관위~대장의 점막세포, 자궁·난관의 상피세포 등에 존재한다.
	다열원주상피	• 단층원주상피에 속하지만 상피의 높이가 달라 핵의 높이가 고르지 않다 • 호흡기계(비강~기관지)의 점막 상피세포 등에 존재한다.

(2) 결합조직

서로 다른 조직이나 기관 사이를 결합시키거나 지지하는 조직으로 인체에 가장 널리 분포한다. 세포와 세포 사이에는 세포 간 물질이 풍부하고 재생능력이 강하며, 혈액세포를 생산하고 지방을 저장하는 기능을 한다.

PART 03 해부생리학

(결합 조직)

종류	특징
뼈	• 골아세포가 콜라겐과 수산화인희석을 분비해서 단단한 조직이다.
연골	• 연골세포가 콜라겐, 콘드로이친황산염, 엘라스틴 등을 분비해서 뼈의 완충작용을 하는 조직이다.
혈액	• 물, 이온, 피브리노겐, 알부민 등의 수용성 단백질들과 혈구 세포 등이 결합한 조직이다.
지방조직	• 지방세포들이 성기게 결합해서 피하지방을 이룬다.
치밀결합조직	• 콜라겐 섬유가 치밀하게 연결된 조직으로 힘줄, 인대, 안구공막을 이룬다.
성긴결합조직	• 섬유아세포와 콜라겐, 엘라스틴 등이 풍부한 탄력조직으로 기관들을 보호하고 피하조직을 이룬다.

(3) 근육조직

몸의 근육과 내장을 구성하는 조직으로 수축과 이완을 한다. 기능에 따라 자신의 의지로 수축을 조절할 수 있는 수의근과 수축을 조절할 수 없는 불수의근, 모양에 따라 가로무늬근과 민무늬근으로 나눌 수 있다.

(근육 조직)

종류	특징
골격근	• 수의근, 가로무늬근
심장근	• 불수의근, 가로무늬근
평활근	• 불수의근, 민무늬근, 내장근, 혈관벽, 괄약근, 요관

(4) 신경조직

뇌에서 보낸 신호를 몸의 각 부위에 전하거나 외부의 정보를 뇌로 전하는 조직으로 감각, 통합, 반응에 관여하고 뉴런을 기본 단위로 한다. 뉴런은 핵이 있는 신경 세포체와 가지돌기 및 축삭돌기로 구성되며 강장동물 이상에서 발달한다.

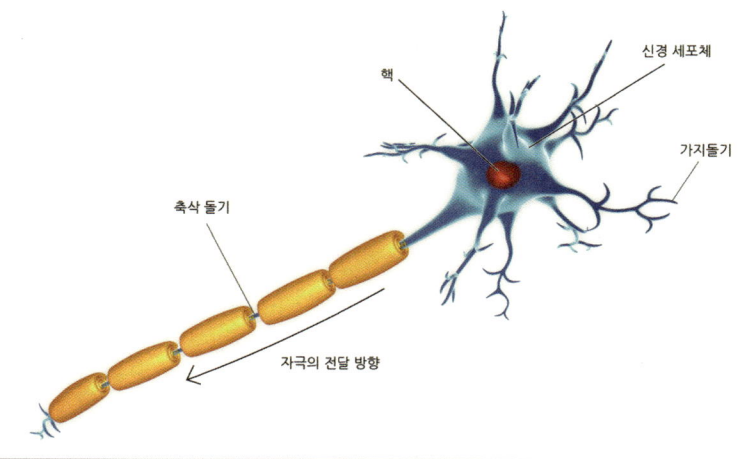

뉴런의 구조

3) 기관

여러 개의 조직이 모여 특정한 형태를 이루고 고유한 기능을 수행하며 5장 6부의 장기를 이룬다.

(기관의 종류)

종류	특징
5장	• 간장, 심장, 비장 폐, 신장
6부	• 담낭, 소장, 위장 대장, 방광, 삼초

4) 계통

여러 기관이 모여 독립된 구조와 기능을 담당한다.

(계통의 종류)

종류	특징
호흡계	• 폐, 기관, 아가미 등
감각계	• 눈, 귀, 코, 피부, 혀 등
피부계	• 피부, 털, 깃털, 스톱, 피부샘 등
배설계	• 콩팥, 오줌관, 방광 등
신경계	• 뇌, 척수, 신경, 신경절 등
골격계	• 머리, 가슴, 팔, 다리 등의 뼈 등
근육계	• 골격근, 내장근, 심장근 등
소화계	• 입, 식도, 위, 소장, 대장, 간, 이자 등
생식계	• 난소, 자궁, 정소 등

PART 03 해부생리학

| CHAPTER 02 | 골격계

1. 뼈의 형성과 성장

골세포와 골질의 세포간질로 되어있는 특수결합조직이다. 골질은 칼슘과 인의 저장창고로 85%의 인산칼슘과 10%의 탄산칼슘을 포함하고 있어 단단하다.

2. 뼈의 기능

우리 몸의 모양과 형태를 제공하고 지지할 뿐만 아니라 혈액을 생산하며 미네랄을 저장한다.

[뼈의 기능]

종류	특징
저장기능	• 칼슘과 인 등을 뼈 속에 저장하고 필요 시 혈액에 방출한다.
조혈기능	• 골수에서 혈액세포인 적혈구, 백혈구, 혈소판을 생성하여 혈관으로 이동시킨다.
보호기능	• 뇌, 내장, 척수, 안구 등의 내부 장기를 보호한다.
지지기능	• 체중을 지지하고 코 등의 연부조직 등 인체의 외형을 지지한다.
운동기능	• 근육의 수축과 이완에 협력하여 과도한 움직임을 방지한다.

3. 골격계의 종류

골격은 체중의 20~30%를 차지하고 뼈와 연골 및 인대 등으로 구성되어 있다. 사람의 골격계는 206개의 뼈로 이루어져 있으며 장기를 보호하고, 몸을 지지하며, 운동의 중심이 되는 역할을 한다. 뼈와 뼈 사이에는 연골이 채워져 있어 관절의 부드러운 움직임이 가능하도록 하고, 인대가 부착되어 있어 몸을 단단히 지탱할 수 있게 해준다.

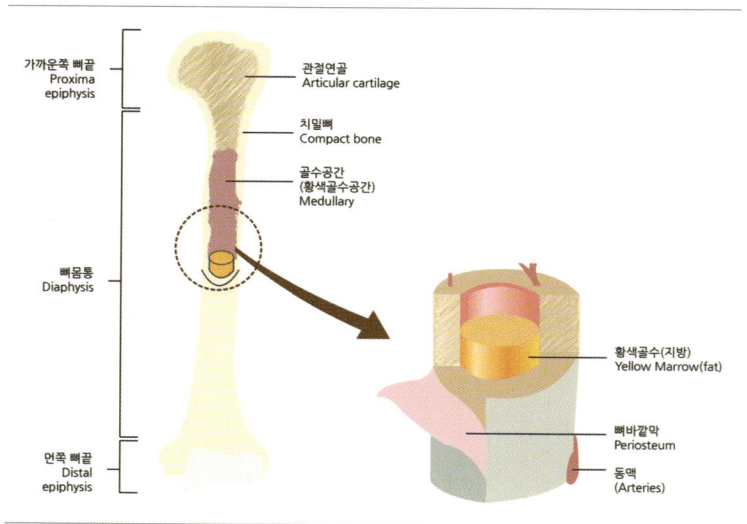

뼈의 구조

1) 두개골

뇌를 비롯하여 눈, 귀, 코와 같은 주요 감각기관을 보호해야 하므로 단단한 섬유 관절 결합을 이룬다. 두개골은 15종, 23개의 분리골로 구성되어 있으며 이들 뼈가 만나서 연결되는 부위를 '봉합'이라고 한다. 두개골은 뇌를 싸고 있는 뇌두개골과 얼굴부위를 형성하는 안면두개골로 구분된다.

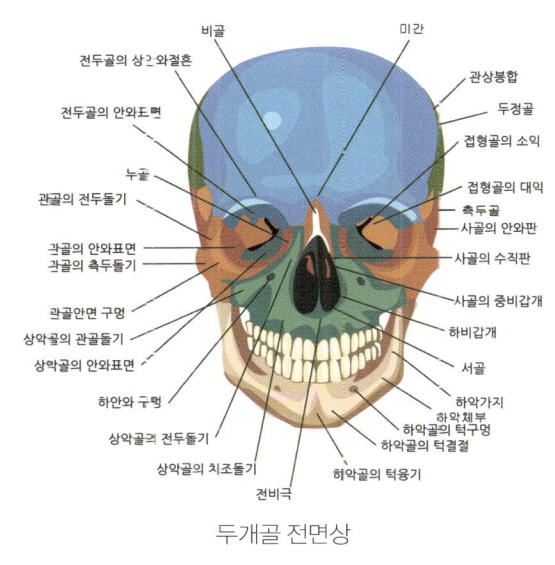

두개골 전면상

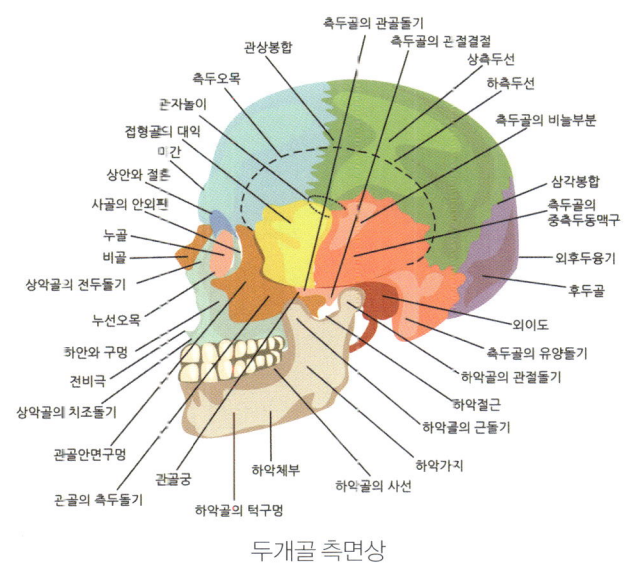

두개골 측면상

두개골

PART 03 해부생리학

2) 척추

척추는 몸의 중심을 이루고 기둥의 역할을 수행하는 기관으로 7개의 경추와 12개의 흉추, 5개의 요추, 그리고 천추와 미추 총 26개의 척추뼈로 구성되어 있으며 위쪽으로는 머리를 받치고 아래쪽은 골반과 연결되어 있다. 척추는 추간판으로 연결되어 있는데, 이들은 몸을 움직일 때 운동방향에 따라 늘어나기도 하고 충격을 흡수하는 역할을 하기도 한다.

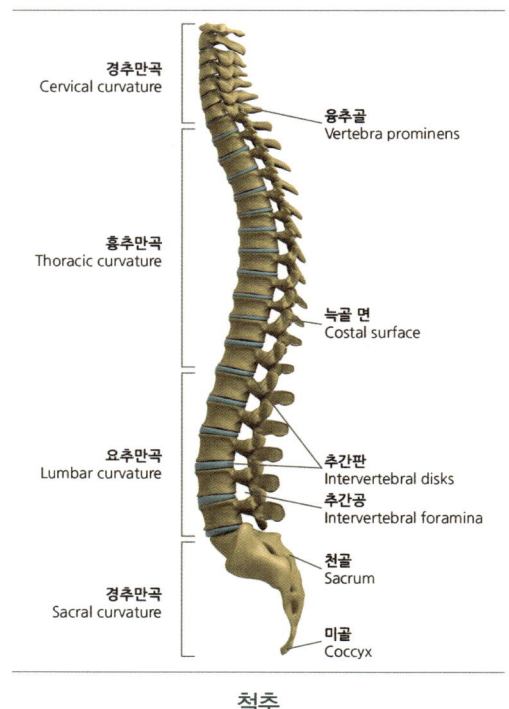

척추

3) 흉곽

흉곽은 12개의 흉추에 늑골이 연결되어 있고 앞쪽으로 흉골과 연결된 구조로 심장과 폐 그리고 주요 혈관이 상처를 입지 않도록 보호해준다. 11번, 12번째 늑골은 길이가 짧아서 흉골과 연결되지 못하고 따로 떨어져 있다.

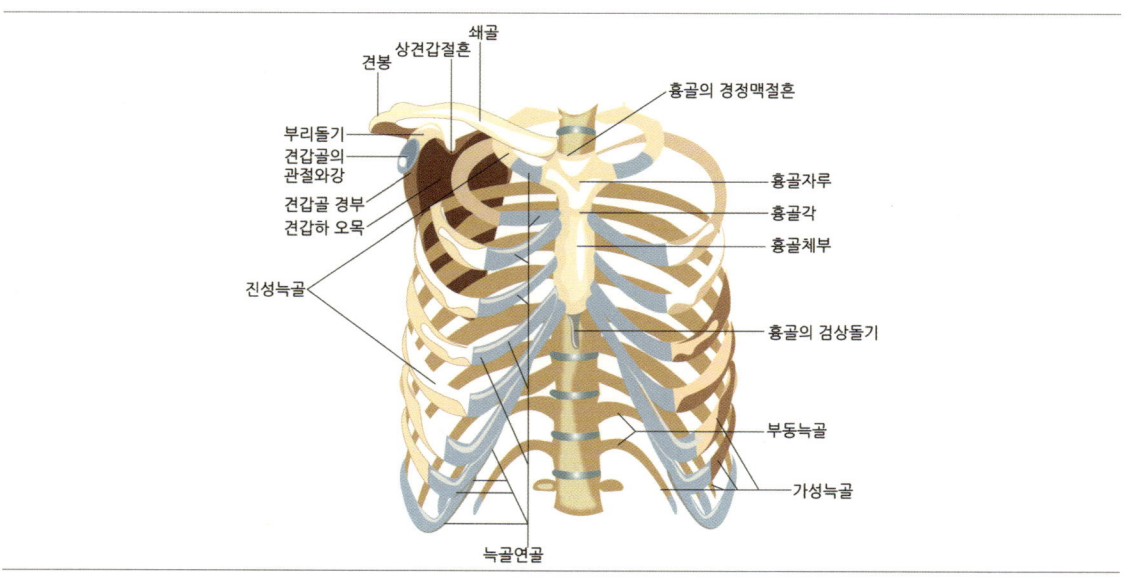

흉곽

4) 상지골

몸통과 이어져 상지를 구성하는 견갑골과 쇄골이 있고, 자유 팔뼈인 상완골, 요골 및 척골, 수근골, 중수골 및 지골 등의 64개의 뼈로 구성되어 있다.

5) 하지골

몸통과 이어져 하지를 구성하는 관골이 있고, 자유 다리뼈인 대퇴골, 슬개골, 경골, 비골 및 족근골, 중족골 및 지골 등의 62개의 뼈로 형성되어 있다.

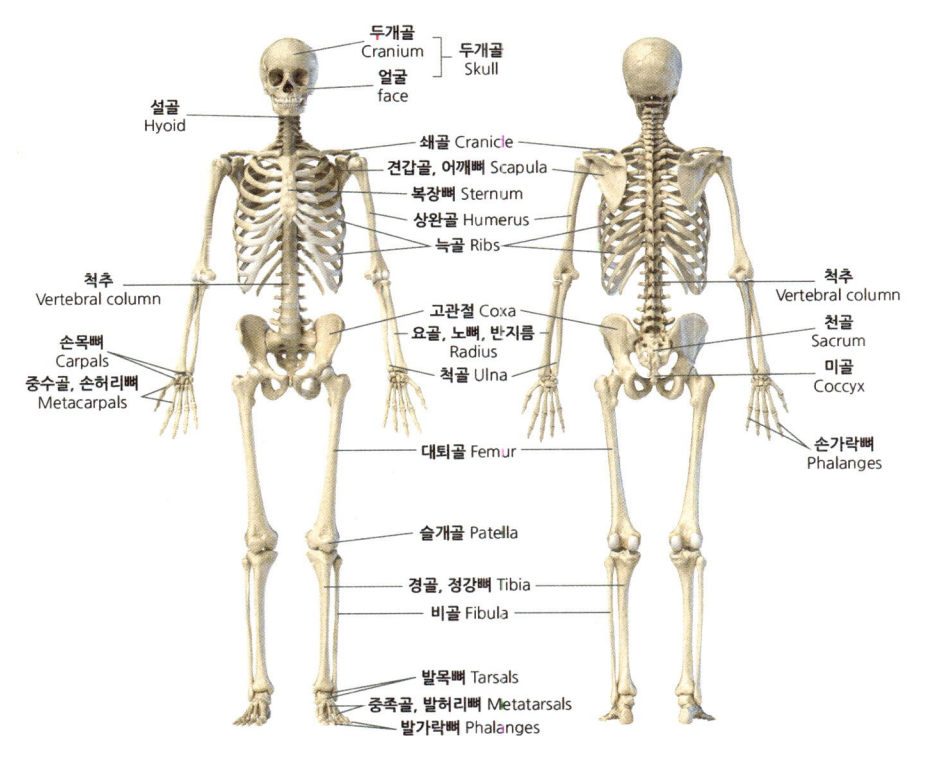

전신뼈

PART 03 해부생리학

| CHAPTER 03 | 근육계

1. 근육의 기능

우리 몸의 골격을 이루는 뼈에 부착하여 우리 몸의 움직임을 담당하며 자세를 유지시켜주고 관절을 연장시켜 준다. 뿐만 아니라 심장과 내장기관을 움직여 생명을 유지하는데 중요한 기능을 도와준다.

〔 근육의 기능 〕

종류	특징
운동	• 근섬유의 수축을 통해 몸을 움직일 수 있다.
호흡	• 대표적으로 횡격막뿐만 아니라 늑간근, 대흉근, 승모근 등의 근육의 움직임을 통해 호흡이 이루어진다.
소화	• 턱을 움직여 음식을 씹는 역할을 담당하는 저작근과 내장기관의 수축과 이완을 통해 음식물의 소화, 흡수가 이루어진다.
혈액저장	• 안정 시 혈액 순환량의 20%가 근육 내에 존재하며 응급 시 사용된다.
체온조절	• 인체는 항상 일정한 체온을 유지하기 위해 체온을 조절한다. 근육은 전체 열 생산의 40% 이상을 담당한다.
표정작용	• 얼굴의 근육을 수축시키거나 이완시켜 기쁜 표정, 슬픈 표정, 화난 표정 등을 만들 수 있다.

2. 전신의 근육

1) 두부의 근육

(1) 표정근

얼굴 표면의 근육은 피부와 연결되어 다양한 표정을 만들어 낸다.

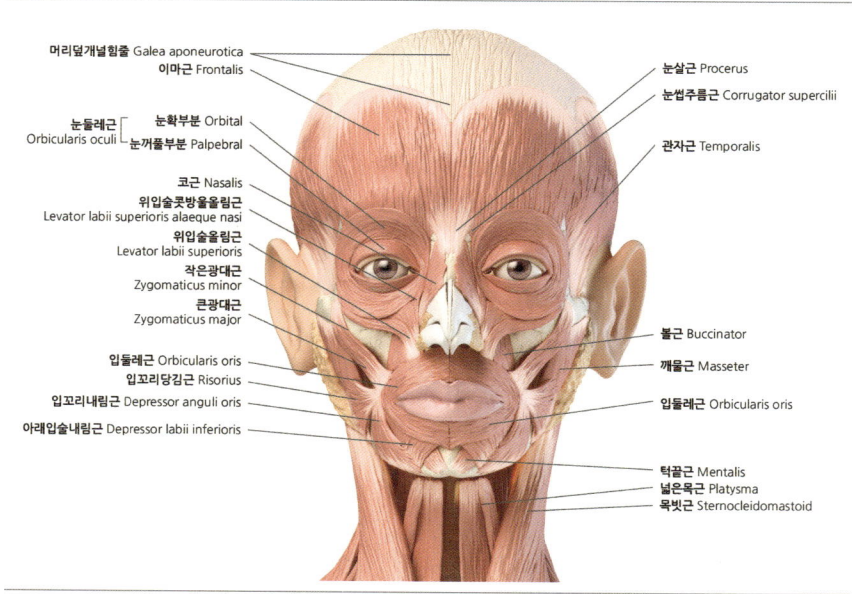

안면 근육 앞

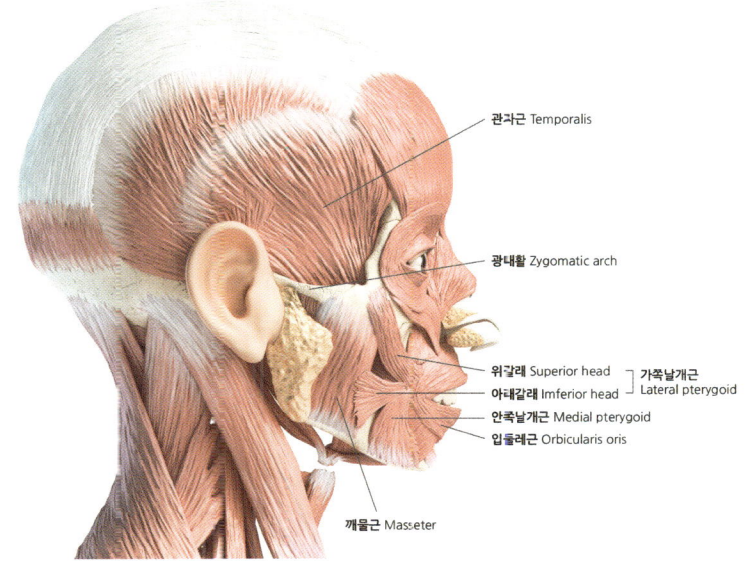

안면 근육 옆

[표정근의 종류]

종류	특징
전두근	• 눈썹을 올린다.
추미근	• 미간에 주름을 형성한다.
안륜근	• 눈을 감게 한다.
상안검거근	• 눈을 뜨게 한다.
비근	• 코에 주름을 만든다.
협골근	• 입가를 올려 미소를 짓게 한다.
구륜근	• 입을 벌리거나 모은다.
소근	• 입꼬리를 바깥쪽으로 당겨 보조개를 만든다.
협근	• 입안에 공기를 넣고 풍선을 부는 모양을 만든다.

(2) 저작근

턱을 움직여 음식물을 씹게 한다.

[저작근의 종류]

종류	특징
교근	• 하악글을 위로 당긴다.
측두근	• 하악글을 상후방으로 당긴다.
내측익돌근	• 하악글을 상후방으로 당기고 회전한다.
외측익돌근	• 하악글을 하전방으로 당기거나 회전하고, 턱을 벌린다.

2) 경부의 근육

목의 회전과 관련된 근육, 머리를 지지하는데 관련된 근육, 호흡과 관련된 근육 등으로 둘러싸여 있다. 안쪽에는 목뼈 사이의 인대와 작은 근육으로 단단하게 연결되어 뼈와 디스크는 손상을 입지 않는 것이다.

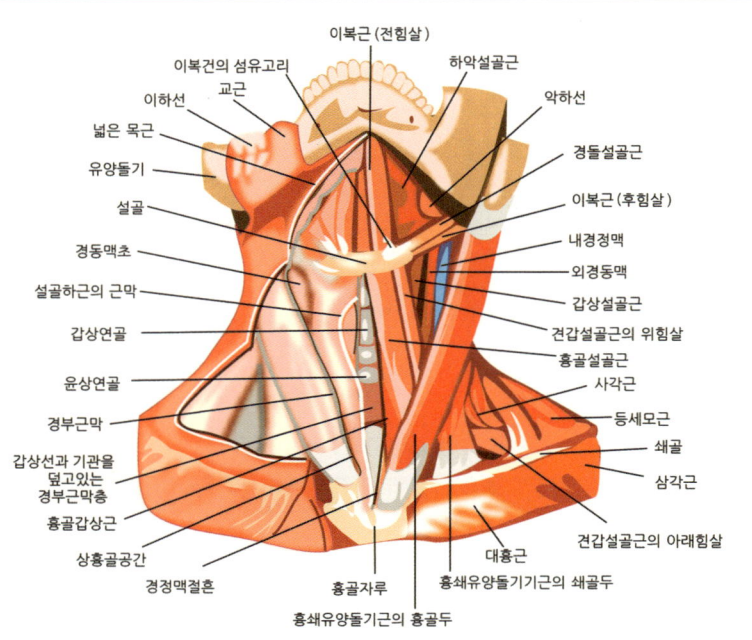

경부 근육

[경부 주요 근육]

종류	특징
광경근	• 목의 전면에 넓게 퍼져있어 주름을 만든다. • 아래턱과 아래 입술을 내리고 슬픈 표정을 만든다.
흉쇄유돌근	• 머리를 전방과 측방으로 굴곡시키고, 회전 운동에 관여한다.
설골하근	• 음식을 삼킨 뒤 위로 올라간 설골과 인두를 밑으로 당겨 제자리로 되돌린다.
설골상근	• 입안의 바닥을 이루고 음식물을 삼킬 때 설골 및 혀를 위로 올린다.

3) 흉부의 근육

가슴 부분 근육에서 가장 큰 것은 대흉근이다. 대흉근은 쇄골이나 흉골, 늑골에서 상완골에 이르는 강한 근육으로 삼각근과 더불어 어깨뼈를 움직이는 주역이다.

[흉부 주요 근육]

종류	특징
대흉근	• 가슴 전면부를 넓게 덮고 있는 근육으로 팔을 안쪽으로 모으거나 던지는 동작 또는 미는 동작을 한다.
소흉근	• 외관으로 드러나거나 만져볼 수는 없지만 대흉근 안쪽에 있는 근육으로 가슴의 뿌리와 같은 역할을 한다.
전거근	• 톱니모양의 근육으로 견갑골을 밖으로 돌리고 몸을 앞으로 미는 작용을 한다.
늑간근	• 늑골 사이에 위치하며 외늑간근이 수축하여 흉강이 넓어질 때 공기가 폐에 흡입되고, 내늑간근이 수축하여 흉강이 좁아질 때 공기는 폐에서 밀려나간다.

4) 복부의 근육

복부의 앞면에는 뼈가 없지만 근육이 상하좌우로 비스듬하게 있어서 매우 튼튼하다. 복부의 근육은 전복부와 측복부로 나누며 늑간신경의 지배를 받는다.

[복부 주요 근육]

종류	특징
복횡근	• 복부를 둘러싸고 상체의 반을 덮고 있기 때문에 척추가 제자리를 찾고 자세를 유지하는 기능을 한다.
복직근	• 척추기립근과 함께 몸통의 굽힘과 폄을 유지한다.
내복사근	• 수직, 수평, 사선으로 복부측벽을 구성하고 척추를 굴곡시킨다.
외복사근	• 복부측벽을 구성하고 복벽을 강하게 유지한다.

5) 배부의 근육

척추를 지지하는 지렛대 역할을 하며 돈의 뒤 쪽, 후두골 아래에서부터 꼬리뼈까지 배열된 근육으로 직립상태로 서거나 앉는 자세를 가능하게 한다.

[배부 주요 근육]

종류	특징
광배근	• 수영할 때 위에서 아래로 움직일 때처럼 팔을 뒤쪽으로 들어 올리거나 아래로 끌어당기고 안쪽으로 회전시킨다.
능형근	• 견갑골을 모으는 동작이나 들어 올리는 동작, 하방 회전에 관여한다.
견갑거근	• 어깨를 올리는 작용을 한다.
견갑하근	• 어깨 관절의 내회전과 윗 팔의 운동 시 머리 부분에 안정감을 부여한다. • 어깨의 가동범위와 밀접한 관계가 있다.
척추기립근	• 척주의 신전, 옆으로 굽힐 때 사용되며 척주를 똑바로 세우고 몸의 중심축을 잡는 데 관여한다.

PART 03 해부생리학

6) 상지의 근육

[상지 주요 근육]

종류	특징
상완이두근	• 무거운 것을 들기 위해 팔을 굽힐 때 사용하는 근육으로 팔꿈치 굽힘, 전완을 바깥으로 돌리는 동작과 팔을 앞으로 들어 올리는 기능을 한다.
상완삼두근	• 팔을 뒤로 뺄 때, 팔꿈치를 몸통 쪽으로 모을 때, 팔을 펼 때 쓰는 근육이다.
삼각근	• 어깨를 덮고 있으며 주로 팔을 어깨에서 앞쪽, 뒤쪽, 바깥쪽으로 올릴 때 사용하는 근육이다.
승모근	• 후두골부터 흉추12번까지 넓게 감싸고 있으며 목의 반대쪽 굴곡과 팔을 어깨 높이 위로 들어 올리는 기능을 하며 견갑골을 회전시킨다.

7) 하지의 근육

하지 근육은 우리 몸의 70% 정도의 근육을 차지하고 있으며 인체가 움직여 이동하거나 중심을 잡을 수 있게 한다.

[하지 주요 근육]

구분	특징
대퇴직근	• 다리를 90°로 들어 올리거나 무릎 관절을 펴는 역할을 한다.
내전근	• 다리를 모아주는 역할을 하고 다리를 꼬을 수 있게 한다.
대퇴이두근	• 다리를 뒤로 들어 올리거나 무릎을 굽히고 바깥쪽으로 돌리는 기능을 한다.
반건양근	• 다리를 뒤로 들어 올리거나 무릎을 굽히고 안쪽으로 돌리는 기능을 한다.
대둔근	• 뛰거나 계단을 오를 때, 앉은 자세에서 일어날 때 사용되고 단일 근육 중에서 가장 큰 힘을 낼 수 있는 근육이다.
중둔근	• 다리를 옆으로 들어올리고, 앉은 자세에서 골반과 무릎의 안정성을 부여하고 자세를 잡아준다.
봉공근	• 가장 긴 근육이며 다리를 90도로 들어 올리거나 무릎 관절을 굽힌다.
치골근	• 다리를 안쪽으로 돌리는 역할을 하고 내전근과 함께 다리를 모으고 다리를 꼬을 수 있게 한다.
이상근	• 다리를 바깥으로 돌리는 역할을 하고 엉덩이의 깊숙한 곳에 위치한다.
비복근	• 하퇴 후면의 종아리 근육으로 발바닥쪽 굴곡, 발끝으로 서있는 운동에 관여한다.
장비골근	• 하퇴 외측에 위치해 발바닥쪽 굴곡, 발아치의 지지에 관여한다.

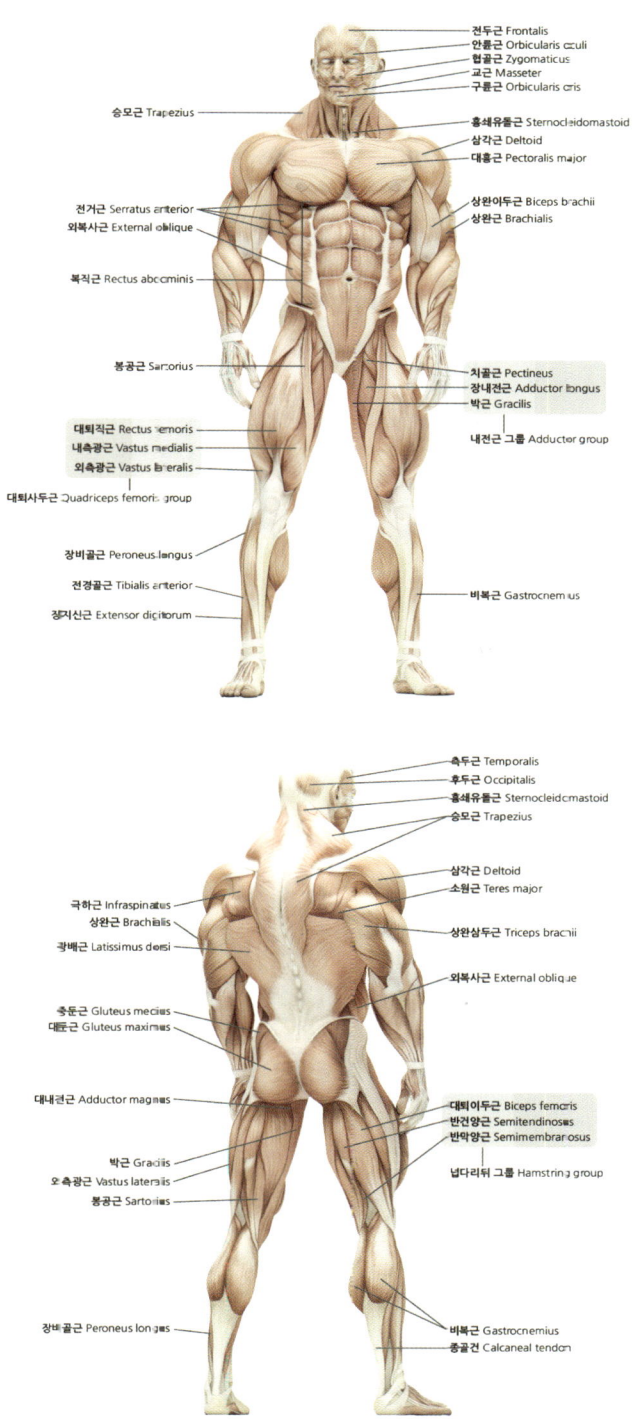

전신 근육 앞, 뒤

PART 03 해부생리학

| CHAPTER 04 | 호흡기계

1. 호흡기의 기능

호흡기계의 주요 기능은 가스교환이며, 호흡계를 통해 폐의 혈액으로 들어온 O_2는 우리 몸의 각 조직 세포로 전달되어 에너지 생성에 이용되고, 물질대사 결과 생긴 노폐물인 CO_2는 호흡계를 통해 혈액 밖으로 이동시켜 몸 밖으로 배출된다.

2. 호흡기의 구성

사람의 호흡 기관은 코, 기관, 기관지, 폐 등으로 구성되어 있다. 기관과 기관지의 안쪽 벽에는 섬모와 점액질이 있어 공기 중의 먼지나 세균 등을 걸러 낸다.

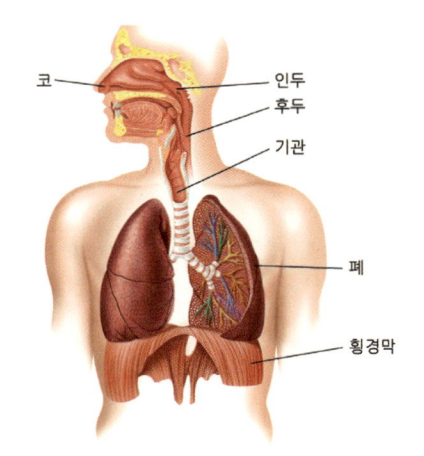

호흡기계

[호흡기의 구조와 기능]

종류	특징
코	• 인체로 들어오는 차고 건조한 공기를 적절한 온도와 습도로 조절한다. 또 내벽의 코털과 점액은 공기 중의 먼지와 세균을 걸러낸다.
인두	• 비강에서 이어지는 기도로 구강에도 연결되어 음식물의 통로가 되기도 한다. 음식물이 지나갈 때 후두개가 후두의 입구를 닫아 음식물이 기관으로 들어가지 못하게 한다.
후두	• 인두와 기관지 사이를 말하며, 횡문근막으로 된 성대가 있다.
기관	• 기관은 2개의 기관지로 나누어지고, 기관지는 다시 가지를 쳐서 좌우 폐와 연결되어 있다. 내벽은 섬모와 끈끈한 점액질로 덮여 있어 공기 중의 먼지와 세균을 걸러낸다.
폐	• 갈비뼈와 횡격막으로 둘러싸여 가슴 좌우에 하나씩 있고 밑으로는 횡격막과 맞닿아 있다. 폐는 3억~5억 개의 폐포로 이루어져 있어 공기와 접촉할 수 있는 겉넓이를 넓게 하므로, 기체 교환이 효율적으로 일어난다.
폐포	• 폐포는 공기가 차 있는 폐의 주머니로 폐포의 내부공간과 혈관의 혈액사이에는 1만분의 1cm보다 얇은 폐포막이 있어서 폐포와 혈액사이의 기체교환을 가능하게 한다.
횡격막	• 가슴과 배 사이에 있는 근육 막으로, 포유류에서만 볼 수 있다.
섬모	• 전진, 후진운동을 통해 기관으로 들어온 세균이나 먼지 등을 기침반사를 통해 외부로 제거하거나 침과 함께 식도로 삼켜버린다.

| CHAPTER 05 | 소화기계

1. 소화기의 기능

음식물로 섭취하는 양분(단백질, 탄수화물, 지방)은 분자의 크기가 커서 소장에 흡수될 수 없다. 따라서 영양분을 얻기 위해서는 음식물을 흡수할 수 있는 형태로 잘게 부수거나 분해되어야 하는데, 이러한 과정을 소화라고 한다. 소화 과정을 통해 크기가 작아지면 세포막을 통과하여 흡수될 수 있다.

[소화기관의 작용]

종류	특징
물리적 소화	• 치아에 의해 음식물의 분해가 이루어진 후 소화액과 충분히 혼합된 다음 용해작용 후 다음 장소로 이동한다.
화학적 소화	• 소화액에 포함된 소화효소에 의해 가수분해가 일어난다.
생물학적 소화	• 장내세균에 의한 발효나 부패 등으로 체내로 흡수 가능한 저분자 물질로 분해한다.

2. 소화기의 구성

사람이 섭취한 음식물은 입, 식도, 위, 소장, 대장, 항문의 경로를 지나면서 소화액의 작용을 통해 탄수화물은 단당류로, 단백질은 아미노산으로, 지방은 지방산과 모노글리세리드로 분해된다. 이외 소화 부속기관에는 간, 담낭, 췌장 등이 있다.

[소화기의 구조와 기능]

종류	특징
입	• 입안으로 들어온 음식물을 혀와 치아, 아래턱의 운동에 의해 잘게 부수고 침과 섞이게 하는 작용을 한다. 침샘(귀밑샘, 턱밑샘, 혀밑샘)에서 분비된 침 속에는 녹말분해효소인 아밀라아제가 있어 녹말을 포도당과 엿당으로 분해한다.
식도	• 입에서 삼켜진 음식물이 지나는 좁다란 관을 식도라고 한다. 식도의 길이는 20cm 이상이며, 음식물이 들어갈 때는 꽤 넓어진다.
위	• 식도로부터 넘어온 음식물을 저장하며 위액이 분비되어 소화과정을 시작하는 부분이다. 위의 강력한 연동운동을 통해 분비된 위액과 음식물이 고루 섞이게 한다.
소장	• 사람의 소화관 중 가장 긴 부분으로, 그 길이가 6~7m에 이른다. 소장안쪽에는 주름 형태의 융모가 존재하여 영양분의 흡수면적이 넓다.
대장	• 소화액이 분비되지 않아 화학적 소화가 일어나지 않는다. 소장에서 소화되지 않고 남은 찌꺼기 속에 있는 물을 흡수하고, 물이 흡수되고 남은 찌꺼기는 항문을 통해 대변으로 배출된다.
간	• 담즙을 생성하고 분비하여 지방의 소화를 돕는다. 글리코겐 형태의 포도당 및 비타민을 저장하고 체내 유해물질을 해독한다.

PART 03 해부생리학

종류	특징
담낭	• 간에서 분비된 담즙을 저장, 농축시키고 십이지장으로 담을 배출해 지방분해를 돕는다.
췌장	• 3대 영양소를 소화하는 모든 효소를 가지고 있으며 인슐린과 글루카곤을 분비하여 혈당량을 조절하는 기관이다. 단백질을 분해하는 트립신, 탄수화물을 분해하는 아밀라아제, 지방을 분해하는 리파아제를 분비한다.

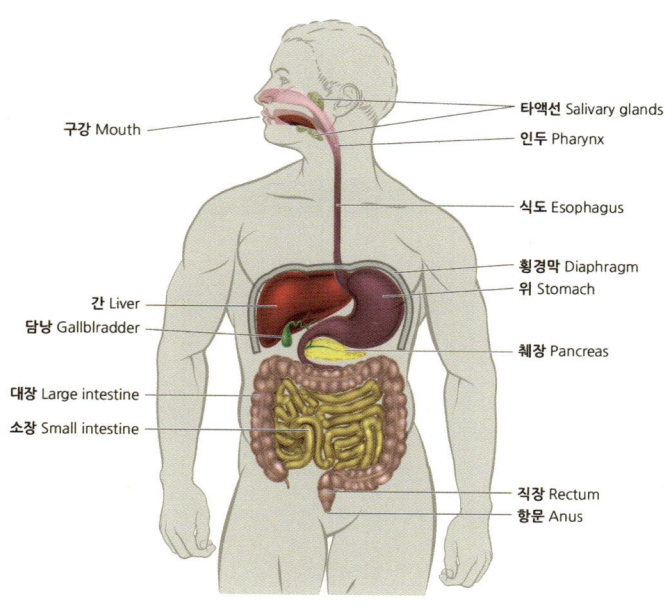

소화기계

| CHAPTER 06 | 순환기계

1. 순환기의 기능

몸 전체에 피를 순환시켜 소화관에서 흡수된 영양분, 폐에서 교환된 산소를 몸 안의 조직과 세포로 운반하고 반대로 조직에서 나오는 노폐물을 폐와 신장으로 이동시켜 배출하게 한다. 순환기계통은 혈관계통과 림프관계통의 두 가지 부분으로 나눌 수 있다.

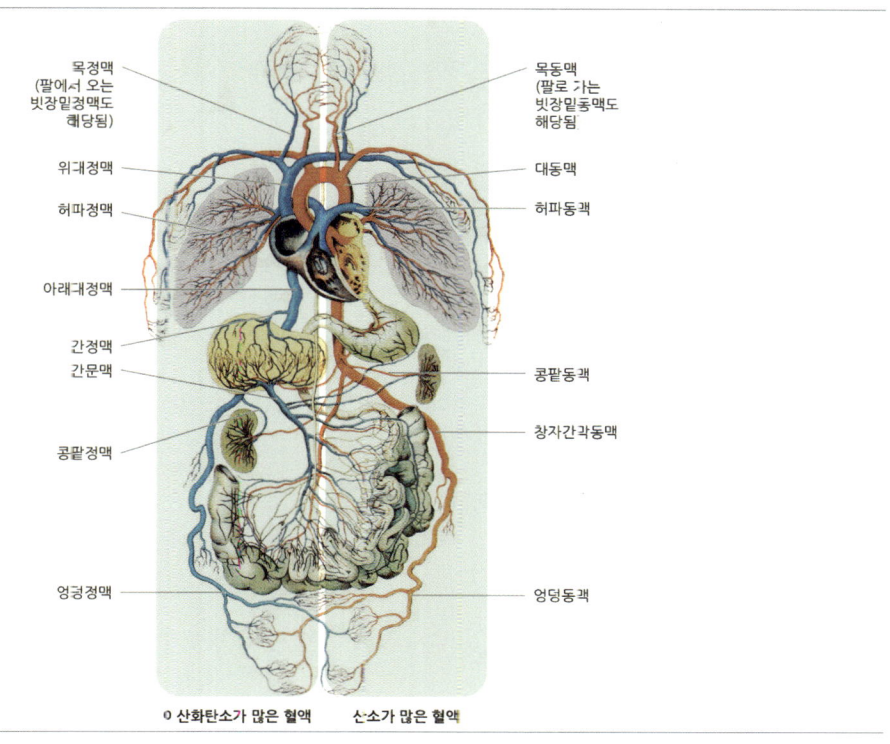

전신 순환기계

1) 혈관계통

(1) 혈액의 구성

혈액은 철을 함유하고 있는 단백질인 헤모글로빈으로 인해 붉은색을 띠는데 헤모글로빈에 산소가 결합하면 밝은 색이 되고 산소가 분리되면 어두운 색이 된다. 다량의 산소를 함유하고 있는 동맥의 혈액은 정맥보다 밝은 색을 띤다. 혈장은 혈액의 약 55%를 차지하고, 혈구는 혈액의 약 45%를 차지한다.

[혈액의 성분 및 기능]

종류		특징
혈장		• 혈장의 약 90%가 물이며 7%는 단백질, 나머지는 지질·염·포도당·아미노산·호르몬 등으로 이루어져 있다.
혈구	적혈구	• 헤모글로빈을 함유하고 있으며 산소를 모든 조직으로 운반하는 1차적인 기능을 한다. 적혈구 형성에 필요한 영양물질인 아미노산·철 등이 충분히 공급되지면 적혈구는 매주 생성된다.
	백혈구	• 외부물질(항원)을 인식하여 면역반응에 주요한 역할을 하는 림프구와 세균과 같은 미생물을 잡아먹는 식세포로 구성되어 있다.
	혈소판	• 혈관의 내피 세포가 손상을 입게 되면 수많은 혈소판 덩어리인 혈전을 형성해 출혈을 멎게 한다. 혈소판이 없으면 작은 상처를 입더라도 출혈이 계속 될 수 있어 혈액응고에 중요한 역할을 한다.

(2) 혈액의 기능

혈액은 산소와 영양분을 공급하고 호르몬을 운반하여 대사의 균형을 맞추고 세균침투를 막아내는 면역기능이 있다. 따뜻한 혈액을 손이나 발끝에 있는 말초까지 보내면서 체온을 유지한다.

[혈액의 주요 기능]

종류	특징
지혈작용	• 혈장에는 혈액을 멈추게 하는 응고인자가 있어서 상해를 입었을 때 섬유소인 피프린을 형성하여 지혈을 하고 혈소판이 다친 부위에 모여서 피를 멈춘다.
체온조절	• 혈액은 순환을 통해 열을 인체에 균일하게 분산시키기도 하고 피부로 이동하여 열을 외부로 발산시키기도 한다.
식균작용	• 백혈구에 의해 이루어지는데, 체내로 침입하는 미생물의 파괴, 염증작용, 외부물질이나 죽은 세포를 파괴하여 제거한다.
운반기능	• 섭취한 영양분은 저장소로부터 흡수되어 혈액을 통해 각 조직 속으로 이동하고 또한 혈액을 통해 이동한 이산화탄소는 폐를 통해 배출된다.

(3) 혈관계의 종류

혈액이 이동하는 관으로 온몸에 퍼져 있고 심장, 동맥, 정맥, 모세 혈관의 혈관 계통, 림프관 계통으로 이루어진다.

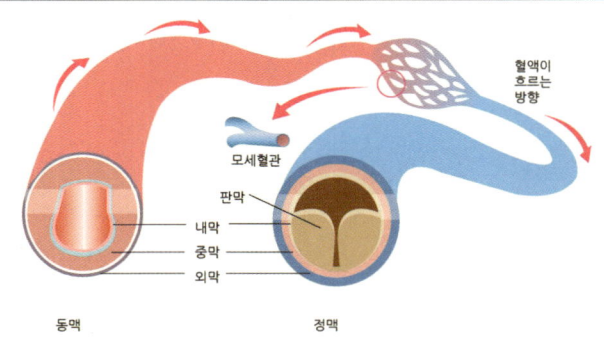

혈관

[혈관계의 종류]

종류	특징
심장	• 심방과 심실의 규칙적인 수축과 이완 운동으로 혈액을 온몸으로 순환시킨다.
동맥	• 심장에서 나가는 혈액이 흐르는 관으로 심실의 수축에 의해 생기는 높은 혈압을 견딜 수 있어야 하기 때문에 혈관 벽이 두껍고 탄력성이 있다. 몸 속 깊은 곳에 분포한다.
정맥	• 심장으로 들어가는 혈액이 흐르는 관으로 동맥보다 혈관 벽이 얇고 탄력이 약하다. 혈액의 역류를 막기 위해 판막이 있고 피부 가까이에 분포한다.
모세혈관	• 동맥과 정맥을 연결하며 온몸에 그물처럼 퍼져 있다. 혈관 벽이 한 개의 층으로 구성되어 얇고, 혈액이 흐르는 속도가 느려 조직 세포와의 물질 교환에 유리하다.

(4) 혈액순환

혈액의 순환은 심장의 박동에 의해 폐와 전신을 순환하여 산소와 영양분을 공급하고 이산화탄소와 노폐물을 수거하는 혈액의 흐름이다.

(혈액순환)

종류	특징
체순환	• 온몸에서 이루어지는 가스 교환 • 산소를 보내고 이산화탄소를 받음 • 좌심실 수축-전신 가스교환-우심방-우심실로 들어오는 순환
폐순환	• 폐에서 이루어지는 가스 교환 • 이산화탄소를 보내고 산소를 받음 • 우심실 수축-폐 가스교환-좌심방-좌심실로 들어오는 순환

2) 림프계통

(1) 림프의 구성

외부에서 침입해 들어온 이물질(항원)에 대하여 림프구에 의해 항체가 생성되어 이물질을 제거함과 동시에 동일한 미생물에 의해 다시 감염되는 것을 방지해주는 역할을 하고 있다.

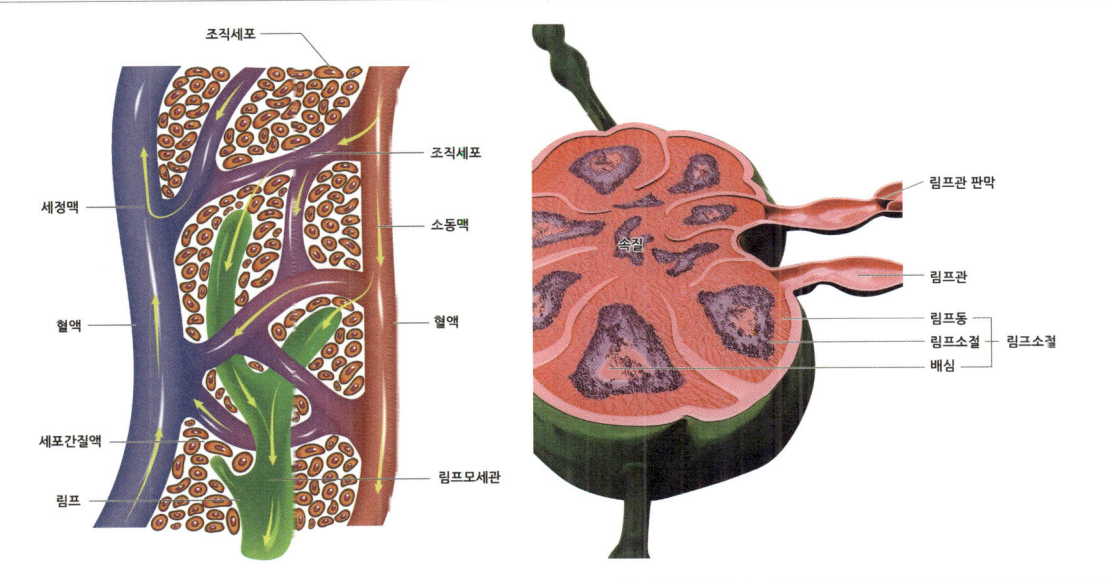

림프

PART 03 해부생리학

[림프계의 종류]

종류	특징
림프관	• 온몸에 그물망처럼 펴져 있으며 림프관에는 판막이 존재해서 흐름이 한 방향으로 흐를 수 있도록 돕는다. 림프관은 모세혈관보다 투과성이 더 높아 항원과 세포를 포함한 거대분자를 모세혈관보다 더 쉽게 흡수한다. 림프관의 중간 중간 림프절과 연결되어 있다.
림프절	• 림프관을 따라 위치하고 있으며 세균이나 바이러스가 침입하면 림프절 안의 림프구와 대식세포가 공격해서 몸을 감염으로부터 지킨다. 림프절 다발은 주로 목, 귀 뒤, 턱 아래, 겨드랑이, 서혜부 등에 집중해 있다.
림프액	• 림프관 안을 흐르는 림프액은 모세혈관 사이에 남아있는 조직액의 일부이며 혈장과 거의 같은 성분으로 수분 외 단백질이나 포도당, 지방 등을 함유한다. 적혈구가 없어서 황색을 띤 투명한 색이며 노폐물과 지질을 운반한다.
림프구	• 백혈구의 일종으로 항체를 생산하거나 병원체를 제거한다. 림프구에는 식세포 작용을 하는 자연 살해 세포(natural killer cell)와 면역에서 주된 역할을 하는 T 림프구, B 림프구가 있다.
편도	• 목안, 코 뒷부분에 위치한 기관으로 림프구가 풍부하여 일차적으로 우리 몸의 면역기능을 수행하는 기관이다.
비장	• 위의 뒤쪽에 위치하며 인체에서 가장 큰 림프 기관이다. 비장의 적색수질에서는 퇴화된 적혈구를 제거하여 혈액 내 적혈구의 질을 조절하고, 백색수질에서는 항체를 합성하여 우리 몸의 면역기능을 유지해주며 세균이나 항원 등을 걸러주는 역할을 한다. 또한 골수의 기능 저하 시 골수의 역할을 도와 혈액세포를 생성해주기도 한다.
흉선	• 가슴 한가운데 위치하는 흉선은 사춘기 이후 지방조직으로 대체되어 성인은 흉선을 제거해도 거의 영향을 받지 않지만, 신생아는 흉선을 제거하면 혈액과 림프 조직 내의 T세포가 크게 감소하며 항체 생산을 담당하는 면역체계가 무너져 질환을 일으킬 수 있다.

(2) 림프의 기능

림프는 그물모양의 연결 조직으로 림프관을 통해 전신을 순환하면서 각 세포의 영양분을 공급하고 노폐물을 받아들인 뒤 대경정맥과 쇄골하정맥 접합부에서 다시 혈액 내로 들어가게 된다.

[림프계의 기능]

종류	특징
방어기능	• 조직에 침투한 이물질 및 종양을 방어하고 여과와 식균작용을 한다.
수분조절	• 조직에 남아 있거나 과잉된 조직액을 정맥으로 운반하거나 제거하여 체내 수분의 균형을 유지시킨다. 림프계의 이상은 조직간액의 축적으로 부종을 발생시킨다.
면역작용	• 각종 박테리아, 바이러스 병원체 등을 분해하고 제거하여 우리 몸의 면역기능을 유지한다.
단백질운반	• 단백질은 정맥의 모세혈관으로 들어가지 못하고 모세림프관으로 유입되어 운반된다.

| CHAPTER 07 | 비뇨기계

1. 비뇨기의 기능

비뇨기계는 수분과 전해질 균형을 조절하는 중심적인 일을 하며 세균작용의 결과 발생되는 독성물질, 섭취된 약물 등을 배출하는 기능을 지닌다. 이러한 기능들은 신장에서 요를 생산함으로써 수행된다.

2. 배뇨기관

체내 대사 활동의 결과물로 생성된 각종 노폐물을 소변으로 배출한다. 또한 체내의 액체 양과 조성을 조절하는 기능도 있다.

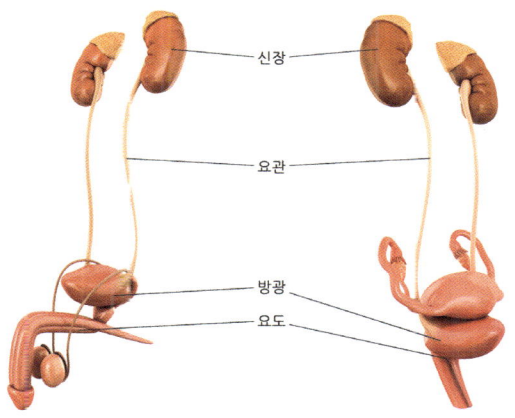

비뇨기계

[배뇨기관의 기능]

종류	특징
신장	• 신장은 횡격막 아래에 좌우 한 개씩 있으며 혈액 중의 노폐물을 걸러서 소변으로 배출할 뿐만 아니라 염분과 수분의 배출량을 증감시켜서 혈압을 정상으로 유지하는 기능이 있다. 따라서 체내의 수분량을 일정하게 유지할 수 있는 것이다.
요관	• 신장에서 만든 소변을 방광까지 운반하는 관을 요관이라 한다. 요관의 마지막 2cm 정도는 방광벽 속으로 비스듬하게 연결되어 방광이 팽창하면 요관에 압력이 가해져 소변이 요관으로 역류하는 것을 방지하게 된다.
방광	• 방광은 요관에서 보낸 소변을 잠시 모아두는 주머니 모양의 기관으로 성인 방광의 평균용적인 약 500ml 중 일정한 양의 소변으로 차워지면 요도를 통해서 체외로 배출된다.
요도	• 요도는 방광에 모인 소변을 체외로 배출하기 위한 관이다. 남성은 요도의 길이가 약 20cm로 길고, 여성은 방광 위에 자궁이 있기 때문에 요도가 곧고 길이는 약 4cm밖에 되지 않는다.

PART 03 해부생리학

| CHAPTER 08 | 생식기계

1. 생식기의 기능

남성의 생식기는 정자를 만드는 정소가 있는 음낭, 음경, 정낭, 전립선 등으로 이루어진다. 여성의 생식기는 난자를 만드는 난소 외에 질, 자궁 등으로 구성된다. 정자와 난자가 수정되면 자궁내막에 착상해서 성장하고 약 40주 후에 출산한다.

1) 남성 생식기

정자를 형성하기 위해서는 체온보다 약 3°C 낮은 환경이 필요하다. 그래서 음낭은 근육의 수축과 이완으로 온도를 조절한다. 음낭의 주름은 표면적을 펴서 냉각 효과를 높이기 위한 것이다.

〔 남성 생식기의 기능 〕

종류	특징
음경	• 배뇨시에는 소변을, 생식과정 동안에는 정액을 배출시키는 통로의 역할을 한다.
음낭	• 고환을 둘러싸면서 보호하는 주머니 모양의 기관으로 온도를 정상체온인 37°보다 1~7° 정도 낮게 유지한다. 춥거나 운동 시는 수축하고 따뜻한 곳에서는 이완된다.
고환	• 좌우 음낭 속에 하나씩 존재하며 성숙된 정자를 생산하여 체외로 배출하거나 남성호르몬인 테스토스테론을 합성하여 혈액을 통해 몸 안을 순환시키는 역할을 한다.
정관	• 고환에서 만들어진 정자를 운반하는 통로 역할을 한다.
전립선	• 방광 아래에서 요도를 둘러싸고 있으며 정자의 운동을 돕는다. 전립선액에는 구연산과 아연성분이 많아 요로에 존재하는 세균을 죽이는 살균작용을 함으로써 요로감염을 예방하는 역할을 한다.

2) 여성 생식기

정자와 난자가 만나서 착상된 수정란은 세포분열을 거듭하면서 난관을 따라 자궁내부로 들어가 자궁내막에 착상을 하게 되고, 자궁내막이 부풀어 올라 수정란을 감싸면서 태반을 형성하면 임신이 이루어진다.

〔 여성 생식기의 기능 〕

종류	특징
질	• 분만 시에는 아기가 나오는 길인 산도의 역할을 하며 pH는 3.5~4.5의 약산성으로 외부 세균의 침입을 막아낸다.
자궁	• 골반의 안쪽에 위치하며 수정한 난자를 착상하고 태아를 성숙하게 하여 임신을 유지해주고 분만 시 자궁수축을 통해 출산을 가능하게 한다.
난관	• 자궁의 양쪽에 난소와 만나는 부위에 위치하며 난소로부터 배출된 난자가 이동하는 통로로, 이곳에서 자궁을 통해 들어온 정자와 난자가 만나 수정이 이루어진다.
난소	• 자궁의 양쪽에 존재하고 난소는 난자를 생성하여 배란이 이루어지게 하고 시상하부와 뇌하수체에서 분비되는 호르몬들과의 상호작용을 통해 에스트로겐과 프로게스테론을 분비한다.

| CHAPTER 09 | 내분비계

1. 내분비의 기능

신체의 항상성 유지와 생식, 발생에 중요한 역할을 하는 호르몬을 생산하고 분비하는 조직들로 이루어져 있으며, 호르몬은 혈액으로 분비되어 온몸을 순환하다가 특정 기관의 활동이나 대사 등의 생리적 활성에 영향을 준다. 또한 내분비계는 신경계 및 면역계와 함께 작용하여 균형있는 생명체로서의 생활을 영위할 수 있게 한다.

2. 호르몬의 종류

호르몬은 세포 외 전달 물질로서 따로 운반하는 관이 없는 형태로 혈액이나 림프관속으로 스며들어 이동하며 신체의 성장과 발달, 대사 및 항상성을 유지하는 데 중요한 역할을 한다.

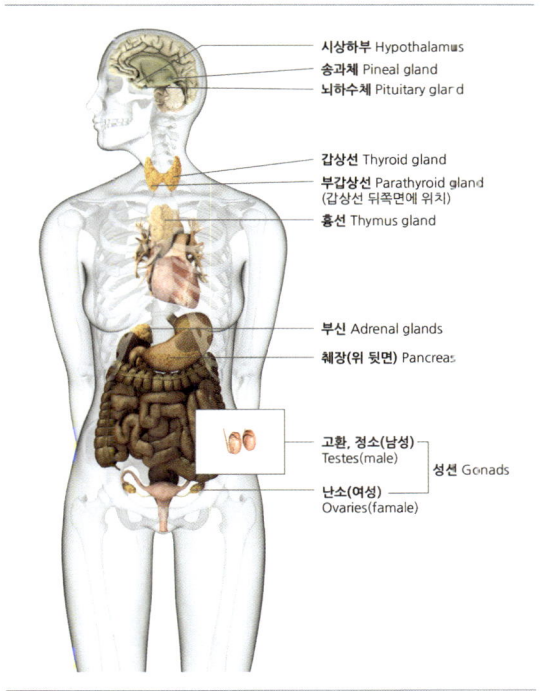

내분비계

[내분비계 호르몬의 종류]

종류	특징
뇌하수체	• 우리 몸의 호르몬을 조절하는 중추기관으로 뇌하수체 전엽에서는 성장 호르몬, 갑상샘자극 호르몬, 부신피질자극 호르몬, 여포 자극 호르몬과 황체 형성 호르몬을 분비되고 뇌하수체 후엽에서는 항이뇨 호르몬과 자궁수축 호르몬인 옥시토신이 분비된다.
갑상선	• 체온 유지 및 신체 대사의 균형을 유지하는 티록신(thyroxin)과 혈액 속 칼슘 이온의 농도를 낮추는 칼시토닌과 농도를 증가시키는 파라토르몬이 분비된다.
부신	• 교감 신경의 자극에 의하여 아드레날린이 분비되며 혈압을 상승시키고 심장 박동을 촉진한다. 위급한 상황에서 혈당량을 증가시켜 몸을 보호하는데 필요한 에너지를 공급한다.
생식선	• 정소에서는 남성 호르몬인 테스토스테론이 분비 되어 목소리의 변화, 수염 등의 변화가 나타나고, 난소에서는 여성 호르몬인 에스트로겐과 프로게스테론이 분비되어 자궁 내벽의 발달하고 젖샘의 발육도 촉진한다.
이자	• 이자에서는 글루카곤과 인슐린이 분비되며, 글루카곤은 간에 저장된 글리코겐을 포도당으로 분해하여 혈당량을 높여주고 인슐린은 혈액 속의 포도당의 양을 일정하게 유지시켜준다.

PART 03 해부생리학

| CHAPTER 10 | 신경계

1. 신경 전달 과정

신체의 안과 밖에서 발생하는 모든 자극과 정보를 분석·종합하여 적절한 반응을 일으키도록 처리하기 위해 수십만 개의 뉴런들이 정교하게 연결되어 있으며 신체와 정신을 통합하고 조절한다(자극 → 감각 뉴런 → 연합 뉴런 → 운동 뉴런 → 반응).

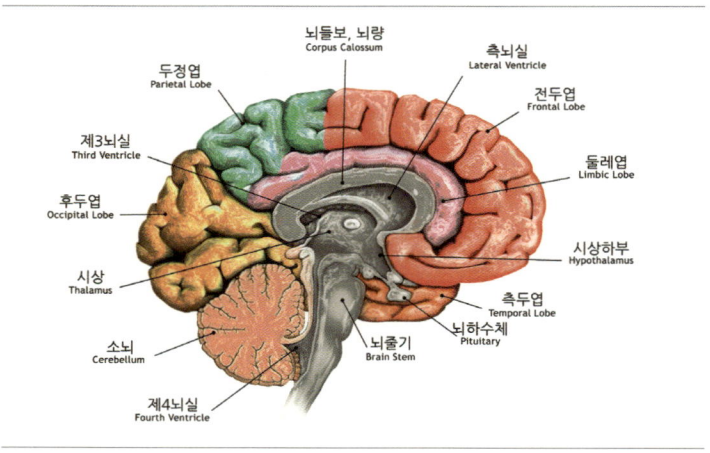

신경계

2. 신경계의 구성

사람의 신경계는 뇌와 척수로 구성된 중추 신경계와 뇌 및 척수에서 나와 전신에 분포하는 말초 신경계, 교감신경과 부교감신경으로 구성된 자율신경계로 이루어져 있다.

1) 중추신경계

수많은 뉴런들로 집결되어 있어 자극 전달의 중심이 되는 곳으로 자극을 분석하여 신체 각 기능을 통솔한다.

[중추신경의 주요 기능]

종류		특징
뇌	대뇌	• 기억, 판단, 감정, 창조 등의 정신 활동을 담당한다.
	소뇌	• 몸의 자세와 균형을 유지하도록 한다.
	중뇌	• 눈동자의 운동과 홍채의 수축과 이완을 조절한다.
	연수	• 호흡 운동, 심장 박동, 소화 운동 등을 조절하고 재채기, 기침, 하품 등의 반사 중추이다.
	간뇌	• 체온과 체액의 수분량 등 항상성을 유지한다.
	뇌교	• 중뇌와 연수 사이에 위치하여 모든 감각 정보와 운동 명령을 조절한다.
척수		• 신체 내부와 외부에서 감지된 신호를 뇌와 말초 신경계로 정보를 전달하며, 또 감각을 느낄 수 있게 근육으로 전달하는 역할을 한다.

2) 말초신경계

중추신경계의 명령을 근육이나 각 기관에 전달하는 역할로 12쌍의 뇌신경과 31쌍의 척수 신경으로 이루어져 있다.

(말초신경의 주요 기능)

종류		특징
뇌신경	후신경	• 코의 후각수용체에서 뇌로 감각 신호를 보낸다.
	시신경	• 눈의 시각수용체에서 뇌로 감각 신호를 보낸다.
	동안신경	• 안구와 눈꺼풀의 운동, 동공의 움직임을 지배한다.
	활차신경	• 도르래 신경 및 안구의 운동을 담당한다.
	삼차신경	• 뇌신경 중 가장 큰 신경으로 안면 신경, 저작근을 지배한다.
	외전신경	• 얼굴의 표정근육을 지배하고, 타액과 눈물의 분비를 담당한다.
	내이신경	• 청각과 평형감각을 지배한다.
	설인신경	• 지각, 운동, 미각의 3가지 기능을 관장하는 신경이다
	미주신경	• 소화기관에서 신호를 처리한다.
	설하신경	• 혀밑 신경, 혀의 뿌리를 지배하는 운동 신경이다.
	안면신경	• 안면근육운동, 혀 앞쪽 2/3 미각을 조절한다.
	부신경	• 흉쇄유돌근, 승모근, 구개근 등 거리의 움직임을 지배한다.
척수신경	경추신경(8쌍)	• 턱, 귀의 뒤, 목 부위에 분포하고 횡격막을 지배한다.
	흉추신경(12쌍)	• 어깨, 늑간근 및 복벽의 근육을 지배한다.
	요추신경(5쌍)	• 하복부, 서혜부, 대퇴의 피부와 근육에 분포한다.
	천골신경(5쌍)	• 둔부, 회음부, 외음부, 대퇴부 및 발의 근육을 지배한다.
	미골신경(1쌍)	• 체중을 지탱하는 삼각대의 일부이며 항문의 위치도 고정한다.

3) 자율신경계

대뇌의 직접적인 영향을 받지 않으며 소화, 순환, 호흡 운동, 호르몬 분비 등 생명 유지에 필수적인 기능을 조절한다. 긴장하거나 흥분한 상태에서는 교감 신경이 작용하여 에너지의 생성이 증가하고 간에서는 글리코겐이 포도당으로 분해되어 혈당량이 높아지고 소화 작용은 억제된다. 평상시에는 부교감 신경이 작용하여 신체를 이완시키고 혈압이 낮아지며 소화 작용은 촉진된다.

(자율신경의 주요 기능)

구분	부교감 신경	교감 신경
심장 박동	억제	촉진
혈관	확장	수축
혈압	하강	상승
소화관 운동	촉진	억제
소화액 분비	촉진	억제
침 분비	촉진	억제
동공	축소	확대

PART 03 해부생리학

| PART 03 | 해부생리학 예상문제

01 인체의 구성 요소 중 기능적, 구조적 최소 단위를 고르시오.
- ㉮ 기관
- ㉯ 조직
- ㉰ 계통
- ㉱ 세포

〔해설〕 세포, 조직, 기관, 계통의 4단계의 구조물로 되어있다.

02 세포소기관으로 바르지 않는 것을 고르시오.
- ㉮ 미토콘드리아
- ㉯ DNA
- ㉰ 골지체
- ㉱ 리보솜

〔해설〕 미토콘드리아, 골지체, 소포체, 리보솜, 리소좀으로 구성되어 있다.

03 몸의 외표면이나 위·장과 같은 내장성 기관의 내면을 싸고 있는 세포조직을 고르시오.
- ㉮ 상피조직
- ㉯ 결합조직
- ㉰ 근육조직
- ㉱ 신경조직

〔해설〕 상피조직은 세포내외로 물질을 선택적으로 투과하기 위한 장벽도 형성하고 있다.

04 결합조직으로 바르지 않는 것을 고르시오.
- ㉮ 뼈
- ㉯ 연골
- ㉰ 신경
- ㉱ 지방

〔해설〕 뼈, 연골, 지방, 혈액, 근막, 힘줄, 인대, 안구공막 등으로 구성되어 있다.

05 두개골에 대한 설명으로 바르지 않은 것을 고르시오.
- ㉮ 두개골은 2종, 7개의 분리골로 구성되어 있다.
- ㉯ 뇌를 비롯하여 눈, 귀, 코와 같은 주요 감각기관을 보호한다.
- ㉰ 뼈가 만나서 연결되는 부위를 '봉합'이라고 한다.
- ㉱ 뇌를 싸고 있는 뇌두개골과 얼굴부위를 형성하는 안면두개골로 구분된다.

〔해설〕 두개골은 15종, 23개의 분리골로 구성되어 있다.

✔ 정답   01 ㉱   02 ㉯   03 ㉮   04 ㉰   05 ㉮

06 인체의 골격은 약 몇 개의 뼈(골)로 이루어져 있는지 고르시오.
   ㉮ 약 106개   ㉯ 약 206개
   ㉰ 약 256개   ㉱ 약 306개

 인체의 골격은 약 206개의 뼈(골)로 이루어져 있다.

09 다음 중 교감 신경이 작용하였을 때 나타나는 반응이 아닌 것을 고르시오.
   ㉮ 심장 박동 촉진
   ㉯ 혈관 수축
   ㉰ 소화액 분비 억제
   ㉱ 동공 축소

 동공의 축소는 부교감 신경의 작용에 의한 것이다.

07 다음 중 중추신경계가 아닌 것을 고르시오.
   ㉮ 뇌교   ㉯ 소뇌
   ㉰ 연수   ㉱ 척수

 중추신경계는 대뇌, 소뇌, 중뇌, 연수, 간뇌, 뇌교로 구성되어 있다.

08 다음 중 신경전달 과정으로 바른 것을 고르시오.
   ㉮ 자극 → 운동 뉴런 → 연합 뉴런 → 감각 뉴런 → 반응
   ㉯ 자극 → 연합 뉴런 → 감각 뉴런 → 운동 뉴런 → 반응
   ㉰ 자극 → 감각 뉴런 → 연합 뉴런 → 운동 뉴런 → 반응
   ㉱ 자극 → 감각 뉴런 → 운동 뉴런 → 연합 뉴런 → 반응

자극 → 감각 뉴런 → 연합 뉴런 → 운동 뉴런 → 반응으로 우리 몸을 조절한다.

10 아드레날린이 분비되며 혈압을 상승시키고 심장 박동을 촉진하는 기관을 고르시오.
   ㉮ 뇌하수체   ㉯ 부신
   ㉰ 갑상선   ㉱ 생식선

 위급한 상황에서 혈당량을 증가시켜 몸을 보호하는 데 필요한 에너지를 공급하기도 한다.

✔ 정답 06 ㉯ 07 ㉱ 08 ㉰ 09 ㉱ 10 ㉯

PART 03　해부생리학

11 생식기계의 설명으로 바르지 않은 것을 고르시오.

㉮ 난관은 고환에서 만들어진 정자를 운반하는 통로 역할을 한다.
㉯ 자궁은 수정한 난자를 착상하고 태아를 성숙하게 하여 임신을 유지한다.
㉰ 고환은 남성호르몬인 테스토스테론을 합성하여 혈액을 통해 몸 안을 순환시킨다.
㉱ 난소에서 에스트로겐과 프로게스테론을 분비한다.

난관은 난소로부터 배출된 난자가 이동하는 통로이다.

14 다음 중 림프의 기능이 아닌 것을 고르시오.

㉮ 지혈작용　　㉯ 수분조절
㉰ 면역작용　　㉱ 식균작용

조직에 침투한 이물질 및 종양을 방어하고, 단백질 운반의 기능도 있다.

12 배뇨기관이 아닌 것을 고르시오.

㉮ 요도　　㉯ 요관
㉰ 소장　　㉱ 방광

배뇨기관은 신장, 요관, 방광, 요도이다.

15 혈관계의 설명으로 바르지 않은 것을 고르시오.

㉮ 심방과 심실의 규칙적인 수축과 이완 운동으로 혈액을 온몸으로 순환시킨다.
㉯ 정맥은 심장에서 나가는 혈액이 흐르는 관이다.
㉰ 정맥은 혈액의 역류를 막기 위해 판막이 있다
㉱ 모세혈관은 동맥과 정맥을 연결하며 온몸에 그물처럼 퍼져 있다.

동맥이 심장에서 나가는 혈액이 흐르는 관으로 심실의 수축에 의해 생기는 높은 혈압을 견딜 수 있어야 하기 때문에 혈관 벽이 두껍고 탄력성이 있다.

13 다음 중 뇌신경이 아닌 것을 고르시오.

㉮ 후신경　　㉯ 시신경
㉰ 동안신경　　㉱ 경추신경

경추신경은 척수신경에 해당한다.

✓ 정답　11 ㉮　12 ㉰　13 ㉱　14 ㉮　15 ㉯

16 다음 중 소화기관이 아닌 것을 고르시오.

㉮ 식도 ㉯ 심장
㉰ 소장 ㉱ 위

> 해설
> 소화기관은 입, 식도, 위, 소장, 대장, 간 담낭, 췌장이 있다.

17 다음 중 호흡기계의 설명으로 바르지 않은 것을 고르시오.

㉮ 코는 인체로 들어오는 차고 건조한 공기에 적절한 온도와 습도를 조절한다.
㉯ 폐포는 공기가 차 있는 폐의 주머니이다.
㉰ 횡막은 가슴과 배 사이에 있는 근육 막이다.
㉱ 인두는 비강에서 이어치는 기도로 구강에도 연결되어 음식물의 통로가 되기도 한다.

> 해설
> 횡격막이 가슴과 배 사이에 있는 근육막으로, 포유류에서만 볼 수 있다.

18 다음 중 혈액의 주요 기능이 아닌 것을 고르시오.

㉮ 복제기능 ㉯ 체온조절
㉰ 운반기능 ㉱ 식균작용

> 해설
> 혈액 속의 혈장에는 상해를 입었을 때 섬유소인 피브린을 형성하여 피를 멈추게 하는 지혈작용도 있다.

19 목안에 위치하고 림프구가 풍부하여 면역기능을 수행하는 기관을 고르시오.

㉮ 림프절 ㉯ 림프구
㉰ 비장   ㉱ 편도

> 해설
> 편도는 목안, 코 뒷부분에 위치하여 림프구가 풍부하며 일차적인 우리 몸의 면역기관이다.

20 상피조직에 대한 설명으로 바르지 않은 것을 고르시오.

㉮ 단층편평상피는 혈관과 림프관에 존재한다.
㉯ 중층입방상피는 땀샘과 난소세포에 존재한다.
㉰ 단층원주상피는 구강, 식도, 질, 직장 등에 존재한다.
㉱ 다열원주상피는 호흡기계(비강~기관지)의 점막상피세포 등에 존재한다.

> 해설
> 단층원주상피는 소화관(위~대장)의 점막세포와 자궁과 난관의 상피세포 등에 존재하고, 중층편평상피는 구강, 식도, 질, 직장 등에 존재한다.

✅ 정답   16 ㉯   17 ㉰   18 ㉮   19 ㉱   20 ㉰

PART 03 해부생리학

21 뼈의 기능으로 바르지 않은 것을 고르시오.
- ㉮ 저장기능
- ㉯ 조혈작용
- ㉰ 지지기능
- ㉱ 체온조절

[해설] 뼈는 뇌, 내장, 척수, 안구 등의 내부 장기를 보호하는 보호기능과 근육의 수축과 이완에 협력하여 과도한 움직임을 방지하는 운동기능이 있다.

22 주요 기능은 가스교환이며, 폐를 통해 들어온 O_2는 에너지 생성에 이용되고, CO_2는 몸 밖으로 배출시키는 기관을 고르시오.
- ㉮ 호흡기
- ㉯ 소화기
- ㉰ 신경계
- ㉱ 근육계

[해설] 사람의 호흡 기관은 코, 기관, 기관지, 폐 등으로 구성되어 있다. 코의 내부에는 털이 있어 먼지를 거른다.

23 다음 중 혈액의 구성 성분으로 바르지 않은 것을 고르시오.
- ㉮ 혈장
- ㉯ 동맥
- ㉰ 적혈구
- ㉱ 백혈구

[해설] 혈액은 혈장, 혈구로 나뉘고 혈구는 적혈구, 백혈구, 혈소판으로 구성된다.

24 척수신경으로 바르지 않은 것을 고르시오.
- ㉮ 미골신경
- ㉯ 흉추신경
- ㉰ 미주신경
- ㉱ 경추신경

[해설] 척수신경은 경추신경(8쌍), 흉추신경(12쌍), 요추신경(5쌍), 천골신경(5쌍), 미골신경(1쌍)으로 구성되어 있다.

25 골격계에 대한 설명으로 바르지 않은 것을 고르시오.
- ㉮ 상지골은 대퇴골, 슬개골, 경골, 비골 및 족근골, 중족골 및 지골로 형성되어 있다.
- ㉯ 두개골은 뇌를 비롯하여 눈, 귀, 코와 같은 주요 감각기관을 보호한다.
- ㉰ 척추는 7개의 경추, 12개의 흉추, 5개의 요추, 천추와 미추 총 26개의 척추뼈로 구성된다.
- ㉱ 흉곽의 11번, 12번째 갈비뼈는 길이가 짧아서 흉골과 연결되지 못하고 따로 떨어져 있다.

[해설] 상지골은 견갑골과 쇄골이 있고, 자유 팔뼈인 상완골, 요골 및 척골, 수근골, 중수골 및 지골로 구성되어 있다.

✅ **정답** 21 ㉱ 22 ㉮ 23 ㉯ 24 ㉰ 25 ㉮

26 단일 근육 중에서 가장 큰 힘을 낼 수 있는 근육을 고르시오.
㉮ 내전근   ㉯ 대둔근
㉰ 장비골근 ㉱ 이상근

대둔근이 뛰거나 계단을 오를 때, 앉은 자세에서 일어날 때 사용되는 단일 근육 중에서 가장 큰 힘을 낼 수 있는 근육이다.

27 인체에서 가장 큰 림프 기관을 고르시오.
㉮ 비장   ㉯ 췌장
㉰ 십이지장 ㉱ 심장

비장은 골수의 기능 저하 시 골수의 역할을 도와 혈액세포를 생성해주기도 한다.

28 대뇌의 직접적인 영향을 받지 않는 기관을 고르시오.
㉮ 내분비계   ㉯ 골격계
㉰ 생식기계   ㉱ 자율신경계

자율신경계는 소화, 순환, 호흡 운동, 호르몬 분비 등 생명 유지에 필수적인 기능을 조절하면서 대뇌의 직접적인 영향을 받지 않는다.

29 내분비계의 설명으로 바르지 않은 것을 고르시오.
㉮ 난소에서는 테스토스테론이 분비되고 정소에서는 에스트로겐· 프로게스테론이 분비된다.
㉯ 갑상선은 체온 유지 및 신체 대사의 균형을 유지하는 티록신이 분비된다.
㉰ 부신은 아드레날린이 분비되며 혈압을 상승시키고 심장 박동을 촉진한다.
㉱ 이자에서는 글루카곤과 인슐린이 분비된다.

정소에서는 남성 호르몬인 테스토스테론이 분비되어 목소리의 변화, 수염 등의 변화가 나타나고, 난소에서는 여성 호르몬인 에스트로겐과 프로게스테론이 분비되어 자궁 내벽의 발달하고 젖샘의 발육도 촉진한다.

30 뇌신경 중 안면 신경과 저작근을 지배하는 신경을 고르시오.
㉮ 동안신경   ㉯ 활차신경
㉰ 삼차신경   ㉱ 내이신경

삼차신경은 뇌신경 중 가장 큰 신경으로 안면 신경과 저작근을 지배한다.

 정답 26 ㉯ 27 ㉮ 28 ㉱ 29 ㉮ 30 ㉰

PART 03　해부생리학

31 다음 중 부교감 신경이 작용하였을 때 나타나는 반응을 고르시오.
㉮ 침 분비 억제　㉯ 심장 박동 억제
㉰ 소화관 운동 억제　㉱ 동공 확대

부교감 신경이 작용하면 신체를 이완시켜 심장 박동 억제된다.

32 세포막의 설명으로 바르지 않은 것을 고르시오.
㉮ 인지질과 단백질로 구성된다.
㉯ 물질의 이동을 조절한다.
㉰ 세포를 둘러싸고 있는 인지질 2중층의 막이다.
㉱ 소수성인 머리(인산)와 친수성인 꼬리(지방산)로 되어있다.

세포막은 친수성인 머리(인산)와 소수성인 꼬리(지방산) 부분으로 되어 있어 물로 둘러싸인 세포 내외의 환경에서 2중층을 형성하여 안정성을 유지할 수 있다.

33 다음 중 하지 주요 근육으로 바르지 않은 것을 고르시오.
㉮ 비복근　㉯ 대퇴직근
㉰ 전거근　㉱ 봉공근

전거근은 톱니 모양의 근육으로 견갑골을 밖으로 돌리고 흉벽에 밀착시키며 앞으로 미는 작용을 한다.

34 수축과 이완을 통해서 신체를 구성하고 있는 조직을 고르시오.
㉮ 근육　㉯ 인대
㉰ 힘줄　㉱ 건

근육조직은 기능에 따라 자신의 의사로 수축을 조절할 수 있는 수의근과 수축을 조절할 수 없는 불수의근, 모양에 따라 가로무늬근과 민무늬근으로 나눌 수 있다.

35 중추신경 중 재채기, 기침, 하품 등의 반사 중추가 이루어지는 기관을 고르시오.
㉮ 소뇌　㉯ 간뇌
㉰ 연수　㉱ 뇌교

연수는 호흡 운동, 심장 박동, 소화 운동 등을 조절하고 재채기, 기침, 하품 등의 반사 중추이다.

✅ 정답　31 ㉯　32 ㉱　33 ㉰　34 ㉮　35 ㉰

36 세포막을 통한 물질의 이동 방법이 아닌 것은?

㉮ 확산 ㉯ 여과
㉰ 삼투 ㉱ 수축

해설 세포 전체를 둘러싸고 있는 긴지질 2중층 막으로, 확산, 여과, 삼투의 기능이 있어 세포 안팎으로 드나드는 물질의 이동을 조절한다.

37 세포질에 대한 설명으로 바르지 않은 것을 고르시오.

㉮ 화학 물질을 저장하는 장소이다.
㉯ 근육을 지탱해주는 역할을 한다.
㉰ 세포의 모양 및 항상성을 유지한다.
㉱ 세포 내부를 최대 80%까지 채우고 있는 투명한 점액 형태의 물질이다.

해설 세포질은 미토콘드리아, 소포체, 골지체, 리소좀, 리보솜의 세포소기관을 지탱해주는 역할을 한다.

38 타액과 눈물의 분비를 담당하는 신경을 고르시오.

㉮ 부신경 ㉯ 후신경
㉰ 외전신경 ㉱ 설하신경

해설 외전신경은 얼굴의 표정근육을 지배하고, 타액과 눈물의 분비를 담당한다.

39 뼈에 대한 설명으로 바르지 않은 것을 고르시오.

㉮ 골세포와 골질의 세포간질로 되어있는 특수결합 조직이다.
㉯ 85%의 탄산칼슘과 10%의 인산칼슘을 포함한다.
㉰ 골질은 칼슘과 인의 저장창고이다.
㉱ 혈액을 생산하며 미네랄을 저장한다.

해설 뼈는 85%의 인산칼슘과 10%의 탄산칼슘을 포함하고 있어 단단하다.

40 표정근으로 바르지 않은 것을 고르시오.

㉮ 견갑골 ㉯ 전두근
㉰ 추미근 ㉱ 안륜근

해설 표정근은 전두근, 추미근, 안륜근, 상안검거근, 비근, 협골근, 구륜근 등으로 구성되어 있다.

✔ 정답 36 ㉱ 37 ㉯ 38 ㉰ 39 ㉯ 40 ㉮

PART 03 해부생리학

41 호흡기계로 바르지 않은 것을 고르시오.

㉮ 후두 ㉯ 폐포
㉰ 직장 ㉱ 횡격막

> 해설) 호흡기관은 코, 인두, 기관지, 폐, 섬모 등으로도 구성된다.

42 간에서 분비된 담즙을 저장, 농축시키는 곳을 고르시오.

㉮ 담낭 ㉯ 췌장
㉰ 간   ㉱ 소장

> 해설) 담낭은 간에서 분비된 담즙을 저장, 농축시키고 십이지장으로 담을 배출해 지방분해를 돕는다.

43 복부를 둘러싸고 상체의 반을 덮고 있는 근육을 고르시오.

㉮ 복직근 ㉯ 복횡근
㉰ 늑간근 ㉱ 광경근

> 해설) 복횡근은 복부를 둘러싸고 상체의 반을 덮고 있기 때문에 척추가 제자리를 찾고 자세를 유지하는 기능을 한다.

44 혈관계통에 대한 설명으로 바르지 않은 것을 고르시오.

㉮ 혈장은 혈액의 약 55%를 차지한다.
㉯ 혈구는 혈액의 약 45%를 차지한다.
㉰ 적혈구는 헤모글로빈을 함유하고 있다.
㉱ 혈소판은 혈액을 묽게 만든다.

> 해설) 혈소판이 없으면 작은 상처를 입더라도 출혈이 계속 될 수 있어 혈액응고에 중요한 역할을 한다.

45 저작근으로 바르지 않은 것을 고르시오.

㉮ 교근   ㉯ 측두근
㉰ 내측익골근 ㉱ 흉쇄유돌근

> 해설) 저작근은 교근, 측두근, 내측익돌근, 외측익돌근으로 구성된다.

✔ 정답   41 ㉰   42 ㉮   43 ㉯   44 ㉱   45 ㉱

46 식세포 작용을 하는 자연 살해 세포(natural killer cell)가 있는 곳을 고르시오.
㉮ 림프구 ㉯ 림프액
㉰ 흉선   ㉱ 비장

해설) 림프구에는 식세포 작용을 하는 자연 살해 세포와 면역에서 주된 역할을 하는 T 림프구, B 림프구가 있다.

47 방광에 모인 소변을 체외로 배출하기 위한 관을 고르시오.
㉮ 정관 ㉯ 요관
㉰ 요도 ㉱ 신장

해설) 요도는 방광에 모인 소변을 체외로 배출하기 위한 관이다. 남성은 요도의 길이가 약 20cm로 길고, 여성의 요도는 곧고 길이는 약 4cm 정도이다.

48 뇌하수체 호르몬으로 바르지 않은 것을 고르시오.
㉮ 성장 호르몬
㉯ 프로게스테론
㉰ 갑상샘 자극 호르몬
㉱ 부신피질 자극 호르몬

해설) 뇌하수체 호르몬으로 뇌하수체 전엽에서는 여포 자극 호르몬과 황체 형성 호르몬도 분비되고 뇌하수체 후엽에서는 항이뇨 호르몬과 자궁수축 호르몬인 옥시토신도 분비된다.

49 상지 근육에 대한 설명으로 바르지 않은 것을 고르시오.
㉮ 상완이두근은 팔꿈치 굽힘, 전완을 바깥으로 돌리는 동작을 한다.
㉯ 상완삼두근은 팔꿈치를 몸통 쪽으로 모을 때, 팔을 펼 때 쓰는 근육이다
㉰ 삼각근은 허리를 지탱하고 앞으로 굽히는 동작을 한다.
㉱ 승모근은 어깨 높이 위로 들어 올리는 기능을 하며 견갑골을 회전시킨다.

해설) 삼각근은 어깨를 덮고 있으며 주로 팔을 어깨에서 앞쪽, 뒤쪽, 바깥쪽으로 올릴 때 사용하는 근육이다.

50 심장근을 의지와 무늬모양에 따라 분류한 것을 고르시오.
㉮ 수의근, 가로무늬근
㉯ 불수의근, 민무늬근
㉰ 수의근, 가로무늬근
㉱ 불수의근, 가로무늬근

해설) 심장근은 자신의 의사로 수축을 조절할 수 없는 불수의근이고, 가로무늬근이다.

✔ 정답 46 ㉮ 47 ㉰ 48 ㉯ 49 ㉰ 50 ㉱

PART 03 해부생리학

51 내분비계에서 분비되는 호르몬과 연결이 바르지 않은 것을 고르시오.

㉮ 갑상선-부신피질 자극 호르몬
㉯ 이자-인슐린
㉰ 갑상선-칼시토닌
㉱ 부신-아드레날린

해설 갑상선에서는 체온 유지 및 신체 대사의 균형을 유지하는 티록신(thyroxin), 혈액 속 칼슘 이온의 농도를 낮추는 칼시토닌, 농도를 증가시키는 파라토르몬이 분비된다.

52 소화 효소의 연결이 바르지 않은 것을 고르시오.

㉮ 단백질을 분해하는 트립신
㉯ 탄수화물을 분해하는 트립신
㉰ 탄수화물을 분해하는 아밀라아제
㉱ 지방을 분해하는 리파아제

해설 단백질을 분해하는 트립신, 탄수화물을 분해하는 아밀라아제, 지방은 리파아제가 분해한다.

53 배부근으로 바르지 않은 것을 고르시오.

㉮ 추미근   ㉯ 광배근
㉰ 능형근   ㉱ 견갑거근

해설 몸의 뒤 쪽, 후두골 아래에서부터 꼬리뼈까지 배열된 근육으로 견갑하근, 척추기립근 등도 있다.

54 대퇴골, 슬개골, 경골, 비골 및 족근골 등으로 이루어진 골격계를 고르시오.

㉮ 척추   ㉯ 두개골
㉰ 흉곽   ㉱ 하지골

해설 하지골은 몸통과 이어져 하지를 구성하는 하지대인 관골이 있고, 자유 다리뼈인 대퇴골, 슬개골, 경골, 비골 및 족근골, 중족골 및 지골 등의 62개의 뼈로 형성되어 있다.

55 인슐린과 글루카곤을 분비하여 혈당량을 조절하는 기관을 고르시오.

㉮ 삼초   ㉯ 신장
㉰ 췌장   ㉱ 간

해설 췌장은 3대 영양소를 소화하는 모든 효소를 가지고 있으며, 인슐린과 글루카곤을 분비하여 혈당량을 조절한다.

 정답   51 ㉮   52 ㉯   53 ㉮   54 ㉱   55 ㉰

56 소화과정의 순서로 바른 것을 고르시오.
⑦ 입, 위, 식도, 소장, 대장, 항문
⑭ 입, 식도, 위, 소장, 대장, 항문
㉰ 입, 식도, 소장, 위, 대장, 항문
㉴ 입, 식도, 위, 대장, 소장, 항문

해설 사람이 섭취한 음식물은 입, 식도, 위, 소장, 대장, 항문의 경로를 지나면서 소화된다.

57 근육의 기능으로 바르지 않은 것을 고르시오.
⑦ 조혈작용   ⑭ 호흡
㉰ 소화   ㉴ 체온조절

해설 얼굴의 근육을 수축시키거나 이완시켜 기쁜 표정, 슬픈 표정, 화난 표정 등을 만들 수도 있다.

58 인체를 형성하는 과정을 바르게 나열한 것을 고르시오.
⑦ 조직, 세포, 기관, 계통
⑭ 세포, 조직, 기관, 계통
㉰ 세포, 조직, 계통, 기관
㉴ 세포, 기관, 조직, 계통

해설 인체는 수많은 미세한 구조들로 이루어진 유기체이다. 즉 세포, 조직, 기관, 계통의 4단계의 구조로 되어있다.

59 포도당과 같은 유기물을 분해하여 생명 활동에 필요한 에너지(ATP)를 생산하는 곳을 고르시오.
⑦ 소조체   ⑭ 골지체
㉰ 핵막   ㉴ 미토콘드리아

해설 미토콘드리아는 세포 호흡이 일어나는 곳으로, 에너지(ATP) 생산에 관여한다.

60 입안에 공기를 넣고 풍선을 부는 모양을 만드는 근육을 고르시오.
⑦ 비근   ⑭ 소근
㉰ 협근   ㉴ 교근

해설 비근은 코에 주름을 만들고, 소근은 입꼬리를 바깥쪽으로 당겨 보조개를 만든다.

✓ 정답   56 ⑭   57 ⑦   58 ⑭   59 ㉴   60 ㉰

PART 03 해부생리학

61 인지질에 대한 설명으로 알맞은 것을 고르시오.

㉮ 소포체의 일부가 떨어져 나와 생긴 것이다.
㉯ 세포막을 구성하는 물질이다.
㉰ 유전자 암호를 가지고 있다.
㉱ 단백질을 합성하는 곳이다.

> **해설** 인지질은 친수성인 머리(인산)와 소수성인 꼬리(지방산) 부분으로 되어 있는 2중층 세포막이다.

62 핵에 대한 설명으로 바르지 않은 것을 고르시오.

㉮ 핵은 막이 없는 유일한 기관이다.
㉯ 핵 속에는 유전 물질인 DNA가 있다.
㉰ 핵공은 유전 정보를 세포질로 전달한다.
㉱ 핵공은 핵과 세포질 사이에서 물질 교환을 한다.

> **해설** 핵은 내막과 외막의 2중막 구조로 되어있는 핵막으로 둘러싸여 있어 핵의 모양을 유지하며 세포질과 분리된다.

63 상완골, 요골 및 척골, 수근골 등으로 이루어진 곳을 고르시오.

㉮ 척추   ㉯ 흉곽
㉰ 상지골   ㉱ 하지골

> **해설** 상지골은 몸통과 이어진 견갑골과 쇄골이 있고, 자유 팔뼈인 상완골, 요골 및 척골, 수근골, 중수골 및 지골 등으로 구성된다.

64 인체의 면에 대해 바르게 설명한 것을 고르시오.

㉮ 가로단면(transverse plane): 인체를 수평으로 나누는 면
㉯ 정중단면(median plane): 인체를 좌우로 나누는 면
㉰ 관상단면(coronal plane): 인체를 앞뒤로 나누는 면
㉱ 정중단면(median plane): 인체를 수평으로 나누는 면

> **해설** 양쪽 발을 앞으로 향하게 서서 정면을 바라보며 양 손바닥을 앞으로 향한 채 똑바로 서 있는 해부학적 자세로, 인체를 좌우로 나누는 면을 정중단면이라 한다.

65 뼈와 뼈 사이에는 채워져 있는 물질을 고르시오.

㉮ 건   ㉯ 인대
㉰ 힘줄   ㉱ 연골

> **해설** 뼈와 뼈 사이에는 연골이 채워져 있어 관절의 부드러운 움직임이 가능하도록 하고, 인대가 부착되어 있어 몸을 단단히 지탱할 수 있게 해준다.

✅ **정답**   61 ㉯   62 ㉮   63 ㉰   64 ㉯   65 ㉱

66 골격계에 대한 설명으로 바르지 않은 것을 고르시오.
   ㉮ 체중의 60~70%를 차지한다.
   ㉯ 몸을 지지한다.
   ㉰ 장기를 보호한다.
   ㉱ 206개의 뼈로 이루어져 있다.

    골격은 체중의 20~30%를 차지하고 운동의 중심이 되는 역할을 한다.

67 생물체를 이루는 기본 단위를 고르시오.
   ㉮ 핵   ㉯ 세포
   ㉰ 세포질   ㉱ 세포막

    세포는 생물체를 이루는 기본 단위로, 세포막으로 둘러싸여 있으며 핵과 세포질로 구성되어 있다.

68 음식을 씹는 역할을 담당하는 근육을 고르시오.
   ㉮ 비골근   ㉯ 삼각근
   ㉰ 대둔근   ㉱ 저작근

    저작근은 턱을 움직여 음식을 씹어 작게 부수는 역할을 한다.

69 결합조직에 대한 설명으로 바르지 않은 것을 고르시오.
   ㉮ 서로 다른 조직이나 기관 사이를 결합시킨다.
   ㉯ 세포와 세포 사이에는 세포 간 물질이 풍부하다.
   ㉰ 외부의 정보를 뇌로 전하는 조직이다.
   ㉱ 혈액세포를 생산하고 지방을 저장하는 기능을 한다.

    ㉰는 신경조직에 대한 설명이다.

70 톱니 모양이며 견갑골을 밖으로 돌리는 근육을 고르시오.
   ㉮ 늑간근   ㉯ 전거근
   ㉰ 다흉근   ㉱ 광배근

    전거근은 견갑골을 밖으로 돌리고 몸을 앞으로 미는 작용을 한다.

✓ 정답   66 ㉮   67 ㉯   68 ㉱   69 ㉰   70 ㉯

PART 03 해부생리학

71 호흡에 관여하는 근육으로 바르지 않은 것을 고르시오.
㉮ 늑간근 ㉯ 대흉근
㉰ 승모근 ㉱ 비복근

비복근은 하퇴 후면의 종아리 근육으로 발바닥쪽 굴곡, 발끝으로 서있는 운동에 관여한다.

72 영양분을 얻기 위해 음식물을 흡수할 수 있는 형태로 분해하는 과정으로 옳은 것을 고르시오.
㉮ 소화 ㉯ 흡수
㉰ 배출 ㉱ 여과

해설 음식물로 섭취하는 양분(단백질, 탄수화물, 지방)은 분자의 크기가 커서 소장에 흡수될 수 없다. 소화 과정을 통해 크기가 작아지면 세포막을 통과하여 흡수될 수 있다.

73 침샘으로 바르지 않은 것을 고르시오.
㉮ 귀밑샘 ㉯ 턱밑샘
㉰ 갑상샘 ㉱ 혀밑샘

해설 침샘(귀밑샘, 턱밑샘, 혀밑샘)에서 분비된 침 속에는 녹말분해효소인 아밀라아제가 있어 녹말을 포도당과 엿당으로 분해한다.

74 리소좀의 설명으로 바르지 않은 것을 고르시오.
㉮ 가수 분해 효소를 지닌 주머니이다.
㉯ 핵공에서 만들어졌다.
㉰ 세포 내 소화를 담당한다.
㉱ 세포의 노폐물을 분해한다.

리소좀은 세포소기관으로 골지체에서 만들어졌다.

75 6~7m길이이며 사람의 소화관 중 가장 긴 부분인 곳을 고르시오.
㉮ 대장 ㉯ 간
㉰ 식도 ㉱ 소장

해설 소장은 사람의 소화관 중 가장 긴 부분이고 소장안쪽에는 주름 형태의 융모가 존재하여 영양분의 흡수면적이 넓다.

✔ 정답 71 ㉱ 72 ㉮ 73 ㉰ 74 ㉯ 75 ㉱

76 혈액에 대한 설명으로 바르지 않은 것을 고르시오.

㉮ 혈액은 철을 함유하고 있다.
㉯ 헤모글로빈으로 인해 붉은색을 띤다.
㉰ 혈장 75%, 혈구 25%로 구성된다.
㉱ 동맥의 혈액은 정맥보다 밝은 색을 띤다.

해설 혈장은 혈액의 약 55%를 차지하고, 혈구는 혈액의 약 45%를 차지한다.

77 골격근을 의지와 무늬모양에 따라 분류한 것을 고르시오.

㉮ 수의근, 가로무늬근
㉯ 불수의근, 민무늬근
㉰ 수의근, 가로무늬근
㉱ 불수의근, 가로무늬근

해설 골격근은 자신의 의사로 수축을 조절할 수 있는 수의근이고, 가로무늬근이다.

78 인지질과 함께 세포막을 구성하고 있는 성분을 고르시오.

㉮ 비타민   ㉯ 단백질
㉰ 무기질   ㉱ 셀레늄

해설 단백질은 인지질층 곳곳에 모자이크 모양으로 파묻혀 있거나 관통하고 있으며 세포막을 드나드는 영양분과 노폐물 등의 물질 이동 통로로 작용한다.

79 소화액의 작용으로 바르지 않은 것을 고르시오.

㉮ 탄수화물은 다당류로 분해된다.
㉯ 단백질은 아미노산으로 분해된다.
㉰ 탄수화물은 단당류로 분해된다.
㉱ 지방은 지방산으로 분해된다.

해설 사람이 섭취한 음식물은 입, 식도, 위, 소장, 대장, 항문의 경로를 지나면서 소화액의 작용을 통해 탄수화물은 단당류로, 단백질은 아미노산으로, 지방은 지방산과 모노글리세리드로 분해된다.

80 혈액응고에 중요한 역할을 하는 세포를 고르시오.

㉮ 백혈구   ㉯ 적혈구
㉰ 혈소판   ㉱ 혈장

해설 혈관의 내피세포가 손상을 입게 되면 수많은 혈소판 덩어리인 혈전을 형성해 출혈을 멎게 한다.

 정답   76 ㉰   77 ㉮   78 ㉯   79 ㉮   80 ㉰

2020 최신 개정

피부 미용사 필기

핵심 완벽정리

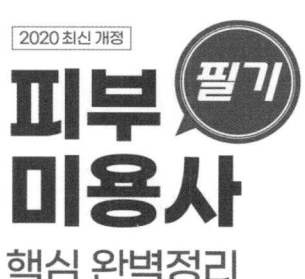

PART 04 피부미용 기기학

CHAPTER 01 피부미용기기
CHAPTER 02 피부미용기기 사용법

PART 04 피부미용 기기학

| CHAPTER 01 | 피부미용기기

1. 피부미용기기의 중요성

① 미용기기는 과학적 기술을 토대로 피부 관리에 적용함으로 고객의 신뢰감과 만족을 얻을 수 있다.
② 화장품의 유효성분을 전기적 자극을 통해 피부 깊숙이 흡수할 수 있도록 도와주고 체내 노폐물 배출을 용이하게 한다.
③ 피부 진단을 위한 진단기기, 유효성분을 침투시키기 위한 침투기기, 클렌징기기 등을 이용 피부개선 효과를 기대할 수 있다.

1) 기본용어와 개념

(1) 물질
① 우리를 둘러싸고 있는 지구상의 모든 것을 말하며, 온도차에 의해 기체, 액체, 고체의 형태로 분자와 분자는 원자의 형태이며 구조는 원자핵(양성자(+), 중성자), 전자(음성자(-))이다.
② 전자는 양극과 음극이 서로 당기는 원리로 원자의 핵을 따라 궤도를 그리며 회전한다.
③ 이온은 원자나 분자가 전자를 잃거나(양이온) 얻을 때(음이온) 전하를 띠게 되며 이때 같은 전하의 이온들은 밀어내고 서로 다른 전하의 이온들은 당기는 힘을 가지고 있다.

2. 전기와 전류

1) 전기

전자가 한 원자에서 다른 원자로 이동하는 현상으로 전압, 전선의 크기 및 길이 따라 전류가 이동하는 양과 세기가 다르게 전달된다. 전자를 얻은 물체는 (-)전기를 얻게 되고, 전자를 잃어버리게 되면 (+)전기를 얻게 된다.

(1) 정전기
외부의 마찰에 의해 발생되며 정지해 있는 전기로 일정한 시간이 지나면 전기의 성질을 잃어버리게 된다.

(2) 동전기
직류와 교류의 형태로 움직이는 전기(전류)를 말하는데 화학반응이나 자기장에 의해 발생되는 전기이다.

2) 전류

(-)전하를 가진 전자의 흐름으로 전자들은 전도체를 따라 한 방향으로 흐르게 되고 이동 시 (-)극에서 (+)극 방향으로 이동, 전류는 도선을 따라 (+)에서 (-)극으로 흐르는데 전류와 전자는 이동하는 방향이 서로 다르게 움직인다.

(1) 직류
시간의 변화에도 일정하게 한쪽으로 흐르는 전류

(2) 교류
전류 흐름의 방향과 크기가 시간의 변화에 따라 주기적으로 변하는 전류

[직류와 교류의 비교]

직류	교류
• 변압기에 의한 조절이 불가능하다. • 측정이 가능하며 열을 발생한다. • 극의 성질이 일정한 특징이 있다.	• 변압기에 의한 조절이 가능하다. • 증폭이 가능하며 열을 발생한다. • 극의 성질기 시간에 따라 변화한다.

3) 피부미용에 적용되는 전류

(1) 직류전류
1mA의 미세직류로 시간의 변화에도 전류의 흐름이 일정하게 한 방향으로 흐르는 특징을 보이는 갈바닉 전류이다.

양극	음극
• 수렴, 진정효과 • 신경 안정 및 조직 강화 • 혈액흐름의 감소 • 산성에 반응	• 세정 및 ㅈ극효과 • 신경 자극 및 조직 연화 • 혈액 흐름의 증가 • 알칼리에 반응

(2) 교류전류
시간에 따라 전류의 크기와 방향이 주기적으로 변하는 전류를 말한다.

① 정현파 전류

방향과 크기가 시간의 변화에 의해 대칭적으로 변하는 전류로 신경안정 및 심부까지 자극이 전달되어 혈액

PART 04 피부미용 기기학

순환이 용이하다. 통증이 적어 예민한 고객에게 적용이 가능하다.

② 격동전류

전류의 세기가 순간적으로 강, 약을 반복하는 전류로 통증관리 및 마사지 효과가 뛰어난 전류이다.

③ 감응 전류

시간의 흐름에 따라 극성과 방향, 크기가 비대칭적으로 전환하는 전류로 전신탄력관리 및 체형관리에 적합한 전류이다.

【 감응전류의 종류 및 특징 】

종류	특징
저주파 (1~1,000Hz 이하)	• 통증완화 및 근육이완 • 신경자극, 지방축적 방지 • 피부탄력 효과
중주파 (1,000~10,000Hz 이하)	• 운동효과 및 지방 분해 • 부종 완화 및 세포의 성장 • 피부자극 최소화
고주파 (100,000Hz 이상)	• 심부열 발생 및 혈액순환 • 노폐물 배출, 신진대사 촉진 • 살균 효과

④ 생체전류(전기)

인체 내에서 활동하는 물질들은 분해와 결합을 통해 미세한 전기를 만드는데 이것을 생체전류(전기)라고 한다. 뇌로부터 전달받은 신호는 중추신경계를 통해 신진대사에 관여하며, 생체전류(전기)의 활동이 저하되면 노화현상과 피부탄력저하 등이 발생한다.

(3) 전기 용어

① 전류(Electric Current): 전자들의 흐름
② 전압(Voltage): 전류를 흐르게 하는 힘
③ 전력(Electricity Power): 일정 시간 동안 사용된 전류의 양
④ 주파수(Hertz): 일정한 크기의 전류 및 전압이 1초 동안 반복되는 진동 횟수
⑤ 암페어(Ampere): 전류의 세기
⑥ 도체(Conductor): 전류의 흐름이 원활한 물질
⑦ 저항(Re. olt): 전류의 흐름을 방해하는 성질

2. 피부미용에 적용 가능한 기기의 종류 및 기능

1) 얼굴관리에 적합한 피부미용기기

구분	종류	특징
피부진단 미용기기	피부분석기(Skin scope)	• 피부 및 두피를 분석 및 관찰
	확대경(Magnifying Glass)	• 육안으로 확인하기 어려운 피부상태, 색소침착정도, 면포 등 확인
	pH 측정기	• 피부의 산성도 및 알칼리의 정도, 피부의 예민, 유분정도를 측정
	우드램프(Wood Lamp)	• 자외선램프를 적용하여 색소침착, 피지, 민감도, 모공의 정도를 확인
	유분측정기(Sebum Meter)	• 특수 필름에 묻은 유분 함유량을 빛에 통과시켜 측정
	수분측정기(Corneometer)	• 유리로 만든 탐침을 피부에 눌러 수분 함유량을 측정
클렌징 및 딥클렌징 기기	전동브러시(Frimator)	• 브러시를 이용한 각질관리 및 세안
	갈바닉 디스인크러스테이션	• 각질제거, 피지, 노폐물제거
	스티머(Steamer)	• 각질연화작용, 살균효과, 보습효과
안면관리기기	루카스(Lucas)	• 펌프원리를 이용한 기세한 수분분사를 통해 산성막 생성촉진, 보습효과
	갈바닉 이온토포레시스	• 갈바닉 전류의 음극과 양극을 이용하여 피부 유효 성분침투
	초음파기(Ultrasound)	• 미세한 진동을 통하 신진대사촉진, 영양공급, 근육조직강화
	고주파기(High Frequency)	• 심부열(온열효과), 피부재생 및 살균작용
	리프팅기(Lifting Frequency)	• 피부탄력 강화 및 주름개선효과
광선을 이용한 미용기기	적외선 기기(Infrared Ray)	• 온열작용을 이용한 혈액순환 증가 및 피부유효성분 침투
	컬러테라피기기(Color therapy)	• 가시광선의 파장을 이용한 미용효과
전신관리기기	엔더몰로지 기기(Endermologie)	• 물리적 자극을 통한 지방분해, 림프순환촉진
	바이브레이터기(Vibrator)	• 진동에 의한 근육운동 및 지방분해
	진공흡입기(Suction)	• 혈액순환, 노폐물배출촉진, 셀룰라이트 분해효과

PART 04 피부미용 기기학

| CHAPTER 02 | 피부미용기기 사용법

1. 미용기기 사용법

1) 피부 분석 및 진단기기

(1) 피부진단기기

① 우드램프(Wood Lamp)
- 자외선램프를 통한 피부상태에 따른 색상으로 분석하며 피부의 민감도, 색소침착 정도, 여드름, 이물질, 노화, 각질상태 등의 피부분석에 적용
- 클렌징 후 적용하며 아이패드를 적용하여 고객의 눈 보호
- 우드램프 적용 시 관리실의 빛을 차단하여 정확한 피부상태 측정
- 진단부위와 적당한 거리는 5~6cm가 적당

[우드램프를 통한 피부 진단 색상]

피부 상태	반응 색상
정상 피부	청백색
건성 피부	연보라색
민감성, 모세혈관확장피부	진보라색
색소침착 피부	암갈색(갈색)
지성피부(여드름)	오렌지색(주황색)
노화 피부	암적색
비립종	노란색
각질	흰색
먼지, 이물질	흰 형광색

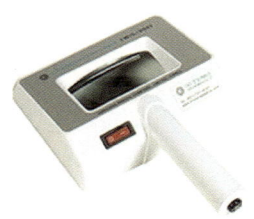

우드램프

② 확대경(Magnifying Lamp)
- 육안에 비해 5~10배가량 확대하여 피부분석을 할 수 있으며 면포관리, 여드름관리에 효과적이다
- 확대경 적용 시 클렌징한 후 사용하며 아이패드를 이용하여 고객의 눈을 보호한다.

③ 피부pH측정기
- 피부의 산성도, 예민도, 유분의 정도를 측정하며 수소이온농도는 온도, 습도 등의 외적환경과 피부의 건조, 현재 상태에 따른 내적환경에 영향을 받는다.
- 알코올 성분이 없는 클렌징제품을 사용하여 피부의 이물질, 화장품을 제거한 후 2시간 경과하고 측정한다.

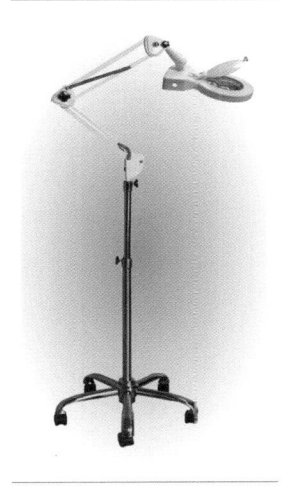

확대경

④ 유분 측정기(Sebum Meter)
- 특수 필름(프라스틱제) 테이프를 적당한 압력을 주어 피부표면의 유분 함유량을 측정한다.
- 알코올 성분이 없는 클렌징제품을 이용하여 세안 후 2시간 정도 경과 후 측정한다.

⑤ 수분 측정기(Corneometer)
- 표피의 수분 함유량을 측정하며 세안 후 2시간정도 경과 후 측정한다.
- 수분을 측정하기 위한 적절한 온도는 18~20°C, 습도 40~60% 적당하다.
- 외부환경과 개인의 신체 상태에 따라 측정에 영향을 받는다.

⑥ 피부분석기(Skin Scope)
- 정교한 피부분석이 가능하며 피부 및 두피의 상태 측정한다.
- 고객과 함께 모니터를 통해 확인함으로 신뢰감을 얻을 수 있다는 장점이 있다.

(2) 클렌징 및 딥클렌징 기기

① 전동브러시(Frimator)
- 천연모를 이용하여 만든 여러 크기의 브러시를 회전시켜 클렌징을 하는 기기이다.
- 피부 표면의 죽은 각질세포와 노폐물을 제거하는 용도로 사용한다.
- 혈액순환 촉진 및 영양공급과 산소공급을 원활하게 도와줌으로 신진대사를 활성화한다.
- 적용부위에 적합한 브러시를 선택하여 손잡이에 연결하고 피부표면에 약 1~3분 정도로 적용하며 이때 브러시가 직각(90°)이 되도록 세워 부드럽게 사용한다.
- 적용 순서는 목, 턱, 볼, 입 주변, 코, 이마 순으로 적용한다.

PART 04 피부미용 기기학

② 갈바닉 디스인크러스테이션
- 음극에서 발생하는 알칼리를 이용한 원리로 피지, 과각화 각질, 모공속의 노폐물을 제거하는 기기이다.
- 적용방법은 갈바닉 이온토포레시스와 동일하며 미세한 전류로 인해 개인에 따라 자극의 정도가 다르므로 고객의 피부상태를 살피며 전류의 세기를 조절해 적용한다.

③ 스티머(Steamer, 버퍼라이져)
- 메이크업 및 피부잔여물을 깨끗이 제거한 후 적용하는 것이 좋으며 효소를 이용한 딥클렌징 관리 시 적정한 온도가 유지되어 딥클렌징 효과를 증대시킬 수 있다.
- 모공을 확장시켜 모공 속 노폐물, 피지, 화장품 잔여물을 제거하게 된다.
- 오존기가 부착된 스티머의 경우 발생기산소의 작용을 통해 살균효과를 극대화 한다.
- 피부보습 효과 및 혈관 확장을 통한 신진대사를 도와주며 영양물질 침투의 효과를 증진 시켜준다.
- 사용 전 예열을 해두고 고객의 얼굴에 직접 분사되지 않도록 주의하고 분사 시 온도와 스팀 분사량을 확인한 후 고객의 턱 방향에서 스팀의 방향을 고정시킨다.
- 적용거리는 30~40cm 떨어져 분사하며 피부감염증, 모세혈관확장증, 심한 화농성피부, 일광에 의한 손상 피부, 민감성 피부 등에는 시간과 거리를 적절하게 조절하여 적용한다.

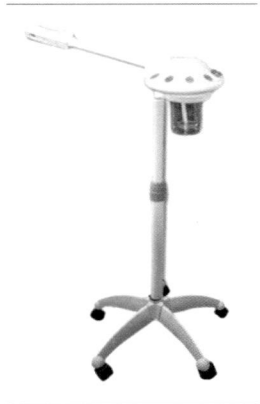

스티머

[피부타입별 적용시간 및 거리]

피부타입	적용거리	적용시간
정상피부	30~40cm	약 10분 정도
지성, 건성피부	30~35cm	약 10~15분 정도
노화피부	30cm	약 10~15분 정도
예민, 여드름, 모세혈관확장피부	40~50cm	약 3~5분 정도

(3) 안면관리기기

① 루카스(Lucas)
- 진동펌프의 원리를 적용하여 냉, 온 증류수, 미네랄워터, 영양물질 등을 미세한 입자를 통해 피부에 분무하는 기기로 토닉효과 및 수분공급을 목적으로 하는 기기이다.
- 피부표면을 깨끗이 클렌징 후 고객과 20~40cm 정도 거리를 유지하고 분무한다.
- 적용 시 고객의 눈과 코, 입에 들어가지 않도록 주의하며 눈에는 아이패드를 적용한다.
- 사용한 도구(유리관)는 자비 소독하고 자외선 소독기에 보관한다.

② 갈바닉 이온토포레시스(이온영동법, 이온도입법)
- 피부에 침투시키기 어려운 수용성 제품의 영양물질을 피부 깊숙이 투입시키는 방법으로 일정한 전기적 흐름을 유지하는 전류(직류)를 이용하여 피부에 침투시키는 원리를 이용한 기기이다.
- 색소침착 예방 및 미백효과를 기대하며 피부재생능력을 향상시킨다.

【 갈바닉기기의 극의 효과 】

양극(+), 산 반응	극간 효과	음극(-), 알칼리 반응
• 산성 용액 침투 • 진정, 혈액공급저하 • 모공수축, 피부탄력강화 • 염증완화 • 수렴작용 • 통증감소	• 혈액순환 촉진 • 림프순환 및 배농촉진 • 체온 상승 촉진 • 신진대사 활성화 촉진	• 알칼리성용액 침투 • 신경자극, 모공확장 • 혈액공급 증가 • 피부조직 연화 • 노폐물 배출 • 자극효과 및 통증유발

③ 초음파기(Ultrasound)
- 20,000Hz 이상의 파장으로 인간의 감각으로 감지하기 어려운 불가청 진동음파로서 분자간의 충돌(마찰)에 의해 열을 발생시킨다.
- 온열효과, 근육이완, 혈액순환촉진 및 지방분해를 촉진시키는 효과가 있다.
- 고객의 피부상태 및 건강상태에 맞춰 파장의 세기를 조절하고 근육의 방향대로 가볍게 관리한다.
- 관절 부위, 뼈 부위는 적용하지 않으며 한 부위에 오랫동안 적용하지 않는다.
- 관리 후 70%의 알코올을 이용하여 도자를 깨끗하게 닦아 위생적으로 관리한다.
- 눈 주변, 여드름이 심하거나 혈압질환, 혈전, 피부상처부위 등에는 적용하지 않는다.

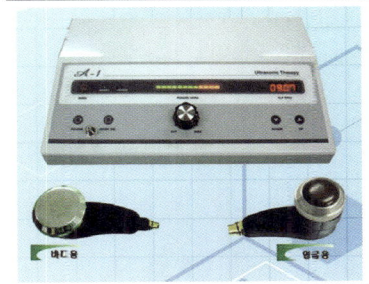

초음파기기

(4) 전신관리기기

① 엔더몰러지 기기(Endermologie)
- 재활치료용으로 개발되었으며, 비만으로 인한 셀룰라이트 제거에 용이하며 피부의 결합조직 내의 질병을 치료할 수 있는 기기이다.
- 진공펌프의 음압이 롤러와 볼을 통해 근육의 수축, 이완, 압박, 당김의 물리적 자극을 통해 지방분해, 셀룰라이트 파괴를 통한 체형정리에 효과적이다.
- 탄력강화, 혈액순환 촉진, 근육강화, 노폐물배설, 신진대사 촉진, 부종 개선에 효과적이다.
- 고혈압, 임산부, 감염성 피부질환, 정맥류환자에게 적용 시 주의해야 한다.

PART 04 피부미용 기기학

- 시술 전 고객의 피부 정도를 확인하기 위한 테스트를 실행하고 말초에서 심장방향으로 밀어 올리듯 관리하며 전신체형 관리 시 40~50분 정도 적용한다.

② 바이브레이터기(Vibrator)
- 관리목적에 맞는 진동헤드를 선택하여 관리하며 혈액순환, 노폐물배출, 지방분해증가, 근육 이완 등에 효과적이다.
- 강한 압력으로 인한 통증과 멍이 발생하지 않도록 주의하며 관리 시 피부상태를 확인해가며 관리한다.
- 적용부위와 기기표면이 90°가 되도록 유지하며 인체의 곡선을 따라 관리한다.

③ 진공흡입기(Suction)
- 유리컵(토파즈)을 이용하여 피부에 밀착 후 토파즈의 공기구멍을 손가락으로 막아 압력의 감소를 통해 피부조직을 볼록하게 당기게 되는 원리의 기기이다.
- 혈관의 팽창으로 림프액의 흐름을 촉진시켜 노폐물의 배출을 도와준다.
- 혈류의 개선으로 세포의 기초대사량 증가로 인해 비만관리 및 피부개선에 도움을 준다.
- 국소부위의 비만에 효과적이며 정맥류가 있는 경우 상태를 악화시킬 수 있음으로 주의해야 한다.

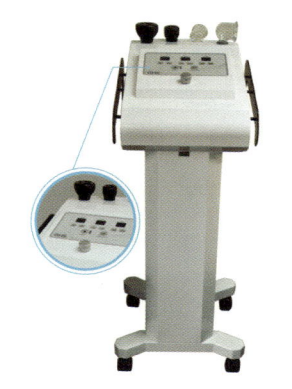

온열썩션기

④ 고주파기(High Frequency)
- 100,000Hz 이상의 높은 교류전류로 혈액순환촉진, 신진대사촉진, 진정효과, 살균효과, 지방분해, 마사지효과 등에 탁월한 효과가 있다.
- 시술시간은 건성피부 2~3분 정도, 정상피부 5~10분 정도, 지성피부 7분 정도 적용한다.
- 바디관리적용 시간은 고객의 상태에 따라 적용하며 평균 20~30분정도 적용한다.
- 적용 시 플레이트를 바디에 밀착시키고 스파크가 발생하지 않도록 주의해야 한다.

⑤ 중주파기기(Middle Frequency Current)
- 1,000~10,000Hz의 주파수로 근육운동에 적합하며 통증이 적고 안정감이 있는 관리기기로 불안감을 느끼는 고객에게 적용하기 용이하다.
- 체온을 높여주고 근육통을 완화시키고 혈액순환을 촉진시킨다.
- 적용 시 사용되는 패드는 정확한 위치에 붙이고 고정시킨다.

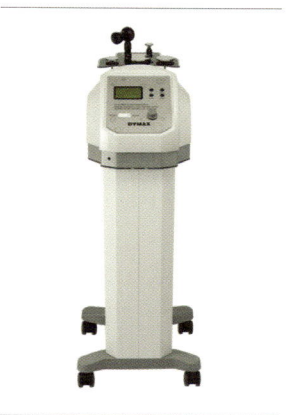

고주파기기

⑥ 저주파기기(Low Frequency Current)
- 1~1,000Hz의 전류를 이용하여 근수축을 일으켜 지방분해를 촉진하는 기기로 근육 탄력 및 강화에 효과적인 기기이다.

(5) 광선을 이용한 기기

① 적외선 기기(Infrared Ray)
- 사람의 눈으로 파장을 확인할 수 있는 가시광선 중 파장이 빨간빛 바깥쪽에 있으며, 파장은 약 770~400,000nm로 열을 발생시키기 때문에 열선이라고도 한다.
- 원적외선램프, 원적외선 사우나 등이 대표적인 기기이며, 림프순환의 촉진으로 노폐물 배출, 근육의 피로해소, 땀과 피지분비 증가 등에 효과적이다.

② 자외선 기기(UltravioletRay)
- 미용기기로 적용되는 자외선 기기는 인공선탠기, 피부분석기, 자외선 살균기 등이 있다.
- 장시간 노출 시 홍반, 피부노화, 색소침착, 피부암 등이 발생할 수 있음으로 주의해야 한다.
- 비타민 D 형성, 미생물살균, 태닝효과 및 수면 향상과 피로회복 등의 신체강장효과가 있다.

③ 컬러테라피기기(Color Therapy)
- 색을 지니고 있는 빛을 이용하여 파장에 따라 나타날 수 있는 효과를 이용한 기기를 말하며 컬러는 파장과 주파수가 다르기 때문에 눈으로 확인가능한 색상이 다르게 보인다.
- 자연적인 광선 또는 인공광선의 파장, 빛의 세기, 컬러에 따른 효과를 적용하여 피부와 전신미용에 도움을 준다.
- 각각 지니고 있는 컬러의 파장은 피부의 침투력이 다르며 적색광선의 경우 장파장으로 피부 깊숙이 침투하며, 보라색광선의 경우는 단파장으로 피부 표피 즉 상층부이 침투된다.
- 적용 부위에 따라 빛의 정도를 조정하며 조사 시 빛이 수직으로 조사되도록 고정한다.

[색상 효과]

색상	파장(nm)	효과
빨강	600~700	세포활성화, 근육이완, 혈액순환 촉진, 지루성여드름완화, 셀룰라이트 개선
주황	500~600	내분비선기능 활성화, 알레르기피부개선, 세포재생, 신경긴장완화, 건성 및 민감성 피부 등
노랑	580~590	신경이완, 소화기계 기능 강화, 신체정화작용, 피부노화예방, 셀룰라이트 개선 및 튼살 관리
초록	500~550	신경안정, 스트레스성여드름 완화, 홍반 및 색소침착관리, 활력재생, 피부정화
파랑	470~500	진정효과, 기분전환, 부종완화, 지성 및 여드름피부 관리, 모세혈관 확장증 완화
남색	450~480	림프절 자극 및 촉진, 림프순환 촉진, 부종관리
보라	420~460	정상피부, 식욕조절, 림프순환촉진, 색소침착피부 관리완화, 면역력 증강, 전신 셀룰라이트 관리

PART 04 피부미용 기기학

- 색체관리 시 관리실의 조명은 어둡게 하는 것이 효과를 극대화 할 수 있다.
- 광 알러지성 피부질환자, 임산부, 열 발생환자, 암환자, 면역억제제 장기 복용 환자 등은 적용하지 않는다.

(6) 피부타입별 기기적용법 및 효과

① 정상피부 적용기기 및 효과

한선, 피비선의 분비기능이 원활함으로 현재 상태를 유지하고, 보습 관리 및 문제성피부가 되지 않도록 관리한다.

분류	적용기기	기대효과 및 적용방법
클렌징, 딥클렌징	• 스티머 • 전동브러시 • 스킨스크러버	• 각질연화작용 및 모공확장, 혈액순환, 각질관리, 모공 청결
피부 분석	• 확대경 • 우드램프 • 유/수분측정기	• 클렌징 후 진단하며 면포관리, 여드름관리에 효과, 정확한 피부상태 파악
영양공급	• 초음파기기 • 이온토프레시아	• 영양공급 및 신진대사 촉진, 비타민투입효과, 피부재생 림프순환 촉진
매뉴얼 테크닉	• 초음파기기 • 고주파기기	• 탄력증진 및 혈액순환 촉진, 림프순환 촉진, 주름개선
팩·마스크	• 크림팩 및 고무마스크 • 적외선 램프	• 피부관리 후 영양물질 흡수를 돕기 위한 팩 및 마스크 적용 후 적외선램프 적용
마무리	• 루카스(Lucas)	• 토닉효과 및 수분공급을 목적

② 지성피부 적용기기 및 효과

과다 분비된 피지분비를 조절하고 모공 속 노화된 각질제거 및 청정 관리, 보습 관리를 목적으로 한다.

분류	적용기기	기대효과 및 적용방법
클렌징, 딥클렌징	• 스티머 • 전동브러시 • 스킨스크러버	• 모공확장, 노화된 각질제거, 딥클렌징을 통한 모공 속 피지 제거
피부 분석	• 확대경 • 우드램프 • 유/수분측정기	• 클렌징 후 피부분석을 위한 기기를 사용하여 분석을 하고 지성피부의 경우 주황색으로 나타난다.
영양공급	• 초음파기기 • 이온토프레시아	• 비타민, 피지조절제품을 피부 깊숙이 흡수될 수 있도록 도와준다.
매뉴얼 테크닉	• 초음파기기 • 진공흡입기	• 신진대사를 촉진하고 피부타입을 고려한 진공흡입기를 이용하여 피지를 제거하고 림프절 방향으로 관리한다.
팩·마스크	• 크림팩 및 고무마스크 • 적외선 램프	• 지성피부타입에 맞는 클레이팩, 머드팩, 피지 흡착팩을 이용하여 피부를 청결하게 관리하고 적외선램프를 적용한다.
마무리	• 루카스(Lucas)	• 수렴화장수, 미네랄워터, 영양물질을 분사함으로 토닉효과 및 수분공급을 한다.

③ 건성피부 적용기기 및 효과

피부상태가 건조한 피부로 피지선을 자극하여 피지선 기능 항진효과와 유·수분의 균형을 조절하고 잔주름과 색소침착이 생기지 않도록 주의한다.

분류	적용기기	기대효과 및 적용방법
클렌징, 딥클렌징	• 스티머 • 전동브러시	• 순환계 촉진, 보습, 모공과 한공을 청결하게 관리하고 기기적용 시 피부와의 간격 및 적정시간을 준수한다.
피부 분석	• 우드램프 • 유/수분측정기	• 클렌징 후 분석을 하며 건성피부는 연보라색으로 표현 되고 유·수분의 정도를 확인하고 관리계획을 수립한다.
영양공급	• 초음파기기 • 이온토프레시아	• 보습과 영양을 위해 비타민, 영양물질을 투입하며 피부타입에 맞는 기기의 적정시간을 준수한다.
매뉴얼 테크닉	• 초음파기기 • 진공흡입기	• 주름예방, 혈액순환촉진, 탄력증강을 위해 초음파기기 및 피부상태에 알맞은 벤토우즈를 선택하여 림프절 방향으로 관리한다.
팩·마스크	• 크림팩 및 • 고무, 석고마스크 • 적외선 램프	• 영양공급을 위해 보습 및 영양팩 및 마스크를 적용하고 적외선램프를 통한 피부개선효과를 기대한다.
마무리	• 루카스(Lucas)	• 유연화장수, 미네랄워터, 영양물질을 분사함으로 토닉효과 및 유·수분을 공급한다.

④ 복합성 피부 적용기기 및 효과

T존과 U존의 피부타입이 다르므로 타입에 알맞은 피지조절 및 보습 관리를 하며 충분한 유·수분관리를 한다.

분류	적용기기	기대효과 및 적용방법
클렌징, 딥클렌징	• 스티머 • 전동브러시 • 스킨스크러버	• 모공확장, 노화된 각질제거, 딥클렌징을 통한 모공 속 피지 제거
피부 분석	• 우드램프 • 유/수분측정기	• 클렌징 후 피부분석을 위한 기기를 사용하여 부위별 정확한 피부분석을 한다.
영양공급	• 초음파기기 • 이온토프레시아	• T존 부위는 대부분 지성피부이므로 지성용 제품을 적용하고 U존 부위는 타입별 영양물질을 투입한다.
매뉴얼 테크닉	• 고주파기기 • 진공흡입기	• 혈액순환 및 림프순환관리를 위해 림프절 방향으로 기기를 적용하여 피부를 탄력 있고 건강하게 관리한다.
팩·마스크	• 크림팩 및 고무마스크 • 적외선 램프	• 피부타입에 맞는 팩 적용 후 적외선 램프기기 이용
마무리	• 루카스(Lucas)	• 수렴화장수, 미네랄워터, 영양물질을 분사함으로 토닉효과 및 수분공급을 한다.

PART 04 피부미용 기기학

| PART 05 | 피부미용 기기학 예상문제

01 피부미용기기의 중요성으로 알맞은 것을 고르시오.

㉮ 과학적 기술을 토대로 고객의 신뢰감과 만족을 얻을 수 있다.
㉯ 미용기기는 유효성분을 피부 표면까지만 흡수하게 한다.
㉰ 노폐물 배출을 저해한다.
㉱ 수기요법에 비해 고객의 신뢰감을 얻을 수 없다.

해설) 미용기기는 화장품의 유효성분을 피부 깊숙이까지 흡수할 수 있으며 노폐물 배출을 용이하게 해준다.

02 물질에 대한 설명으로 다른 것을 고르시오.

㉮ 지구상의 모든 것을 말한다.
㉯ 원자의 구조는 양성자(+), 중성자, 음성자(-)이다.
㉰ 온도차에 의해 기체, 액체, 고체의 형태이다.
㉱ 전자는 양극과 음극이 서로 밀어내는 원리

해설) 전자는 양극과 음극이 서로 당기는 원리이다.

03 이온에 대한 설명으로 다른 것을 고르시오.

㉮ 원자가 전자를 잃거나 얻을 때 전하를 띤 입자를 말한다.
㉯ 같은 전하의 이온은 서로 끌어당긴다.
㉰ 서로 다른 전하의 이온은 서로 끌어당긴다.
㉱ 중성인 원자가 전자를 얻으면 음이온이라고 불린다.

해설) 같은 전하의 이온은 서로 밀어 내고 다른 전하의 이온은 서로 끌어당긴다.

04 다음 중 교류전류를 직류전류로 변환해주는 장치로 맞는 것을 고르시오.

㉮ 변압기   ㉯ 도체
㉰ 정류기   ㉱ 암페어

해설) 변압기는 전류를 높여주거나 낮추는데 사용한다.

05 전자가 한 원자에서 다른 원자로 이동하는 현상을 무엇이라 하는가?

㉮ 이온   ㉯ 전기
㉰ 도체   ㉱ 전압

해설) 전자가 한 원자에서 다른 원자로 이동하는 현상으로 전압, 전선의 크기 및 길이 따라 전류가 이동하는 양과 세기가 다르다.

✓ 정답 01 ㉮   02 ㉱   03 ㉯   04 ㉰   05 ㉯

06 동전기에 대한 설명으로 바른 것을 고르시오.

㉮ 전도체로 전류가 쉽게 흐르는 물질
㉯ 일정한 시간이 지나면 전기의 성질을 잃어버린다.
㉰ 외부 마찰에 의해 발생
㉱ 직류와 교류의 형태로 움직이는 전기

해설) 직류와 교류의 형태로 움직이는 전기로 화학반응이나 자기장에 의해 발생

09 다음은 교류전류에 대한 설명이다. 다른 것을 고르시오.

㉮ 증폭이 가능하다.
㉯ 변압기에 의한 조절이 불가능하다.
㉰ 열을 발생한다.
㉱ 극의 성질이 시간에 따라 변화한다.

해설) 교류전류는 변압기에 의한 조절이 가능하다

07 물질을 구성하는 최소단위는 무엇인가?

㉮ 이온   ㉯ 분자
㉰ 원자   ㉱ 전자핵

해설) 물질의 기본 단위이며 최소 단위는 원자이다.

08 시간의 변화에도 일정하게 한 방향으로 흐르는 전류를 무엇이라 하는가?

㉮ 직류   ㉯ 교류
㉰ 정류기   ㉱ 이온

해설) 전류의 흐름이 방향과 크기가 시간의 변화에 따라 주기적으로 변하는 전류를 교류 전류라고 한다.

10 다음 중 전기 발생에 관한 설명으로 틀린 것은?

㉮ 전압, 전선의 크기 및 길이 따라 전류의 양과 세기가 다르게 전달
㉯ 전자를 얻은 물체는 (-)전기를 얻게 된다
㉰ 정류기를 이용해서 전기를 발생
㉱ 화학반응에 의해 전기 발생

해설) 정류기는 교류전류를 직류전류로 변환시키는 것이다.

✓ 정답   06 ㉱   07 ㉰   08 ㉮   09 ㉯   10 ㉰

PART 04 피부미용 기기학

PART 04 피부미용 기기학

11 전기 용어에 대한 설명으로 바르지 않는 것을 고르시오.
- ㉮ 도체: 전류의 흐름을 방해하는 성질
- ㉯ 전류: 전자들의 흐름
- ㉰ 전력: 일정시간동안 사용된 전류의 양
- ㉱ 암페어: 전류의 세기

도체는 전류의 흐름이 원활한 물질을 말한다.

12 생체전류에 대한설명으로 바르지 않는 것을 고르시오.
- ㉮ 인체 내에서 활동하는 물질들이 분해와 결합을 통해 만들어진 전기
- ㉯ 뇌로부터 전달받은 신호는 중추신경계를 통해 신진대사에 관여
- ㉰ 노화현상과 피부탄력저하 등이 발생한다.
- ㉱ 방향과 크기가 시간의 변화에 의해 대칭적으로 변하는 전류

정현파 전류는 방향과 크기가 시간의 변화에 의해 대칭적으로 변하는 전류로 신경안정 및 심부까지 자극이 전달된다.

13 전류를 흐르게 하는 힘은 무엇이라고 하는가?
- ㉮ 주파수
- ㉯ 저항
- ㉰ 전압
- ㉱ 전력

주파수는 일정한 크기의 전류 및 전압이 1초 동안 반복되는 진동 횟수를 말한다.

14 전류의 세기가 순간적으로 강, 약을 반복하는 전류는 무엇인가?
- ㉮ 정현파전류
- ㉯ 격동전류
- ㉰ 감응전류
- ㉱ 고주파전류

격동전류는 전류의 세기가 순간적으로 강·약을 반복하는 전류로 통증관리 및 마사지 효과가 뛰어난 전류

15 고주파에 대한 설명으로 틀린 것을 고르시오.
- ㉮ 심부열 발생
- ㉯ 1,000~10,000Hz이하의 전류발생
- ㉰ 100,000Hz이상의 전류발생
- ㉱ 노폐물배출 및 신진대사 촉진

고주파는 100,000Hz 이상으로 심부열 발생 및 혈액순환, 노폐물배출, 신진대사, 살균작용을 한다.

✔ 정답 11 ㉮ 12 ㉱ 13 ㉰ 14 ㉯ 15 ㉯

16 미용기기를 사용하기 전 체크해야할 사항으로 올바른 것은 무엇인가?

㉮ 미용기기의 특징을 고객에게 설명할 필요는 없다.
㉯ 미용기기 적용 후 나타날 수 있는 증상은 관리 후 전달한다.
㉰ 인체에 삽입되어 있는 금속류가 있는지 확인한다.
㉱ 고객의 불편함은 관리를 위해서 필요한 경우 감수하도록 한다.

해설 미용기기관리 전 고객의 안전을 위해 인지사항은 반드시 미리 전달한다.

17 육안으로 확인하기 어려운 피부상태, 색소침착정도, 면포 등 확인할 수 있는 미용기기는 무엇인가?

㉮ 확대경　　㉯ 우드램프
㉰ 전동브러시　㉱ 초음파기

해설 우드램프는 자외선을 적용하여 색상으로 피부상태를 파악할 수 있다.

18 피부상담 시 관리사와 고객이 함께 피부상태를 확인할 수 있는 것은 무엇인가?

㉮ 버퍼라이져　㉯ 우드램프
㉰ 확대경　　㉱ 스킨스코프

해설 스킨스코프는 피부를 정밀하게 촬영한 후 모니터를 통해 고객과 함께 관찰하고 피부관리 계획을 수립할 수 있다.

19 우드램프에 대한 설명으로 바르지 않는 것을 고르시오.

㉮ 자외선램프를 통한 피부 상태에 따른 색상으로 분석한다.
㉯ 피부의 색소침착, 여드름, 이물질, 노화, 각질상태를 색상으로 확인 가능하다.
㉰ 우드램프는 밝은 환경에서 측정하는 것이 정확하다.
㉱ 클렌징 후 적용하며 아이패드를 적용하여 고객의 눈을 보호한다.

해설 우드램프 적용 시 관리실의 빛을 차단하여 정확한 피부상태를 측정한다.

20 지성(여드름)피부 상태가 우드램프를 통해 나타나는 색상은 무엇인가?

㉮ 청백색　　㉯ 연보라색
㉰ 흰색　　　㉱ 오렌지(주황)색

해설 ㉮는 정상피부, ㉯는 건성 피부, ㉰는 각질의 색상이다.

✓ 정답　16 ㉰　17 ㉯　18 ㉱　19 ㉰　20 ㉱

PART 04 피부미용 기기학

21 피부진단 시 필요한 기기로 이루어진 것은 무엇인가?

㉮ 확대경, 초음파기
㉯ 수분측정기, 확대경
㉰ 유분측정기, 바이브레이터기
㉱ 이온토포레시스, 바이브레이터기

피부진단기기는 확대경, pH 측정기, 우드램프, 스킨스코프, 유분측정기, 수분측정기 등이 해당된다.

22 전동브러시의 사용법으로 알맞지 않는 것은 무엇인가?

㉮ 고객의 피부 상태에 알맞은 클렌징 제품과 브러시를 선택한다.
㉯ 고객에게 적용 전 관리사 손등을 이용하여 회전 속도를 확인한다.
㉰ 브러시 적용 시 각도는 50° 정도가 적당하다.
㉱ 적용 순서는 목, 턱, 볼, 입 주변, 코, 이마 순으로 적용한다.

전동브러시는 피부표면에 약 1~3분 정도로 적용하며 이때 브러시가 직각(90°)이 되도록 세워 부드럽게 사용한다.

23 스티머(버퍼라이져)의 적용 시 사용방법으로 알맞은 것은 무엇인가?

㉮ 클렌징을 하기 전에 사용
㉯ 피부보습 및 혈관 축소효과
㉰ 모공을 확장시켜 모공 속 노폐물, 피지 제거
㉱ 영양물질을 피부에 직접 투입가능

스티머 적용은 클렌징 한 후 사용하며 적정한 온도유지로 혈관이 확대되며 영양물질을 피부에 직접 투입하는 효과는 없다.

24 다음 미용기기 중 열관리가 가능한 기기가 아닌 것을 고르시오.

㉮ 버퍼라이져기   ㉯ 파라핀 왁스기
㉰ 고주파기기   ㉱ 진공흡입기

진공흡입기(썩션)는 온열관리기기가 아니다.

25 피부타입별 스티머 방법으로 알맞은 것을 고르시오.

㉮ 정상피부: 적용거리 30~40cm, 적용시간은 약 10분 정도
㉯ 지성, 건성피부: 적용거리 30~35cm, 적용시간은 약 10~15분 정도
㉰ 예민, 모세혈관피부 : 적용거리 10~15cm, 적용시간은 약 20분 정도
㉱ 노화피부: 적용거리 30cm, 적용시간은 약 10~15분 정도

예민, 모세혈관피부는 적용거리 40~50cm로 적용시간은 약 3~5분 정도가 적당하다.

✔ 정답   21 ㉯   22 ㉰   23 ㉰   24 ㉱   25 ㉰

26 색소침착 피부가 우드램프를 통해 나타나는 색상은 무엇인가?
   ㉮ 흰 형광색   ㉯ 연보라색
   ㉰ 노랑색   ㉱ 암갈색

   ㉮는 먼지, 이물질, ㉯는 건성 피부, ㉰는 비립종의 색상이다.

27 피부의 수소이온농도, 예민, 유분의 정도를 측정하는 기기는 무엇인가?
   ㉮ 피부pH측정기   ㉯ 수분측정기
   ㉰ 유분측정기   ㉱ 피부분석기

   피부pH측정기는 피부의 산성도, 예민도, 유분의 정도를 측정하며 온도, 습도 등의 외적 환경과 피부의 건강, 현재 상태에 따른 내적 환경에 영향을 받는다.

28 고객과 함께 모니터를 통해 확인할 수 있는 기기는 무엇인가?
   ㉮ 전동브러시
   ㉯ 확대경
   ㉰ 우드램프
   ㉱ 피부분석기(스킨스코프)

   피부분석기는 모니터를 통해 고객과 함께 정교한 피부분석을 확인함으로 신뢰감을 얻을 수 있다.

29 루카스에 대한 설명으로 다른 것을 고르시오.
   ㉮ 피부에 분무하는 기기로 토닉효과 및 수분공급을 목적
   ㉯ 안면 클렌징 후 고객과 20~40cm 정도 거리를 유지
   ㉰ 고객의 눈과 코, 입에 들어가지 않도록 주의
   ㉱ 수용성 제품의 영양물질을 피부 깊숙이 침투

   갈바닉 이온토포레시스(이온 영동법)는 피부에 침투시키기 어려운 수용성 제품의 영양물질을 피부 깊숙이 투입시키는 방법

30 갈바닉기기의 양극(+)의 반응으로 알맞은 것을 고르시오.
   ㉮ 알칼리성용액 침투
   ㉯ 신경자극, 모공확장
   ㉰ 피부조직 연화
   ㉱ 통증감소

   갈바닉기기의 양극(+)은 산에 반응하며 진정, 모공수축, 피부탄력강화 효과가 있다.

✓ 정답 26 ㉱ 27 ㉮ 28 ㉱ 29 ㉱ 30 ㉱

PART 04 피부미용 기기학

PART 04 피부미용 기기학

31 갈바닉기기의 양극과 음극 간에 효과로 다른 것을 고르시오.

㉮ 혈액순환 촉진 ㉯ 체온 저하
㉰ 신진대사 활성화 ㉱ 림프순환 및 배농촉진

갈바닉기기의 극간효과 중 체온 상승효과가 있다.

32 엔더몰러지 기기에 대한 설명으로 다른 것을 고르시오.

㉮ 비만으로 인한 셀룰라이트 제거에 용이
㉯ 피부의 결합조직 내의 질병을 치료할 수 있는 기기
㉰ 말초에서 심장방향으로 밀어 올리듯 관리
㉱ 지방분해를 위해 개발된 기기이다.

엔더몰러지 기기는 재활치료용으로 개발되었으며 진공 펌프의 음압이 롤러와 볼을 통해 근육의 수축, 이완, 압박, 당김의 물리적 자극을 통해 관리한다.

33 중주파기기에 대한 설명으로 다른 것을 고르시오.

㉮ 1,000~10,000Hz의 주파수
㉯ 체온을 낮추어 혈관축소 효과
㉰ 적용 패드는 정확한 위치에 고정
㉱ 근육운동에 적합

중주파기기는 체온을 높여주고 근육통을 완화시키고 혈액순환을 촉진시킨다.

34 스티머 사용방법에 대한 설명으로 알맞은 것을 고르시오.

㉮ 딥클렌징 중 효소제품 적용에는 사용하지 않는다.
㉯ 혈관 확장을 통한 신진대사를 도와준다.
㉰ 상처부위 적용 시 진정효과가 있다.
㉱ 스티머 분사구를 고객의 얼굴에 가까울수록 효과적이다.

스티머는 메이크업 및 피부잔여물을 제거한 후 적용하고 효소를 이용한 딥클렌징 관리 시 적정한 온도가 유지되어 딥클렌징 효과를 증대시킬 수 있다.

35 이온 영동법적용 시 사용이 어려운 제품은 무엇인가?

㉮ 오일함유 앰플 ㉯ 콜라겐 앰플
㉰ 수용성 앰플 ㉱ 수용성 세럼

이온 영동법은 피부에 침투시키기 어려운 수용성 제품의 영양물질을 피부 깊숙이 투입시키는 방법으로 오일이 함유된 제품은 전도율이 거의 없다.

✅ **정답** 31 ㉯ 32 ㉱ 33 ㉯ 34 ㉯ 35 ㉮

36 초음파기기의 적용 방법으로 다른 것을 고르시오.

㉮ 골격 및 관절부위의 통증을 완화시킨다.
㉯ 분자 간의 충돌(마찰)에 의해 열을 발생시킨다.
㉰ 눈 주변, 심한여드름, 피부상처부위 등에 적용하지 않는다.
㉱ 온열효과, 근육이완, 혈액순환촉진 및 지방분해를 촉진시키는 효과

해설) 초음파관리 시 관절 부위, 뼈 부위는 적용하지 않으며 한 부위에 오랫동안 적용하지 않는다.

37 미네랄워터, 증류수 등을 미세한 수분 입자를 피부에 분사하는 기기는 무엇인가?

㉮ 버퍼라이져   ㉯ 진공흡입기
㉰ 루카스   ㉱ 전동 브러시

해설) 루카스는 토닉효과 및 수분공급을 목적으로 하는 기기로 적용 부위와 20~40cm 정도 거리를 유지하고 분무한다.

38 전동브러시의 사용목적으로 알맞은 것을 고르시오.

㉮ 탄력관리   ㉯ 근육이완과 수축
㉰ 노폐물 및 각질제거 ㉱ 미백관리

해설) 전동브러시는 피부 표면의 죽은 각질세포와 노폐물을 제거하는 용도로 사용한다.

39 진공흡입기 적용 시 주의사항으로 알맞은 것을 고르시오.

㉮ 혈관의 팽창으로 림프액의 흐름을 촉진한다.
㉯ 노폐물배출을 도와준다.
㉰ 혈류의 개선으로 세포 기초대사량이 증가한다.
㉱ 정맥류환자의 경우 치료의 목적이 있다.

해설) 진공흡입기는 정맥류가 있는 경우 상태를 악화시킬 수 있음으로 주의해야 한다.

40 중주파에 사용되는 주파수로 알맞은 것을 고르시오.

㉮ 1~10,000Hz   ㉯ 100,000~200,000Hz
㉰ 10,000~20,000Hz ㉱ 1,000~10,000Hz

해설) 저주파는 1~10,000Hz, 고주파는 100,000Hz 주파수이다.

✔ 정답 36 ㉮ 37 ㉰ 38 ㉰ 39 ㉱ 40 ㉰

PART 04 피부미용 기기학

41 다음 중 바이브레이터기의 설명으로 알맞은 것을 고르시오.

㉮ 가벼운 압력이므로 강하게 밀착하여 관리해야 한다.
㉯ 적용부위와 기기표면이 90°가 되도록 유지
㉰ 관리목적에 맞는 진동헤드를 선택한다.
㉱ 혈액순환, 노폐물배출, 지방분해증가, 근육 이완 등에 효과적이다.

바이브레이터기는 강한 압력으로 인한 통증과 멍이 발생하지 않도록 주의해야 한다.

42 살균소독기에 대한 설명으로 다른 것을 고르시오.

㉮ 살균이 필요한 미용기기의 소독을 목적으로 한다.
㉯ 파장이 짧은 200~290nm의 UV-C를 적용한다.
㉰ 파장이 긴 320~400nm의 UV-A를 적용한다.
㉱ 자외선의 살균력을 이용한 기기이다.

파장이 긴 320~400nm의 UV-A를 적용하는 것은 인공선탠기이다.

43 적외선기기에 대한 설명으로 다른 것을 고르시오.

㉮ 열을 발생시키기 때문에 열선이라고도 한다.
㉯ 원적외선램프, 원적외선 사우나 등이 대표적인 기기이다.
㉰ 림프순환의 촉진으로 노폐물 배출에 용이하다.
㉱ 가시광선 중 파장이 노란빛 바깥쪽에 존재한다.

가시광선 중 파장이 빨간빛 바깥쪽에 있으며, 파장은 약 770~400,000nm이다.

44 자외선기기에 대한 설명으로 다른 것을 고르시오.

㉮ 적용기기는 원적외선램프, 원적외선 사우나 등이 있다.
㉯ 비타민 D 형성, 미생물살균, 태닝효과
㉰ 신체강장효과
㉱ 홍반, 피부노화, 색소침착, 피부암 등이 발생

적용되는 자외선 기기는 인공선탠기, 피부분석기, 자외선 살균기 등이 있다.

45 적외선을 이용한 신체관리 시 나타나는 반응으로 알맞은 것은?

㉮ 홍반, 색소침착이 일어난다.
㉯ 비타민 D 형성
㉰ 림프순환의 촉진으로 노폐물배출
㉱ 태닝효과, 수면 향상

자외선은 홍반, 색소침착, 비타민 D 형성, 태닝효과, 수면 향상의 효과가 있다.

✔ 정답 41 ㉮ 42 ㉰ 43 ㉱ 44 ㉮ 45 ㉰

46 색을 지니고 있는 빛을 이용하여 관리하는 기기는 무엇인가?

㉮ 컬러테라피기 ㉯ 적외선기
㉰ 원적외선 램프 ㉱ 자외선기

해설
컬러테라피기는 색을 지니고 있는 빛을 이용하여 파장에 따라 나타날 수 있는 효과를 이용한 것이다.

47 컬러테라피기의 설명으로 다른 것을 고르시오.

㉮ 컬러의 파장과 주파수가 다르기 때문에 보이는 색상도 다르다.
㉯ 각각 지니고 있는 컬러의 파장은 피부의 침투력이 다르다.
㉰ 조사 시 빛이 수평으로 조사되도록 고정한다.
㉱ 관리 시 조명은 어둡게 하는 것이 효과를 극대화할 수 있다.

해설
적용 부위에 따라 빛의 정도를 조정하며 조사 시 빛이 수직이 되도록 고정한다.

48 컬러테라피 남색의 효능의 설명이 다른 것을 고르시오.

㉮ 부종관리
㉯ 지성 및 여드름 관리
㉰ 림프절 자극 및 촉진
㉱ 림프순환 촉진

해설
남색의 효능은 림프절 자극 및 촉진, 림프순환 촉진, 부종관리이다.

49 컬러테라피 보라색의 파장으로 알맞은 것을 고르시오?

㉮ 420~460nm ㉯ 600~700nm
㉰ 500~550nm ㉱ 450~480nm

해설
보라색은 420~460nm의 파장으로 정상피부, 색소침착, 식욕조절 등에 효과적이다.

50 컬러테라피 컬러의 효능의 설명으로 다른 것을 고르시오.

㉮ 주황: 내분비기능 활성화, 알레르기 피부개선, 세포재생
㉯ 노랑: 신경이완, 소화기계 기능강화, 신체정화 작용
㉰ 빨강: 진정효과, 기분전환, 부종완화, 지성 및 여드름 피부관리
㉱ 초록: 신경안정, 스트레스성여드름 완화, 홍반 및 색소침착관리

해설
빨강의 효능은 세포활성화, 근육이완, 혈액순환촉진, 지루성여드름관리에 효과적이다.

✓ 정답 46 ㉮ 47 ㉰ 48 ㉯ 49 ㉮ 50 ㉰

PART 04 피부미용 기기학

51 인공선탠기에 적용되는 광선으로 알맞은 것을 고르시오.
㉮ UV-A   ㉯ UV-B
㉰ UV-C   ㉱ UV-D

 인공선탠기는 자외선램프를 이용해 UV-A 피부에 조사하는 것이다.

52 피부미용관리 중 적외선이 많이 사용되는 단계는 무엇인지 고르시오.
㉮ 매뉴얼테크닉단계   ㉯ 팩 및 마스크
㉰ 클렌징단계   ㉱ 딥클렌징단계

 적외선은 영양물질을 피부 깊숙이 침투시키기 위해 팩 및 마스크의 효과를 극대화 할 수 있다.

53 근육을 자극하며 통증이 적고 안정감이 있는 미용기기는 무엇인가?
㉮ 저주파기기   ㉯ 고주파기기
㉰ 중주파기기   ㉱ 초음파기기

중주파기는 1,000~10,000Hz로 근육운동에 적합하며 통증이 적고 안정감이 있다.

54 저주파기기를 인체에 적용하는 목적으로 다른 것은 무엇인가?
㉮ 근수축을 통한 지방분해
㉯ 지방분해를 통해 체중감소
㉰ 유·수분공급 및 영양침투
㉱ 근육강화운동

 유·수분공급 및 영양침투는 안면관리기기의 특징이다.

55 도체에 해당되는 것으로 알맞은 것을 고르시오.
㉮ 금속류   ㉯ 유리
㉰ 이온수   ㉱ 네온

 도체는 전류가 통하는 물질을 말하며 유리는 전기가 잘 통하지 않는다.

✔ 정답   51 ㉮   52 ㉯   53 ㉰   54 ㉰   55 ㉯

56 전기발생에 대한 설명으로 다른 것을 고르시오.
- ㉮ 정전기의 발생
- ㉯ 이온화를 통한 발생
- ㉰ 동전기의 발생
- ㉱ 화학반응에 의한 발생

전기는 외부의 마찰(정전기), 동전기(화학반응, 자기장)에 의해 발생한다.

59 디스인크러스테이션 기기를 자제해야 하는 피부타입을 고르시오.
- ㉮ 건성피부
- ㉯ 정상피부
- ㉰ 지성피부
- ㉱ 면포성 여드름 피부

건성피부의 경우 디스인크러스테이션으로 각질관리를 할 경우 피부에 자극을 주며 더욱 건조하게 만들 수 있다.

57 전압의 단위는 무엇인지 고르시오.
- ㉮ 헤르츠
- ㉯ 암페어
- ㉰ 저항
- ㉱ 볼트

전압은 전류를 흐르게 하는 힘으로 기본 단위는 볼트(Voltage)이다.

58 갈바닉 전류 중 (+)극성이 인체에 미치는 영향이 아닌 것을 고르시오.
- ㉮ 산성 용액이 침투된다.
- ㉯ 모공수축, 피부탄력강화
- ㉰ 염증완화에 도움이 된다.
- ㉱ 혈액공급 증가 및 피부 조직 연화

혈액공급 증가 및 피부 조직연화는 음극(-)극성으로 알칼리에 반응한다.

60 이온영동법이 피부에 미치는 효과는 무엇인지 고르시오.
- ㉮ 세정작용
- ㉯ 영양물질 투입
- ㉰ 딥클렌징작용
- ㉱ 노폐물제거

이온토포레시스는 피부에 수용성 제품의 영양물질을 피부 깊숙이 투입시키는 방법

✓ 정답 56 ㉯ 57 ㉱ 58 ㉱ 59 ㉮ 60 ㉯

PART 04 피부미용 기기학

61 고주파기기를 이용한 체형관리의 효과로 바르지 않는 것을 고르시오.
㉮ 셀룰라이트 분해 ㉯ 영양공급
㉰ 혈액순환증가 ㉱ 지방 분해효과

해설) 교류전류로 혈액순환촉진, 신진대사촉진, 진정효과, 살균효과, 지방분해, 마사지효과 등에 탁월한 효과가 있다.

62 고주파기기를 적용할 수 없는 피부상태를 고르시오.
㉮ 중성피부 ㉯ 여드름성 피부
㉰ 상처가 있는 부위 ㉱ 지성피부

해설) 온열관리로 피부에 상처가 있거나 염증이 있는 경우는 적용하지 않는다.

63 피부분석(진단)기기로 이루어진 것을 고르시오.
㉮ 피부분석기, 확대경
㉯ pH측정기, 디스인크러스테이션
㉰ 스티머, 전동브러시
㉱ 우드램프, 스티머

해설) 디스인크러스테이션, 스티머, 전동브러시는 클렌징관련기기이다.

64 피부탄력강화에 효과적인 안면관리기는 무엇인지 고르시오.
㉮ 진공흡입기 ㉯ 엔더몰러지
㉰ 리프팅기 ㉱ 적외선기기

해설) 리프팅기기는 피부탄력 강화 및 주름개선에 효과적인 안면관리기기이다.

65 피부분석 시 적용되지 않는 기기는 무엇인지 고르시오.
㉮ 스킨스코프, 우드램프
㉯ 확대경, 스티머
㉰ 우드램프, 진공흡입기
㉱ 고주파기, 스파츌라

해설) 피부분석에 적용되는 기기는 스킨스코프, 우드램프, 확대경, pH측정기 등이다.

✔ 정답 61 ㉯ 62 ㉰ 63 ㉮ 64 ㉰ 65 ㉮

66 전동브러시에 대한 설명으로 바르지 않는 것을 고르시오.

㉮ 천연모를 이용해 만든 클렌징기기이다.
㉯ 적용 순서는 목, 턱, 볼, 입 주변, 코, 이마 순으로 적용한다.
㉰ 혈액순환 촉진 원활하지 도와 신진대사를 활성화한다.
㉱ 브러시의 각도는 45°를 유지한다.

피부에 적용시 브러시가 직각(90°)이 되도록 세워 부드럽게 사용한다.

69 수분측정기로 표피의 수분함유량을 측정하는 방법으로 다른 것을 고르시오.

㉮ 세안 후 2시간정도 경과 후 측정한다.
㉯ 외부환경과 개인의 신체 상태에 따라 측정이 다르다.
㉰ 운동직후에는 휴식을 취한 다음 측정한다.
㉱ 측정하기 적절한 온도는 25~30°C, 습도는 40~60% 적당하다.

수분을 측정하기 위한 적절한 온도는 18~20°C, 습도는 40~60% 적당하다.

67 피부의 심부층의 문제점을 특수 자외선을 통해 확인할 수 있는 기기는 무엇인가?

㉮ 우드램프   ㉯ 확대경
㉰ 진공흡입기   ㉱ 적외선램프

자외선을 통해 피부의 민감도, 색소침착, 여드름, 노화, 각질상태를 확인할 수 있다

70 확대경에 대한 설명으로 다른 것을 고르시오.

㉮ 세안 후 피부분석을 해야 정확하다.
㉯ 확대경을 켠 후 고객의 눈에 아이패드를 적용해도 무방하다.
㉰ 육안에 비해 5~10배가량 확대하여 피부분석
㉱ 면포관리, 여드름관리에 효과적이다.

고객의 눈을 보호하기 위해 아이패드를 적용한 후 확대경스위치를 켠다.

68 우드램프를 통한 각질의 색상은 무엇인지 고르시오.

㉮ 흰색   ㉯ 흰 형광색
㉰ 검정색   ㉱ 청백색

각질상태는 흰색으로 나타난다.

✓ 정답   66 ㉱   67 ㉮   68 ㉮   69 ㉱   70 ㉯

PART 04 피부미용 기기학

71 엔더몰러지를 인체에 적용하는 방법으로 다른 것을 고르시오.
- ㉮ 전신관리 시 적용시간은 20~25분 정도 적용한다.
- ㉯ 근육의 수축, 이완, 압박, 당김의 물리적 자극
- ㉰ 말초에서 심장방향으로 밀어 올리듯 적용
- ㉱ 시술 전 고객의 피부 정도를 확인하기 위한 테스트 실행

엔더몰러지기기를 전신체형에 적용하는 적정시간은 40~50분 정도이다.

72 갈바닉기기의 음극 효과로 다른 것을 고르시오.
- ㉮ 신경자극
- ㉯ 산성용액 침투
- ㉰ 혈액공급 증가
- ㉱ 노폐물 배출

갈바닉기기의 음극효과는 알칼리성용액 침투가 용이하다.

73 초음파를 이용한 스킨 스크러버의 효과로 다른 것을 고르시오.
- ㉮ 각질제거효과
- ㉯ 재생효과
- ㉰ 피부정화 효과
- ㉱ 노폐물 배출

스킨스크러버의 효과는 정화작용, 세정작용, 각질제거 및 노폐물배출을 돕는다.

74 진공흡입기 적용을 자제해야 하는 경우와 거리가 먼 것을 고르시오.
- ㉮ 모세혈관확장피부
- ㉯ 탄력이 저하된 피부
- ㉰ 지성피부
- ㉱ 중성피부

진공흡입기는 정맥류, 알레르기피부, 민감성피부, 모세혈관 확장피부 등은 주의해야 한다.

75 과다 분비된 피지조절, 노화된 각질제거 및 청정관리를 위한 기기사용이 필요한 피부 타입을 고르시오.
- ㉮ 지성피부
- ㉯ 건성피부
- ㉰ 중성피부
- ㉱ 민감성피부

지성피부는 비타민, 피지조절제품을 피부 깊숙이 흡수시킬 수 있는 초음파기기 및 피지제거를 위한 전동브러시, 진공흡입기 등의 기기를 이용하여 관리한다.

✔ 정답 71 ㉮ 72 ㉯ 73 ㉯ 74 ㉮ 75 ㉮

76 열을 이용한 미용기기가 아닌 것을 고르시오.

㉮ 스티머 ㉯ 파라핀왁스
㉰ 진공흡입기 ㉱ 고주파기

 진공흡입기는 압력의 감소를 통해 피부조직을 볼록하게 당기게 되는 원리의 기기이다.

77 유분 측정기의 특징으로 알맞지 않는 것을 고르시오.

㉮ 알코올 성분이 있는 클렌징제품을 적용해도 무방하다.
㉯ 세안 후 2시간 정도 경과 후 측정한다.
㉰ 특수 제작된 필름테이프를 통해 피부표면의 유분을 측정한다.
㉱ 알코올 성분이 없는 클렌징제품을 이용하여 세안 한다.

 알코올성분이 없는 클렌징제품 이용하여 세안 후 2시간 경과 후 측정하는 것이 바람직하다.

78 저주파기기에 관한 설명으로 다른 것을 고르시오.

㉮ 심부열 발생
㉯ 통증완화 및 근육이완
㉰ 피부탄력 효과
㉱ 신경자극, 지방축적 방지

 100,000Hz 이상의 고주파는 심부열 발생 및 신진대사 촉진효과가 있다.

79 시간의 흐름에 따라 극성과 방향, 크기가 비대칭적으로 전환하는 전류는?

㉮ 격동전류 ㉯ 정현파전류
㉰ 감응 전류 ㉱ 생체전류

 시간의 흐름에 따라 극성과 방향, 크기가 비대칭적으로 전환하는 전류로 전신 탄력관리 및 체형관리이 적합한 전류이다.

80 피부타입별 스티머 적용시간 및 거리가 바르지 않는 것을 고르시오.

㉮ 정상피부: 적용거리 30~40cm로 약 10분 정도 적용
㉯ 건성피부: 적용거리 30~35cm로 약 10~15분 정도 적용
㉰ 노화피부: 적용거리 50~60cm로 약 3분 정도 적용
㉱ 예민피부: 적용거리 40~50cm로 약 3~5분 정도 적용

 노화피부는 적용거리 30cm로 약 10~15분정도 적용하는 것이 바람직하다.

✓ 정답 76 ㉰ 77 ㉮ 78 ㉮ 79 ㉮ 80 ㉰

PART 04 피부미용 기기학 **177**

2020 최신 개정

피부 미용사 필기

핵심 완벽정리

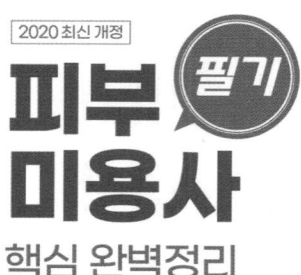

PART 05 화장품학

CHAPTER 01　화장품 개론
CHAPTER 02　화장품 제조
CHAPTER 03　화장품 성분학
CHAPTER 04　기초 화장품
CHAPTER 05　색조 화장품
CHAPTER 06　바디 화장품
CHAPTER 07　방향 화장품
CHAPTER 08　아로마 에센셜

| PART 05 | 화장품학

| CHAPTER 01 | 화장품 개론

1. 화장품의 정의

인체의 용모를 밝고 아름답게 변화시켜 매력 있게 보이게 하고 피부와 모발의 건강 유지 및 증진을 위해서 인체에 사용되는 물품을 의미한다. 우리나라는 1953년에 제정된 약사법 중에 화장품과 관련된 법규를 분리하여 2000년 7월에 새롭게 화장품 법을 제정하였다.

2. 화장품의 어원

화장품을 뜻하는 'cosmetics'는 그리스어에서 유래 되었으며, 그 언어의 근원은 고래 그리스에서 시작 되었다. 그리스어로는 '잘 정리하다', '잘 감싸다'의 의미가 있으며 조화를 이루어 인체를 아름답게 변화시키는 기술이라고 할 수 있다.

3. 화장품의 4대 요건

(화장품의 4대 요건과 특성)

안정성	• 안정성은 화장품을 장기간 사용해야 하는 제품이므로 사용하면서 피부에 자극, 알레르기, 독성과 같은 부작용이 없어야 한다.
안전성	• 화장품 사용기간 중 화장품의 변색, 변색, 변치, 오염과 분리, 침전, 응집, 증발, 균열, 미생물의 오염이 없어야 한다.
사용성	• 화장품을 사용하는 사람의 기호에 따라 향기, 색, 디자인, 발림성, 흡수성 또한 사용의 편리함이 좋아야 한다.
유효성	• 화장품을 사용 하는 목적에 따라 적절한 기능이 나타나야 하며 피부에 보습, 노화예방, 미백, 자외선 차단 등의 목적에 맞게 그 효과를 나타내어야 하지만 안정성보다 우선이 될 수는 없다.

4. 화장품의 유형

1) 화장품의 유형 및 특성

화장품은 대상 부위와 그 사용목적에 따라 영·유아, 목욕용, 세정용, 눈 화장용, 방향용, 두발세정용, 두발 염색용, 색조화장용, 손발톱용, 면도용, 기초화장용, 체취 방지용, 제모용 등의 유형으로 분류할 수 있다. 화장품의 분류는 다양한 형태로 가능하며 일반 화장품과 기능성 화장품으로 구분 되며 사용목적이 다양하여 선택할 수 있는 범위가 넓다.

[화장품의 유형 및 특성]

유형	종류	특성
영·유아용 제품류	• 영·유아용 샴푸, 린스 • 영·유아용 오일 • 영·유아용 로션, 크림 • 영·유아용 목욕용 제품 • 영·유아용 인체 세정용 제품	• 만 3세 이하 어린이가 사용하는 제품 • 영·유아의 두피 및 모발을 청결하게 하고 유연하게 한다. • 영·유아의 피부를 보호하고 건조함을 방지한다.
목욕용 제품류	• 목욕용 오일, 정제, 캡슐 • 목욕용 소금류 • 버블바스 • 그 밖의 목욕용 제품류	• 전신 샤워나 목욕 시 사용하며 사용 후 씻어 내는 제품 • 전신 피부를 청결하게 하고 유연하게 한다. • 목욕 후 시원함과 상쾌함을 주며 좋은 냄새를 나게 한다.
인체 세정용 제품류	• 폼 클렌저 • 바디 클렌저 • 액체비누 및 화장비누 • 외음부 세정제 • 물휴지 • 그 밖의 인체 세정용 제품류	• 손, 얼굴, 외음부에 사용하고, 사용 후 바로 씻어내는 제품 • 손, 얼굴 피부를 청결하게 한다. • 손, 얼굴 피부에 보습을 주어 유연하게 한다. • 손, 얼굴 피부를 맑고 깨끗하게 한다.
눈 화장용 제품류	• 아이브로우 펜슬 • 아이섀도 • 아이라이너 • 마스카라 • 아이 메이크업 리무버 • 그 밖의 눈 화장 제품류	• 눈의 포인트를 주어 매력을 주기 위한 아이 메이크업 제품 • 눈을 아름답게 하고 윤곽을 주어 선명하게 한다. • 눈썹을 보호 및 속눈썹을 선명하고 길어 보이게 한다. • 눈 화장을 깨끗하게 지워준다.
방향용 제품류	• 향수 • 분 말향 • 향낭 • 코롱 • 그 밖에 방향용 제품류	• 좋은 냄새가 나는 효과를 준다. • 뿌리거나 바르는 제품으로 몸에서 향이 나게 한다.
두발 염색용 제품류	• 헤어 틴트 • 헤어 컬러 스프레이 • 염모제 • 탈염·탈색용 제품 • 그 밖의 두발염색용 제품류	• 개성 있는 헤어 컬러 연출 효과를 준다. • 두발에 염색을 시켜 변화를 준다. • 두발을 탈색 시킨다.
색조화장용 제품류	• 볼터치 • 페이스 파우더 • 파운데이션 • 메이크업 베이스 • 메이크업 픽서티브 • 립스틱, 립 라이너 • 립글로스, 립밤 • 바디페인팅, 페이스 페인팅, 분장용 제품 • 그 밖의 색조화장용 제품류	• 얼굴에 색조 화장을 더해 입체감을 주어 아름다움을 준다. • 피부색을 균일하게 보이게 한다. • 얼굴 피부에 혈색 있게 보이게 한다. • 입술에 색을 발라 매력 있게 보이기 위해 사용한다. • 볼터치를 사용하여 매력 있게 한다.

PART 05 화장품학

유형	종류	특성
두발용 제품류	• 헤어 컨디셔너 • 헤어 토닉 • 헤어 그루빙 에이드 • 헤어크림 · 로션 • 헤어 오일 • 포마드 • 헤어스프레이 · 무스 • 왁스 · 젤 • 샴푸 · 린스 • 퍼머넌트 웨이브 • 헤어스트레이트너 • 흑채 • 그 밖의 두발용 제품류	• 머리카락에 윤기 · 탄력을 준다. • 두피 및 머리카락을 건강하게 유지시킨다. • 손상모를 보호한다. • 거칠고 갈라지는 머리카락을 방지한다. • 머리카락에 수분을 공급하여 유지시켜 준다. • 정전기를 방지하게 한다. • 두피를 청결하게 하고 비듬을 예방한다. • 세팅으로 머리를 정돈한다. • 원하는 모발 형태를 만들어 준다.
손발톱용 제품류	• 베이스코트 · 탑 코트 • 네일 폴리시(에나멜) • 베이스코트 • 네일 크림 · 로션 · 큐티클에센스 • 폴리시 · 젤 리무버 • 그 밖의 손발톱용 제품류	• 손톱에 길이를 정리하여 손톱이 건강하고 수분과 유분을 공급하여 건강하게 한다. • 발톱에 영양공급을 하여 건강하게 관리한다. • 손톱과 발톱에 색을 더하여 예쁘게 한다.
면도용 제품류	• 애프터쉐이브 로션 • 남성용 탈컴 • 프리쉐이브 로션 • 세이빙 크림 • 세이빙 폼 • 그 밖의 면도용 제품류	• 피부에 수분과 유분을 공급한다. • 면도에 의한 피부 자극을 줄이고 피부를 유연하게 함으로 면도를 용이하게 한다.
기초화장용 제품류	• 수렴 · 유연 · 영양 화장수 • 마사지 크림 • 에센스 · 오일 • 파우더 • 바디 제품 • 팩 · 마스크 • 눈 주의 제품 • 로션 · 크림 • 손 · 발의 피부연화 제품 • 클렌징 워터 · 클렌징 오일 · 클렌징 로션 · 클렌징크림 등 메이크업 리무버 • 그 밖의 기초화장용 제품류	• 피부에 보습을 유지하기 위해 사용하는 스킨케어 제품 • 피부에 수분 공급 및 영양 공급을 주어 건강한 피부로 관리한다. • 얼굴 세정 등에 사용하는 스킨케어 제품 • 메이크업을 깨끗하게 지워 피부를 아름답게 관리 하는 제품 • 피부 청정 관리 및 피부 보호 작용
체취 방지용 제품류	• 데오드란트 • 그 밖의 체취 방지용 제품류	• 땀 냄새를 중화시켜 상쾌한 채취를 유지하게 한다. • 몸에 나는 냄새를 제거 해주거나 줄여준다.
체모 제거용 제품류	• 제모제 • 제모왁스 • 그 밖의 제모 제거용 제품류	• 몸에 난 털을 제거 할 때 사용하는 제품 • 털을 제거하여 깨끗하게 보이게 한다.

5. 화장품 사용 시 주의사항

1) 공통사항

① 상처가 있는 부위에는 사용을 자제할 것
② 화장품 사용 시 또는 사용 후 직사광선에 의하여 사용부위가 붉은 반점, 부어오름 또는 가려움증 등의 이상 증상이나 부작용이 있는 경우 전문의와 상담할 것
③ 보관 및 취급 시의 주의사항
  • 어린이의 손이 닿지 않는 곳에 보관할 것
  • 직사광선을 피해서 보관할 것

2) 개별사항

① 팩은 눈 주의를 피하여 사용할 것
② 두발 염색용 및 눈 화장용 제품류 사용 시 눈에 들어갔을 때에는 즉시 씻어낼 것
③ 스크럽의 알갱이가 눈에 들어갔을 경우 물로 씻어내고, 이상이 있는 경우 전문의와 상담할 것

3) 모발용 샴푸

① 눈에 들어갔을 때에는 즉시 씻어낼 것
② 사용 후 물로 씻어내지 않으면 탈모 또는 탈색의 원인이 될 수 있으므로 주의할 것

4) 퍼머넌트 웨이브 제품 및 헤어 스트레이트 제품

① 개봉한 제품은 7일 이내 사용할 것
② 특이체질, 생리 또는 출산 직후이거나 질환이 있는 경우 사용을 피할 것
③ 모발 손상에 주의하여 용법, 용량을 준수하여 사용하고 패치테스트 후 사용할 것
④ 섭씨 15° 이하의 어두운 곳에 보관하고, 변색이 있는 경우 사용하지 말 것
⑤ 약액이 모발 외 부위에 묻지 않도록 주의해야 하며, 얼굴에 묻었을 경우 즉시 물로 씻어낼 것
⑥ 제 2제 액의 주성분인 과산화수소는 검정 모발이 갈색 모발로 변할 수 있으므로 유의하여 사용할 것

5) 외음부 세정제

① 용법과 용량을 준수하여 사용할 것
② 프로필렌글리콜의 부작용이 있는 사람은 신중히 사용할 것
③ 만 3세 이하 어린이, 임신 중이거나 분만 직전의 외음부 주위에는 사용하지 말 것

PART 05 화장품학

6) 손·발의 피부연화 제품

① 눈, 코 또는 입 등에 닿지 않도록 주의하여 사용할 것
② 프로필렌글리콜의 부작용이 있는 사람은 신중히 사용할 것

7) 체취 방지용 제품

① 털 제거 직후는 사용을 금할 것

8) 고압가스를 사용하는 에어로졸 제품

① 연속 3초 이상 같은 부위에 분사하지 말 것(무스는 제외)
② 20cm 이상 인체와 떨어져 사용할 것(무스는 제외)
③ 분사 가스는 직접 흡입하지 않도록 주의할 것(무스는 제외)
④ 눈 주위 또는 점막 등에 분사하지 말 것. 다만, 자외선 차단제의 경우 직접 얼굴에 분사하지 말고 손에 덜어 얼굴에 사용할 것(무스는 제외)
⑤ 보관 및 취급 주의 사항
- 밀폐된 장소 또는 섭씨 40° 이상의 장소에 보관하지 말 것
- 사용 후 가스가 남지 않도록 하고 불 속에 버리지 말 것
- 가연성 가스를 사용하는 제품은 난로, 풍로 등화기 부근이나 불꽃을 향하여 사용하지 말 것
- 밀폐된 실내에서 사용했을 경우 반드시 환기할 것

9) 알파-하이드록시에시드(AHA) 함유 제품(0.5% 이하의 제품 제외)

① 햇빛에 대한 피부의 감수성을 증가시킬 수 있으므로 자외선 차단제를 함께 사용할 것
 (씻어내는 제품 및 두발용 제품 제외) 페치테스트 후 피부 이상을 확인할 것
② 고농도의 AHA는 부작용의 우려가 있으므로 전문의 등에게 상담하여 사용할 것
 (10% 이상을 초과하여 함유된 AHA 또는 산도 3, 5 미만 제품만 표시)

10) 염모제(산화염모제와 비산화염모제)

(1) 다음 분들은 사용하지 말 것

① 신장질환, 혈액진환 또는 특이체질인 있는 사람
② 생리중이거나 임신 중 또는 임신 가능성이 있는 사람

③ 패치테스트 결과 시 이상이 발생한 경험이 있는 경우
④ 두피나 얼굴 등에 부스럼, 상처 등의 피부질환이 있는 경우
⑤ 피부 또는 신체 과민 상태로 피부 이상반응이 있는 경우(부종, 염증)
⑥ 염모제 사용 시 피부이상반응(부종, 염증 등)이 있었거나, 염색 또는 염색 직후 발진, 발적, 가려움 등이 있거나 구역, 구토 등의 증상이 있었던 사람
⑦ 몸이 붓거나 사용 중 또는 사용 후 구역, 구토, 등 속이 좋지 않았던 경험이 있는 경우
⑧ 미열, 권태감, 두근거림, 호흡곤란의 증상이 지속되거나 코피 등 출혈이 멈추지 않는 증상이 있는 사람
⑨ 첨가제로 함유된 프로필렌글리콜에 대한 알레르기를 일으킬 수 있으므로 성분에 예민하거나 알레르기 반응을 보였던 적이 있는 사람은 사용 전 의사 또는 약사와 상의할 것

(2) 염모제 사용 전의 주의
① 면도 직후에는 염색을 금할 것
② 염색 2일전에 반드시 패치테스트를 실시
③ 패치테스트는 액을 바른 후 30분 그리고 48시간 후 총 2회를 행할 것
④ 염모 액이 눈에 들어갈 염려가 있으므로 눈썹, 속눈썹에는 사용하지 말 것
⑤ 염모 전후 1주일 동안에는 펌, 웨이브(퍼머넌트 웨이브)를 하지 말 것

(3) 염모 시의 주의
① 염색 중에는 목욕이나 머리를 감지 말 것
② 머리를 감는 동안 염모 액이 눈에 들어가지 않도록 주의할 것
③ 환기가 잘 되는 곳에서 염색 하고, 손을 보호하기 위해 장갑을 끼고 염색할 것
④ 염색 중 발진, 발작, 부어오름, 가려움, 강한 자극 등의 피부이상이나 구역, 구토 등의 이상이 있을 경우 즉시 중단할 것
⑤ 만일 눈에 들어갔을 경우 미지근한 물로 15분 이상 씻어내고 바로 안과 전문의의 진찰을 받도록 할 것

(4) 염모 후의 주의
① 염모 후 피부이상증상이 발생한 경우 피부과 전문의의 진찰을 받도록 할 것
② 염색 중 발진, 발작, 부어오름, 가려움, 강한 자극 등의 피부이상이나 구역, 구토 등의 이상이 있을 경우 즉시 중단할 것

(5) 보관 및 취급상의 주의
① 혼합한 염모 액을 밀폐된 용기에 보관하지 말 것
② 사용한 염모 액의 용기를 버릴 경우 뚜껑을 열어서 버릴 것

③ 사용하고 남은 염모 액은 효과가 없으므로 반드시 바로 버릴 것
④ 사용하지 않은 염모 액은 직사광선을 피하여 서늘한 곳에 보관할 것

11) 탈염·탈색제

(1) 다음 사람은 신중하게 사용할 것
① 출산 후, 병중이거나 또는 회복 중인 사람
② 생리중이거나 임신 또는 임신할 가능성이 있는 사람
③ 두피, 얼굴, 목덜미에 부스럼, 상처, 피부병이 있는 사람
④ 특이체질, 신장질환, 혈액질환 등의 병력이 있는 사람은 피부 전문의와 상의 후 사용할 것
⑤ 첨가제인 프로필렌글리콜에 의한 알레르기를 유발할 수 있으므로 이 성분에 알레르기 증상이 있던 사람은 사용 전 의사 또는 약사와 상의할 것

(2) 사용 전의 주의
① 면도 직후에는 탈색을 금할 것
② 탈색 액이 눈에 들어갈 염려가 있으므로 눈썹, 속눈썹에는 사용하지 말 것
③ 사용 전후 1주일 동안에는 퍼머넌트 웨이브 제품, 헤어스트레이트 제품 사용하지 말 것

(3) 사용 시의 주의
① 임의로 안약을 사용하지 않도록 할 것
② 사용 중 목욕이나 머리를 감지 말 것
③ 사용 중 발진, 발작, 부어오름, 가려움 등 피부 이상 증상이 나타나면 즉시 사용을 중지하고 씻어낼 것
④ 제품이 눈에 들어가지 않도록 할 것. 만일 눈에 들어갔을 경우 손으로 만지지 말고 흐르는 미지근한 물로 15분 이상 씻어주고 바로 안과 전문의의 진찰을 받을 것
⑤ 피부에 제품이 묻을 경우 바로 물로 씻어내고 손가락, 손 보호를 위해 장갑을 끼고 사용하며 환기가 잘 되는 곳에서 사용할 것

(4) 사용 중 주의사항
① 임의로 연고나 의약품 등을 사용하지 말 것
② 사용 중 또는 사용 후 구역, 구토 등 신체 이상 증상을 느끼는 경우 의사에게 상담할 것
③ 두피, 얼굴, 목덜미 등에 발진, 발작, 가려움, 수포 등의 자극과 피부 이상의 반응이 나타날 경우 손으로 긁거나 문지르지 말고 바로 피부과 의사에게 진찰을 받을 것

(5) 보관 및 취급상의 주의
① 혼합한 제품을 밀폐된 용기에 보관 하지 말 것
② 사용한 염모 액의 용기를 버릴 경우 뚜껑을 열어서 버릴 것
③ 사용하고 남은 염모 액은 효과가 없으므로 반드시 바로 버릴 것
④ 사용하지 않은 염모 액은 직사광선을 피하여 서늘한 곳에 보관할 것

12) 제모제(치오글라이콜릭애씨드 함유 제품에만 표시)

(1) 다음과 같은 사람(부위)에는 사용하지 말 것
① 생리중이거나, 산전, 산후, 병후의 환자인 경우 사용하지 말 것
② 예민하고 약한 피부이거나 남성의 수염에는 사용하지 말 것
③ 유사 제품에 부작용이 있던 적이 있는 피부를 가진 사람은 사용하지 말 것
④ 얼굴에 상처가 있거나, 부스럼, 습진, 짓무름, 기타의 염증, 반점 등의 자극이 있는 피부에는 사용하지 말 것

(2) 이 제품을 사용하는 동안 다음의 약이나 화장품을 사용하지 말 것
① 땀 발생억제제, 향수, 수렴 로션은 제모 사용 후 24시간 이후에 사용할 것
② 부종, 홍반, 가려움, 피부염(발진, 알레르기), 광과민반응, 중증의 화상이나 수포 등의 증상이 나타날 수 있으므로 제품의 사용을 즉시 중지하고 의사 또는 약사와 상의할 것

(3) 그 밖의 사용 시 주의사항
① 자극이 나타날 수 있으므로 매일 사용하지 말 것
② 제품의 사용 전후 비누 사용이 자극이 될 수 있으므로 사용 시 주의할 것
③ 사용 중 따가운 느낌, 불쾌한 자극이 발생할 경우 즉시 닦아내어 물로 깨끗이 씻어 주고 증상이 지속될 경우 의사 또는 약사와 상의할 것
④ 외용으로만 사용하고, 눈에 들어가지 않도록 주의하며 만약 점막에 닿았을 경우 미지근한 물로 씻어내고 붕산수(농도 약 2%)로 헹구어 낼 것
⑤ 제품을 10분 이상 피부에 방치하거나 건조시키지 말고 정해진 시간 안에 제모가 깨끗이 제거되지 않았을 경우 2~3일 후 사용할 것

PART 05 화장품학

CHAPTER 02 화장품 제조

1. 화장품의 원리

1) 계면활성제의 기능

계면활성제는 친수성과 친 유성을 이용하여 서로 다른 계면의 경계를 완화시키는 작용을 한다. 계면은 기체와 액체, 액체와 액체, 액체와 고체가 서로 맞닿아 있는 경계면을 말한다. 경계면에서 두 가지 물질은 서로 섞이지 않고 경계면을 유지하는데, 이 두 계면 사이에 계면활성제를 넣어주면 계면의 경계성을 완화시켜 서로 섞일 수 있게 된다. 계면활성제의 기능으로 유화, 가용화, 분산, 습윤, 대전방지 등의 기능을 가지게 되어 식품이나 화장품에 많이 사용되고 있다.

2) 계면 활성제의 특성

(1) HLB(Hydrophile Lipophile Balance)

계면활성제가 가지고 있는 친수성기와 친유성기의 비율을 수직화 하여 나타내는 것을 HLB라고 한다. 계면활성제의 HLB 값이 많으면 친수성이며 HLB 값이 적으면 친 유성으로 구분한다.

[HLB에 따른 계면활성제의 용도]

HLB 범위	계면활성제의 용도	HLB 범위	계면활성제의 용도
1 ~ 4	• 소포체	8 ~ 18	• O/W 유화제
3 ~ 6	• W/O 유화제	3 ~ 15	• 세정제
7 ~ 9	• 습윤제	15 ~ 18	• 가용화제

(2) 미셀(Micelle)

계면활성제는 용해되어 그 농도에 따라 분자의 배열 상태가 변하게 된다. 계면활성제 분자들이 낮은 수용액에서 자유롭게 존재하다가 농도가 높아지면 분자끼리 화합이 일어난다. 농도의 증가로 인한 분자 간 집합체인 현상을 미셀화(micellization)이라고 한다. 미셀의 형성이 시작할 때 계면활성제의 농도를 임계미셀농도(CMC: Critical Micelle Concentration)라고 한다. 미셀은 내측에 친유기(소수기), 외측에는 친수기를 향하게 한다. 둥근 형태의 입자를 형성시키며, 계면활성제 형태나 농도 외에 다른 각종 조건에 따라 변한다.

(3) 가용화(Solubilization)

물에 소량의 오일성분이 계면활성제에 의해 투명하게 용해되는 현상으로 계면활성제의 미셀이 중요한 역할을 한다. 미셀의 친유기 부분이 응집된 곳에서 오일성분을 녹일 수 있기 때문이다. 이 미셀의 크기는 가시광선의 파장보다 작아 빛이 투과되므로 투명하게 보인다. 가용화 작용을 이용한 화장품으로는 스킨토너, 에센스, 헤어토닉, 향수 류가 대표적이다.

(4) 유화(Emulsion)

서로 섞이지 않는 성질의 물질들을 섞은 상태로 유지되도록 만들어주는 것을 말하며 유화로써 만들어진 물질을 에멀전이라고 한다. 물과 기름을 유화시켜 안정한 상태로 유지하기 위해서는 분산상의 크기를 미세하게 해야 한다.

(5) 분산(Dispersion)

안료 등의 고체 입체를 액체 속에 균일하게 혼합하는 것으로 메이크업 화장품이 대부분 여기에 속한다. 종류로는 파운데이션, 메이크업 베이스, 크림 마스카라, 아이라이너, 립스틱, 네일 에나멜 등과 같은 색조 화장품이 있다.

2. 화장품 생화학

1) 분자와 원자

화장품은 화합물질을 혼합, 결합하는 화학 구조이다. 물질의 기초 구성으로 원자와 분자로 나누어진다. 물은 H_2O로 표기하며 수소원자 2개와 산소 원자 1개로 이루어진 화합물이다. 원자는 더 이상 나누어지지 않는 미세 입자이다. 원자는 2개 이상이 모였을 때 분자를 형성하고 이 과정에서 결합하는 것이 이온결합, 공유결합, 금속결합, 배위결합 등이 있다.

2) 이온

양전하를 띤 이온은 양이온, 음전하를 띤 이온은 음이온이라고 한다. 이온은 중성원자나 분자 또는 다른 이온들로부터 전자를 잃거나 얻어서 생긴다.

3) 물질의 질량

원자 내부는 비어 있고 무게도 적어 고유 원소의 원자 무게가 달라 원자의 고유 질량을 구한 후 사용된다. 물질의 질량은 우리 생활 속에서 닳이 활용되고 있다.

PART 05 화장품학

CHAPTER 03 | 화장품 성분학

1. 수성 원료

화장품에 사용되는 중요한 핵심 원료인 물은 잘 녹는 수용성 물질이다. 화장품에서 피부를 촉촉하게 하는 작용을 한다.

< 수성원료 종류 및 특징 >

구분	종류	내용
수성원료	정제수	• 화장품 전성분 표시에서 가장 앞에 나열되는 원료 • 스킨, 로션, 크림의 기본 물질로 사용 • Ca^{2+}, Mg^{2+} 등과 같은 금속이온, 세균이 없는 정제수
	에탄올	• 알코올 함량 10% 내외로 함유 • 살균, 소독작용, 휘발성으로 수렴 화장수, 스킨로션, 향수 등에 사용 • 다른 물질과 혼합해서 녹이는 성질을 가지며, 피부에 청량감과 수렴효과 및 살균, 소독 작용을 한다. • 화장품용 에탄올은 특수하게 제조한 변성제로 메탄올, 페놀 등에 함유한 변성 알코올이다.
	카보머 (점도 증가제)	• 점도를 조절하기 위해 사용하며 천연 점액질로 팩틴, 젤라틴, 스타치, 알긴산, 한천 등이 있으며 최근 합성 점액질이 주로 사용된다.

2. 유성 원료

유성 원료는 수성 원료와 다르게 물에 용해되지 않고 오일에 녹는 성분을 말한다. 식물성 오일, 동물성 오일, 광물성 오일로 구분한다.

< 유성원료 종류 및 특징 >

구분	종류	내용
유성 원료	식물성 오일	• 밀배아오일: 밀가루 제분과정에서 분리된 밀의 눈을 압착하거나 용매한 추출물 • 아몬드오일: 아미그달린 성분을 함유하고 있어 많이 사용하지 않음. 불포화지방산인 리놀렌산이 풍부하여 크림, 로션, 마사지 오일에 사용 • 올리브오일: 불포화지방산인 올레인산이 65%~80% 함유. 피부표면 수분증발을 억제하고 사용 감촉을 향상시키는 효과 • 아보카도오일: 엽록소가 풍부하고 올레인산, 리놀레인산으로 구성되어 수분과 부드러움을 유지시키며 살균 및 진정 효과 • 마카다미아 오일: 피지 성분인 글리세리드의 지방산 성분과 유사한 파미톨레산이 함유하여 건조, 노화 피부 원료로 사용 • 달맞이꽃오일: 필수지방산인 감마리놀렌산이 함유하고 있어 피부건조, 노화예방, 아토피 피부, 재생에 효과적인 원료

구분	종류	내용
		• 로즈 힙 오일: 리놀레산, 리놀렌산의 함량이 많아 흉터 재생, 눈가 주름 예방의 원료로 사용 • 살구 씨 오일: 사용감이 가볍고 피부 흡수가 빠르며 건성피부, 민감성, 염증성 피부 개선에 용도로 사용 • 해바라기오일: 비타민 A, D, E와 칼슘, 아연, 칼륨, 철, 인 등의 무기물질의 함량이 높아 산화가 빨리되는 단점
	동물성 오일	• 밍크 오일: 피하지방에서 추출하여 정제한 오일이며, 퍼짐성과 침투성이 좋아 피부 재생 효과가 뛰어남 • 어유 오일: 대형 조류에서 추출하는 오일로 상처치료 및 피부보호를 위해 사용하며, 피부 친화력이 좋아 항염증 효과

3. 왁스

왁스는 고급 지방산과 고급 알코올이 결합된 에스테르 고분자 물질이다. 유성 원료처럼 왁스 또한 동물과 식물에 널리 분포되어 정제한 것을 사용한다. 화장품의 점도 증가에 도움이 되므로 립스틱과 같은 제품에 배합하여 사용한다.

[왁스 종류 및 특징]

구분	종류	내용
유성 원료	식물성 왁스	• 카르나우바 왁스: 야자나무 잎에서 추출하며 녹는 온도가 높으며 광택성이 뛰어남 • 칸델릴라 왁스: 식물의 줄기에서 얻어지며, 립스틱의 부서짐을 방지 • 호호바 오일: 고급 지방산과 고급 알코올의 에스테르 화합물로 액체 왁스에 속함, 피부침투성이 용이하고, 노폐물을 용해시킴
	동물성 왁스	• 밀납: 벌집에서 추출하며 고급 지방산과 고급 알코올의 에스테르인 메리실팔미데이트이며, 지방산과 탄화수소를 함유하여 크림, 로션, 파운데이션, 아이섀도, 마스카라 화장품에 사용됨 • 라놀린: 양의 털에서 추출하며, 피부에 친화성, 부착성, 윤택성이 좋다. 메이크업, 모발 화장품 등에 사용하지만 최근 알레르기 유발 가능성으로 사용량이 감소하고 있다.

4. 탄화수소

화장품 원료 중 가장 많이 사용되는 것으로 사슬모양의 포화 탄화수소이고 석유나 광물질에서 추출하여 광물성 유성원료라고도 한다. 산화 및 변질이 없는 무색, 무취의 특성이 있다.

[탄화수소 종류 및 특징]

구분	종류	내용
유성 원료	탄화수소	• 유동파라핀: 석유에서 얻는 광물성 오일, 미네랄 오일이라고 한다. 가격이 저렴하여 널리 사용되는 오일, 클렌징 제품에 유연감을 부여하여 메이크업 리무버 제품 원료로 사용 • 파라핀: 석유 증류 과정에서 얻는 투명한 고체이며, 크림이나 립스틱 등에 사용

PART 05 화장품학

구분	종류	내용
		• 바셀린: 탄화수소 혼합물로 페이스트 상태로 광물성 오일로 분류하기도 함 • 스쿠알란: 상어의 간에서 추출한 불포화지방산인 스쿠알란에 포화지방산으로 만든 안정환 오일. 피부에 친화력이 좋은 원료 • 오조케라이트와 세레신: 석유 광상으로 산출한 원료이며 립스틱의 기재를 균질 화하고 발한성을 방지한다. 세레신은 친 유성 크림이며 점도 조절과 립스틱을 단단하게 만드는 원료로 사용 • 마이크로 크리스탈린 왁스: 다른 왁스류의 결정화를 예방하는 비결정 왁스이며. 화장품 처방 시 다른 원료와 병용하면 제품이 딱딱하게 굳어지는 것을 방지

5. 고급 지방산

천연 유지, 밀 납 등에 포함된 에스테르 화합물을 분해하여 얻는 염기성 성분이다. 비누 제조 및 유화제로 사용되기도 한다. 화장품 원료로 사용되는 지방산은 고급지방산으로 탄소수가 C_{12} 이상의 포화지방산을 사용한다. 천연에서 얻어지는 지방산은 알킬 사슬이다.

【 고급 지방산 종류 및 특징 】

구분	종류	내용
유성 원료	고급 지방산	• 라우릴산: 야자유나, 팜핵유에서 얻고, 비누 또는 폼클렌저 제품에 사용된다. • 미리스트산: 버터, 팜유 등 비누에서 분해하여 혼합지방산 분류로 얻는다. 거품성과 세정력이 우수하여 세안용 크림이나 면도용 크림의 원료로 사용된다. • 팔미트산: 동물의 지방에서 천연으로 만들어 크림의 유액에 사용된다. • 스테아린산: 포화 고급 지방산으로 가장 대표적인 지방산이다. 동식물 지방에 있는 흰색의 지방산이다. • 아이소스테아린산: 가지 달린 포화 지방산이다.

6. 고급 알코올

천연 유지나 왁스, 고급지방산 또는 석유에서 합성하여 얻는다. 고급알코올은 화장품의 점도를 조절하고 유화를 안정화시켜 유화보조제로 사용된다.

【 고급 알코올 종류 및 특징 】

구분	종류	내용
유성 원료	고급 알코올	• 세틸알코올: 팜유 또는 우지의 환원을 통해 얻어지며, 고체 상태로 보조제나 점도 조정제로 사용된다. • 스테알릴 알코올: 경납, 우지, 야자유 등에서 세틸알코올과 같은 방법으로 얻어지며, 백색 왁스와 같은 고체로, 크림과 유액 등 유화 안정제로 사용된다. • 이소스테아릴 알코올: 가지 달린 탄소수가 18개인 포화 알코올로 화학 합성을 통해 얻어지고, 열안정성과 산화안정성이 우수하여 점도 형성제로 사용된다. • 2-옥틸 도테카놀: 융점이 낮은 화학 합성을 통해 얻어지는 무색 투명한 액체이다.

7. 에스테르

지방산과 알코올의 탈수반응에 의해서 합성되어 구조와 분자량에 따라 성상이 달라진다. 피부에 유연성을 주고 산뜻하고 부드러운 촉감이 좋아 사용감을 좋게 하여 화장품의 유성 원료로 사용된다.

[에스테르 종류 및 특징]

구분	종류	내용
유성 원료	에스테르	• 이소프로필 미리스테이트: 고급지방산인 미리스트산에 저급 알코올인 이소프로필알코올 에스테르 결합된 것으로 유분감이 낮고 감촉이 가볍다. • 세틸 옥타노에이트: 분자량이 크고 피부에 대한 부담이 적은편이며, 사용감이 가벼워 유화 제품에 사용된다. • 2-옥틸도데실 미리스테이트: 융점이 낮아 가수분해 및 산화에 안정하며, 피부 수분 증발을 억제하여 밀착감을 높이기 위해 사용된다.

8. 실리콘 오일

무색, 무취의 특성을 가지고 있으며, 내수성이 높고, 탄화수소와 같은 끈적임이 없어 사용감이 가벼우며 피부나 모발의 퍼짐성이 있어 화장품에 원료로 사용된다.

[실리콘 오일 종류 및 특징]

구분	종류	내용
유성 원료	실리콘 오일	• 디메치콘: 분자량이 적은 저점도의 것이 사용되고 있으며, 사용감이 가볍고 유분의 끈적임을 제거해준다. • 디메틸폴리실록산: 가장 많이 사용되는 실리콘 원료 중 하나로 분자량에 따라 성상이 달라진다. 모발에 윤기와 기포 제거에 탁월하여 화품 제조 시에 소포제로 사용된다. • 사이클로메치콘: 매끄러운 사용감과 가벼운 사용감이 있는 휘발성 오일이며 기초 메이크업 화장품에 주로 사용되고 있다. 필름막이 형성되어 묻어나지 않아 파운데이션이나 립스틱에 사용된다.

9. 보습제

보습제는 수용성 물질로 피부에 수분을 공급하여 촉촉하게 하는 작용을 하는 것으로 수분 보유제로 작용하는 것으로 다가알코올, 천연보습인자, 고분자 보습제로 나눌 수 있다.

PART 05 화장품학

[보습제 종류 및 특징]

구분	종류	내용
보습제	다가 알코올	• 글리세린: 글리세롤 이라고도 하며, 비누를 제조하는 가정에서 생긴 것을 탈수하여 얻은 것이다. 사용 시 끈적임이 있다. • 1.3 부틸렌글리콜: 무색투명의 점성을 가진 액체이며, 항균성을 가지는 특징이 있어 가격이 비싼 편이다. • 프로필렌 글라이콜: 무색, 무취의 투명한 액체이며, 보습력이 약하지만 사용감이 가벼워 물질의 용해성에 도움을 준다. 피부자극성이 보고되어 사용량이 감소하고 있다. • 폴리에틸렌글라이콜: 물 또는 에틸렌글라이콜에 알칼리 촉매 하에서 에틸렌옥시드를 부가 중합하여 얻는 화합물이다. • 솔비톨: 사과, 복숭아, 마가목 등의 과즙에 함유된 당 알코올로 백색, 무취의 고체이다. 양호한 보습력을 가진다.
	천여 보습인자	• 아미노산: 피부 천연 보습인자(NMF)의 약 40%를 차지하는 대표적인 보습성분으로 단백질의 구성 성분이다. • 젖산 나트륨: NMF에 존재하는 중요한 천연 보습 성분이며 다가 알코올에 비해 높은 보습력을 갖고 있다.
	고분자 보습제	• 히알루론산: 다당류의 일종으로 콘드리친 황산과 함께 피부에 존재하는 중요한 무코다당류로 알려진 보습제이다. 막을 형성하여 보습효과를 나타내는 원료이다. • 콜라겐: 단백질의 30%를 차지하고 있으며, 진피의 70%가 콜라겐 성분으로 되어 있다. 가수분해를 이용하여 화장품 제품에 많이 활용되는 성분 중 하나이다. • 콘드리친 황산: 피부, 탯줄, 각종 결합조직에 존재하는 다당류이며 점성이 있는 것이 특징으로 피부 보습력이 있다.

10. 계면활성제

계면활성제는 수용액에 따라 친화성을 갖는 친수기의 이온 성질에 따라 양이온성 계면활성제, 음이온성 계면활성제, 비이온성 계면활성제, 양쪽성 계면활성제, 천연 계면활성제로 분류할 수 있다.

[계면활성제 종류 및 특징]

구분	특징	종류 및 구성
양이온성 계면활성제	• 살균, 소독, 정전기 방지, 피부 유연 작용 • 헤어린스, 헤어트리트먼트, 섬유린스, 살균 소독제, 대전 방지제에 주로 사용	• 폴리쿼터늄-10 • 세트리모늄클로라이드 • 암모늄 • 알킬파리디늄염 등
음이온성 계면활성제	• 세정작용, 기포 형성 작용이 우수하여 거품이 나는 제품에 사용 • 비누, 샴푸, 폼 클렌징	• 소듐라우릴설페이트 • 암모늄라우릴설페이트 • 알킬황산 • 아실아미노산염 등
비이온성 계면활성제	• 물에 용해되어도 이온화 되지 않아 피부 자극이 적어 기초 화장품에 주로 사용 • 피부 생리기능 활성과 유효감, 사용감이 좋아 바디 화장품에도 사용	• 세틸알코올 • 스테아릴 알코올 • 다가알코올에스터 타입 • 에틸렌 옥사이드 타입 등

구분	특징	종류 및 구성
양쪽성 계면활성제	• 음이온과 양이온을 동시에 가져 피부 자극과 독성이 적어 자극이 적어 순한 제품에 사용 • 피부에 자극이 적음 • 베이비 제품, 저 자극 샴푸, 아토피·약용 샴푸, 거품 안정제, 기포 촉진	• 코카미도프로필베타인 • 하이드로제네이티드레시틴 • 아미노초산베다인 등
천연 계면활성제	• 동·식물에서 추출한다.	• 레시틴 • 사포닌 • 사향 • 레몬, 오렌지, 베르가못

11. 폴리머

화장품서 폴리머는 점증제, 피각제, 수지 분말로 주로 이용되며, 보습제, 계면활성제로도 일부 사용하기도 한다.

(폴리머 종류 및 특징)

구분	종류	내용
점증제	검류	• 콘스시드검: 나무의 종자에서 추출하는 천연 검이다. 살균, 방부 처리하여 안정화시켜 사용하며, 천연 즙이라 산뜻한 감촉과 끈적임이 없다. • 산탄검: 포도당을 발효시켜 얻는 미생물 유래 천연 검이며, 독성과 자극이 없는 원료이다. 온도변화에 점도 변화가 일어나지 않는 것이 특징이다.
	피막 형성제	• 폴리비닐알코올: 피막형성 작용이 있어 화장품에서 주로 팩에 원료로 사용한다. • 폴리비닐피롤리돈: 부착성이 있어 모발 세정 제품에 사용되며, 기포를 안정화하고 모발에 곤택을 주기 위해 샴푸에 사용한다. • 니트로셀룰로오스: 질산에스테르 화합물이며 초산에스테르와 케톤 등의 용제에 용해되며 서로 잘 섞인다. 단단한 피막을 형성하여 네일 에나멜의 피막제로 사용된다.

12. 색채

화장품에서 색채는 채색 역할을 하며, 피복력이나 자외선을 방어해주기도 한다. 메이크업 화장품에 주로 사용되며, 피부의 기미, 주근깨 등 피부의 결점을 커버하기 위해 사용된다.

(색소의 종류 및 특징)

구분	종류	내용
색재	유기 합성 색소	• 염료: 물 또는 오일, 알코올에 녹는 색소로 화장품 자체에 색을 주기 위해 사용한다 • 염료 종류: 디조게 염료. 잔틴계 염료, 퀴놀린계 염료, 트리페닐계 메탄 염료, 안트라퀴논계 염료, 기타 염료 등이 있다. • 레이크: 물어 녹기 어려운 염료를 칼슘 등의 염으로 물에 불용화한 것으로 적색201호, 206호, 207호 등이 있다. • 립스틱, 블러셔, 네일 에나멜 등이 사용된다. • 유기안료: 물과 기름 등에 용제에 용해되지 않는 유색 분말이다. 립스틱, 블러셔 등 색조 제품에 널리 사용된다.

PART 05 화장품학

구분	종류	내용
	무기안료	• 백색안료: 화장품 색을 하얗게 하고자 할 때 사용한다. 커버력을 주는 안료는 이산화티탄, 산화아연 두 가지이다. • 착색안료: 화장품의 색상을 주는 원료로 사용한다. • 체질안료: 마이카, 탈크, 카올린은 점토 광물을 분쇄하고 입자의 크기나 형태, 두께를 고려해서 사용한다. • 마이카: 피부에 대한 부착성이 좋고, 퍼짐성, 윤기, 투명성 목적 • 탈크: 자연스러운 광택과 투명감 • 카올린: 유분과 수분의 흡수성
	진주광택 펄 안료	• 피 착색 물에 광택 또는 메탈릭감을 주어 질감을 변화시키기 위해 사용하는 안료이다.
	고분자 분체	• 메이크업 제품 사용감 조정 등의 목적으로 사용된다.
	기능성 안료	• 자연스러운 메이크업을 가능하도록 하기 위해 사용되는 안료
	천연색소	• 동·식물로부터 얻는 색소로 내광성, 내열이 부족하다. • 당근에서 베타카로틴, 검은색 식물의 안토시아니 등이 있다.

13. 향료

향료의 사용은 화장품 원료의 냄새를 감추기 위한 목적으로 사용되고, 사람의 생리적·심리적 기능을 높이는 데 도움이 되기 때문에 화장품에서 향은 매우 중요한 역할을 한다.

[향의 종류 및 특징]

구분	종류	내용
향	천연향료	• 식물성 향료 • 과실의 껍질을 이용한 레몬, 오렌지, 베르가못, 계피 • 종자를 이용한 바닐라, 고수 • 꽃을 이용한 장미, 재스민, 샌들우드 • 그 외 이끼류 등이 있다. • 동물성 향료 • 사향: 사향노루 • 영묘향: 포대 모양의 분비선 • 해리향: 생식선 • 용연향: 사향고래
	합성향료	• 단일 화학구조를 갖는 향 • 천연향료에서 분리된 단리향료 • 화학적 합성 반응에 순 합성 향료
	조합향료	• 조양사가 필요 또는 용도에 따라 천연향료와 합성향료를 사용 목적에 알맞게 혼합하는 것이다.

14. 방부제

방부제는 물질의 부패를 막는 성분으로 화장품에 사용되는 물질에 공기 또는 불순물에 노출되었을 때 미생물의 증식으로 산화 또는 산패가 되는 것을 막아 준다. 소비자가 안전하게 화장품을 사용할 수 있도록 화장품 제조 시 방부제를 첨가한다.

[방부제의 종류 및 특징]

구분	종류	내용
방부제	파라벤	• 대표적으로 화장품에서 사용되는 방부제 • 안식향산 • 박테리아 성장 억제, 곰팡이 균에 대한 항균력
	EDTA	• 킬레이트 화합물 • 그람성 박테리아에 효과적이며 세포막 투과성을 높여주어 그람 음성균에 대한 항균력을 높여준다.
	이미다졸리디닐 우레아	• 백색의 튼말로 무색무취 • 물에 대한 용해도가 높고 에탄올에 잘 용해되지 않는다. • 곰팡이 균에 약하여 파라벤과 같이 사용
	페녹시에탄올	• 파라벤보다 약산성으로 내성이 생기기 어려운 방부제 • 미생물의 세포벽을 파괴하거나 세포막의 성질을 변화시켜 번식을 억제한다.
	기타 방부제	• 디아조리디닐 우레아, 소르빈산 등이 있다.

15. 기타 첨가제

1) 산화방지제

화장품의 유지의 산화를 방지하고 화장품의 품질을 일정하게 유지하기 위해 첨가되는 것이 산화방지제이다. 대표적인 산화방지제는 토코페롤, 레시틴, 아스코르빈산 등의 천연 산화방지제와 페놀계 화합물인 BHT, BHA 등의 합성 산화방지제가 있다. 산화방지 보조제로는 구연산, 주석산 등이 있다.

2) 금속이온봉쇄제

화장품에 금속이온이 있게 되면 화장품의 품질이 저하되게 된다. 금속이온은 유성원료의 산화를 촉진하고 변색, 변취의 원인이 된다. 금속이온의 활성을 억제하기 위해 금속이온봉쇄제를 첨가한다. 금속이온 봉쇄제로는 킬레이트제라고도 한다. 화장품에 사용되는 금속이온 봉쇄제로 에틸렌디아민4초산(EDTA)의 나트륨염, 인산, 구연산, 아스코르빈산, 호박산, 글루콘산, 폴리인산나트륨, 메타인산나트륨 등이 있다.

PART 05 화장품학

〔 산화방지제의 종류 및 특징 〕

구분	종류	내용
산화방지제	토코페롤	• 불안정하므로 토코페롤 아세테이트 유도체 형으로 주로 사용된다. • 사용농도: 0.03% ~ 0.05%
	BHT	• 물에 녹지 않으나 유지와 유기용매에 녹고, 내열성과 내광성이 좋다. • 사용농도: 0.01% ~ 0.05%
	BHA	• 물에 녹지 않으나 유지와 유기용매에 녹고, 내열성과 내광성이 약하다. • 사용농도: 0.005% ~ 0.05%

〔 금속이온봉쇄제 의 종류 및 특징 〕

구분	종류	내용
금속이온 봉쇄제	EDTA	• 백색의 결정성 분말 • 금속이온에 의한 침전 방지 • 화장수와 유화제품에 사용 • 물에는 용해되고. 에탄올에는 용해되지 않는다.
	소디움 시트레이트	• 무색, 백색의 결정성 분말 • 금속이온에 의한 침전을 방지 • 금속이온에 의한 산화를 방지 • PH 완충제 등으로 사용

16. 동·식물 추출물

1) 콜라겐

인체구성 성분 중 단백질의 33%가 콜라겐이다. 화장품에서 콜라겐 성분을 원료로 하여 화장품의 보습력을 높여주고 사용감을 향상시킨다. 최근 '콜라겐 펩타이드', 콜라겐 가수분해 물질을 사용한다.

2) 태반 추출물

소, 돼지, 양 등의 태반을 동결 건조시켜 얻어진 것으로 사이토카인, 호르몬, 단백질, 지질, 핵산, 아미노산 등의 인체에 유효한 성분을 함유하여 피부 재생·보습에 도움을 주고 피부 미백 작용을 하여 화장품 활성성분으로 활용하고 있다.

3) 프로폴리스

프로폴리스는 벌의 밀 납과 분비물 등을 혼합하여 만들어진 성분으로 피부에 대한 항균과 항염증 작용이 있어 피부 상처 치유에 도움이 되는 화장품 활성성분 중 하나이다.

4) 로얄젤리 추출물

벌의 먹이인 로얄젤리에서 추출한 성분으로 화장품에 사용 시 혈액의 흐름을 원활히 하고 보습 및 피부면역 강화와 세포재생에 도움을 준다.

5) 달팽이 추출물

달팽이 성분인 뮤신이 단백질의 흡수를 촉진시켜 윤활 역할을 하는 당단백질이다. 뮤신 성분 중 주요구성 성분 콘드로이친 항산이 피부의 탄력에 도움을 주며 피부 재생·피부 상처 예방에 효과가 있다.

6) 감초 추출물

주성분인 글리시리진으로 독성제거, 항 알레르기, 항염증에 도움을 주며 미백에도 효과적이다.

7) 녹차 추출물

녹차의 카테킨 성분이 항산화, 항 안드로겐 특성으로 탈모방지에 효과가 있다.

8) 알로에 베라 추출물

상처와 화상치료, 항염에 사용되는 천연 소재이며 생리활성 및 주름개선, 피부 진정, 보습에 도움을 주어 화장품 원료뿐 아니라 식용으로도 사용한다.

9) 알란토인

밀의 싹에서 추출한 천연물질로 상처, 민감성 완화, 진정, 세포 증식 작용이 우수하여 피부진정 성분으로 사용한다.

17. 비타민

몸에서 합성되지 않아 음식물을 통해 체내로 흡수되며 지용성 비타민이 수용성 비타민보다 피부 표면 친화력이 강하여 경피 흡수가 더 용이하다.

1) 비타민 A 및 비타민 유도체

비타민 A는 산화가 빠르므로 화장품에선 에스테르 타입의 비타민 A 팔미데이트가 주로 사용되고 있다.

2) 피리독신

비타민 B군 중 피부 대사에 중요한 역할을 하며 피지분비 억제 작용으로 지성피부 타입에 사용한다.

3) 비타민 C

수용성 비타민으로 피부에 잘 흡수되지 않으며, 산화가 쉬운 성질을 가지고 있다. 비타민 유도체 성분을 사용하여 피부에 콜라겐 합성 촉진, 미백 효과를 줄 수 있다.

4) 비오틴

비타민 H라고 부르며 세포 성장 인자로 손상된 케라틴 단백질을 회복시키므로 손톱, 발톱, 모발 손상 치유에 도움을 준다.

18. 그 밖의 활성성분

1) AHA

과일이나 채소에서 추출하며 각질제거와 피부 재생의 효과가 있으며 피부의 유연 기능과 보습기능이 있다. 화장품에 배합 시 농도를 ph 3.5 이상에서 10% 이하로 사용한다.

2) 글리콜산

사탕수수에서 추출하며 분자량이 작아 침투가 용이하다. 섬유아세포의 증식 작용과 주름 개선 효과가 있다.

3) 젖산

쉰 우유에 함유되어 있으며, 천연보습인자로 보습작용을 하며 각질층의 세라마이드 양을 증가시켜 준다.

4) 구연산

레몬이나 오렌지 등에 함유하며 화장품에서 pH 조절제나 킬레이트제, 산화방지제의 용도로 사용된다.

5) BHA

살리실산이 대표적이며 AHA보다 각질제거 효과는 약하지만 피부 안전성이 좋으며, 여드름용 화장품으로 피지 제거에 효과가 있다.

6) 클레이

점토 형태로 광물질 혼합제로 피부 진정효과가 있어 페이스 마스크에 활용한다.

7) 알긴산

갈조류의 세포간 점액물질로 존재하는 다당류이며, 점증제와 안정제로 젤 형태의 화장품 제조에 사용되고 모델링 마스크로 사용되고 있다.

CHAPTER 04 | 기초 화장품

1. 기초 화장품의 특성과 분류

피부의 장벽은 외부 자극으로부터 인체 내부를 보호하기 위한 것으로 신체의 가장 바깥쪽에서 수분과 유분을 분비하며 피부를 보호하고 있다. 신체는 연령의 증가나 외적 요인 등으로 NMF(천연보습인자)가 감소하고 피부의 밸런스를 잃어버리게 되는데, 건조함을 예방하고 유·수분막을 유지하기 위해 피부 유형에 알맞게 기초 화장품을 사용하도록 한다.

2. 사용 목적

1) 세정

피부의 오염이나 노폐물 또는 메이크업의 잔여물을 깨끗하게 제거하고 피부를 청결히 하여 피부 기능에 도움을 준다. 세안 화장품으로는 세안비누, 클렌징 폼, 클렌징 로션이나 크림 등이 있다.

2) 피부정돈

피부의 유·수분 밸런스 유지와 pH 불균형을 정상화하기 위함이다. 피부정돈 및 피부 혈액순환을 촉진시키기 위해서 토너와 마사지 크림 등을 사용한다.

3) 피부보호

피부 표면의 건조를 방지하고 세균으로부터 피부를 보호한다. 화장품으로는 로션, 크림, 에센스 등이 있다.

PART 05 화장품학

3. 기초 화장품의 종류

1) 세정 화장품

[세정 화장품의 종류 및 특징]

타입	종류	특징
씻어내는 타입	폼클렌져	• 피부자극이 적어 민감한 피부나 약한 피부에 사용한다. • 보습제와 에몰리언트제가 함유된 제품으로 세안 후 당기거나 건조해지는 것을 방지한다.
	페이셜 스크럽	• 알갱이가 함유된 제품으로 모공 속의 노폐물 제거에 용이하다.
녹여내는 타입	클렌징크림	• 메이크업 노폐물 제거에 용이하고 강한 메이크업을 제거에 사용한다.
	클렌징 로션	• 크림 타입에 비해 사용감이 가볍고 산뜻하다.
	클렌징워터	• 세정력이 낮으므로 피부의 먼지 제거, 약한 메이크업 제거 시 사용한다.
	클렌징 젤	• 유성성분은 짙은 화장 제거하며, 수성성분은 옅은 화장 제거 시 사용한다.

2) 피부 정돈 화장품

(1) 토 너

세안 후 피부의 수분 공급을 하기 위하여 사용하며, 남아 있는 잔여물을 제거하여 피부 정돈을 해주는 목적으로 사용하는 화장품이다. 피부의 pH를 정상화 시켜주는 토너로 물을 기본으로 하여 보습제와 에탄올이 첨가된 액상 형태의 화장품이다. 토너는 수렴화장수와 유연화장수로 나눌 수 있다.

[토너의 분류 및 특징]

분류	특징
유연화장수	• 보습제, 유연제가 함유되어 있어 피부를 촉촉하고 부드럽게 유지해주며 피부를 약산성으로 되돌려 세균의 번식을 막아주는 기능을 한다.
수렴화장수	• 아스트리젠트라 불리며 각질층에 수분을 공급하고 모공을 수축시켜 피부결을 정리해준다.

3) 보습 화장품

(1) 로션

수분, 보습제, 유분, 계면활성제가 주성분으로 구성되어 있으며 에멀전이라고 한다. 세안 후 건조해진 피부에 영양분을 공급하여 밸런스를 조절하여 피부 항상성을 유지해준다. 로션은 수성성분과 유성성분, 계면활성제와 기타 성분(색소, 향, 방부제, 산화방지제, 활성성분) 등으로 구성된다. 크림보다 사용감이 산뜻하고 흡수가 용이하다.

① 로션의 종류

건성 피부용, 중성, 지성, 복합성 피부용, 민감성 피부용의 종류가 있다. 사용목적에 따라 모이스처 타입, 클렌징 타입, 마사지용, 산뜻럭 타입, 바디 및 핸드용 로션 등이 있으며 제형에 따라 O/W형, W/O형, W/O/W형, S/W형, W/S형의 여러 타입으로 만들어 진다.

[로션의 종류 및 특징]

종류	특징
O/W형	• 가볍고 산뜻한 감촉이 특징이며 가장 많은 형태의 로션 형이다.
W/O형	• 보습력이 뛰어나 우수한 보습 효과를 준다.
W/O/W형	• 산뜻한 사용감과 우수한 보습력이 있다.
S/W형	• 산뜻한 사용 감을 준다.
W/S형	• 가장 가벼운 형태로 유효성분의 안정성이 있다.

(2) 에센스

에센스는 '세럼'이라고도 하며 피부에 여러 보습성분과 각종 유효성분을 함유하고 있어 거친 피부에 수분 손실을 회복시켜주어 피부의 원래 상태로 개선시키는 목적으로 최근 높아진 과학기술의 발전으로 여러 제품을 출시하게 되면서 사용량이 증가하고 있다.

① 에센스의 종류

미백, 주름개선, 보습, 여드름 진정 등의 여러 종류의 기능을 가진 에센스가 제조되어 사용되고 있다. 화장품의 제형을 보면 원료에 따라 스킨타입, 유화타입, 오일타입, 젤 타입으로 구분된다. 오일 타입은 식물성, 광물성, 동물성 오일로 제품으로 피부에 수분과 보습 등의 영양분을 공급해 주는 제품이다.

[에센스의 종류 및 특징]

형태	제조시술	특징
스킨타입	가용화	• 산뜻한 사용 감이 좋으며, 다량의 보습제 배합이 가능
유화타입	유화	• 피부에 보습 유연 효과를 냄
오일타입	혼합	• 피부 친화적으로 배합된 것
젤	가용화, 혼합	• 사용성이 가벼우며 캡슐형의 제품도 출시

(3) 크림

수분 부족 피부는 당김 현상으로 피부 잔주름과 피부 탄력 저하가 일어나게 된다. 세안 후 소실된 피부의 천연 보호막을 인공적으로 보충해서 촉촉한 피부를 유지하여 외부의 자극으로부터 피부를 보호하기 위해 사용하는 것이 크림이다. 크림은 수용성과 유용성 성분이 서로 혼합된 유화형태의 제형을 띠는 것으로, 로션보다 점도가 높아 안정성의 폭이 넓다. 피부 밸런스를 일정하게 유지시키며 충분한 유·수분을 공급해준다.

① 크림의 종류

보습크림, 마사지크림, 클렌징크림, 아이크림, 화이트닝 크림, 선크림, 각제제거크림 등 사용 목적에 따라 여러 종류가 있다. 수성성분, 유성성분, 계면활성제 그리고 기타 성분으로 구성되어 있다

② 특정 기능 크림

㉠ 아이크림
- 피지 샘이 없고 잔주름이 잘 생기는 눈가 주위 피부에 주름개선, 다크서클 개선, 탄력 목적으로 사용
- 젤, 에센스, 크림 등 다양한 눈 전용 화장품들이 출시되어 사용되고 있다.

㉡ 톤 업 크림
- 미백크림, 반사 크림 등으로 알려져 있으며, 피부 톤을 밝고 화사하게 보이게 하기 위해 사용하는 크림이다.
- 미백 성분과 컬러만을 사용한 제품으로 핑크빛 피부 톤을 만들어 메이크업 베이스의 효과를 준다.

(4) 팩

천연 원료를 사용한 팩으로 거칠고 지친 피부를 개선한다. 팩의 유효성분이 피부에 흡수되도록 일정 시간 방치 후 제거하는 것으로 피부 영양공급에 효과적이다.

① 팩의 효과

피부를 촉촉하게 하는 보습작용과 오염이나 피지 등의 불순물이 흡착되어 제거되므로 청정효과를 얻을 수 있다. 팩을 하는 동안 피부의 온도가 상승되어 혈액순환을 촉진시켜 준다.

[팩의 종류 및 특징]

종류	특징
필오프 타입	• 얼굴에 팩을 바르고 건조되면 제거하는 타입
워시오프 타입	• 도포하고 20분 경과한 후 미지근한 물로 씻어내는 타입(머드. 클레이)
티슈오프 타입	• 크림 형태이며 도포 후 10분 후 티슈로 제거하는 팩
시트 타입	• 사용이 간편한 시트 형태로 얼굴전체에 붙인 후 20~30분 후 떼어내는 팩
분말 타입	• 분말의 팩을 물과 섞어서 얼굴에 도포 후 건조되면 제거하는 팩(모델링 마스크, 석고 팩)

3. 기능성 화장품

기능성 화장품은 단순 피부에 수분과 보습을 주어 아름답게 관리하는 것에서 더 나아가 특별한 기능이 있거나 기능을 보강한 화장품을 의미한다.

1) 미백 기능성 화장품

자외선에 의한 기미나 잡티, 주근깨 등을 완화시키고 멜라닌 색소의 생성을 억제하기 위한 목적으로 개발된 제품이다. 멜라닌 형성세포에서 이루어지는 멜라닌 생성 메커니즘 과정에서 어느 일부분을 저해하거나 억제하여 멜라닌이 더 이상 늘어나지 않도록 한다. 미백 화장품의 기본 원리 작용으로는 자외선 차단, 멜라닌 생성 자극 신호 전달 조절, 티로시나아제의 활성 억제 작용과 저해, 멜라닌 환원 및 박리 촉진 작용들이 있다.

[미백화장품의 종류 및 특징]

종류	특징
알부틴, 코직산, 상백피 추출물, 닥나무 추출물, 감초추출물, 레몬 추출물	• 티로시나아제 효소의 활성 억제
비타민C	• 도파(DOPA) 산화 억제
AHA	• 각질세포
하이드론 퀴논	• 멜라닌 세포 사멸
아산화티탄	• 자외선 차단

2) 주름 개선 화장품

노화가 진행되면 섬유아세포의 수와 기능이 감속하고 콜라겐의 변성과 감소 등의 원인으로 주름이 생성된다. 주름개선의 도움이 되는 화장품 원료는 레티놀, 레티닐팔미테이트, 아데노신, 메디민 A 등이 있다.

(1) 기능
① 섬유아세포를 자극하여 콜라겐과 엘라스틴의 생성 촉진
② 피부에 탄력을 주고 주름을 억제

(2) 성분
① 비타민 A: 지용성 물질로 레티노이드이며 레티놀, 레틴알데히드, 레니토인산의 3가지 형태
② 피부세포의 증식과 분화에 영향을 주고 손상된 콜라겐과 엘라스틴의 회복을 촉진

3) 자외선 차단 화장품

(1) 기능
① 자외선에 서서히 피부의 손상 없이 그을리게 됨
② 자외선 침투를 막아 피부를 보호하기 위함

PART 05 화장품학

③ 자외선 차단제는 노출 15분 전 발라주어야 한다.

④ 3시간 한 번씩 덧발라 주는 것이 효과적이며 SPF 지수가 높을수록 피부에 대한 자극도 높아지므로 민감한 피부인 경우 주의해야 한다.

(2) 자외선 차단제의 종류

[자외선 차단제의 종류 및 특징]

종류	특징
자외선 산란제	• 물리적인 산란작용으로 자외선을 피부에 침투하지 못하도록 한다. • 도포 시 하얗게 보이는 백탄현상이 나타난다. - 장·단점: 자외선 차단이 높음. 화장이 밀리는 경우가 생김. - 성분: 이산화티탄, 산화아연(징크옥사이드), 카오린, 탈크 등
자외선 흡수제	• 화학적인 흡수작용으로 자외선을 소멸시켜 자외선이 피부에 침투하지 않도록 한다. - 장·단점: 투명한 제품이어서 도포 시 투명하게 보이며 촉촉함. 피부 트러블 가능성이 높음. - 성분: 옥틸디메틸 파바, 옥틸메톡시 신나메이트, 아보벤존, 옥시벤존, 살리실레이트, 벤조페논 등

(3) 자외선 차단지수(SPF, Sun Protection Factor)

① UV-A 차단하는 지수는 +로 표시하며, +가 많을수록 UVA에 대한 차단효과가 높다.

② UV-B 효과를 나타내는 지수

③ 홍반을 일으키는 자외선의 최소량(MED)

4) 태닝 화장품

(1) 선탠 화장품

① 화상을 유발하는 UV-B를 차단하는 자외선 차단제가 함유되어 있다.

② 피부가 손상되지 않도록 하여 피부가 천천히 자외선에 그을리도록 도움을 준다.

③ 종류: 태닝 크림, 태닝 오일, 태닝 스프레이 등이 있다.

④ 성분: 글리세린 파바, 벤조페논 등

| CHAPTER 05 | 색조 화장품

1. 베이스 메이크업

[메이크업 베이스 종류 및 특징]

종류	특징
메이크업 베이스	• 파운데이션의 밀착성을 높여준다. • 베이스 색상 - 그린: 잡티, 붉은 피부 - 핑크: 창백하고 혈색이 없는 피부 - 오렌지: 태닝피부, 검은 피부 - 화이트: 칙칙하고 어두운 피부 톤 - 보라: 노란기가 있는 동양 피부 - 블루: 붉고 민감한 피부
파운데이션	• 얼굴의 자외선 차단 및 잡티커버 • 얼굴 윤곽 수정, 일체감 부여 • 피부 톤을 균일하게 표현 • 종류 - O/W: 리퀴드 파운데이션 - W/O: 크림 파운데이션
파우더	• 파운데이션의 유분을 제거하여 밀착력을 높여줌 • 피지 분비 억제 및 피부 톤 정돈 • 파우더 종류 - 페이스 파우더: 백색의 무기안료에 유색안료를 배합하여 착색한 균일한 분말 상태 - 콤팩트 파우더: 분말형태의 파우더를 압축한 상태

2. 포인트 메이크업

[포인트 메이크업의 종류 및 특징]

종류	특징
아이섀도	• 눈의 음영과 입체감 부여 • 눈의 아름다움, 눈의 표정 및 개성 표현
아이라이너	• 눈의 윤곽을 살려 눈매를 뚜렷하게 표현
마스카라	• 속눈썹을 길고 짙어 보이며 풍성하게 표현
블러셔	• 볼에 혈색과 입체감 표현
립스틱	• 입술에 보습 및 색채감을 주어 매력적으로 표현

PART 05 화장품학

3. 메이크업 도구

[메이크업의 도구의 종류 및 특징]

종류	특징
스펀지	• 메이크업 베이스, 파운데이션을 피부에 바르기 위해 사용
파우더 브러시	• 가루 파우더를 살짝 묻혀 피부 안쪽에서 바깥쪽으로 가볍게 펴 바를 때 사용
팬 브러시	• 부채꼴 모양이며 파우더를 바른 후 여분의 가루를 제거할 때 사용
블러셔 브러시	• 얼굴의 윤곽을 수정하거나 볼터치를 바를 때 사용
아이섀도 브러시	• 아이섀도를 바를 때 사용 범위에 맞는 사이즈를 선택하여 사용
사선 브러시	• 아이브로우를 그릴 때 사용
스크루 브러시	• 눈썹을 다듬거나 아이브로우를 그린 후 뭉쳐진 부분을 정리할 때 사용
콤 브러시	• 눈썹의 방향과 형태를 정리하거나 빗어줄 때 사용

| CHAPTER 06 | 바디 & 네일 화장품

1. 바디 화장품

[바디화장품의 종류 및 특징]

분류	종류	특징
세정	비누, 바디워시	• 노폐물 제거 및 청결
트리트먼트	바디 로션, 바디 크림, 바디 오일	• 피부의 건조 예방 및 수분과 유분 공급
일소	태닝용 크림, 오일, 스프레이	• 피부를 어둡고 곱게 태워줌
일소 방지	선크림, 선젤, 선 로션, 선 스틱, 선 파우더	• 자외선으로부터 피부 보호
액취 방지	데오드란트 로션, 스프레이, 파우더	• 몸에서 나는 체취 방지 및 항균 작용 기능
방향제	샤워코롱	• 몸에 좋은 향기가 나게 하는 기능

2. 네일 화장품

[네일 화장품의 종류 및 특징]

종류	특징 및 사용방법
네일 에나멜, 폴리쉬	• 손톱에 색채를 주어 손톱 전체를 아름답게 보이고 개성을 연출할 수 기능이 있으며 손톱 표면을 단단하게 하여 손톱의 부러짐을 예방
베이스 코트	• 손톱에 네일 에나멜의 색이 착색되는 것을 막아주며 손톱 표면을 매끄럽게 정리해주어 에나멜의 컬러표현과 밀착력에 도움 • 에나멜을 바르기 전에 사용

종류	특징 및 사용방법
탑 코트	• 에나멜 색의 광택과 에나멜의 보존 지속력을 높여줌
큐티클 리무버	• 손톱 주변의 큐티클 정리를 제거할 때 피막을 연하게 만들어 주며, 니퍼로 제거 시 용이하게 하며, 큐티클 정리 전 사용
에나멜 리무버	• 베이스 코트, 에나멜, 탑 코트 등을 지거할 때 사용
네일 영양제	• 자연손톱이 얇아서 갈라지거나 부서지는 손톱에 사용

| CHAPTER 07 | 방향 화장품

1. 향수의 구비 조건

① 향의 확산성의 기능을 갖추어야 한다.
② 향마다 독특한 향의 특징이 있어야 한다.
③ 최신 유행하는 트렌드에 잘 부합해야 한다.
④ 향은 은은하게 적당함이 있으며 지속력이 있어야 한다.

2. 향수의 구분

1) 향의 희석에 다른 분류

구분	부향률	지속 시간	특징
퍼퓸	15~30%	6~7시간	• 향이 풍부하며 가격이 높음
오데퍼퓸	9~12%	5~6시간	• 퍼퓸보다 낮은 부향율이 특징이며 가격 면에서는 경제적이다.
오데토일렛	6~8%	3~5시간	• 오데코롱의 가벼운 느낌이 장점이며 퍼퓸의 지속성을 가짐.
오데코롱	3~5%	1~2시간	• 처음 향을 접하는 사람에게 적합함
샤워코롱	1~3%	약 1시간	• 샤워 후 바디용으로 사용하며 시원하고 산뜻한 느낌을 줌

2) 향의 발산 속도의 종류 및 특징

발산 속도	종류	특징
탑 노트	프루티, 시트러스	• 향을 뿌리고 처음 맡은 향의 첫 느낌이 강함 • 휘발성이며 강한 발향을 가지고 있다.
미들 노트	재스민, 장미	• 알코올이 빠진 다음 나는 향 • 보통 꽃 향이나 과일향이 해당됨
베이스 노트	머스크	• 휘발성이 낮고 시간이 지난 뒤 몸에 체취와 섞여 나오는 향으로 가장 오래 남는 향이다.

PART 05 화장품학

3) 천연향의 추출 방법

분류	수증기 증류법	압착법	용매 추출법
특징	• 가장 많이 사용하는 방법이며 식물을 물에 담가 향기 물질이 수증기와 함께 기체로 증발하여 물질이 뜨고 분리되면 순수한 천연향을 얻을 수 있다.	• 레몬, 오렌지, 라임, 베르가못 등을 압착할 때 사용한다. • 냉동 압착법: 향의 파괴를 막기 위해 껍질을 냉동하여 추출한다.	• 휘발성 용매 추출법: 에탄올 등에 꽃을 침적시킨 후 성분을 녹여냄. • 비휘발성 용매 추출법: 유리판에 식물유를 바른 뒤 꽃잎을 올려 성분 추출

| CHAPTER 08 | 아로마 에센셜

1. 에센셜오일

① 정유, 아로마 오일이라 불리며, 식물의 꽃과 잎, 줄기, 뿌리 등에서 추출한 물질
② 효능: 정서 불안, 수면 장애, 피부 미용, 화상, 감기, 호흡기 장애, 면역강화, 여드름, 염증, 혈액순환 촉진 등에 다양한 효능

2. 사용 시 주의 사항

① 패치테스를 실시해야 한다.
② 캐리어 오일에 1~3%의 농도를 희석하여 사용해야 한다.
③ 임산부, 간질, 고혈압 등의 질환이 있는 사람에게는 주의하여 사용한다.
④ 에센셜 오일은 고농축 유효 성분으로 흡수율이 높아 부작용이 생길 수 있다.

3. 아로마 오일 사용 방법

[아로마 적용 분류 및 사용방법]

분류	방법
목욕법	• 욕조에 몸을 담그는 방법(전신욕, 반신욕, 족욕, 좌욕 등)
흡입법	• 수건에 오일을 1~2방울 떨어뜨려 호흡을 통해 흡입하는 방법
확산법	• 아로마 램프 또는 가습기 등에 오일을 떨어뜨려 확산시키는 방법
습포법	• 물 500ml에 오일 5~6방울 떨어뜨린 뒤 타월에 적셔 피부에 올려놓는 방법
마사지 법	• 캐리어 오일 1~3%를 희석해서 전신에 부드럽게 마사지하는 방법

4. 아로마 에센셜 오일 종류

(아로마 오일의 종류 및 특징)

종류	추출법	특징
베르가못	냉각 압착법	• 근육이완, 모공 수축, 피지제거
시더우스	증기 증류법	• 지성피부, 여드름 피부, 살균작용, 수렴작용
카모마일	수증기 증류법	• 살균, 소독, 진정, 소염작용, 민감성 피부, 홍조
유칼립투스	증기 증류법	• 소염, 살균, 방부, 근육통, 피부 호흡 작용, 예민 피부 알레르기 유발
재스민	용매 추출법	• 피지조절, 분만촉진, 긴장 완화
라벤더	증기 증류법	• 스트레스, 불면증, 긴장 완화, 살균, 미백 작용
레몬	냉각 압착법	• 미백, 기미, 색소침착, 피지분비 조절, 지성 피부
오렌지	냉각 압착법	• 콜라겐 생성, 노폐물 제거, 건성 피부, 노화 피부
파촐리	증기 증류법	• 항염증, 진정작용, 피부 재생, 보습
페퍼민트	증기 증류법	• 피로 회복, 항염증, 여드름 완화, 집중력 향상
로즈마리	증기 증류법	• 기억력 증진, 두통, 혈액순환 촉진, 손상된 피부 관리
티트리	증기 증류법	• 살균, 소독작용, 비듬 완화, 여드름, 입술 헤르페스
제라늄	수증기 증류법	• 호르몬 균형, 항균 작용

5. 캐리어 오일(베이스 오일)

① 에센셜 오일과 희석하여 사용하는 식물성 오일
② 에센셜 오일의 자극을 감소시키고, 피부흡수를 높이는 작용
③ 식물의 씨앗에서 추출한 추출물이며 베이스오일이라고도 부른다.

(캐리어 오일의 종류 및 특징)

종류	특징
호호바 오일 (냉 압착법)	• 화학적 구조가 피지와 유사하여 피부에 잘 침투 • 단백질, 미네랄 등을 함유하고 있어서 항염제 역할 • 모든 피부에 사용, 쉽게 산화되지 않고 보존이 용이함
아보카도 오일 (압착법)	• 건성피부, 노화피부에 효과 • 피부 재생 및 피부 침투력이 좋은 영양공급
살구 씨 오일 (압착법)	• 미네랄, 비타민 함유가 높아 피부 흡수력과 피부 유연에 도움 • 노화, 건조, 민감 피부 염증에 효과
아몬드 오일 (압착법)	• 피부 재생효과 및 피부를 윤택하게 함 • 건조피부, 민감한 피부 개선 효과 • 필수지방산, 비타민 A·D, 레시틴, 칼륨 등의 풍부한 영양 함유

6. 캐리어 오일(베이스 오일) 보관 및 주의 사항

① 캐리어 오일은 산화가 쉽게 되므로 서늘한 곳에 보관한다.
② 에센셜 오일과 캐리어 오일을 블랜딩 한 경우 6개월 이내에 사용한다.
③ 블랜딩 한 오일은 갈색 병에 담아 냉장 보관하여 사용한다.

7. 아로마에센셜 오일을 활용한 피부 관리

1) 중성피부

표면이 매끄럽고 윤기가 있는 이상적인 피부이며, 카모마일, 제라늄, 라벤더 에센셜 오일과 호호바 오일을 블랜딩 하여 얼굴 마시지를 통해 세포성장과 혈핵순환 활성에 도움을 주고 피지 밸런스를 조절하여 관리한다.

2) 건성피부

윤기가 없고 피부 결이 가늘고 피지 분비가 원활하지 않아 건조하여 잔주름이 많은 피부이다. 호호바 오일과 로즈, 네롤리, 라벤더 등의 에센셜 오일을 활용하여 피부 세포 재생 도움을 주며 유연성과 보습성의 기능을 높여준다.

3) 지성피부

모공이 크고 피부 결이 두꺼우며 피지가 과다하게 분비되어 블랙헤드가 생기는 피부이다. 라벤더, 사이프러스, 베르가못, 제라늄과 호호바 오일을 블랜딩하여 피지분비 밸런스를 조절해주고 모공수축으로 블랙헤드를 제거해 준다.

4) 여드름 피부

과다한 피지 분비로 모공 속에 염증이 생기며 호르몬의 불균형으로 면포성 여드름이 발생하는 피부이다. 라벤더, 티트리, 레몬의 에센셜 오일과 호호바, 살구 씨 오일과 블랜딩 하여 피지를 조절해주고 염증을 진정시켜 살균, 면역기능을 강화시키는 피부 관리를 한다.

PART 05 | 화장품학 예상문제

01 화장품의 사용 목적과 가장 거리가 먼 것은?

㉮ 인체를 청결, 아름답게 하기 위하여 사용한다.
㉯ 용모를 변화시키기 위하여 사용한다.
㉰ 피부와 모발의 건강을 유지하기 위하여 사용한다.
㉱ 인체에 대한 약리적인 효과를 주기 위해 사용한다.

 의약외품은 정상인에게 사용하는 물품 중에서 어느 정도의 약리학적 효능, 효과를 나타내는 물품이다.

02 화장품법상 기능성 화장품에 속하지 않는 것은?

㉮ 미백에 도움을 주는 제품
㉯ 민감성 피부 완화에 도움을 주는 제품
㉰ 주름 개선에 도움을 주는 제품
㉱ 자외선으로부터 피부보호를 위한 제품

기능성 화장품 분류: 미백, 주름, 자외선 및 태닝제품

03 화장품 분류에 관한 설명 중 틀린 것은?

㉮ 마사지 크림은 기초 화장품에 속한다.
㉯ 파운데이션은 베이스 메이크업에 속한다.
㉰ 퍼퓸, 오데코롱은 방향 화장품에 속한다.
㉱ 페이스 파우더는 기초 화장품에 속한다.

 페이스 파우더는 메이크업 화장품으로 분류된다.

04 기초 화장품의 필요성에 해당되지 않는 것은?

㉮ 세정   ㉯ 미백
㉰ 피부정돈   ㉱ 피부 보호

 미백: 기능성 화장품

05 린스의 기능으로 틀린 것은?

㉮ 정전기를 방지한다.
㉯ 모발 표면을 보호한다.
㉰ 자연스러운 광택을 준다.
㉱ 세정력이 강하다.

 샴푸는 세정의 목적으로 모발을 청결하게 한다.

✔ 정답 01 ㉱ 02 ㉯ 03 ㉱ 04 ㉯ 05 ㉱

PART 05 화장품학

06 다음 중 인체 세정용 제품이 아닌 것은?
  ㉮ 버블배스　　㉯ 폼 클렌저
  ㉰ 외음부 세정제　㉱ 물휴지

버블배스는 목욕용 제품류에 속한다.

07 다음 중 기초 화장품에 속하는 것은?
  ㉮ 파운데이션　㉯ 립스틱
  ㉰ 영양크림　　㉱ 네일 팔리시

기초 화장품: 스킨, 로션, 영양크림 등

08 다음 중 기초 화장품에 해당하지 않는 것은?
  ㉮ 에센스　　　㉯ 클렌징크림
  ㉰ 스킨로션　　㉱ 파운데이션

메이크업 화장품: 베이스, 파운데이션, 파우더 등

09 다음 중 샤워코롱이 속하는 분류는?
  ㉮ 메이크업 화장품　㉯ 기능성 화장품
  ㉰ 방향 화장품　　　㉱ 네일 화장품

방향 화장품: 퍼퓸, 오데코롱, 샤워코롱

10 다음 중 피부에 수분을 공급하는 보습제의 기능을 갖는 것은?
  ㉮ 계면활성제　㉯ 알파-하이드록시산
  ㉰ 글리세린　　㉱ 메틸파라벤

글리세린은 수분을 끌어당기는 힘이 강하며 보습기능을 증가시킨다.

✔ 정답　06 ㉮　07 ㉰　08 ㉱　09 ㉰　10 ㉰

11 세정자용과 기포 형성 작용이 우수하여 비누, 샴푸 등에 사용되는 계면활성제는?

㉮ 양이온성 계면활성제
㉯ 음이온성 계면활성제
㉰ 비이온성 계면활성제
㉱ 양쪽성 계면활성제

음이온성 계면활성제는 세정과 기포형성 작용이 우수하여 샴푸, 클렌징 등에 사용된다.

14 팩에 사용되는 주성분 중 피막제 및 점도 증가제로 사용되는 것은?

㉮ 카올린, 탈크
㉯ 폴리비닐아코올, 잔탄검
㉰ 구연산나트륨, 아미노산류
㉱ 유동 파라핀, 스쿠알렌

• 점도 증가제: 제품의 점도를 조절하여 안정성을 유지 (퀸스시드검, 잔탄검, 카르복시비닐 폴리머)
• 피막제: 피막 형성(폴리비닐아코올, 폴리비닐디롤리든, 니트로셀룰로오스)

12 계면활성제에 대한 설명 중 잘못된 것은?

㉮ 계면활성제는 계면을 활성화시키는 물질이다.
㉯ 계면활성제는 친수성기와 친유성기를 모두 소유하고 있다
㉰ 계면활성제는 표면 장력을 높이고 기름을 유화시키는 특성이 있다
㉱ 계면활성제는 표면활성제라고도 한다.

계면활성제는 표면 장력을 낮추어 물과 기름이 잘 섞이도록 한다.

13 아하(AHA) 의 설명이 아닌 것은?

㉮ 각질 제거 및 보습기능이 있다.
㉯ 글리콜릭산, 젖산, 사과산, 주석산, 그연산이 있다.
㉰ 알파 하이드록시 카프르익 에시드
㉱ 피부와 점막에 약간의 자극이 있다.

AHA: 알파 하이드록시의 약어이다.

15 화장품 성분 중에서 양모에서 정제한 것은?

㉮ 바셀린   ㉯ 밍크오일
㉰ 플라센타 ㉱ 라놀린

양모, 바셀린 석유 밍크오일: 밍크의 지방층, 플라센타: 태반 추출물

✓ 정답   11 ㉯   12 ㉰   13 ㉰   14 ㉯   15 ㉱

PART 05 화장품학

16 다음중 화장품에 사용되는 주요 방부제는?

㉮ 에탄올
㉯ 벤조산
㉰ 파라옥시안식향산메틸
㉱ BHT

- 에탄올: 소독제, 수렴제
- 벤조산: 주로 식품에 첨가되는 방부제
- 방부제: 파라옥시안식향산메틸
- BHT: 산화방지제

17 다음 중 화장품성분 중 무기안료의 특성은?

㉮ 내광성, 내열성이 우수하다.
㉯ 선명도와 착색력이 뛰어나다.
㉰ 유기용매에 잘 녹는다.
㉱ 유기 안료에 비해 색의 종류가 다양하다.

무기안료
- 내광성 우수: 빛에 의한 변질, 변형에 견디는 성질
- 내열성 우수: 재료가 변형이나 변질하는 일 없고 고열에 견딜 수 있음

18 동물성 단백질의 일종으로 피부의 탄력 유지에 매우 중요한 역할을 하는 것은?

㉮ 아줄렌   ㉯ 콜라겐
㉰ 엘라스틴   ㉱ DNA

엘라스틴(탄력섬유)은 치부에 탄력성을 주어 주름이 생기는 것을 방지한다.

19 다음 중 여드름의 발생 가능성이 가장 적은 화장품 성분은?

㉮ 호호바 오일
㉯ 라놀린
㉰ 미네랄 오일
㉱ 이소프로필팔미데이크

호호바 오일은 분자 상 구조 인체 피지와 비슷하여 흡수가 잘 되며 모공 속의 노폐물을 용해시키므로 지성 피부에 효과적이다.

20 화장품에 배합되는 에탄올의 역할이 아닌 것은?

㉮ 청량감   ㉯ 소독작용
㉰ 수렴효과   ㉱ 보습작용

에탄올 역할: 청량감, 수렴효과, 소독작용

✓ 정답 16 ㉰ 17 ㉮ 18 ㉯ 19 ㉮ 20 ㉱

21 천연보습인자에 속하지 않는 것은?

㉮ 암모니아 ㉯ 아미노산
㉰ 요소 ㉱ 젖산염

 천연보습인자: 아미노산, 요소, 젖산염, 치를리돈카르본산염

22 다음 중 물에 오일성분이 혼합되어 있는 유화상태는?

㉮ O/W 에멀션 ㉯ W/O 에멀션
㉰ W/S 에멀션 ㉱ W/O/W 에멀션

- O/W: 물중에 오일이 분산되어 있는 상태 (수중유형)
- W/O: 기름 중에 물이 분산되어 있는 상태(유중수형)
- W/O/W: 다상 에멀션

23 화장품 제조 기술이 아닌 것은?

㉮ 가용화 기술 ㉯ 유화 기술
㉰ 분산 기술 ㉱ 융융 기술

- 화장품 제조 기술: 가용화, 유화, 분산
- 융융 기술: 고체를 액체 상태로 변화시키는 기술

24 다량의 유성성분을 물에 일정기간 동안 안정환 상태로 균일하게 혼합시키는 화장품 제조 기술은?

㉮ 유화 ㉯ 경화
㉰ 분산 ㉱ 가용화

- 가용화: 물에 소량의 오일성분이 투명하게 용화된 상태
- 유화: 물에 많은 양의 오일 성분이 불투명하게 섞인 상태
- 분산: 물 또는 오일에 미세한 고체 입자가 균일하게 혼합된 상태

25 다음 중 O/W 제형인 화장품은?

㉮ 모이스처 로션 ㉯ 마사지 크림
㉰ 클레이팩 ㉱ 화장수

- O/W: 로션, 크림, 클렌징 로션 등
- W/O: 영양 크림, 클렌징 크림 등

✔ 정답 21 ㉮ 22 ㉮ 23 ㉱ 24 ㉮ 25 ㉮

PART 05 화장품학

26 피부의 미백을 화장품 성분이 아닌 것은?
- ㉮ 플라센타, 비타민 C
- ㉯ 레몬 추출물, 감초 추출물
- ㉰ 코직산, 구연산
- ㉱ 캄퍼, 카모마일

- 캄퍼: 여드름 피부
- 카모마일: 민감성 피부

27 여드름 피부에 맞는 성분 중 거리가 먼 것은?
- ㉮ 캄퍼
- ㉯ 로즈마리 추출물
- ㉰ 알부틴
- ㉱ 카모마일

- 알부틴: 티로시나아제 효소 작용 억제하여 미백 작용 성분

28 여드름 피부 화장품 성분으로 가장 거리가 먼 것은?
- ㉮ 살리실산
- ㉯ 글리실리진산
- ㉰ 아줄렌
- ㉱ 감초

감초는 미백 화장품 성분이다.

29 기초 화장품에 포함되지 않는 것은?
- ㉮ 클렌징 오일
- ㉯ 에센스
- ㉰ 파운데이션
- ㉱ 마스크

- 기초 화장품: 클렌징 로션, 클렌징크림, 클렌징 폼, 클렌징 오일, 화장수, 로션, 크림, 에센스 등
- 색조 화장품: 메이크업 베이스, 파운데이션, 파우더, 아이섀도 등

30 페이셜 스크럽에 관한 설명 중 옳은 것은?
- ㉮ 민감성 피부의 경우 스크럽제를 문지를 때 무리하게 압을 가하지만 않으면 매일 사용해도 상관없다.
- ㉯ 피부 노폐물, 세균, 메이크업 잔여물 등을 제거하므로 메이크업 했을 경우만 사용한다.
- ㉰ 각화된 각질을 제거해 줌으로 세포의 재생을 촉진해 준다.
- ㉱ 스크럽제로 문지르면 신경과 혈관을 자극하여 혈액순환을 촉진시켜 주며 15분 정도 충분히 마사지 되도록 문질러 준다.

스크럽은 주 1~2회 정도 사용하고 메이크업을 지운 다음 사용하는 것이 효과적이다. 세포 재생에 도움을 주며, 코, 이마, 턱 같이 각질이 두꺼운 부위를 중심으로 2~3분 정도 부드럽게 문지른다.

✓ 정답 26 ㉱ 27 ㉰ 28 ㉱ 29 ㉰ 30 ㉰

31 세정용 화장수의 일종으로 가벼운 화장의 제거에 사용하기 적합한 것은?

㉮ 클렌징 오일　　㉯ 클렌징 로션
㉰ 클렌징 워터　　㉱ 클렌징 크림

해설
클렌징 워터는 옅은 화장 및 가벼운 노폐물 제거에 사용한다.

32 입술의 선을 선명하게 하여 형태를 수정 보완시켜 주는 제품은?

㉮ 립 라이너　　㉯ 립글로스
㉰ 립스틱　　㉱ 립 틴트

해설
립 라이너는 입술의 라인을 그릴 때 사용하며 립의 색상이 오래 지속되는데 도움을 준다.

33 포인트 메이크업 때 필요한 화장품이 속하지 않는 것은?

㉮ 블러셔　　㉯ 아이섀도
㉰ 립스틱　　㉱ 파운데이션

해설
메이크업 화장품으로 피부색 표현에 쓰이는 것은 파운데이션이다.

34 에센셜 오일을 추출하는 방법이 아닌 것은?

㉮ 수증기 증류법　　㉯ 혼합법
㉰ 압착법　　㉱ 용제 추출법

해설
• 수증기 증류법: 증기와 열 농축의 과정을 걸쳐 추출
• 압착법: 과일 껍질을 압착하여 추출
• 용제 추출법: 용매에 휘발시켜 추출

35 화장품 성분 중 무기 안료의 특성은?

㉮ 내광성, 내열성이 우수하다.
㉯ 선명도와 착색력이 뛰어나다
㉰ 유기 용매에 잘 녹는다.
㉱ 유기 안료에 비해 색의 종류가 다양하다.

해설
무기안료: 유기안료에 비해 불투명하고 광물성 안료여서 내광성과 내열성이 좋고 유기용제에 녹지 않는다.

✓ 정답　31 ㉯　32 ㉮　33 ㉱　34 ㉯　35 ㉮

PART 05 화장품학

36 화장품 제조에서 사용되는 기술이 아닌 것은?
- ㉮ 분산
- ㉯ 유화
- ㉰ 가용화
- ㉱ 추출

 추출은 식물의 유효성분들을 분리할 이용하는 방법이다.

37 화장품 성분 중 양모에서 추출한 것은?
- ㉮ 밍크 오일
- ㉯ 바셀린
- ㉰ 플라센타
- ㉱ 라놀린

 라놀린은 양모의 피지선에서 분비되는 성분이다.

38 클렌징 크림의 설명으로 맞지 않은 것은?
- ㉮ 메이크업 화장을 지울 때 사용한다.
- ㉯ 클렌징 로션보다 유성성분 함량이 적다.
- ㉰ 피지나 기름때와 같이 물에 잘 닦이지 않는 오염물질을 닦아낸다.
- ㉱ 깨끗하고 촉촉한 피부를 위해 비누로 세정하는 것보다 효과 적이다.

 클렌징 로션보다 클렌징 크림이 유효성분 함량이 많다.

39 세정 화장수의 분류로 가벼운 메이크업을 지우기에 가장 적당한 것은?
- ㉮ 클렌징 오일
- ㉯ 클렌징 워터
- ㉰ 클렌징 로션
- ㉱ 클렌징 크림

 클렌징 워터는 세안하기 전 피부의 노폐물을 닦아주는 데 사용한다.

40 화장수의 설명 중 잘못된 것은?
- ㉮ 피부에 청량감을 준다.
- ㉯ 피부의 각질층에 수분을 공급한다.
- ㉰ 피부에 남아 있는 잔여물을 닦아 준다
- ㉱ 피부의 각질을 제거한다.

 화장수는 각질 제거가 아닌 피부의 정돈과 수분 밸런스를 유지해준다.

✔ **정답** 36 ㉱ 37 ㉱ 38 ㉯ 39 ㉯ 40 ㉱

41 팩의 분류에 속하지 않는 것은?

㉮ 필 오프 타입 ㉯ 워시 오프 타입
㉰ 패치 타입 ㉱ 워터 타입

팩의 분류: 필 오프 타입, 워시 오프 타입, 티슈 오프 타입, 패치 타입, 시트 타입

42 자외선 차단을 도와주는 화장품 성분이 아닌 것은?

㉮ 파라아미노안식향산
㉯ 옥틸디메틸파바
㉰ 콜라겐
㉱ 타타늄디옥사이드

콜라겐은 피부 재생을 도와주는 화장품 성분이다.

43 화장품의 원료 중 물에 관한 설명이 아닌 것은?

㉮ 수용성 용매로 사용된다.
㉯ 세균과 금속이온이 제거된 정제수이다.
㉰ 스킨, 로션, 크림 등 기초 화장품이 사용된다.
㉱ 유기용매로서 향료, 색소, 유기안료 등을 녹이는 용매로 사용된다.

㉱ 알코올류 가운데 에탄올에 관한 내용이다.

44 글리세린에 관한 내용이 아닌 것은?

㉮ 3가 알코올이다.
㉯ 보습제로 사용된다.
㉰ 살균, 소독작용을 한다.
㉱ 용매, 유화제, 감미료 등에 사용된다.

㉰ 에탄올에 관한 내용이다.

45 왁스 종류 중 식물성 원료에 해당되는 것은?

㉮ 밀납 ㉯ 라놀린
㉰ 경납 ㉱ 호호바유

밀납, 라놀린, 경납 은 동물성 왁스류이다.

✔ 정답 41 ㉱ 42 ㉰ 43 ㉱ 44 ㉰ 45 ㉱

PART 05 화장품학

46 화장품의 보습제 중 천연보습인자 성분인 것은?

㉮ 요소
㉯ 글리세린
㉰ 솔비톨
㉱ 프로필렌글리콜

글리세린, 솔비톨, 프로필렌글리콜은 보습제 중 수용성 다가 알코올 성분이다.

47 금속봉쇄재와 관련된 설명인 것은?

㉮ 물 또는 원료 중의 미량 금속이온을 봉쇄한다.
㉯ 화장품의 미생물 오염을 방지한다.
㉰ 염료와 안료로 구분된다.
㉱ 빛, 산, 알 칼라에 약하다.

㉯ 방부제, ㉰, ㉱ 색체데 관련된 설명이다.

48 캐리어 오일에 대한 설명이 아닌 것은?

㉮ 베이스 오일이라고도 한다.
㉯ 캐리어는 운반이라는 의미로서 에센셜 오일을 피부 속으로 운반시켜 주는 매개물이다.
㉰ 아로마 오일 추출 시 오일과 분류되어 나오는 증류액이다.
㉱ 아로마 오일의 향을 방해하지 않도록 향이 없어야 하고 흡수력이 좋아야 한다.

- 캐리어 오일은 식물의 씨를 압착하여 추출한 식물유로 베이스 오일이라고도 한다.
- 에센셜 오일을 피부에 효과적으로 침투시키기 위해 사용한다. 오일마다 색상, 효능, 점도 등에 따라 약리적 효과가 있다.

49 아로마 테라피 시 아로마 오일에 대한 설명이 아닌 것은?

㉮ 주로 수증기 증류법에 의해 추출한다.
㉯ 베이스 오일에 희석하여 사용한다.
㉰ 안정성 확보를 위해 사전에 패치 테스트를 실시한다.
㉱ 공지 중의 산소, 빛 등에 변질될 수 있으므로 플라스틱 병에 보관하여 사용한다.

갈색 병에 보관하여 사용한다.

50 식물성 오일에 해당되지 않는 것은?

㉮ 실리콘 오일
㉯ 라벤더 오일
㉰ 올리브 오일
㉱ 호호바 오일

실리콘 오일은 합성 오일에 속한다.

✅ 정답 46 ㉮ 47 ㉮ 48 ㉰ 49 ㉱ 50 ㉮

51 보습제의 조건이 아닌 것은?
㉮ 다른 성분과 혼용성이 있어야 한다.
㉯ 휘발성이 있어야 한다.
㉰ 적절한 보습 능력이 있어야 한다.
㉱ 응고점이 낮아야 한다.

 보습제의 조건으로 휘발성이 없어야 한다.

52 양이온성 계면활성제의 설명으로 틀린 것은?
㉮ 살균 작용이 우수하다.
㉯ 소독 작용이 있다.
㉰ 정전기 발생을 억제 한다.
㉱ 피부 자극이 적어 저 자극 샴푸에 사용한다.

 저 자극 샴푸는 양쪽성 계면활성제의 대표적인 예다.

53 화장품의 분류에 대한 설명 중 틀린 것은?
㉮ 영양 크림은 기초 화장품에 속한다
㉯ 헤어트리트먼트는 모발용 화장품이 속한다.
㉰ 샤워코롱, 오데 퍼퓸은 방향 화장품에 속한다.
㉱ 파우더는 기초 화장품어 속한다.

 파우더는 메이크업 화장품에 속한다.

54 기초 화장품을 사용하는 목적인 아닌 것은?
㉮ 서 안   ㉯ 피부정돈
㉰ 피부 보호   ㉱ 피부 결점 보완

 피부 결점을 보완하는 것은 메이크업 화장품의 목적이다.

55 클렌징크림의 조건과 거리가 먼 것은?
㉮ 체온에 의하여 액화되어야 한다.
㉯ 피부에 빨리 흡수되어야 한다.
㉰ 피부의 유형에 적절해야 한다.
㉱ 피부의 표면은 상하게 해서는 안 된다.

 클렌징크림은 피부에 흡수되어서는 안 된다.

✔ 정답 51 ㉯ 52 ㉱ 53 ㉱ 54 ㉱ 55 ㉯

PART 05 화장품학

56 일반적인 클렌징에 해당되는 사항이 아닌 것은?
- ㉮ 피부 피지 제거
- ㉯ 먼지 및 노폐물 제거
- ㉰ 메이크업 잔여물 제거
- ㉱ 효소를 이용하여 각질제거

 효소를 이용한 각질제거는 딥 클렌징에 해당된다.

57 미백 화장품의 기능이 아닌 것은?
- ㉮ 멜라닌 합성 억제
- ㉯ 도파 산화 억제
- ㉰ 티로시나아제 활성화
- ㉱ 자외선 차단

 미백 화장품은 티로시나아제의 활성을 억제한다.

58 미백 화장품 원료가 아닌 것은?
- ㉮ 알부틴
- ㉯ 코직산
- ㉰ 레티놀
- ㉱ 비타민 C

 레티놀은 주름 개선에 효과가 있다.

59 다음 중 주름 개선 성분에 해당되지 않는 것은?
- ㉮ 레티놀
- ㉯ AHA
- ㉰ 코직산
- ㉱ 항산화제

 코직산은 미백과 관련된 성분이다.

60 자외선 차단제에 대한 설명 중 틀린 것은?
- ㉮ 자외선 차단제의 구성 성분은 크게 자외선 산란제와 자외선 흡수제로 구분된다.
- ㉯ 자외선 차단 제 중 자외선 산란 제는 투명하고, 자외선 흡수제는 불투명한 것이 특징이다.
- ㉰ 자외선 산란 제는 물리적인 산란 작용을 이용한 제품이다.
- ㉱ 자외선 흡수제는 화학적인 흡수 작용을 이용한 제품이다.

 산란제는 불투명하고, 흡수제는 투명하다.

✅ **정답**   56 ㉱   57 ㉰   58 ㉰   59 ㉰   60 ㉯

61 에센셜 오일에 대한 설명 중 틀린 것은?
  ㉮ 에센셜 오일은 면역 기능을 높여 준다.
  ㉯ 에센셜 오일은 피부 미용에 효과적이다.
  ㉰ 에센셜 오일은 항균, 살균, 항염증에 효과적이다.
  ㉱ 에센셜 오일은 피지에 쉽게 용해되지 않으므로 다른 첨가물을 혼합하여 사용한다.

  에센셜 오일은 피지, 지방 물질에 용해됨

64 향수의 구비 조건이 아닌 것은?
  ㉮ 향에 특징이 있어야 한다.
  ㉯ 향이 강하므로 지속성이 없어야 한다.
  ㉰ 개인의 취향에 부합하는 향이어야 한다.
  ㉱ 향의 조화가 잘 이루어져야 한다.

  향수는 향의 지속성이 있어야 한다.

62 레몬 에센셜 오일의 사용과 관련된 설명으로 다른 것은?
  ㉮ 무기력한 기분을 전환시킨다.
  ㉯ 기미, 주근깨가 있는 피부에 좋다.
  ㉰ 여드름, 지성 피부에 사용된다.
  ㉱ 진정 작용이 뛰어나며 색소 침착이 되지 않는다.

  레몬은 살균 작용을 하며 햇빛에 노출했을 때 색소 침착의 우려가 있다.

63 천연 토코페롤을 풍부하게 함유하고 있어 피부에서 강력한 항산화 작용을 하는 캐리어 오일은?
  ㉮ 호호바 오일   ㉯ 맥아 오일
  ㉰ 달맞이 오일   ㉱ 코코넛 오일

  • 호호바 오일: 피부 친화성 우수하다.
  • 달맞이 오일: 항 알레르기 효과
  • 코코넛 오일: 피부 노화

65 샤워 코롱이 속하는 분류는?
  ㉮ 세정용 화장품   ㉯ 모발용 화장품
  ㉰ 기초 화장품   ㉱ 방향용 화장품

  샤워코롱은 향수의 한 종류이며 방향용 화장품에 속한다.

✓ 정답   61 ㉱   62 ㉱   63 ㉯   64 ㉯   65 ㉱

PART 05 화장품학

66 모발 화장품의 분류가 다른 것은?

㉮ 마사지 크림 ㉯ 헤어트리트먼트
㉰ 샴푸 ㉱ 린스

 샴푸는 세정제이며 린스, 트리트먼트는 헤어트리트먼트에 해당된다.

67 모발 화장품의 기능으로 맞게 설명된 것은?

㉮ 왁스: 비듬, 가려움, 탈모 등을 방지 및 촉진시킨다.
㉯ 샴푸: 모발 및 두피를 청결하게 하여 생리 기능을 활성화 한다.
㉰ 육모제: 모발에 유연성과 광택을 부여한다.
㉱ 트리트먼트: 모발을 고정하거나 세팅 시 사용한다.

 ㉮ 육모제, ㉰ 트리트먼트제, ㉱ 정발제

68 파운데이션의 일반적 기능의 설명이 틀린 것은?

㉮ 피부색에 맞는 컬러를 사용하여 피부색을 정리해준다.
㉯ 피부의 기미, 잡티 등 결점을 커버해 준다.
㉰ 자외선으로부터 피부를 보호한다.
㉱ 피지를 억제하고 화장을 지속시켜 준다.

 피지를 억제하고 화장을 지속시켜 주는 것은 페이스 파우더이다.

69 유분이 많이 함유한 고체형태의 파운데이션의 종류는?

㉮ 크림 파운데이션 ㉯ 리퀴드 파운데이션
㉰ 스틱 파운데이션 ㉱ 파우더 파운데이션

 크림파운데이션, 리퀴드 파운데이션, 파우더 파운데이션 은 고체형 파운데이션 형태에 해당되지 않는다.

70 포인트 메이크업에 해당되지 않는 것은?

㉮ 블러셔 ㉯ 립스틱
㉰ 마스카라 ㉱ 파운데이션

 파운데이션은 베이스 메이크업에 해당된다.

✅ 정답 66 ㉮ 67 ㉯ 68 ㉱ 69 ㉰ 70 ㉱

71 화장품의 원료 중 수성 원료가 아닌 것은?

㉮ 보습제 ㉯ 에탄올
㉰ 파라핀 ㉱ 정제수

파라핀은 유성 원료에 해당된다.

72 다음 중 페이스 파우더의 성분인 것은?

㉮ 탈크, 이산화티탄
㉯ 아줄렌, 바셀린
㉰ 유동파라핀, 왁스
㉱ 밀랍, 라놀린

페이스파우더 성분: 탈크, 이산화티탄, 카올린, 탄산칼슘, 스테아린산 아연, 미리스틴산 아연 등

73 다음 중 유연 화장수에 관한 설명이 잘못된 것은?

㉮ 수분 및 보습 성분이 피부를 촉촉하고 탄력 있게 만들어 준다.
㉯ pH는 약알칼리성에서 약산성이 주류를 이루고 있지만 최근에는 pH 5.5~6.5 정도 조정된 제품을 사용한다.
㉰ 노화된 각질과 피부 결을 부드럽게 정리해준다.
㉱ 알코올 배합 량이 높아 피부에 청량감과 수렴 효과를 부여한다.

수렴 화장수: 알코올 배합 량이 모공을 수축시켜 피부 결을 정리하고 피지 억제 작용과 청량감이 있어 지성 피부나 여름철 화장수로 사용된다.

74 다음 중 유기합성 색소가 아닌 것은?

㉮ 아조계 염료 ㉯ 베타카로틴
㉰ 레이크 ㉱ 유기안료

베타카로틴은 당근에서 추출된 천연 황색 색소이다.

75 다음 중 마스카라가 갖추어야 할 조건과 거리가 먼 것은?

㉮ 피부에 자극에 없어야 한다.
㉯ 점도가 강해야 한다.
㉰ 벗겨지거나 갈라지지 않아야 한다.
㉱ 뭉치지 않고 균일하게 묻혀 져야 한다.

마스카라의 구비 요건: 자극이 없을 것, 뭉치지 않고 균일하게 묻혀 질 것, 벗겨지거나 갈라지지 않을 것, 적당한 컬링 효과가 있을 것, 속눈썹이 진하고 길게 보이는 효과가 있을 것이다.

✔ 정답 71 ㉰ 72 ㉮ 73 ㉱ 74 ㉯ 75 ㉯

PART 05 화장품학

76 손톱의 주름을 메워 네일 에나멜의 밀착성을 높이는 제품은?
㉮ 탑 코트 ㉯ 베이스코트
㉰ 에나멜 리무버 ㉱ 네일 에나멜

> 해설: 베이스코트는 네일 에나멜 전에 발라 밀착성을 좋게 할 목적으로 사용되는 제품

77 립스틱의 성분 중 립스틱의 녹는점을 높여 고체 상태를 유지할 수 있도록 하며, 립스틱 표면에 광택을 주는 성분은 무엇인가?
㉮ 산화 방지제 ㉯ 왁스
㉰ 오일 ㉱ 탈크

> 해설: 왁스는 립스틱에 사용되는 유분으로 스틱 형상을 만들어 주며 표면에 광택을 준다.

78 아이브로우 펜슬의 구성 성분이 아닌 것은?
㉮ 안료 ㉯ 왁스
㉰ 오일 ㉱ 레티놀

> 해설: 레티놀은 주름개선 효과가 있는 성분이다.

79 네일 에나멜의 구성성분 중 해당되지 않는 것은?
㉮ 안료 ㉯ 니트로 셀룰로오즈
㉰ AHA ㉱ 아크릴

> 해설: AHA 유기산의 일종으로 표피의 탄력을 유도하여 미백에 관여하는 화장품 성분이다.

80 불면증, 스트레스, 긴장 완화 등 심리적 안정에 좋고 살균, 일광 화상, 세포 재생에도 효과적인 아로마 오일인 것은?
㉮ 라벤더 ㉯ 페퍼민트
㉰ 주니퍼 ㉱ 레몬

> 해설: 라벤더의 효능으로는 스트레스, 불면증, 긴장 완화, 진정, 세포 재생에도 효과적이다.

✅ **정답** 76 ㉯ 77 ㉯ 78 ㉱ 79 ㉰ 80 ㉮

PART 06 공중보건학

CHAPTER 01 공중보건학
CHAPTER 02 소독학
CHAPTER 03 공중위생관리법

PART 06 공중보건학

CHAPTER 01 공중보건학

1. 공중보건학 개론

1) 공중보건 정의

미국 윈슬로우 박사(E. A. Winslow, 1877~1957)는 "공중보건학은 여러 교육과 예방을 위한 사회적 목표로 조직화된 지역사회의 공동노력을 통하여 질병 예방과 생명연장, 신체적, 정신적 효율을 증진 시키는 기술이며 과학이다."라고 정의하였다.

2) 공중보건 목적

① 질병예방
② 수명연장
③ 신체적·정신적 건강증진

3) 공중보건의 범위

종류	내용
환경 관리 분야	• 환경위생, 식품위생, 환경보전 및 환경오염, 산업보건, 공해
역학 및 질병 관리 분야	• 역학, 감염병관리, 기생충 질환관리, 만성·비전염성 질병관리
보건 관리 분야	• 보건행정 및 보건영양, 보건교육, 의료정보, 응급의료, 가족보건, 가족계획, 노인보건, 모자보건, 인구보건, 성인병관리, 학교보건, 사회보장제도 등

4) 세계보건기구[World Health Organization] 건강의 정의

건강이란 단순하게 질병이나 허약하지 않은 상태만을 의미하는 것이 아니라 육체적 정신적 그리고 사회적 안녕(국민의 기본적인 욕구가 만족되는 상태)이 완전한 상태를 말한다.

(1) 보건 및 건강지표

개인, 지역, 사회의 인구단위의 건강수준과 가장 직접적으로 나타내는 지표로 사망자수, 평균수명, 조사망률, 영아 사망률, 질병이환율 등이 있다.

【 건강지표 】

구분	특징
평균수명	• 0세 때의 평균 기대수명을 말한다.
조사망률	• 인구 1,000명당 1년간 전체 사망자 수
비례사망지수	• 일 년 동안 전체 사망자 수에 대한 50세 이상의 사망자 수의 구성비율

【 국가 간 또는 지역사회 간 보건수준 평가의 3대지표 】

구분	특징
평균수명	• 0세 때의 평균 기대수명을 말한다.
영아사망률	• 출생아 1,000명당 1년 이내의 사망자 수에 대한 비율로 한 지역 또는 국가 간의 공중보건을 평가하는 자료로 보건 수준을 평가
비례사망지수	• 일 년 동안 전체 사망자 수에 대한 50세 이상의 사망자 수의 구성비율

2. 질병 관리

1) 질병의 개념

인체의 조직 또는 기관의 이상으로 원활한 생리 기능을 수행하지 못함으로 인체가 받는 자극 및 스트레스에 대한 적응 기전의 이상으로 인체의 기능 및 구조에 장애가 발생한 상태

2) 감염병 생성 과정

【 감염병의 생성과정 】

병원체 – 병원소 – 병원소로부터 병원체 탈출 – 전파 – 새로운 숙주로 침입 – 숙주의 감염

- 숙주에게 질병을 일으킬 감염원인 병원체가 존재해야 하며 병원체의 생존이 가능한 병원소가 있어야 한다.
- 병원소에서 병원체가 탈출해야 하며 탈출한 병원체는 다른 숙주 또는 매개체를 통해 전파되어야 한다.
- 전파된 병원체는 새로운 숙주에게 적절한 경로와 환경을 통해 침입한다.
- 새로운 숙주는 그 병원체에 대해 감수성이 있거나 면역 및 저항력이 없어야 감염병이 생성된다.

(1) 전파

병원소로부터 탈출한 병원체가 새로운 숙주로 침입되는 전파는 직접 전파와 간접 전파로 나뉜다.

PART 06 공중보건학

① 직접전파

숙주로부터 탈출한 병원체가 중간 매개체 없이 직접 다른 숙주에게 감염을 일으키는 전파이며 성병, 나병 등과 같은 질병과 직접 접촉한 경우와 신체의 일부가 직접 토양에 접촉하여 발생하는 탄저병, 파상풍, 구충증 등이 해당된다. 비말에 의한 기침, 재채기 등도 해당된다.

② 간접전파

다른 매개체가 감염을 통해 전파됨으로 감염이 성립되는 것으로 주로 병원체를 옮기는 매개체는 파리, 모기, 벼룩 등과 같은 절지동물과 패류, 담수어 등이 해당되며 무생물로 병원을 옮기는 물, 식품, 생활용품 등도 여기에 해당된다.

③ 생물학적 전파

병원체가 곤충이나 매개 내에서 증식한 뒤에 전파가 이루어진다.

3) 질병 발생의 3대 원인

구분	특징
환경 (Environment)	• 병인과 숙주를 제외한 모든 원인 • 생물학적 요인: 병원소, 매개체 등 • 물리·화학적 요인: 기온, 공기, 기압, 소음 등 • 사회적 요인: 경제능력, 사회조직관계, 관습, 습관 등
병인 (Agent)	• 직접적 질병 발생의 원인 • 생물학적 인자: 세균, 바이러스, 기생충, 곰팡이 등 • 물리.화학적 인자: 공기, 물, 화학물질, 광선 등 • 사회적 인자: 스트레스, 관습, 정서적 불안 등
숙주 (Host)	• 숙주의 감수성 및 면역에 따른 요인(연령, 성별, 직업, 습관, 위생, 선·후천적 저항력, 건강상태 등)

4) 질병의 예방 단계

구분	특징
1차 예방 (질병 발생 전 단계)	• 질병자체를 억제 (환경개선, 건강관리, 예방접종 등)
2차 예방 (질병 감염 단계)	• 질병의 조기 발견 및 즉각적인 치료 (조기검진, 건강검진 등)
3차 예방 (불구 예방 단계)	• 질병의 회복기 이후에 적용 (재활 및 사회복귀, 적응 등)

5) 감염병(전염병)의 종류

(1) 병원체
숙주에 살면서 전염병을 일으키는 미생물

① 세균
- 소화기계: 콜레라, 장티푸스, 파상열, 파라티푸스, 세균성이질 등
- 호흡기계: 결핵, 디프테리아, 성홍열, 백일해, 나병, 수막 구균성, 수막염, 폐렴 등
- 피부 점막계: 매독, 임질 연성하감, 파상풍, 야토병, 페스트 등

② 바이러스
- 소화기계: 소아마비, 폴리오, 유행성 간염, 브루셀라증 등
- 호흡기계: 인플루엔자, 두창, 유행성이하선염, 홍역 등
- 피부 점막계: 일본뇌염, 트라코마 광견병, AIDS, 황열 등

③ 리케차: 발진티푸스, 발진열, 쯔쯔가무시 등

④ 기생충: 회충, 편충, 이질 아메바 등

[병원체의 탈출]

구분	탈출경로	대표 질병
위장관 탈출	• 분변, 토사물	• 콜레라, 파라티푸스, 소아마비 등
호흡기계 탈출	• 기침, 재채기(코, 비강, 인후, 기도 등)	• 폐결핵, 천연두, 폐렴 등
비뇨생식기계 탈출	• 소변, 대변, 성기 분비물	• 성병, 질염, 방광염, 요도염 등
개방된 상처로 탈출	• 상처 표면, 종기 등	• 나병 등
기계적 탈출	• 흡혈성 곤충(이, 벼룩, 모기 등)	• 말라리아, 발진열 등

(2) 병원소
병원체가 증식하면서 생존을 계속하여 다른 숙주에 전파시킬 수 있는 상태로 저장되는 일의 전염원이다.

① 인간 병원소

㉠ 건강보균자
- 가장 관리하기 어려운 전염병이다.
- 병원체를 가지고 있으나 특이 증상이 없으며 몸 밖으로 병원체가 배출된다.
- B형 간염, 폴리오, 일본뇌염

PART 06 공중보건학

ⓒ 잠복기보균자(발병 전 보균자)
- 잠복 기간 중 전염성 질환 병원체를 내보낸다.
- 디프테리아, 홍역, 백일해

ⓒ 회복기보균자(병후 보균자)
- 전염성 질환 후 치료되었으나 병원균이 몸 안에 남아있는 보균자를 말한다.
- 세균성 이질

ⓔ 만성보균자
- 오랫동안 계속적으로 보유하고 있는 자를 말한다.
- 장티푸스, B형 간염, 결핵

② 동물 병원소
소(탄저병, 결핵, 파상열 등), 돼지(일본뇌염, 탄저병, 파상열 등), 토끼(야토병), 개(광견병, 공수병 등), 쥐(페스트, 쯔쯔가무시증, 발진열, 양충병 등), 양(탄저병, 파상열 등), 고양이(독소프라스마증, 살모넬라증 등)

③ 토양 병원소
파상풍, 렙토스피라균, 탄저균, 오염된 토양 등

3. 면역(Immunity)

면역이란 병원균(항원)에 대한 방어체계(항체)로 인체 안에서 방어하는 작용을 말한다.

1) 면역의 종류

선천적 면역과 후천적 면역으로 분류되면 후천적 면역은 능동 면역으로 분류된다.

분류			내용
선천적 면역 (자연면역)			• 자가방어능력으로 모태로부터 선천적으로 받은 면역을 말하며 종속 저항력, 인종 저항력이 해당된다.
후천적 면역	• 능동면역	• 자연능동면역	• 질병이 이환된 후 얻어지는 면역
		• 인공(획득면역)	• 예방접종 후 얻어지는 면역
	• 수동면역	• 자연수동면역	• 모체의 태반, 수유를 통해 얻는 면역
		• 인공수동면역	• 회복기 혈청, 면역혈청 등을 주사하여 항체는 얻는 면역

4. 감염병 관리

1) 우리나라 법정 감염병 관리

(1) 급성감염병

① 호흡기계 감염병

디프테리아, 홍역, 백일해, 폐렴, 세균성 편도선염, 수두, 결핵, 독감, 류마티스열 등

② 소화기계 감염병

콜레라, A형간염, 장티푸스, 포도상구균식중독, 파라티푸스, 세균성 이질, 폴리오 등

③ 절지동물매개 감염병

절지동물(모기, 이, 벼룩, 진드기, 쥐 등)을 통해 인간에게 질병을 전파하는 질병이다.

④ 동물매개 감염병

인간과 동물이 병원소로 되어있으며 인수 공통감염병이라고 한다.

(2) 만성감염병

성병, 나병, 결핵, B형 간염, 트라코마, 후천성 면역 결핍증 등이 대표적 질병으로 의학의 발전과 함께 감염성 질환의 발생과 사망률이 많이 감소되는 추세인 질병들이다.

(3) 인수공통 감염병

① 동물매개 감염병

매개 동물	질병명
쥐	• 페스트, 살모넬라증, 발진열, 서교증, 렙토스피라증
소	• 결핵, 탄저병, 파상열, 살모넬라증
개	• 광견병(인수병)
돼지	• 파상열, 살모넬라증, 일본뇌염
양	• 탄저, 파상열
말	• 탄저, 일본뇌염, 살모넬라증

② 곤충매개 감염병

매개 동물	질병명
모기	• 말라리아, 일본뇌염, 사상충, 황열, 뎅기열

PART 06 공중보건학

매개 동물	질병명
파리	• 소화기계감염병, 수면병, 승저구(구더기증)
벼룩	• 페스트(흑사병), 발진열
이	• 발진티푸스, 재귀열, 참호열
진드기	• 록키산홍반열(참진드기), 쯔쯔가무시병(털진드기), 야토병

〔 우리나라 법정 감염병 관리 〕

제1군 감염병	• 생물테러감염병 또는 치명률이 높거나 전염 속도가 빨라 집단 발생의 우려가 커서 발생 또는 유행 즉시 신고하여야 하고, 음압 격리와 같은 높은 수준의 격리가 필요한 감염 병이다. • 종류(17종): 에볼라바이러스병, 마버그열, 라싸열, 크리미안콩 고출혈열, 남아메리카출혈열, 리프트밸리열, 두창, 페스트, 탄저, 보툴리눔독소증, 야토병, 신종감염병증후군, 중증급성호흡기증후군(SARS), 중동호흡기증후군(MERS), 동물인플루엔자인체감 염증, 신종인플루엔자, 디프테리아
제2군 감염병	• 전파 가능성을 고려하여 발생 또는 유행 시 24시간 이내에 신고하여야 하고, 격리가 필요한 감염병이다. • 종류(20종): 결핵, 수두, 홍역, 콜레라, 장티푸스, 파라티푸스, 세균성이질, 장출혈성대장균감염증, A형간염, 백일해, 유행성이하선염, 풍진, 폴리오, 수막구균 감염증, B형 헤모필루스 인플루엔자, 폐렴구균 감염증, 한센병, 성홍열, 반코마이신내성황색포도알균(VRSA) 감염증, 카바페넴내성장내세균속균종(CRE) 감염증
제3군 감염병	• 발생을 계속 감시할 필요가 있어 발생 또는 유행 시 24시간 이내에 신고하여야 하는 감염 병이다. • 종류(26종): 파상풍, B형간염, 일본뇌염, C형간염, 말라리아, 레지오넬라증, 비브리오패혈증, 발진티푸스, 발진열, 쯔쯔가무시증, 렙토스피라증, 브루셀라증, 공수병, 신증후군출혈열, 후천성면역결핍증(AIDS), 크로이츠펠트-야콥병(CJD) 및 변종크로이츠펠트-야콥병(vCJD), 황열, 뎅기열, 큐열, 웨스트나일열, 라임병, 진드기매개뇌염, 유비저, 치쿤구니야열, 중증열성혈소판감소후군(SFTS), 지카바이러스감염증
제4군 감염병	• 제1급 감염 병부터 제3급 감염병까지의 감염병 외에 유행 여부를 조사하기 위하여 표본감시 활동이 필요한 감염 병이다. • 종류(23종): 인플루엔자, 매독, 회충증, 편충증, 요충증, 간흡충증, 폐흡충증, 장흡충증, 수족구병, 임질, 클라미디아감염증, 연성하감, 성기단순포진, 첨규콘딜롬, 반코마이신내성장알균(VRE) 감염증, 메티실린내성황색포도알균(MRSA) 감염증, 다제내성녹농균(MRPA) 감염증, 장관감염증, 급성호흡기감염증, 해외유입기생충 감염증, 엔테로바이러스감염증, 사람유두종 바이러스 감염증
제5군 감염병	• 기생충에 의한 감염 병으로 정기적인 점검을 통해 감시가 필요하며 복건복지부장관이 전하는 감염병이다. • 종류(6종): 회충증, 편충증, 요충증, 간흡충증, 장흡충증
지정 감염 병	• 제1군 감염병부터 5군 감염병까지의 감염병 외에 유행 여부를 조사하기 위해 감시 활동이 필요하며 보건복지부 장관이 정하는 감염염이다. • 종류(17종): C형감염, 수족구병, 임질, 클라미디아, 연성하감, 성기단순포진, 첨규콘딜롬, VRSA 감염증, 다제내성녹농균감염증, 다제내성아시네토박터바우마니균감염증, 카바페넴내성장내세균속균종감염증, 장관감염증, 급성호흡기 감염증, 해외유입기생충감염증, 엔테로바이러스 감염증

6. 가족보건 및 노인보건

1) 가족보건

(1) 가족계획의 정의
건강한 자녀를 알맞은 수와 터울로 출산하고 가족구성원으로 성장할 수 있도록 하는 계획으로 산아계획, 결혼, 임신, 육아, 모자보건, 불임 등의 문제 해결이 해당된다.

(2) 모성보건 산업
① 분만보호
② 산전보호
③ 산욕보호

(3) 모자보건의 필요성
① 모자보건과 여성인권존중을 위해서 꼭 필요한 보건이다.
② 가정의 경제생활 향상과 생활방식을 개선함으로 행복한 삶을 유지하기 위함이다.
③ 윤리 도덕관 즉, 낙태, 남아선호사상 등의 시대적 변천에 부응하기 위함이다.

(4) 모자보건 대상자
모자 보건의 대상자는 임신, 출산 및 수유를 하는 기간의 모성과 취학 전 6세 미만 어린이까지의 영·유아와 여성을 대상으로 한다.

2) 노인보건

(1) 노인보건관리
① 대상: 65세 이상의 노인
② 노인보건의 의의: 노년기의 노인들에게 건강을 유지하고 나타나는 질병을 방지하기 위함으로써 전체적으로 질병감소, 수명연장 등 의미 있는 삶을 영위할 수 있도록 한다는 점에 의의가 있다.
③ 노인보건의 중요성: 노인의 질병과 장애는 장기서 질병이 많아 국민 총 의료비가 늘어남으로 이 질병에 대한 예방, 대책, 비용을 줄일 수 있는 제도적 장치가 필요하다.
④ 노인의 건강관리: 1일 기준 1,800Kcal 이상을 섭취하고 음주, 흡연을 조절해야하며 적당한 운동, 취미 활동, 휴식이 필요하며 정기적인 건강진단 및 치료가 필요하다.

(2) 노인문제 사안
① 질병 및 장애
② 경제적 능력 문제
③ 우울증 및 소외감

3) 인구보건

(1) 인구 구성 형태

종류	특징
피라미드형	• 출생률과 사망률이 모두 높은 후진국형 인구 증가형
종형	• 출생률, 사망률이 모두 낮은 형이며 인구정지형으로 가장 이상적인 형
항아리형	• 출생률이 사망률보다 낮은 형이며 인구감소형으로 선진국형
별형	• 인구유입형으로 도시로 인구가 증가되는 형
기타형	• 생산연령인국 다수 유출되는 농촌형

7. 환경보건 및 산업보건

1) 환경보건의 정의

세계보건기구[World Health Organization(WHO)]에서는 사람의 신체발육과 건강, 생존에 영향을 미치는 물리적 환경에 있어서의 요인을 제한하는 것이라고 정의하였다.

(1) 공기

① 구성성분

질소 78%, 산소 21%, 아르곤 0.93%, 이산화탄소 0.03%, 기타 0.04%

질소(N)	• 공기에서 가장 중요하며, 성인 1일 산소 소비량은 500~700L • 14% 이하 저산소증, 10% 이하 호흡곤란, 7% 이하 질식사 • 산소 중독증: 산소가 많을 시 폐부종, 호흡 억제, 흉부통증 등
산소(O)	• 공기 중 가장 많은 양을 차지 • 고압 환경에서 감압 시 잠함병(잠수병)을 유발 • 수소와 반응시켜 암모니아를 만드는 암모니아 합성에 가장 많이 사용되며, 질산·비료 염료 등 많은 질소 화합물 제조 • 질소산화물: 대기오염 주원인 물질 중 하나로 석탄이나 석유 속에 포함되어 있어 연소할 때 산화되어 발생하며 기관지염과 산성비 등을 유발

일산화탄소(CO)	• 물체가 타기 시작할 때, 꺼질 때 불완전 연소 시 발생 • 혈액 중 산소의 농도를 낮춘다. • 무색, 무취, 구미의 무자극 독성 가스로 공기보다 가벼움 • 연탄가스 중 인체에 중독 증상을 일으키는 주된 물질 • 서한량(실내 공기 허용 한계): 0.01%(100ppm, 8시간 기준)이며 0.1(1,000ppm) 이상일 경우 생명이 위험
이산화탄소(CO_2)	• 실내 공기오염 지표 • 지구 온난화 현상의 주된 원인 • 무색, 무취 • 실내 공기 허용 한계: 0.1%(1,000ppm, 8시간 기준) 정도 • 7% 이상 호흡 곤란, 10% 이상 질식사

(2) 기후

기후의 3대 요소: 기온($18\pm2°C$), 기습($40~70\%$), 기류($1m/sec$)

① 기온(온도)

㉠ 일상생활 적합 온도 거실($18\pm2°C$), 침실($15\pm2°C$), 병실($21=2°C$)이다.

㉡ 적정 실내·외 온도차는 $5°C ~ 7°C$이다.

㉢ 가장 좋은 온도: 기온 $18\pm2°C$, 습도 $60~65\%$

㉣ 측정
- 실내에서는 통풍이 잘되고 직사광선을 받지 않는 곳에 매달아 놓고 측정
- 평균 온도가 높이에 비례하여 내려오는데 고도 11,000m 이하에서는 보통 100m당 $0.5 ~ 0.7$ 정도이다.
- 측정할 때 수은주 높이와 측정자의 눈의 높이가 같아야 한다.
- 무난한 날의 하루 중 기온이 가장 낮을 때는 새벽 4~5시이고, 가장 높을 때는 오후 2시경이 일반적이다.

② 기습(습도)

㉠ 쾌적한 습도: 40~70% 이다.

㉡ 습도가 높으면 피부 질환, 습도가 낮으면 호흡기 질환이 발생될 수 있다.

㉢ 불쾌지수(D, I, Discomfort Index): 온도와 습도에 영향에 의해서 느껴지는 불쾌한 느낌을 숫자로 표현한 것이다.

D.I. 85 이하	• 견딜 수 없는 상태
D.I. 80 이하	• 거의 모든 사람이 불쾌한 느낌
D.I. 75 이하	• 50%의 사람이 불쾌한 느낌
D.I. 70 이하	• 10%의 사람이 불쾌한 느낌

㉣ 절대 습도: 단위 체적 안에 포함된 수분의 절대량을 중량이나 압력으로 표시한 것으로 현재 공기 $1m^3$ 중에 함유된 수증기량 또는 수증기 장력을 나타낸 것이다.

PART 06 공중보건학

③ 기류(공기의 흐름)
  ㉠ 기온과 기압의 차이에 의해 발생하는 공기의 흐름을 말한다.
  ㉡ 수평 방향 공기의 흐름을 바람이라고 한다.
  ㉢ 수직 방향 공기의 흐름을 기류라고 한다.

2) 생활환경

(1) 대기오염

구 분	내 용
온난화 현상	• 지구 전체의 온도가 과하게 상승하는 현상
오존층 파괴	• 지상에 도달하는 강한 자외선을 막아주고 성층권온도를 상승시키는 열적효과를 갖고 있다. 오존량을 증가시켜 도시지역에 광화학 스모그 발생을 촉진시킨다.
산성비	• 대기오염이 심각한 지역에서 내리는 비로 황산화물이나 질소산화물 등이 원인이며 원인물질배출의 최소화에 노력해야 한다.

(2) 수질오염의 지표

구 분	내 용
생물학적 산소 요구량 (BOD)	• 산소가 존재하는 상태에서 어떤 물속의 미생물이 유기물을 20℃에서 5분간 분해, 안정시키는데 요구 되는 산소량 • 오염된 물속에서 산소가 결핍될 가능성이 높음을 나타내는 지표
용존 산소량 (DO)	• 물속에 녹아있는 산소 • DO가 부족하다는 것은 오염도가 심하다는 것을 의미한다.
화학적 산소 요구량 (COD)	• COD가 높을수록 수질의 오염이 심하다는 것을 의미한다. • 화학적으로 산화시킬 때 필요한 산소의 량을 의미한다.
수소이온농도 (pH)	• pH가 7 이하가 되면 산성, pH가 7 이상이면 알칼리성을 의미한다.

3) 수질 오염에 따른 피해

구 분	내 용
미나마타병 (Minamata Disease)	• 수은에 의하여 생기는 질병 • 조개 및 어패류를 통하여 발생
이타이이타이병 (Itai Itai Disease)	• 카드뮴 오염에 의해서 식수나 농업용수를 통해 발생되는 질병 • 뼈가 녹아서 생기는 질병으로 골연화증, 전신통증의 질병 발생

2) 산업보건의 정의

산업보건은 산업에 종사하고 있는 근로자들이 정신적, 육체적으로 건강하게 종사할 수 있도록 하는 관리 및 정비에 대하여 연구하는 기술이다.

(1) 산업피로의 해결방안
① 작업자의 작업환경을 좀 더 안정성 있도록 개선한다.
② 충분한 휴식을 가질 수 있도록 복지를 개선한다.
③ 작업능력과 노동하는 시간을 합리적으로 조정한다.
④ 작업장의 환경을 정비하고 개선한다.

3) 산업 재해

(1) 개념
근로자가 업무수행 중 건물, 가스, 분진 등에 의해 업무상의 사유로 사망 또는 부상하거나 질병이 일어날 경우 산업재해라고 정의한다.

(2) 발생원인
설계상 결함, 생리적 결함, 작업환경 불량, 관리 결함

(3) 직업병
근무자가 종사하면서 근로환경에 원인이 되어 일어나는 질병을 말한다.

[직업병의 특징]

종 류	특 징
수은(Hg)중독	발열, 구토, 호흡곤란, 두통, 언어 장애, 근육 경련, 구내염 등 미나마타병의 원인으로 발상한다.
카드뮴(Cd)중독	화학성폐염, 당뇨, 신장 기능 장애
크롬(Cr)	인두염, 천공, 기관지염, 피부염 등
고산병	고산 폐수종, 열경련, 열사병, 열탈허증, 자외선 결막염
분진	석면폐증, 활석폐증, 진폐증, 기관지염, 천식
소음	난청
열중증	열로 인한 피로, 실신, 경련

8. 식품 위생

1) 식품 위생의 개념

(1) 정의
① 세계보건기구WHO정의: 식품 위생은 사람에게 섭취되기까지의 모든 수단에 대한 위생을 말한다.
② 우리나라의 식품 정의: 식품위생법에 의거하여 식품위생이란 식품, 첨가물, 기구 및 포장 용기 등을 대상으로 하는 음식에 관한 위생을 말한다.

(2) 식품 변질
① 변패: 단백질 외에 지방이나 탄수화물이 변질되는 상태를 말한다.
② 부패: 단백질이 분해되어 유해한 물질이 생성되며 악취가 나는 현상이다.
③ 산패: 산화되어 냄새나 색이 변질되는 현상을 말한다.
④ 발효: 미생물에 의하여 분해되어 더 좋은 상태로 변화될 수 있는 것을 말한다.

2) 식중독

(1) 정의
식중독이란 식품의 섭취 과정에서 인체에 유해한 미생물 또는 유독 물질에 의해서 감염되는 독소형 질환에 형태이다. 식중독은 온도가 높은 여름철에 가장 많이 발생된다.

(2) 분류

① 세균성 식중독

구 분	종 류	특 징
감염형 식중독	살모넬라	• 보균자에게도 감염이 가능 • 구토, 설사, 발열
	장염 비브리오	• 여름철 7~9월에 많이 발생한다. • 잠복기는 10~12시간 사이이다. • 급성 위장염 또는 심한 복통이 발생된다.
	병원성 대장균	• 복통 및 설사 • 유제품(우유, 치즈), 김밥, 햄 등에서 많이 발생한다. • 짧게는 10~24시간(하루) 정도의 잠복기가 발생한다.

구 분	종 류	특 징
독소형 식중독	웰치균	• 어패류, 육류에서 많이 발생된다. • 복통, 설사, 장염 등 증상이 나타난다.
	포도상구균	• 제일 흔하게 나타나는 식중독이다. • 화농성 질환을 일으킨다. • 급성 위장병, 설사, 복통 • 여름철에 가장 많이 나타난다.
	브툴리누스균	• 가장 위험한 식중독이다. • 소시지, 통조림 등에서 가장 많이 발생된다. • 호흡곤란, 두통, 신경 장애가 발생될 수 있는 식중독이다.

② 자연독 식중독

구 분	종 류	내 용
동물성 식중독	바지락, 모시조개	• 베네루핀
	복어	• 테트로도톡신
식물성 식중독	목화씨	• 고시풀
	독버섯	• 팔린, 무스카린, 필지오린
	감자	• 솔라닌
	청매	• 아미그달린
	독미나리	• 시큐톡신
	맥각	• 에르고톡신

③ 곰팡이 독소

구 분	독 소
황변미독	• 시트리닌
땅콩, 간장	• 아플라톡신
사과주스	• 파툴린

(4) 미생물의 크기

곰팡이 > 효모 > 세균 > 리케차 > 바이러스

3) 식중독 예방 및 보관법

(1) 예방법

① 음식을 가열하여 섭취한다.
② 음식조리 전 청결 상태를 확인한다.
③ 식품을 보존 시에는 냉장보관 또는 냉동보관한다.

(2) 보존법
① 물리적 보존: 냉장, 냉동, 밀봉, 통조림 법 등을 이용하여 보존한다.
② 화학적 보존: 방부제, 당장법 등을 이용하여 보존한다.

7. 보건 행정

1) 보건 행정 개념

(1) 정의
공공의 책임 하에 국민의 건강과 질병 예방, 건강 증진 도모를 위해 국가에 공공의 책임 하에 수행하는 공적인 활동을 말한다.

(2) 보건 행정 특성
교육성, 공공성과 사회성, 과학성 및 기술성

(3) 보건 행정 범위
보건교육, 의료서비스, 전염병 관리, 모자보건

(4) 보건 행정 분류

구분	대상	업무
학교보건	• 각급 학교의 학생과 교직원	• 급식, 체력증진교육, 보건
산업보건	• 사업장의 근로자	• 산업재해예방, 안전교육, 환경개선
일반보건	• 주민대상	• 건강보험, 위생, 감염 병

2) 사회 보장(Social Security)
국민의 출산, 빈곤, 질병, 장애 및 국민의 삶의 질을 향상시키고 필요한 서비스를 행하는 사회 안정망을 말한다.

(1) 사회 보장 제도
국가가 국민의 사회적으로 위험에 대처하고 소득과 건강을 보장하는 제도이다.
(연금, 실업 보험, 의료 보험, 산재 보험)

(2) 건강 보험제도
의료보험으로 질병과 부상에 대하여 예방하며 치료하는 보험이다.

CHAPTER 02 | 소독학

1. 소독의 정의 및 용어

용어	특징
소독	• 병원성 미생물을 파괴하거나 제거하여 감염과 증식력을 제거하며, 세균의 아포는 사멸시키지 못한다.
멸균	• 미생물 병원성 비병원성의 모든 균을 사멸하여 무균상태로 만드는 것
살균	• 미생물을 물리적 방법과 화학적 방법으로 빠르게 사멸 시키는 것
방부	• 물질어 어떠한 방법을 이용하여 미생물의 번식을 정지시키거나 제거하여 음식물의 부패나 발효를 방지하는 것

• 소독력 비교: 멸균 〉 살균 〉 소독 〉 방부 〉 청결

2. 소독제

1) 소독제의 결정 조건

① 미생물의 대한 소독력이 강해야 하며 소독효과가 신속하게 나타나야 한다.
② 환경적인 요인에 의해 영향을 받지 않아야 하며 안정성이 있어야 한다.
③ 부식과 표백성이 없어야 한다.
④ 용해성이 높고 세정작용이 우수하며 용해성이 높아야 한다.
⑤ 구매가 편리하며 향이 없어야 한다.

2) 소독제의 사용과 보존 주의 사항

① 소독제는 반드시 냉암소에 보관한다.
② 소독제는 사용 시에 제조하여 사용한다.
③ 소독에 목적에 따라 소독 방법 및 소독약을 사용한다.

PART 06 공중보건학

3. 소독방법 분류

1) 물리적 소독법

(1) 건열살균법

방법	효과
건열 살균법	• 건열기구로 150~160℃에서 1~2시간 멸균하는 방법 • 유리, 금속, 주사기, 분말 등 사용
소각법	• 불에 의해 멸균시키는 방법 • 감염 병 환자의 물품을 처리하는데 적당하다. • 일반폐기물 처리에도 사용되는 방법
화염 살균법	• 물체의 표면을 불꽃에 20초 이상 접촉하여 직접 살균하는 방법 • 금속, 도자기, 유리 제품 살균에 적합하다.

(2) 습열살균법

방법	효과
자비 소독법	• 간편한 방법으로 100℃이상에서 10분~30분 이상 끓이는 방법 • 금속성식기, 도자기, 면종류, 스테인레스 등 • B형간염 바이러스는 멸균되지 않는다.
증기 멸균법	• 불에 의해 멸균시키는 방법 • 감염 병 환자의 물품을 처리하는데 적당하다. • 일반폐기물 처리에도 사용되는 방법
저온 살균법	• 물체의 표면을 불꽃에 20초 이상 접촉하여 직접 살균하는 방법 • 금속, 도자기, 유리 제품 살균에 적합하다.

2) 화학적 소독법

제품	특징	효과
석탄산	• 살균력의 표준 지표로 사용한다. • 승홍수 1,000배의 살균력을 지님 • 바이러스와 아포에 약하고 저온에서 효과가 떨어진다. • 석탄산3%+물97% 사용	• 넓은 사용 범위 소독 방제 • 객담, 토사물, 오염된 환자의 의류, 분비물, 용기, 오물, 변기 등 소독
크레졸	• 석탄산 2~3배의 강한 소독력 • 크레졸 비누액3%+물97% 사용 • 피부 자극이 없고 냄새가 강함	• 유기 물질. 세균 소독에 효과적 • 오물, 객담, 피부, 이.미용실 바닥, 실내 소독
과산화수소	• 살균력과 침투성이 약하고 자극이 없다.	• 구내염, 구내 세척제, 창상 부위 소독 • 살균 및 탈취, 표백 효과, 두발 탈색제 사용
승홍수	• 무색, 무취, 살균력이 강하고 단백질을 응고시킨다. • 1,000배(0.1%)의 수용액을 사용	• 기구, 유리, 목제 등에 적합

제품	특 징	효 과
알코올 (에틸알코올)	• 비교적 가격이 저렴하고 독성이 낮으며 살균력이 있다. • 쉽게 증발되어 잔여 량이 없다. • 70% 농도에서 살균력이 가장 강력하다.	• 칼, 가위, 브러시, 소독, 유리 제품 등
염소	• 살균력과 소독력이 강하지만 자극성과 부식성이 강하다.	• 상수도, 하수도 소독과 같은 대규모 소독 • 음용수, 과일, 야채, 식기 등 소독
포르말린	• 포름알데히드가 36% 포함된 수용액으로 수증기를 동시에 혼합하여 사용한다. • 온도가 높을수록 소독력이 강하다.	• 밀폐된 실내, 내부 물건, 의류, 금속 기구, 도자기, 나무 제품, 플라스틱, 고무 제품 등 소독
역성비누	• 양이온 계면활성제와 동일하다. • 세정력은 없으나 살균력과 침투력이 강하다.	• 손, 식품, 식기류, 수지, 기구 등 소독
생석회	• 산화칼슘을 98% 이상 함유한 냄새가 없는 백색의 고형이나 분말 형태	• 화장실 분변, 토사물, 쓰레기통, 하수도 주위 등 소독

3) 소독 대상물에 따른 소독 방법

대 상 물	소 독 방 법
토사물, 배설물, 대소변	• 석탄산, 소각법, 크레졸, 생석회 분말
의류, 침구류, 수건류	• 증기소독, 일광소독, 자비소독, 크레졸, 석탄산
유리기구, 목죽제품, 도자기류	• 석탄산, 크레졸, 승홍, 포르말린, 증기소독, 자비소독
모피, 고무제품, 피혁제품	• 석탄산, 크레졸, 포르말린
쓰레기통, 화장실, 하수구	• 석탄산, 크레졸, 포르말린
병실	• 석탄산, 크레졸, 포르말린
환자, 환자 접촉자	• 석탄산, 크레졸, 승홍, 역성비누

4) 이·미용 기구의 소독 방법

대 상 물	소 독 방 법
가위	• 70% 에탄올로 소독 후에 사용한다. • 표면에 붙은 이물질과 머리카락 등을 제거한 후 고압증기 멸균한다.
니퍼, 랩 가위, 메탈 푸셔	• 70% 에탄올에 20분간 담근 후 흐르는 물에 헹구고 물기를 제거한 후 자외선 소독기에 보관한다.
시술용 테이블, 시술용 베드	• 70% 에탄올로 소독 후에 사용한다.
타월	• 1회용을 사용하거나 자비 소독 후 완전 건조시켜 사용한다.
가운, 터번	• 세탁 및 일광 소독 후에 사용하고 항상 새 것을 사용한다.
핑거볼	• 1회용을 사용하거나, 소독 후에 사용한다.

4. 미생물 총론

1) 미생물 정의

육안의 가시한계를 넘어선 0.1mm 이하의 미세한 생물체로 단일세포 또는 균사로 몸을 이루고 있다.

2) 미생물 분류

① 병원성 미생물: 인체 내에서 다양한 형태의 질병, 질환을 일으키는 미생물을 말하고, 종류로는 세균류, 바이러스류, 리케차, 진균류 등이 있다.
② 비병원성 미생물: 감염증의 원인이 되지 않는, 감염하여도 발병까지에 이르지 않은 미생물을 말하고, 종류로는 곰팡이균, 효모균, 발효균, 유산균 등이 있다.

3) 병원성 미생물의 종류 및 특징

종류	특징

세균	• 구균: 둥근 모양으로 생긴 세균
	     포도상 구균, 연쇄상 구균, 수막균 등이 있다.
	• 간균: 막대 모양 또는 원통 모양으로 생긴 세균
	     탄저균, 파상풍균, 디프테리아균, 나균, 결핵균 등

나선균군	• 나선형으로 된 간상균 • 편모를 가진 세균의 운동성이 가장 낮은 매우 점성이 높은 용액에서도 빠른 속도로 움직임 • 콜레라균, 매독균, 렙토스피라균, 장염 비브리오균 등
만곡형 세균군	• 곡선 모양의 세균으로 나선균군과 다르게 중심축사가 세포 주위에 감겨져 있음
호기성 그람 음성 간균	• 미생물 분류에서 많은 수를 차지하며 녹농균은 극편모를 가진 운동성 강균이며 편성 호기성임
통성혐기성 그람 음성 간균	• 두 주요한 과로 장내세균과 비브리오가 있으며 장내세균과 장티푸스균, 이질균, 대장균 속을 포함
그람 음성 혐기성 간균	• 인간의 정상 미생물균총 중 하나이며 인체 장에 많은 수가 존재하며 대장균 수의약 100정도 임
그람 음성 구균	• 임질, 수막염을 일으키는 주요한 병원균
그람 음성 혐기성 구균	• 생장을 위해 이산화탄소가 필요하며 복잡한 영양소를 필요로 함 • 구강 세균의 5~16% 존재
그람 양성 구균	• 불규칙한 덩어리 세포, 황생포도상구균은 상처를 감염시키거나 식중독을 일으킴
아포형성군	• 아포를 형성하는 세균은 음식의 부패와 관련해서 미생물학에서 중요하게 관리하고 있다. • 보툴리눔균은 식중독을, 파상풍균은 파상풍을 일으킴
아포 비형성 그람양성간균	• 치즈, 요구르트 등의 발효식품의 대사 활동에 의해 만들어짐 • 질, 구강, 장관계통의 정상균총임
클라미디아	• 인체의 호흡기계와 비뇨생식기계의 질병을 유발 • 조류의 경우 호흡기 질환 유발
미코플라스마	• 세포벽이 결핍된 세균으로 자가 증식이 가능한 가장 작은 미생물

종류	특징
바이러스	• 살아있는 세포에 기생하는 가장 작은 크기의 미생물 • 동물성 바이러스, 식물성 바이러스, 세균성 바이러스로의 종류가 있다. • 인플루엔자, 폴리오, 간염, 홍역, 뇌염 등
리케차	• 세균보다 작고 바이러스보다 큰 미생물 • 이, 빈대, 진드기 따위에 기생하며, 세포에서만 번식한다. • 발진티푸스, 선열, Q열, 로키산열, 쯔쯔가무시 등
진균	• 어디에서나 서식하는 다양한 형태를 가지고 있는 미생물 • 곰팡이류, 효모류, 버섯류 등 • 무좀, 백선 등 피부병

• 미생물의 크기 비교: 곰팡이 〉 효모 〉 스피로헤타 〉 세균 〉 리케차 〉 바이러스

4) 미생물 생장에 영향을 미치는 요인

(1) 수소이온 농도(pH)
pH6.5~7.5의 중성에서 가장 증식이 잘된다.

(2) 수분
미생물의 생장에 필요 수분 량은 40% 이상이며, 40% 미만일 경우 증식이 억제된다.

(3) 온도
미생물은 온도에 특히 민감하며, 생장과 사멸에 가장 큰 영향을 미치는 환경요인이다.
• 고온균: 50~80°C, 해양성 미생물 등
• 중온균: 30~40°C, 곰팡이 효모 등
• 저온균: 15~20°C, 온천 증식 미생물, 토양 미생물 등

(4) 영양
미생물의 생장에 탄소원, 질소원, 무기 염류 등의 영양원이 필요하다.

(5) 산소
• 호기성균: 미생물 생장 시 산소가 있어야 증식할 수 있는 균(결핵균, 백일해균, 디프테리아균, 진균 등)
• 혐기성균: 미생물 생장 시 산소가 없어야 증식할 수 있는 균(파상풍균, 보툴리누스균 등)
• 통성혐기성균: 미생물 생장 시 산소의 유무에 관계없이 증식할 수 있는 균(포도상 구균, 대장균, 살모넬라균 등)

PART 06 공중보건학

(6) 삼투압

염의 농도가 높으면 생장이 저해된다.

5) 미생물 증식의 3대 조건

영양소, 온도, 수분

CHAPTER 03 | 공중위생관리법

1. 공중위생관리법규

제 1조 공중위생관리법의 목적

공중이 이용하는 영업과 시설의 위생 관리 등에 관한 사항을 규정함으로서 위생 수준을 향상시켜 국민의 건강 증진에 기여함을 목적으로 한다.

제 2조 공중위생관리법의 정의

① 공중위생영업: 다수인을 대상으로 위생 관리 서비스를 제공하는 영업으로서 숙박업·목욕장업·이용업·미용업·세탁업·건물 위생 관리 업을 말한다.
② 미용업: 손님의 얼굴·머리·피부 등을 손질하여 손님의 외모를 아름답게 꾸미는 영업을 말한다.
③ 공중이용시설: 다수인이 이용함으로써 이용자의 건강 및 공중위생에 영향을 미칠 수 있는 건축물 또는 시설로서 대통령령이 정하는 것을 말한다.

제 3조 공중위생영업의 신고 및 폐업신고

① 공중위생 영업을 하고자 하는 자는 공중위생 영업의 종류별로 보건복지부령이 정하는 시설 및 설비를 갖추고 시장·군수·구청장에게 신고하여야 한다.
• 보건복지부령이 정하는 중요사항: 영업소의 명칭 또는 상호, 영업소의 주소, 신고한 영업장 면적의 1/3 이상의 증감, 대표자의 성명 또는 생년월일, 미용업 업종 간의 변경
② 공중위생 영업을 폐업한 날부터 20일 이내에 시장·군수·구청장에게 신고하여야 한다. 다만, 영업 정지 등의 기간 중에는 폐업신고를 할 수 없다.

제3조의 2 공중위생영업의 승계

① 공중위생 영업자가 그 공중위생 영업을 양도하거나 사망한 때 또는 법인의 합병이 있는 때에는 그 양수·상속인 또는 합병 후 존속하는 법인이나 합병에 의하여 설립되는 법인은 그 공중위생 영업자의 지위를 승계한다.
② 민사집행법에 의한 경매, 「채무자 회생 및 파산에 관한 법률」에 의한 환가나 국세징수법·관세법 또는 「지방세징수법」에 의한 압류 재산의 매각 그밖에 이에 준하는 절차에 따라 공중위생 영업 관련 시설 및 설비의 전부를 인수한 자는 이 법에 의한 그 공중위생 영업자의 지위를 승계한다.
③ 이·미용업의 경우에는 면허를 소지한 자에 한하여 공중위생 영업자의 지위를 승계할 수 있다.
④ 공중위생 영업자의 지위를 승계한 자는 1월 이내에 보건복지부령이 정하는 바에 따라 시장·군수 또는 구청장에게 신고하여야 한다.

제4조 공중위생영업자의 위생관리 의무 등

① 공중위생 영업자는 그 이용자에게 건강상 위해요인이 발생하지 않도록 영업 관련 시설 및 설비를 위생적이고 안전하게 관리하여야 한다.
② 공중위생 영업자가 준수하여야 하는 위생 관리 기준
㉠ 점빼기·귓불 뚫기·쌍꺼풀수술·문신·박피술 그밖에 이와 유사한 의료 행위를 하여서는 안 된다.
㉡ 피부미용을 위하여 「약사법」에 따른 의약품 또는 「의료기기법」에 따른 의료기기를 사용하여서는 안 된다.
㉢ 미용기구 중 소독을 한 기구와 소독을 하지 않은 기구는 각 각 다른 용기에 넣어 보관한다.
㉣ 1회용 면도날은 손님 1인에 한하여 사용하여야 한다.
㉤ 영업장 안의 조명도는 75Lux 이상이 되도록 유지하여야 한다.
㉥ 영업소 내부에 미용업 신고증 및 개설자의 면허증 원본을 게시하여야 한다.
㉦ 영업소 내부에 최종 지불 요금표를 부착 또는 게시하여야 한다.

제6조 이용사 및 미용사의 면허 등

① 이용사 또는 미용사가 되고자 하는 자는 보건복지부령이 정하는 바에 의하여 시장·군수·구청장의 면허를 받아야 한다.
㉠ 전문대학 또는 이와 같은 수준 이상의 학력이 있다고 교육부장관이 인정하는 학교에서 이용 또는 미용에 관한 학과를 졸업한 자
㉡ 「학점인정 등에 관한 법률」에 따라 대학 또는 전문대학을 졸업한 자와 같은 수준 이상의 학력이 있는 것으로 인정되어 이·미용에 관한 학위를 취득한 자

ⓒ 고등학교 또는 이와 같은 수준의 학력이 있다고 교육부장관이 인정하는 학교에서 이·미용에 관한 학과를 졸업한 자
ⓓ 초·중등교육법령에 따른 특성화고등학교, 고등기술학교나 고등학교 또는 고등기술학교에 준하는 각종 학교에서 1년 이상 이용 또는 미용에 관한 소정의 과정을 이수한 자
ⓔ 국가기술자격법에 의한 이·미용사의 자격을 취득한 자
② 다음에 해당하는 자는 이·미용사의 면허를 받을 수 없다.
ⓐ 피성년 후견인
ⓑ 정신질환자. 다만, 전문의가 이·미용사로서 적합하다고 인정하는 자는 제외
ⓒ 공중의 위생에 영향을 미칠 수 있는 감염 병 환자로서 보건복지부령이 정하는 자
ⓓ 마약 기타 대통령령으로 정하는 약물 중독자
ⓔ 면허가 취소된 후 1년이 경과되지 아니한 자

제7조 이용사 및 미용사의 면허취소 등

① 시장·군수·구청장은 이용사 또는 미용사가 다음 해당하는 때에는 그 면허를 취소하거나 6월 이내의 기간을 정하여 그 면허의 정지를 명할 수 있다.
ⓐ 피성년 후견인에 해당하게 된 때
ⓑ 정신질환자 또는 약물 중독자에 해당하게 된 때
ⓒ 면허증을 다른 사람에게 대여한 때
ⓓ 「국가기술자격법」에 따라 자격이 취소된 때
ⓔ 「국가기술자격법」에 따라 자격정지처분을 받은 때(「국가기술자격법」에 따른 자격정지처분 기간에 한정한다)
ⓕ 이중으로 면허를 취득한 때(나중에 발급받은 면허를 말한다)
ⓖ 면허정지처분을 받고도 그 정지 기간 중에 업무를 한 때
ⓗ 「성매매알선 등 행위의 처벌에 관한 법률」이나 「풍속영업의 규제에 관한 법률」을 위반하여 관계 행정기관의 장으로부터 그 사실을 통보받은 때
② 면허 취소·정지 처분의 세부적인 기준은 그 처분의 사유와 위반의 정도 등을 감안하여 보건복지부령으로 정한다.

제8조 이·미용사의 업무범위 등

① 이·미용사의 면허를 받은 자가 아니면 이·미용업을 개설하거나 그 업무에 종사할 수 없다.
② 이·미용의 업무는 영업소외의 장소에서 행할 수 없다.

③ 이·미용사의 업무범위와 이·미용의 업무보조 범위에 관하여 필요한 사항은 보건복지부령으로 정한다.
㉠ 이용사의 업무 범위: 이발·아이론·면도·머리피부손질·머리카락 염색 및 머리감기
㉡ 미용사의 업무 범위: 2008년 1월 1일부터 2015년 4월 16일까지 취득한 자로서 미용사 면허를 받은 자: 파마·머리카락 자르기·머리카락 모양내기·머리 피부 손질·머리카락 염색·머리 감기, 의료 기기나 의약품을 사용하지 않는 눈썹 손질, 얼굴의 손질 및 화장, 손톱과 발톱의 손질 및 화장
㉢ 이·미용의 업무 보조 범위: 이·미용 업무를 위한 사전 준비에 관한 사항, 이·미용 업무를 위한 기구·제품 등의 관리에 관한 사항, 영업소의 청결 유지 등 위생 관리에 관한 사항, 그밖에 머리 감기 등 이·미용 업무의 보조에 관한 사항

제 9조 보고 및 출입·검사

① 특별시장·광역시장·지사(시·도지사) 또는 시장·군수·구청장은 공중위생 관리상 필요하다고 인정하는 때에는 공중위생 영업자에 대하여 필요한 보고를 하며, 소속 공무원으로 하여금 영업소·사무소 등에 출입하여 공중위생 영업자의 위생 관리 의무 이행 등에 대하여 검사하게 하거나 공중위생 영업 장부나 서류를 열람 할 수 있다.
② 관계 공무원은 그 권한을 표시하는 증표를 지녀야 하고, 관계인에게 이를 내보여야 한다.

제 9조의 2 영업의 제한

① 시·도지사는 공익상 또는 선량한 풍속을 유지하기 위하여 필요하다고 인정하는 때에는 공중위생 영업자 및 종사원에 대하여 영업시간·영업 행위에 관해 필요한 제한을 할 수 있다.

제 10조 위생 지도 및 개선명령

① 시·도지사 또는 시장·군수·구청장은 다음 해당하는 자에 대하여 보건복지부령으로 정 하는 바에 따라 기간을 정하여 그 개선을 명할 수 있다.
㉠ 공중위생 영업의 종류별 시설 및 설비 기준을 위반한 공중위생 영업자
㉡ 위생 관리 의무 등을 위반한 공중위생 영업자

제 11조 공중위생 영업소의 폐쇄 등

① 시장·군수·구청장은 공중위생 영업자가 다음 어느 하나에 해당하면 6월 이내의 기간을 정하여 영업의 정지 또는 일부 시설의 사용 중지를 명하거나 영업소 폐쇄 등을 명할 수 있다.
㉠ 영업 신고를 하지 않거나 시설과 설비 기준을 위반한 경우

PART 06 공중보건학

　ⓒ 변경신고를 하지 않은 경우
　ⓒ 지위 승계 신고를 하지 않은 경우
　ⓒ 공중위생 영업자의 위생 관리 의무 등을 지키지 않은 경우
　ⓒ 카메라나 기계장치를 설치한 경우
　ⓒ 영업소 외의 장소에서 이용 또는 미용 업무를 한 경우
　ⓒ 보고를 하지 않거나 거짓으로 보고한 경우 또는 관계 공무원의 출입, 검사 또는 공중위생 영업 장부 또는 서류의 열람을 거부·방해하거나 기피한 경우
　ⓒ 개선명령을 이행하지 아니한 경우
　ⓒ 「성매매알선 등 행위의 처벌에 관한 법률」, 「풍속영업의 규제에 관한 법률」, 「청소년 보호법」, 「아동·청소년의 성보호에 관한 법률」 또는 「의료법」을 위반하여 관계 행정기관의 장으로부터 그 사실을 통보받은 경우
② 시장·군수·구청장은 영업 정지 처분을 받고도 그 영업 정지 기간에 영업을 한 경우에는 영업소 폐쇄를 명할 수 있다.
③ 시장·군수·구청장은 다음 어느 하나에 해당하는 경우에는 영업소 폐쇄를 명할 수 있다.
　ⓒ 공중위생 영업자가 정당한 사유 없이 6개월 이상 계속 휴업하는 경우
　공중위생 영업자가 「부가가치세법」 따라 관할 세무서장에게 폐업신고를 하거나 관할 세무서장이 사업자 등록을 말소한 경우
④ 행정 처분의 세부 기준은 그 위반 행위의 유형과 위반 정도 등을 고려하여 보건복지부령으로 정한다.
⑤ 시장·군수·구청장은 공중위생 영업자가 규정에 의한 영업소 폐쇄 명령을 받고도 계속하여 영업을 하는 때에는 관계 공무원으로 하여금 해당 영업소를 폐쇄하기 위하여 다음의 조치를 하게 할 수 있다. 전단을 위반하여 신고를 하지 않고 공중위생 영업을 하는 경우에도 또한 같다.
　ⓒ 해당 영업소의 간판 기타 영업 표지물의 제거
　ⓒ 해당 영업소가 위법한 영업소임을 알리는 게시물 등의 부착
　ⓒ 영업을 위하여 필수 불가결한 기구 또는 시설물을 사용할 수 없게 하는 봉인
⑥ 시장·군수·구청장은 위에 따른 봉인을 한 후 봉인을 계속할 필요가 없다고 인정되는 때와 해당 영업소를 폐쇄할 것을 약속하는 때 및 정당한 사유를 들어 봉인의 해제를 요청하는 때에는 봉인을 해제할 수 있다.

제11조의 2 과징금 처분

① 시장·군수·구청장은 규정에 의한 영업 정지가 이용자에게 심한 불편을 주거나 그밖에 공익을 해할 우려가 있는 경우에는 영업 정지 처분에 대신하여 1억 원 이하의 과징금을 부과할 수 있다. 다만, 「성매매알선 등 행위의 처벌에 관한 법률」, 「아동·청소년의 성 보호에 관한 법률」, 「풍속영업의 규제에 관한 법률」 또는 이에 상응하는 위반행위로 인하여 처분을 받게 되는 경우를 제외한다.

② 규정에 의한 과징금을 부과하는 위반 행위의 종별·정도 등에 따른 과징금의 금액 등에 관하여 필요한 사항은 대통령령으로 정한다.
③ 시장·군수·구청장은 규정에 의한 과징금을 납부하여야 할 자가 납부 기한까지 이를 납부하지 아니한 경우에는 대통령령으로 정하는 바에 따라 과징금 부과 처분을 취소하고, 영업정지 처분을 하거나 「지방행정제재·부과금의 징수 등에 관한 법률」에 따라 이를 징수한다.
④ 규정에 의하여 시장·군수·구청장이 부과·징수한 과징금은 해당 시·군·구에 귀속된다.
⑤ 시장·군수·구청장은 과징금의 징수를 위하여 필요한 경우에는 다음 사항을 기재한 문서로 관할 세무관서의 장에게 과세 정보의 제공을 요청할 수 있다.
㉠ 납세자의 인적사항
㉡ 사용목적
㉢ 과징금 부과기준이 되는 매출금액

제11조의 3 행정제재처분효과의 승계

① 공중위생 영업자가 그 영업을 양도하거나 사망한 때 또는 법인의 합병이 있는 때에는 종전의 영업자에 대해 위반을 사유로 행한 행정 제재 처분의 효과는 그 처분기간이 만료된 날부터 1년간 양수인·상속인 또는 합병 후 존속하는 법인에 승계된다.
② 공중위생 영업자가 그 영업을 양도하거나 사망한 때에 드는 법인의 합병이 있는 때에는 위반을 사유로 하여 종전의 영업자에 대해 진행 중인 행정 제재 처분 절차를 양수인·상속인 또는 합병 후 존속하는 법인에 대해 속행할 수 있다.

제11조의 4 같은 종류의 영업 금지

① 「성매매 알선 등 행위의 처벌에 관한 법률」·「아동·청소년의 성보호에 관한 법률」·「풍속영업의 규제에 관한 법률」 또는 「청소년 보호법」을 위반하여 폐쇄 명령을 받은 자(법인인 경우에는 그 대표자를 포함.)는 그 폐쇄 명령을 받은 후 2년이 경과하지 아니한 때에는 같은 종류의 영업을 할 수 없다.
② 「성매매 알선 등 행위의 처벌에 관한 법률」 등외의 법률을 위반하여 폐쇄 명령을 받은 자는 그 폐쇄 명령을 받은 후 1년이 경과하지 않은 때에는 같은 종류의 영업을 할 수 없다.
③ 「성매매알선 등 행위의 처벌에 관한 법률」 등의 위반으로 폐쇄 명령이 있은 후 1년이 경과하지 않은 때에는 누구든지 그 폐쇄 명령이 이루어진 영업장소에서 같은 종류의 영업을 할 수 없다.
④ 「성매매 알선 등 행위의 처벌에 관한 법률」 등외의 법률의 위반으로 폐쇄 명령이 있은 후 6개월이 경과하지 않은 때에는 누구든지 그 폐쇄 명령이 이루어진 영업장소에서 같은 종류의 영업을 할 수 없다.

PART 06 공중보건학

제 12조 청문

① 보건복지부장관 또는 시장·군수·구청장은 다음 어느 하나에 해당하는 처분을 하려면 청문을 하여야 한다.
㉠ 신고 사항의 직권 말소
㉡ 이·미용사의 면허 취소 또는 면허 정지
㉢ 영업 정지 명령, 일부 시설의 사용 중지 명령 또는 영업소 폐쇄 명령

제 13조 위생 서비스 수준의 평가

① 시·도지사는 공중위생 영업소의 위생 관리 수준을 향상시키기 위해 위생 서비스 평가 계획을 수립하여 시장·군수·구청장에게 통보하여야 한다.
② 시장·군수·구청장은 평가 계획에 따라 계획을 수립한 후 공중위생 영업소의 위생 서비스 수준을 평가한다.
③ 시장·군수·구청장은 위생 서비스 평가의 전문성을 높이기 위하여 필요하다고 인정하는 경우에는 관련 전문 기관 및 단체로 하여금 위생 서비스 평가를 실시하게 할 수 있다.
④ 규정에 의한 위생 서비스 평가의 주기·방법, 위생 관리 등급의 기준 기타 평가에 관해 필요한 사항은 보건복지부령으로 정한다.

제 14조 위생 관리등급 공표 등

① 시장·군수·구청장은 보건복지부령이 정하는 바에 의해 위생 서비스 평가의 결과에 따른 위생 관리 등급을 해당 공중위생 영업자에게 통보하고 이를 공표하여야 한다.
② 공중위생 영업자는 위의 규정에 의해 시장·군수·구청장으로부터 통보받은 위생 관리 등급의 표지를 영업소의 명칭과 함께 영업소의 출입구에 부착할 수 있다.
③ 시·도지사 또는 시장·군수·구청장은 위생 서비스 평가의 결과 위생 서비스의 수준이 우수하다고 인정되는 영업소에 대해 포상을 실시할 수 있다.
④ 시·도지사 또는 시장·군수·구청장은 위생 서비스 평가의 결과에 따른 위생 관리 등급 별로 영업소에 대한 위생 감시를 실시하여야 한다.

제 15조 공중위생감시원

① 관계 공무원의 업무를 행하게 하기 위하여 특별시·광역시·도 및 시·군·구(자치구에 한함)에 공중위생 감시원을 둔다.
② 규정에 의한 공중위생 감시원의 자격·임명·업무 범위 기타 필요한 사항은 대통령령으로 정한다.

제 15조의2 명예공중위생감시원

① 시·도지사는 공중위생의 관리를 위한 지도·계몽 등을 행하게 하기 위해 명예 공중위생 감시원을 둘 수 있다.
② 규정에 의한 명예 공중위생 감시원의 자격 및 위촉 방법, 업무 범위 등에 관하여 필요한 사항은 대통령령으로 정한다.

제 16조 공중위생 영업자 단체의 설립

공중위생 영업자는 공중위생과 국민 보건의 향상을 기하고 그 영업의 건전한 발전을 도모하기 위해 영업의 종류별로 전국적인 조직을 가지는 영업자 단체를 설립할 수 있다.

제 17조 위생 교육

① 공중위생 영업자는 매년 위생 교육을 받아야 한다.
② 규정에 의해 신고를 하고자 하는 자는 미리 위생 교육을 받아야 한다. 다만, 보건복지부령으로 정하는 부득이한 사유로 미리 교육을 받을 수 없는 경우에는 영업 개시 후 6개월 이내에 위생 교육을 받을 수 있다.
③ 규정에 따른 위생 교육을 받아야 하는 자 중 영업에 직접 종사하지 아니하거나 두 곳 이상의 장소에서 영업을 하는 자는 종업원 중 영업장 별로 공중위생에 관한 책임자를 지정하고 그 책임자로 하여금 위생 교육을 받게 하여야 한다.
④ 규정에 따른 위생 교육은 보건복지부장관이 허가한 단체 또는 공중위생과 국민 보건의 향상을 기하고 그 영업의 건전한 발전을 도모하기 위해 영업의 종류별로 전국적인 조직을 가지는 단체가 실시할 수 있다.
⑤ 규정에 따른 위생 교육의 방법·절차 등에 관하여 필요한 사항은 보건복지부령으로 정한다.

제 18조 위임 및 위탁

① 보건복지부장관은 이 법에 의한 권한의 일부를 대통령령이 정하는 바에 의해 시·도지사 또는 시장·군수·구청장에게 위임할 수 있다.
② 보건복지부장관은 대통령령이 정하는 바에 의해 관계 전문 기관에 그 업무의 일부를 위탁 할 수 있다.

제 19조의2 수수료

① 이·미용사 면허를 받고자 하는 자는 대통령령이 정하는 바에 따라서 수수료를 납부하여야 한다.

PART 06 공중보건학

제 20조 벌칙

① 1년 이하의 징역 또는 1천만 원 이하의 벌금에 처하는 자
㉠ 규정에 의한 신고를 하지 않은 자
영업 정지 명령 또는 일부 시설의 사용 중지 명령을 받고도 그 기간 중에 영업을 하거나 그 시설을 사용한 자, 영업소 폐쇄 명령을 받고도 계속하여 영업을 한 자
② 6월 이하의 징역 또는 500만 원 이하의 벌금에 처하는 자
㉠ 규정에 의한 변경 신고를 하지 않은 자
㉡ 공중위생 영업자의 지위를 승계한 자로서 규정에 의한 신고를 하지 않은 자
㉢ 건전한 영업 질서를 위하여 공중위생 영업자가 준수하여야 할 사항을 준수하지 않은 자
③ 300만 원 이하의 벌금에 처하는 자
㉠ 다른 사람에게 이·미용사의 면허증을 빌려주거나 빌린 사람 또는 알선한 사람
㉡ 면허의 취소 또는 정지 중에 이·미용 업을 한 사람
㉢ 면허를 받지 않고 이·미용 업을 개설하거나 그 업무에 종사한 사람

제 22조 과태료

① 300만 원 이하의 과태료
㉠ 보고를 하지 않거나 관계 공무원의 출입·검사 기타 조치를 거부·방해 또는 기피한자
㉡ 규정에 의한 개선 명령에 위반한 자
㉢ 규정을 위반하여 이용 업소 표시 등을 설치한 자
② 200만 원 이하의 과태료
㉠ 이용 업소의 위생 관리 의무를 지키지 않은 자
㉡ 미용 업소의 위생 관리 의무를 지키지 않은 자
㉢ 영업소 외의 장소에서 이·미용 업무를 행한 자
㉣ 위생 교육을 받지 않은 자
④ 위의 규정에 따른 과태료는 대통령령으로 정하는 바에 따라 보건복지부장관 또는 시장·군수·구청장이 부과·징수한다.

2. 공중위생관리법 시행령

1) 목적

「공중위생관리법」에서 위임된 사항과 그 시행에 관하여 필요한 사항을 규정함을 목적으로 한다.

제7조의2 과징금을 부과할 위반행위의 종별과 과징금의 금액

(1) 과징금의 금액은 위반행위의 종별·정도 등을 감안하여 보건복지부령이 정하는 영업정지기간에 과징금 산정기준을 적용하여 산정한다.
(2) 시장·군수·구청장은 공중위생영업자의 사업규모·위반행위의 정도 및 횟수 등을 참작하여 과징금 금액의 2분의 1의 범위 안에서 이를 가중 또는 감경할 수 있다. 이 경우 가중하는 때에도 과징금의 총액은 1억을 초과할 수 없다.

제7조의3 과징금의 부과 및 납부

(1) 시장·군수·구청장은 과징금을 부과하고자 할 때에는 그 위반행위의 종별과 해당 과징금의 금액 등을 명시하여 이를 납부할 것을 서면으로 통지하여야 한다.
(2) 과징금부과를 통지 받은 자는 통지를 받은 날부터 20일 이내에 과징금을 시장·군수·구청장이 정하는 수납기관에 납부하여야 한다. 다만, 천재·지변 그밖에 부득이한 사유로 인하여 그 기간 내에 과징금을 납부할 수 없는 때에는 그 사유가 없어진 날부터 7일 이내에 납부하여야 한다.
(3) 과징금의 납부를 받은 수납기관은 제2항의 규정에 따라 영수증을 납부자에게 교부하여야 한다.
(4) 과징금의 수납기관은 과징금을 수납한 때에는 지체 없이 그 사실을 시장·군수·구청장에게 통보하여야 한다.
(5) 시장·군수·구청장은 법 제11조의2에 따라 과징금을 부과 받은 자(이하 "과징금납부의무자"라 한다)가 납부해야할 과징금의 금액이 100만 원 이상인 경우 과징금의 전액을 한꺼번에 납부하기 어렵다고 인정될 때에는 과징금납부의무자의 신청을 받아 12개월의 범위에서 분할 납부의 횟수를 3회 이내로 정하여 분할 납부하게 할 수 있다.
(6) 과징금납부의무자는 제5항에 따라 과징금을 분할 납부하려는 경우에는 그 납부기한의 10일 전까지 같은 항 각 호의 사유를 증명하는 서류를 첨부하여 시장·군수·구청장에게 과징금의 분할 납부를 신청해야 한다.
(7) 과징금의 징수절차는 보건복지부령으로 정한다.

제8조 공중위생감시원의 자격 및 임명

(1) 특별시장·광역시장·도지사(이하 "시·도지사"라 한다) 또는 시장·군수·구청장은 다음에 해당하는 소속 공무원 중에서 공중위생감시원을 임명한다.
① 위생사 또는 환경기사 2급 이상의 자격증이 있는 자

PART 06 공중보건학

② 「고등교육법」에 의한 대학에서 화학·화공학·환경공학 또는 위생학 분야를 전공하고 졸업한 자 또는 이와 동등 이상의 자격이 있는 자
③ 외국에서 위생사 또는 환경기사의 면허를 받은 자
④ 1년 이상 공중위생 행정에 종사한 경력이 있는 사람
(2) 시·도지사 또는 시장·군수·구청장은 제1항 각 호의 어느 하나에 해당하는 사람만으로는 공중위생감시원의 인력확보가 곤란하다고 인정되는 때에는 공중위생 행정에 종사하는 사람 중 공중위생 감시에 관한 교육훈련을 2주 이상 받은 사람을 공중위생 행정에 종사하는 기간 동안 공중위생감시원으로 임명할 수 있다.

제9조 공중위생감시원의 업무범위

(1) 공중위생감시원의 업무
① 시설 및 설비의 확인
② 공중위생영업 관련 시설 및 설비의 위생상태 확인·검사, 공중위생영업자의 위생관리의무 및 영업자준수사항 이행여부의 확인
④ 위생지도 및 개선명령 이행여부의 확인
⑤ 공중위생영업소의 영업의 정지, 일부 시설의 사용중지 또는 영업소 폐쇄명령 이행여부의 확인
⑥ 위생교육 이행여부의 확인

제9조의2 명예공중위생감시원의 자격 등

(1) 명예공중위생감시원은 시·도지사가 다음에 해당하는 자 중에서 위촉한다.
① 공중위생에 대한 지식과 관심이 있는 자
② 소비자단체, 공중위생관련 협회 또는 단체의 소속직원 중에서 당해 단체 등의 장이 추천하는 자
(2) 명예감시원의 업무
① 공중위생감시원이 행하는 검사대상물의 수거 지원
② 법령 위반행위에 대한 신고 및 자료 제공
③ 그밖에 공중위생에 관한 홍보·계몽 등 공중위생관리업무와 관련하여 시·도지사가 따로 정하여 부여하는 업무

2) 과징금 부과기준

가. 영업정지 1월은 30일로 계산한다.
나. 과징금 부과의 기준이 되는 매출금액은 당해 업소에 대한 처분일이 속한 연도의 전년도의 1년간 총 매출금액을 기준으로 한다.

3) 과태료의 부과기준(제11조 관련)

시장·군수·구청장은 위반행위의 정도, 위반횟수, 위반행위의 동기와 그 결과 등을 고려하여 그 해당 금액의 2분의 1의 범위에서 경감하거나 가중할 수 있다.

3. 공중위생관리법 시행규칙

1) 목적

이 규칙은 「공중위생관리법」 및 동법시행령에서 위임된 사항과 그 시행에 관하여 필요한 사항을 규정함을 목적으로 한다.

제2조 시설 및 설비기준

「공중위생관리법」 규정에 의한 공중위생영업의 종류별 시설 및 설비기준은 다음과 같다.
(1) 일반기준
가. 공중위생영업장은 독립된 장소이거나 공중위생영업 외의 용도로 사용되는 시설 및 설비와 분리되어야 한다.
나. 제1호에도 불구하고 영 제4조제2호 각 목에 해당하는 미용업을 2개 이상 함께하는 경우 해당 미용업자의 명의로 각각 영업신고를 하거나 공동신고를 하는 경우를 포함한다)로서 각각의 영업에 필요한 시설 및 설비기준을 모두 갖추고 있으며, 각각의 시설이 선·줄 등으로 서로 구분될 수 있는 경우
나. 건물위생관리업을 하는 경우로서 영업에 필요한 설비 및 장비 등을 영업장과 독립된 공간에 보관하는 경우
다. 건물의 일부를 대상으로 숙박업을 하는 경우로서 접객 대, 로비시설, 계단, 엘리베이터 및 출입구 등을 공동으로 사용하는 경우
라. 그밖에 별도로 분리 또는 구획하지 않아도 되는 경우로서 보건복지부장관이 인정하는 경우
(2) 미용업 개별기준
가. 미용업(일반) 및 미용업(손톱·발톱)
① 미용기구는 소독을 한 기구와 소독을 하지 아니한 기구를 구분하여 보관할 수 있는 용기를 비치하여야 한다.
② 소독기·자외선살균기 등 미용기구를 소독하는 장비를 갖추어야 한다.
(3) 미용업(피부) 및 미용업(종합)
① 미용기구는 소독을 한 기구와 소독을 하지 아니한 기구를 구분하여 보관할 수 있는 용기를 비치하여야 한다.
② 소독기·자외선 살균기 등 미용기구를 소독하는 장비를 갖추어야 한다.

PART 06 공중보건학

제3조 공중위생영업의 신고

(1) 법 제3조제1항에 따라 공중위생영업의 신고를 하려는 자는 제2조에 따른 공중위생영업의 종류별 시설 및 설비기준에 적합한 시설을 갖춘 후 시장·군수·구청장에게 제출하여야 한다.
① 영업시설 및 설비개요서
② 교육수료증(법 제17조제2항에 따라 미리 교육을 받은 경우에만 해당)
(4) 제1항에 따른 신고를 받은 시장·군수·구청장은 해당 영업소의 시설 및 설비에 대한 확인이 필요한 경우에는 영업신고증을 교부한 후 30일 이내에 확인하여야 한다.
(5) 법 제3조제1항에 따라 공중위생영업의 신고를 한 자가 제3항에 따라 교부받은 영업신고증을 잃어버렸거나 헐어 못 쓰게 되어 재교부 받으려는 경우에는 별지 제4호서식의 영업신고증 재교부신청서를 시장·군수·구청장에게 제출하여야 한다. 이 경우 영업신고증이 헐어 못쓰게 된 경우에는 못 쓰게 된 영업신고증을 첨부하여야 한다.

제3조의2 변경신고

(1) "보건복지부령이 정하는 중요사항"이란 다음의 사항을 말한다.
① 영업소의 명칭 또는 상호
② 영업소의 소재지
③ 신고한 영업장 면적의 3분의 1 이상의 증감
④ 대표자의 성명(법인의 경우에 한한다)
⑤ 「공중위생관리법 시행령」의 각 항목에 따른 미용업 업종 간 변경
(2) 변경신고를 하려는 자는 영업신고사항 변경신고서에 다음과 같은 서류를 첨부하여 시장·군수·구청장에게 제출하여야 한다.
① 영업신고증(신 고증을 분실하여 영업신고사항 변경신고서에 분실 사유를 기재하는 경우에는 첨부하지 아니한다)
② 변경사항을 증명하는 서류
(3) 변경신고서를 제출받은 시장·군수·구청장은 「전자정부법」에 따른 행정정보의 공동이용을 통하여 다음 각 호의 서류를 확인하여야 한다. 다만, 제3호의 경우 신고인이 확인에 동의하지 아니하는 경우에는 그 서류를 첨부하도록 하여야 한다.
① 건축물대장
② 토지이용계획확인서
③ 전기안전점검확인서(「전기사업법」 제66조의2제1항에 따른 전기안전점검을 받아야 하는 경우에만 해당)

④ 면허증(이용업·미용업의 경우에만 해당)
(4) 제2항에 따른 신고를 받은 시장·군수·구청장은 영업신고증을 고쳐 쓰거나 재교부해야 한다. 다만, 변경신고사항이 제1항제2호, 제5호 또는 제6호에 해당하는 경우에는 변경신고한 영업소의 시설 및 설비 등을 변경신고를 받은 날부터 30일 이내에 확인해야 한다.

제3조의3 공중위생영업의 폐업신고

폐업신고를 하려는 자는 신고서를 시장·군수·구청장에게 제출하여야 한다.
① 제1항에 따른 폐업신고를 하려는 자가 「부가가치세법」 따른 폐업신고를 같이 하려는 경우에는 제1항에 따른 폐업신고서에 「부가가치세법 시행규칙」 별지 제9호서식의 폐업신고서를 함께 제출하여야 한다. 이 경우 시장·군수·구청장은 함께 제출받은 폐업신고서를 지체 없이 관할 세무서장에게 송부(정보통신망을 이용한 송부를 포함한다. 이하 이 조에서 같다)하여야 한다.
② 관할 세무서장이 「부가가치세법 시행령」 제13조제5항에 따라 같은 조 제1항에 따른 폐업신고를 받아 이를 해당 시장·군수·구청장에게 송부한 경우에는 제1항에 따른 폐업신고서가 제출된 것으로 본다.

제3조의4 영업자의 지위승계신고

(1) 영업자의 지위승계신고를 하려는 자는 영업자지위승계신고서에 다음 구분에 따른 서류를 첨부하여 시장·군수·구청장에게 제출하여야 한다.
가. 영업양도의 경우: 양도·양수를 증명할 수 있는 서류 사본
나. 상속의 경우: 상속인임을 증명할 수 있는 서류(가족관계등록전산정보만으로 상속인임을 확인할 수 있는 경우는 제외한다)
다. 제1호 및 제2호외의 경우: 해당 사유별로 영업자의 지위를 승계하였음을 증명할 수 있는 서류
① 제1항에 따라 신고서(상속의 경우로 한정한다)를 제출받은 시장·군수·구청장은 「전자정부법」 제36조제1항에 따른 행정정보의 공동이용을 통하여 신고인의 가족관계등록전산정보를 확인해야 한다. 다만, 신고인이 확인에 동의하지 않는 경우에는 가족관계증명서를 첨부하도록 해야 한다.
② 제1항에 따른 지위승계신고를 하려는 자가 「부가가치세법」 제8조제7항에 따른 폐업신고를 같이 하려는 때에는 제1항에 따른 지위승계신고서에 「부가가치세법 시행규칙」 별지 제9호서식의 폐업신고서를 함께 제출해야 한다. 이 경우 시장·군수·구청장은 함께 제출받은 폐업신고서를 지체 없이 관할 세무서장에게 송부(정보통신망을 이용한 송부를 포함한다)해야 한다.

PART 06 공중보건학

제5조 이·미용기구의 소독기준 및 방법

(1) 일반기준
① 자외선소독: 1㎠당 85㎼ 이상의 자외선을 20분 이상 쬐어준다.
② 건열멸균소독: 섭씨 100°C 이상의 건조한 열에 20분 이상 쐬어준다.
③ 증기소독: 섭씨 100°C 이상의 습한 열에 20분 이상 쐬어준다.
④ 열탕소독: 섭씨 100°C 이상의 물속에 10분 이상 끓여준다.
⑤ 석탄산수소독: 석탄산수(석탄산 3%, 물 97%의 수용액을 말한다)에 10분 이상 담가둔다.
⑥ 크레졸소독: 크레졸수(크레졸 3%, 물 97%의 수용액을 말한다)에 10분 이상 담가둔다.
⑦ 에탄올소독: 에탄올수용액(에탄올이 70%인 수용액을 말한다)에 10분 이상 담가 두거나 에탄올수용액을 머금은 면 또는 거즈로 기구의 표면을 닦아준다.

(2) 개별기준
이용기구 및 미용기구의 종류·재질 및 용도에 따른 구체적인 소독기준 및 방법은 보건복지부 장관이 정하여 고시한다.

제7조 공중위생영업자가 준수하여야 하는 위생관리기준 등

① 점빼기·귓볼뚫기·쌍꺼풀수술·문신·박피술 그 밖에 이와 유사한 의료행위를 하여서는 아니 된다.
② 피부미용을 위하여 「약사법」에 따른 의약품 또는 「의료기기법」에 따른 의료기기를 사용하여서는 아니 된다.
③ 미용기구중 소독을 한 기구와 소독을 하지 아니한 기구는 각각 다른 용기에 넣어 보관하여야 한다.
④ 1회용 면도날은 손님 1인에 한하여 사용하여야 한다.
⑤ 영업장안의 조명도는 75룩스 이상이 되도록 유지하여야 한다.
⑥ 영업소 내부에 미용업 신고증 및 개설자의 면허증 원본을 게시하여야 한다.
⑦ 영업소 내부에 최종지불요금표를 게시 또는 부착하여야 한다.
⑧ ⑦에도 불구하고 신고한 영업장 면적이 66제곱미터 이상인 영업소의 경우 영업소 외부에도 손님이 보기 쉬운 곳에 「옥외광고물 등 관리법」에 적합하게 최종지불 요금표를 게시 또는 부착하여야 한다. 이 경우 최종지불 요금표에는 일부항목(5개 이상)만을 표시할 수 있다.

제9조 이용사 및 미용사의 면허

(1) 이용사 또는 미용사의 면허를 받으려는 자는 서식에 의한 면허 신청서에 다음의 서류를 첨부하여 시장·군수·구청장에게 제출하여야 한다.

① 졸업증명서 또는 학위증명서 1부(고등학교, 전문대학 또는 이와 동등이상의 학력이 있다고 교육인적자원부장관이 인정하는 학교에서 이용 또는 미용에 관한 학과를 졸업한 자)
② 이수증명서 1부(교육인적자원부장관이 인정하는 고등기술학교에서 1년 이상 이용 또는 미용에 관한 소정의 과정을 이수한 자)
③ 최근 6개월 이내의 건강진단서 1부(정신질환자, 간질병자, 마약·대마·향정신성의약품 중독자 및 결핵환자에 각각 해당되지 아니함을 증명)
④ 최근 6월 이내에 찍은 가로 3㎝ 세로 4㎝의 상반신 사진 2매
(2) 시장·군수·구청장은 행정정보의 공동이용을 통하여 다음의 서류를 확인하여야 한다. 다만, 신청인이 확인에 동의하지 아니하는 경우에는 해당 서류를 첨부하도록 하여야 한다.
① 학점은행제학위증명(신청인이 법 제6조제1항제1호의2에 해당하는 사람인 경우에만 해당한다)
② 국가기술자격취득사항확인서(신청인이 법 제6조제1항제4호에 해당하는 사람인 경우에만 해당한다)
③ "보건복지부령이 정하는 자"란 「감염병의 예방 및 관리에 관한 법률」 제2조제4호에 따른 결핵(비감염성인 경우는 제외한다)환자를 말한다.
④ 시장·군수·구청장은 이용사 또는 미용사 면허증발급신청을 받은 경우에는 그 신청내용이 적합하다고 인정되는 경우에는 별지 제8호서식의 면허증을 교부하고, 면허등록관리대장을 작성·관리하여야 한다.

제10조 면허증의 재교부 등

(1) 이용사 또는 미용사는 면허증의 기재사항에 변경이 있는 때, 면허증을 잃어버린 때 또는 면허증이 헐어 못쓰게 된 때에는 면허증의 재교부를 신청할 수 있다.
(2) 면허증의 재교부신청을 하고자 하는 자는 다음의 서류를 첨부하여 이용업 또는 미용업에 종사하고 있는 자는 시장·군수·구청장에게 제출하여야 한다.
① 면허증 원본(기재사항이 변경되거나 헐어 못쓰게 된 경우에 한한다)
② 최근 6월 이내에 찍은 가로 3센티미터 세로 4센티미터의 탈모 정견 상반신 사진1매

제12조 면허증의 반납 등

(1) 면허가 취소되거나 면허의 정지명령을 받은 자는 지체없이 관할 시장·군수·구청장에게 면허증을 반납하여야 한다.
(2) 면허의 정지명령을 받은 자가 반납한 면허증은 그 면허정지 기간 동안 관할 시장·군수·구청장이 이를 보관하여야 한다.

PART 06 공중보건학

제13조 영업소 외에서의 이용 및 미용 업무

(1) "보건복지부령이 정하는 특별한 사유"란 다음의 사유를 말한다.
① 질병이나 그 밖의 사유로 영업소에 나올 수 없는 자에 대하여 이용 또는 미용을 하는 경우
② 혼례나 그 밖의 의식에 참여하는 자에 대하여 그 의식 직전에 이용 또는 미용을 하는 경우
③ 「사회복지사업법」 제2조제4호에 따른 사회복지시설에서 봉사활동으로 이용 또는 미용을 하는 경우
④ 방송 등의 촬영에 참여하는 사람에 대하여 그 촬영 직전에 이용 또는 미용을 하는 경우
⑤ ①-④까지의 경우 외에 특별한 사정이 있다고 시장·군수·구청장이 인정하는 경우

제14조 업무범위

(1) 이용사의 업무범위는 이발·아이론·면도·머리피부손질·머리카락염색 및 머리감기로 한다.
(2) 미용사의 업무범위는 다음 각 호와 같다.
① 2007년 12월 31일 이전에 미용사자격을 취득한 자로서 미용사면허를 받은 자: 미용업(종합)에 해당하는 업무
② 2016년 6월 1일 이후 법 제6조제1항제4호에 따라 미용사(일반)자격을 취득한 자로서 미용사 면허를 받은 자: 파마·머리카락자르기·머리카락모양내기·머리피부손질·머리카락염색·머리감기, 의료기기나 의약품을 사용하지 아니하는 눈썹손질
③ 미용사(피부)자격을 취득한 자로서 미용사 면허를 받은 자: 의료기기나 의약품을 사용하지 아니하는 피부상태분석·피부관리·제모·눈썹손질
④ 미용사(네일)자격을 취득한 자로서 미용사 면허를 받은 자: 손톱과 발톱의 손질 및 화장
⑤ 미용사(메이크업)자격을 취득한 자로서 미용사 면허를 받은 자: 얼굴 등 신체의 화장·분장 및 의료기기나 의약품을 사용하지 아니하는 눈썹손질
(3) 법 제8조제3항에 따른 이용·미용의 업무보조 범위는 다음 각 호와 같다.
① 이용·미용 업무를 위한 사전 준비에 관한 사항
② 이용·미용 업무를 위한 기구·제품 등의 관리에 관한 사항
③ 영업소의 청결 유지 등 위생관리에 관한 사항
④ 그밖에 머리감기 등 이용·미용 업무의 보조에 관한 사항

제16조 공중위생영업소 출입·검사 등

제17조 개선기간

(1) 시·도지사 또는 시장·군수·구청장은 공중위생영업자 및 공중이용시설의 소유자 등에게 위반사항에 대한

개선을 명하고자 하는 때에는 위반사항의 개선에 소요되는 기간 등을 고려하여 즉시 그 개선을 명하거나 6월의 범위내에서 기간을 정하여 개선을 명하여야 한다.
(2) 시·도지사 또는 시장·군수·구청장으로부터 개선명령을 받은 공중위생영업자 및 공중이용시설의 소유자 등은 천재·지변 기타 부득이한 사유로 인하여 개선기간 이내에 개선을 완료할 수 없는 경우에는 그 기간이 종료되기 전에 개선기간의 연장을 신청할 수 있다. 이 경우 시·도지사 또는 시장·군수·구청장은 6월의 범위내에서 개선기간을 연장할 수 있다.

제19조 행정처분 기준

일반기준
(1) 위반행위가 2 이상인 경우로서 그에 해당하는 각각의 처분기준이 다른 경우에는 그 중 중한 처분기준에 의하되, 2 이상의 처분기준이 영업정지에 해당하는 경우에는 가장 중한 정지처분기간에 나머지 각각의 정지처분 기간의 2분의 1을 더하여 처분한다.
(2) 행정처분을 하기 위한 절차가 진행되는 기간 중에 반복하여 같은 사항을 위반한 때에는 그 위반횟수마다 행정처분 기준의 2분의 1씩 더하여 처분한다.
(3) 위반행위의 차수에 따른 행정처분 기준은 최근 1년간 같은 위반행위로 행정처분을 받은 경우에 이를 적용한다. 이때 그 기준적용일은 동일 위반사항에 대한 행정처분일과 그 처분 후의 재적발일(수거검사에 의한 경우에는 검사결과를 처분청이 접수한 날)을 기준으로 한다.
(4) 행정처분권자는 위반사항의 내용으로 보아 그 위반정도가 경미하거나 해당위반사항에 관하여 검사로부터 기소유예의 처분을 받거나 법원으로부터 선고유예의 판결을 받은 때에는 Ⅱ. 개별기준에 불구하고 그 처분기준을 다음의 구분에 따라 경감할 수 있다.
① 영업정지 및 면허정지의 경우에는 그 처분기준 일수의 2분의 1의 범위안에서 경감할 수 있다.
② 영업장폐쇄의 경우에는 3월 이상의 영업정지처분으로 경감할 수 있다.
(5) 영업정지 1월은 30일을 기준으로 하고, 행정처분 기준을 가중하거나 경감하는 경우 1일 미만은 처분기준 산정에서 제외한다.

PART 06 공중보건학

Ⅱ. 미용업 개별기준

위반 행위	행정 처분 기준			
	1차 위반	2차 위반	3차 위반	4차 위반
가. 미용사의 면허에 관한 규정을 위반한 때				
① 국가 기술자격법에 따라 미용사 자격이 취소된 때	면허취소			
② 국가 기술자격법에 따라 미용사자격정지 처분을 받을 때	면허정지			
③ 법 제6조제2항제1호 내지 제4호의 결격사유에 해당한 때	면허취소			
④ 이중으로 면허를 취득한 때	면허취소			
나. 영업 신고를 하지 않거나 시설과 설비 기준을 위반한 경우				
① 영업 신고를 하지 아니한 경우	영업장 폐쇄명령			
② 시설 및 설비 기준을 아니한 경우	개선명령	영업정지 15일	영업정지 1개월	영업장 폐쇄명령
다. 변경 신고를 하지 아니한 경우				
① 신고를 하지 않고 영업소의 명칭 및 상호 또는 영업장 면적의 1/3 이상을 변경한 경우	경고 및 개선명령	영업정지 15일	영업정지 1개월	영업장 폐쇄명령
② 신고를 하지 않고 영업소의 소재지를 변경한 경우	영업정지 1개월	영업정지 2개월	영업장 폐쇄명령	
라. 지위 승계 신고를 하지 아니한 경우				
마. 공중위생 영업자의 위생 관리 의무 등을 지키지 아니한 경우				
① 소독을 한 기구와 소독을 하지 않은 기구를 각각 다른 용기에 넣어 보관하지 않거나 1회용 면도날을 2인 이상의 손님에게 사용한 경우	경고	영업정지 5일	영업정지 10일	영업장 폐쇄명령
② 피부 미용을 위하여 약사법에 따른 의약품 또는 의료기기법에 따른 의료기기를 사용한 경우	영업정지 2개월	영업정지 3개월	영업장 폐쇄명령	
③ 점빼기·귓볼 뚫기·쌍꺼풀수술·문신·박피술 그밖에 이와 유사한 의료행위를 한 경우	영업정지 2개월	영업정지 3개월	영업장 폐쇄명령	
④ 미용업 신고증 및 면허증 원본을 게시하지 않거나 업소 내 조명도를 준수하지 아니한 경우	경고 또는 개선명령	영업정지 5일	영업정지 10일	영업장 폐쇄명령
⑤ 개별 미용 서비스의 최종 지불 가격 및 전체 미용 서비스의 총액에 관한 내역서를 이용자에게 미리 제공하지 아니한 경우	경고	영업정지 5일	영업정지 10일	영업정지 1개월
바. 카메라나 기계 장치를 설치한 경우	영업정지 1개월	영업정지 2개월	영업장 폐쇄명령	
사. 면허 정지 및 면허 취소 사유에 해당하는 경우				
① 피성년 후견인, 정신질환재(전문의가 이용사 또는 미용사로서 적합하다고 인정하는 자는 예외), 감염병 환자, 약물 중독자, 면허가 취소된 후 1년이 경과되지 아니한 자	면허취소			
② 면허증을 다른 사람에게 대여한 경우	면허정지 3개월	면허정지 6개월	면허취소	
③ 국가 기술 자격법에 따라 자격이 취소된 경우	면허취소			
④ 국가기술자격법에 따라 자격 정지 처분을 받은 경우 (국가기술자격법에 따른 자격정지 처분 기간에 한정한다)	면허정지			

위반 행위	행정 처분 기준			
	1차 위반	2차 위반	3차 위반	4차 위반
⑤ 이중으로 면허를 취득한 경우(나중에 발급받은 면허를 말한다)	면허취소			
⑥ 면허 정지 처분을 받고도 그 정지 기간 중 업무를 한 경우	면허취소			
아. 영업소 외의 장소에서 미용 업을 한 경우	영업정지 1개월	영업정지 2개월	영업장 폐쇄명령	
자. 시·도지사, 시장·군수·구청장이 하도록 한 공중 위생 관리상 필요한 보고를 하지 아니하거나 거짓으로 보고한 경우 또는 관계 공무원의 출입·검사 또는 공중위생 영업 장부 또는 서류의 열람을 거부·방해하거나 기피한 경우	영업정지 10일	영업정지 20일	영업정지 1개월	영업장 폐쇄명령
차. 개선 명령을 이행하지 아니한 경우	경고	영업정지 10일	영업정지 1개월	영업장 폐쇄명령
카. 성매매 알선 등 행위의 처벌에 관한 법률, 풍속 영업의 규제에 관한 법률, 청소년 보호법, 아동·청소년의 성보호에 관한 법률 또는 의료법을 위반하여 관계 행정 기관의 장으로부터 그 사실을 통보받은 경우				
① 손님에게 성매매 알선 등 행위 또는 음란행위를 하게 하거나 이를 알선 또는 제공한 경우				
㉠ 영업소	영업정지 3개월	영업장 폐쇄명령		
㉡ 미용사	면허정지 3개월	면허취소		
② 손님에게 도박 그밖에 사행 행위를 하게 한 경우	영업정지 1개월	영업정지 2개월	영업장 폐쇄명령	
③ 음란한 물건을 관람·열람하게 하거나 진열·보관한 경우	경고	영업정지 15일	영업정지 1개월	영업장 폐쇄명령
④ 무자격 안마사로 하여금 안마사의 업무에 관한 행위를 하게 한 경우	영업정지 1개월	영업정지 2개월	영업장 폐쇄명령	
타. 영업 정지 처분을 받고도 그 영업 정지 기간에 영업을 한 경우	영업장 폐쇄명령			
파. 공중위생 영업자가 정당한 사유 없이 6개월 이상 계속 휴업하는 경우	영업장 폐쇄명령			
하. 공중위생 영업자가 부가가치세법에 따라 관할 세무서장에게 폐업 신고를 하거나 관할 세무서장이 사업자 등록을 말소한 경우	영업장 폐쇄명령			

제20조 위생서비스수준의 평가주기

공중위생영업소의 위생서비스수준 평가는 2년마다 실시하되, 공중위생영업소의 보건·위생관리를 위하여 특히 필요한 경우에는 보건복지부장관이 정하여 고시하는 바에 의하여 공중위생영업의 종류 또는 위생관리등급별로 평가주기를 달리할 수 있다.

PART 06 공중보건학

제21조 위생관리등급의 구분 등

(1) 위생관리등급의 구분은 다음과 같다.
① 최우수업소: 녹색등급
② 우수업소: 황색등급
③ 일반관리대상 업소: 백색등급
(2) 위생관리등급의 판정을 위한 세부항목, 등급결정 절차와 기타 위생서비스평가에 필요한 구체적인 사항은 보건복지부장관이 정하여 고시한다.

제22조 위생관리등급의 통보 및 공표절차 등

(1) 시장·군수·구청장은 위생관리등급표를 해당 공중위생영업자에게 송부하여야 한다.
(2) 시장·군수·구청장은 공중위생영업소별 위생관리등급을 당해 기관의 게시판에 게시하는 등의 방법으로 공표하여야 한다.

제23조 위생교육

(1) 위생교육은 3시간으로 한다.
(2) 위생교육의 내용은 「공중위생관리법」 및 관련 법규, 소양교육(친절 및 청결에 관한 사항을 포함한다), 기술교육, 그 밖에 공중위생에 관하여 필요한 내용으로 한다.
(3) 단서에 따라 영업신고 전에 위생교육을 받아야 하는 자 중 다음 각 호의 어느 하나에 해당하는 자는 영업신고를 한 후 6개월 이내에 위생교육을 받을 수 있다.
① 천재지변, 본인의 질병·사고, 업무상 국외출장 등의 사유로 교육을 받을 수 없는 경우
② 교육을 실시하는 단체의 사정 등으로 미리 교육을 받기 불가능한 경우
(4) 법 제17조제2항에 따른 위생교육을 받은 자가 위생교육을 받은 날부터 2년 이내에 위생교육을 받은 업종과 같은 업종의 영업을 하려는 경우에는 해당 영업에 대한 위생교육을 받은 것으로 본다.

PART 06 | 공중보건학 예상문제

01 다음 중 공중보건의 범위에 속하지 않는 것은?
㉮ 보건교육　　㉯ 환경위생
㉰ 보건행정　　㉱ 병·의원

> 해설
> 병·의원은 환자를 위한 시설이며 공중보건의 범위는 아니다.

02 이·미용 업소 내에 게시하지 않아도 되는 것은?
㉮ 이·미용업 신고증
㉯ 개설자의 면허증 원본
㉰ 근무자의 면허증 원본
㉱ 이·미용 요금표

> 해설
> 근무자의 면허증 원본은 영업소 내에 게시하지 않아도 된다.

03 다음 중 이·미용실에서 사용하는 타월을 철저하게 소독하지 않았을 때 주로 발생할 수 있는 감염병은?
㉮ 장티푸스　　㉯ 트라코마
㉰ 페스트　　㉱ 일본뇌염

> 해설
> 트라코마는 눈병의 원인균으로 타월을 통하여 감염될 수 있다.

04 질병발생의 3대요소는?
㉮ 숙주, 환경, 병명　　㉯ 병인, 숙주, 환경
㉰ 숙주, 체력, 환경　　㉱ 감정, 체력, 숙주

> 해설
> 질병발생의 3대요소는 병인(병원체), 숙주, 환경이다.

05 법정감염병 중 제 3군 감염병에 속하지 않는 것은?
㉮ B형 간염　　㉯ 공수병
㉰ 렙토스피라증　　㉱ 쯔쯔가무시증

> 해설
> B형 간염은 예방접종대상이 되는 제 2군 감염병이다.

✓ 정답　01 ㉱　02 ㉰　03 ㉯　04 ㉯　05 ㉮

PART 06 공중보건학

06 다음 중 보건문제 3P가 옳게 묶인 것은?
- ㉮ 질병, 고뇌, 죽음
- ㉯ 범죄, 질병, 빈곤
- ㉰ 인구, 공해, 질병
- ㉱ 인구, 공해, 빈곤

보건문제가 되는 3가지는 인구, 공해, 빈곤이다.

07 다음 중 공중보건의 3대 요소가 아닌 것은?
- ㉮ 수명연장
- ㉯ 감염병 예방
- ㉰ 건강과 능률의 향상
- ㉱ 직업병 문제 해결

공중보건의 3대 요소는 수명연장, 감염병예방, 건강과 능률의 향상이다.

08 다음 중 대기오염이 인체에 미치는 영향 중 가장 대표적인 것은?
- ㉮ 호흡기질환
- ㉯ 정신질환
- ㉰ 신경질환
- ㉱ 위장질환

대기오염이 인체에 미치는 영향 중 가장 큰 것은 호흡기질환이다.

09 이·미용업 영업장 안의 조명도 기준은?
- ㉮ 50룩스 이상
- ㉯ 75룩스 이상
- ㉰ 100룩스 이상
- ㉱ 125룩스 이상

이·미용업 영업장 안의 조명도 기준은 75룩스 이상으로 정해져 있다.

10 다음 중 기생충과 전파 매개체의 연결이 옳은 것은?
- ㉮ 무구조충 - 돼지고기
- ㉯ 간디스토마 - 바다회
- ㉰ 폐디스토마 - 가재
- ㉱ 광절열두조충 - 쇠고기

무구조충(쇠고기), 유구조충(돼지고기), 간디스토마(사람,개,고양이 등) 이다.

✅ 정답 06 ㉱ 07 ㉱ 08 ㉮ 09 ㉯ 10 ㉰

11 소독제의 살균력 측정검사의 지표로 사용되는 것은?

㉮ 알코올　　㉯ 크레졸
㉰ 석탄산　　㉱ 포르말린

소독제의 살균력 측정검사의 지표로 사용되는 것은 석탄산이다.

14 다음 중 공중보건학의 정의로 가장 적합한 것은?

㉮ 질병예방, 생명연장, 질병치료
㉯ 질병예방, 건강증진, 조기치료
㉰ 질병예방, 생명연장, 건강증진
㉱ 조기예방, 생명연장, 조기치료

공중보건학의 정의는 질병예방, 생명연장, 건강증진이다.

12 화장실, 하수도, 쓰레기통 소독에 적합한 것은?

㉮ 알코올　　㉯ 염소
㉰ 승홍수　　㉱ 생석회

생석회는 화장실, 하수도, 쓰레기통 소독을 한다.

13 자비 소독법 시 일반적으로 사용하는 물의 온도와 시간은?

㉮ 150°C에서 15분간
㉯ 135°C에서 20분간
㉰ 100°C에서 20분간
㉱ 80°C에서 30분간

자비소독이란 끓는 물(100°C)에 15~20분간 가열하여 소독하는 방법이다.

15 평균수명이 높고 인구가 감퇴하는 인구 구성형태는?

㉮ 종형　　㉯ 항아리형
㉰ 인구유입형　　㉱ 인구유출형

• 종형-출생률, 사망률이 모두 낮은 형
• 별형(인구유입형)-인구가 증가되는 형

✓ 정답　11 ㉰　12 ㉱　13 ㉰　14 ㉰　15 ㉯

PART 06 공중보건학

PART 06 공중보건학

16 다음 중 출생률이 사망률보다 낮고 14세 이하 인구가 65세 이상 인구의 2배를 초과하는 구성형은?

㉮ 피라미드형 ㉯ 종형
㉰ 항아리형 ㉱ 별형

- 종형: 출생률과 사망률이 낮은 형
- 항아리형: 평균수명이 높고 인구가 감소하는 형
- 별형: 생산층 인구가 증가되는 형

17 다음 중 제 3군 감염병에 해당 되는 것은?

㉮ 백일해, 파상풍, 홍역
㉯ 결핵, 공수병, 수두
㉰ 매독, 발진티푸스, 성홍열
㉱ 페스트, 황열, 콜레라

- 2군–백일해, 파상풍, 홍역, 수두
- 3군–결핵, 공수병, 매독, 발진티푸스, 성홍열, 콜레라
- 4군–페스트, 황열

18 다음 중 실내공기 오염의 지표로 올바른 것은 무엇인가?

㉮ 이산화탄소 ㉯ 질소
㉰ 산소 ㉱ 배기가스

이산화탄소는 실내공기 오염의 지표이다.

19 전염속도가 빠르고 발생 즉시 대책을 수립해야하는 감염병은?

㉮ 제1군 감염병 ㉯ 제2군 감염병
㉰ 제3군 감염 ㉱ 제4군 감염병

집단발생의 우려가 커서 발생 또는 유행시 즉시 대책을 수립해야 한다.

20 소독력이 강한 것부터 순서대로 옳게 배열 된 것은?

㉮ 멸균 > 살균 > 소독 > 방부
㉯ 멸균 > 소독 > 살균 > 방부
㉰ 소독 > 살균 > 멸균 > 방부
㉱ 살균 > 멸균 > 방부 > 소독

소독력이 가장 강한 것은 멸균이고 살균, 소독, 방부 순서대로이다.

✔ 정답 16 ㉮ 17 ㉰ 18 ㉮ 19 ㉮ 20 ㉮

21 소독제의 구비 조건으로 틀린 것은?
㉮ 살균력이 강해야 한다.
㉯ 부식성, 표백성이 없어야 한다.
㉰ 용해성이 낮아야 한다.
㉱ 살균 소요시간이 짧아야 한다.

해설 소독제 구비 조건으로는 용해성이 높아야 한다.

24 다음 감염병 중 호흡기계 전염병에 속하는 것은?
㉮ 발진티푸스 ㉯ 파라티푸스
㉰ 디프테리아 ㉱ 황열

해설 디프테리아는 호흡기계 전염병에 속한다.

22 일명 도시형, 유입형이라고도 하며 생산층 인구가 전체 인구의 50% 이상이 되는 인구 구성의 유형은?
㉮ 별형(star form) ㉯ 항아리형(pot form)
㉰ 농촌형(guitar form) ㉱ 종형(bell form)

해설
• 항아리형-출생률이 사망률보다 낮은 형
• 농촌형-생산층 인구가 감소하는 형
• 종형-출생, 사망률이 모두 낮은 형

23 다음 중 식물에게 가장 피해를 많이 줄 수 있는 기체는?
㉮ 일산화탄소 ㉯ 이산화탄소
㉰ 탄화수소 ㉱ 이산화황

해설 이산화황은 식물에 잎에 반점이 생기고 갈라 죽는 피해를 준다.

25 사회보장의 종류에 따른 내용의 연결이 옳은 것은?
㉮ 사회보험-기초생활보장, 의료보장
㉯ 사회보험-소득보장, 의료보장
㉰ 공적부조-기초생활보장, 보건의료서비스
㉱ 공적부조-의료보장, 사회복지서비스

해설 사회보험은 소득보장, 의료보장이 있다.

✓ 정답 21 ㉰ 22 ㉮ 23 ㉱ 24 ㉰ 25 ㉯

PART 06 공중보건학

26 다음의 기후 조건 중 대기오염이 가장 잘 발생하는 조건은 무엇인가?
㉮ 기온역전 ㉯ 고온
㉰ 고기압   ㉱ 저기압

 기온역전은 상층부의 기온이 하층부의 기온보다 높은 상태를 말하며 상공으로 올라갈수록 기온이 상승하는 현상이다.

27 다음 중 ( )안에 들어갈 알맞은 것은?

> ( )(이)란 감염병 유행지역의 입국자에 대하여 감염병 감염이 의심되는 사람의 강제격리로 "건강격리"라고도 한다.

㉮ 검역   ㉯ 감금
㉰ 감시   ㉱ 전파예방

 검역은 감염이 의심되는 사람의 강제격리를 하는 것이다.

28 감염병을 옮기는 질병과 그 매개곤충을 연결한 것으로 옳은 것은?
㉮ 말라리아-진드기
㉯ 발진티푸스-모기
㉰ 양충병(쯔쯔가무시)-진드기
㉱ 일본뇌염-체체파리

말라리아-모기 / 발진티푸스-이 / 일본뇌염-모기 이다.

29 다음 소독 방법 중 완전 멸균으로 가장 빠르고 효과적인 방법은?
㉮ 유통증기법 ㉯ 간헐살균법
㉰ 고압증기법 ㉱ 건열소독

 고압증기멸균의 경우 121℃에서 15분~20분간 물을 끓여 수증기를 이용하여 기구를 멸균시킨다.

30 인체에 질병을 일으키는 병원체 중 대체로 살아있는 세포에서만 증식하고 크기가 가장 작아 전자현미경으로만 관찰할 수 있는 것은?
㉮ 구균   ㉯ 간균
㉰ 바이러스 ㉱ 원생동물

바이러스는 살아있는 세포에서만 증식하고 크기가 작아 전자현미경으로만 관찰할 수 있다.

✅ **정답** 26 ㉮ 27 ㉮ 28 ㉰ 29 ㉰ 30 ㉰

31 이·미용업소에서 공기 중 비말전염으로 가장 쉽게 옮겨질 수 있는 감염병은?
㉮ 인플루엔자 ㉯ 대장균
㉰ 뇌염   ㉱ 장티푸스

해설) 인플루엔자는 공기중으로 가장 쉽게 옮겨진다.

32 다음 중 아포(포자)까지도 사멸시킬 수 있는 멸균 방법은?
㉮ 자외선조사법
㉯ 고압증기멸균법
㉰ P.O(propylene Oxide) 가스 멸균법
㉱ 자비소독법

해설) 고압증기멸균의 경우 121°C에서 15분~20분간 물을 끓여 수증기를 이용하여 기구를 멸균시킨다.

33 영양소의 3대 작용으로 틀린 것은?
㉮ 신체의 생리기능 조절
㉯ 에너지 열량 감소
㉰ 신체의 조직 구성
㉱ 열량공급 작용

해설) 영양소의 3대 작용은 생리기능 조절, 신체조직 구성, 열량공급 등이 있다.

34 소독제의 구비조건으로 옳은 것은??
㉮ 낮은 살균력을 갖을 것
㉯ 인축에 해가 있을 것
㉰ 저렴하고 구입과 사용이 간편할 것
㉱ 용해성이 낮을 것

해설) 소독제는 저렴하고 구입과 사용이 간편해야 한다.

35 세계보건기구에서 정의하는 보건행정의 범위에 속하지 않는 것은?
㉮ 산업행정 ㉯ 모자보건
㉰ 환경위생 ㉱ 감염병관리

해설) 모자보건, 환경위생, 감염병관리는 보건행정 범위에 속한다.

✅ 정답 31 ㉮ 32 ㉯ 33 ㉯ 34 ㉰ 35 ㉮

PART 06 공중보건학

36 상수(上水)에서 대장균 검출의 주된 의의는?
- ㉮ 소독상태가 불량하다.
- ㉯ 환경위생의 상태가 불량하다.
- ㉰ 오염의 지표가 된다.
- ㉱ 전염병 발생의 우려가 있다.

> [해설] 대장균 검출의 주된 의의는 오염의 지표가 되는 것이다.

37 결핵예방접종으로 사용하는 것은?
- ㉮ DPT
- ㉯ MMR
- ㉰ PPD
- ㉱ BCG

> [해설] 결핵예방접종으로는 BCG를 사용한다.

38 한 나라의 건강수준을 다른 국가들과 비교할 수 있는 지표로 세계건강보건기구가 제시한 것은?
- ㉮ 인구증가율, 평균수명, 비례사망지수
- ㉯ 비례사망지수, 조사망률, 평균수명
- ㉰ 평균수명, 조사망률, 국민소득
- ㉱ 의료시설, 평균수명, 주거상태

> [해설] 비례사망지수, 조사망률, 평균수명은 다른 국가들과 비교할 수 있는 지표이다.

39 장티푸스, 결핵, 파상품등의 예방접종으로 얻어지는 면역은?
- ㉮ 인공 능동면역
- ㉯ 인공 수동면역
- ㉰ 자연 능동면역
- ㉱ 자연 수동면역

> [해설] 인공능동면역은 예방접종 등 인공적으로 면역이 생기게 하는 일을 말한다.

40 다음 중 계면활성제 중 가장 살균력이 강한 것은?
- ㉮ 음이온성
- ㉯ 양이온성
- ㉰ 비이온성
- ㉱ 양쪽이온성

> [해설] 계면활성제 중 가장 살균력이 강한 것은 양이온성이다.

✔ 정답 36 ㉰ 37 ㉱ 38 ㉯ 39 ㉮ 40 ㉯

41 다음 중 이·미용사 면허를 받을 수 없는 자는?

㉮ 약물중독자 ㉯ A형 간염
㉰ 암 환자 ㉱ 비감염성 질환

 금치산자, 정신질환자, 간질병자, 결핵환자, 약물중독자는 면허를 받을 수 없다.

44 미생물의 증식을 억제하는 영양의 고갈과 건조등이 불리한 환경 속에서 생존하기 위하여 세균이 생성하는 것은?

㉮ 아포 ㉯ 협막
㉰ 세포벽 ㉱ 점질층

 불리한 환경 속에서 생존하기 위하여 세균은 아포를 생성한다.

42 폐흡충 감염이 발생할 수 있는 경우는?

㉮ 가재를 생식했을 때
㉯ 우렁이를 생식했을 때
㉰ 은어를 생식했을 때
㉱ 소고기를 생식했을 때

 폐흡충은 가재를 생식했을 감염이 발생할 수 있다.

45 물리적 소독법에 속하지 않는 것은?

㉮ 건열 멸균법 ㉯ 고압증기 멸균법
㉰ 크레졸 소독법 ㉱ 자비소독법

 크레졸 소독은 화학식 살균 소독약이다.

43 소독약의 살균력 지표로 가장 많이 이용되는 것은?

㉮ 알코올 ㉯ 크레졸
㉰ 석탄산 ㉱ 포름알데히드

해설 석탄산 소독약은 살균력 지표로 가장 많이 이용된다.

✓ 정답   41 ㉮   42 ㉮   43 ㉰   44 ㉮   45 ㉰

PART 06 공중보건학

46 소독약에 대한 조건으로 적합하지 않은 것은?

㉮ 용해성이 낮고 밝은 장소에 보관할 것
㉯ 침투력이 강할 것
㉰ 인체에 무독하고 취급이 간편할 것
㉱ 소독시간이 적당할 것

 소독약은 용해성이 높고 햇빛이 들지 않은 곳에 밀폐시켜 보관해야 한다.

47 소독제인 석탄산의 단점이라 할 수 없는 것은?

㉮ 유기물 접촉 시 소독력이 약화된다.
㉯ 피부에 자극성이 있다.
㉰ 금속에 부식성이 있다.
㉱ 독성과 취기가 강하다.

 석탄산은 유기물 접촉 시 소독력이 약화되는 것이 아니라 부식된다.

48 다음 살균의 원리 중 바르게 연결된 것은?

㉮ 알코올: 프로테인의 변화, 균체의 용해효소 저해
㉯ 승홍: 균의 호흡을 저해
㉰ 역성비누: 핵산에 직접 작용
㉱ 자외선: 주로 산소의 결합

 알코올의 원리로는 프로테인의 변화와 균체의 용해효소를 저해한다.

49 미생물의 종류에 해당하지 않는 것은?

㉮ 벼룩   ㉯ 효모
㉰ 곰팡이 ㉱ 세균

 미생물 종류에는 곰팡이, 효모, 세균 등이 있다.

50 재질에 관계없이 빗이나 브러시 등의 소독방법으로 가장 적합한 것은?

㉮ 70%알코올 솜으로 닦는다.
㉯ 고압증기 멸균기에 넣어 소독한다.
㉰ 락스액에 담근 후 씻어낸다.
㉱ 세제를 풀어 세척한 후 자외선 소독기에 넣는다.

 세제를 풀어 세척한 후 자외선 소독기에 넣는 방법이 재질에 관계없이 소독할 수 있다.

✓ 정답 46 ㉮ 47 ㉮ 48 ㉮ 49 ㉮ 50 ㉱

51 다음 중 저온 살균법의 설명으로 옳지 않은 것은?

㉮ 대장균이 사멸된다.
㉯ 파스퇴르에 의해 발명했다.
㉰ 냉장보관이 필요하다.
㉱ 결핵균등의 오염 방지 목적으로 사용된다.

저온 살균법으로 대장균이 사멸되지는 않는다.

52 다음 중 역성 비누로 손 소독 할 시에 사용 농도는 옳은 것은?

㉮ 3%   ㉯ 1%
㉰ 0.3%   ㉱ 0.1%

손 소독 할 시 역성 비누의 사용 농도는 3%이다.

53 공중위생관리법상 이·미용 기구의 소독기준 및 방법으로 틀린 것은?

㉮ 건열멸균소독: 섭씨 100°C 이상의 건조한 열에 10분 이상 쐬어준다.
㉯ 증기소독: 섭씨 100°C 이상의 습한 열에 20분 이상 쐬어준다.
㉰ 열탕소독: 섭시 100°C 이상의 물속에 10분 이상 끓여준다.
㉱ 석탄산수소독: 석탄산수(석탄산3%, 물97%의 수용액)에 10분 이상 담가둔다.

건열멸균소독법은 100°C증기로 하루에 한 번씩 2일간 실시하고 가열 사이 20°C이상 온도를 유지한다.

54 국가기술자격법에 따라 미용사 자격이 취소된 때 1차 위반시 행정처분은?

㉮ 면허취소   ㉯ 경고
㉰ 면허정지   ㉱ 면허정지 3월

1차위반은 면허 취소이다.

55 산업피로의 대표적인 증상이 아닌 것은 무엇인가?

㉮ 체온 변화   ㉯ 호흡기 변화
㉰ 순환기계 변화   ㉱ 기억력 변화

산업피로의 대표적인 증상으로는 체온 변화, 호흡기 변화, 순환기계 변화가 있다.

✓ 정답   51 ㉮   52 ㉮   53 ㉮   54 ㉮   55 ㉱

PART 06 공중보건학

56 면허의 정지명령을 받은 자가 반납한 면허증은 정지기간 동안 누가 보관하는가?
㉮ 관할 시·도지사
㉯ 관할 시장·군수·구청장
㉰ 보건복지부장관
㉱ 관할 경찰서장

 면허 정지명령을 받은 자가 반납한 면허증은 관할 시장·군수·구청장이 정지기간동안 보관한다.

57 과태료의 부과·징수 절차에 관한 설명으로 틀린 것은?
㉮ 시장·군수·구청장이 부과·징수한다.
㉯ 과태료처분의 고지를 받은 날부터 30일 이내에 이의 제기할 수 있다.
㉰ 과태료 처분을 받은 자가 이의를 제기한 경우 처분권자는 보건복지부장관에게 이를 통보한다.
㉱ 기간 내 이의가 없이 과태료를 납부하지 아니한 때에는 지방세 체납 처분의 예에 따른다.

 과태료 처분을 받은 자가 이의를 제기한 경우 처분권자는 관할법원에게 이를 통보한다.

58 다음 중 청문의 대상이 아닌 때는?
㉮ 면허취소 처분을 하고자 하는 때
㉯ 면허정지 처분을 하고자 하는 때
㉰ 영업소폐쇄명령의 처분을 하고자 하는 때
㉱ 벌금으로 처벌하고자 하는 때

 벌금으로 처벌하고자 하는 때에는 청문의 대상이 아니다.

59 신고를 하지 아니하고 영업소 소재지를 변경한 때에 대한 1차 위반시 행정처분 기준은?
㉮ 영업장 폐쇄명령   ㉯ 영업정지 3월
㉰ 영업정지 2월   ㉱ 영업정지 1월

 신고하지 아니하고 영업소 소재지를 변경한 때
• 1차위반 - 영업정지 1월
• 2차위반 - 영업정지 2월
• 3차위반 - 영업장폐쇄명령

60 이·미용업 영업신고 신청 시 필요한 구비서류에 해당하는 것은?
㉮ 이·미용사 자격증 원본
㉯ 면허증 원본
㉰ 호적등본 및 주민등록등본
㉱ 건축물 대장

 영업신고 신청 시 구비서류로 면허증 원본이 필요하다.

✓ **정답**　56 ㉯　57 ㉰　58 ㉱　59 ㉱　60 ㉯

61 다음 중 이·미용사의 면허증을 재교부 신청할 수 없는 경우는?

㉮ 면허가 취소되었을 시
㉯ 면허증이 훼손되었을 시
㉰ 기재사항에 변경사항이 있을 시
㉱ 면허증을 분실했을 시

해설) 면허증의 훼손, 분실 기재사항에 변경이 있을 시에는 면허증을 재교부 신청할 수 있다.

62 이·미용업 영업신고를 하지 않고 영업을 한 자에 해당하는 벌칙기준은?

㉮ 6월 이하의 징역 또는 100만원 이하의 벌금
㉯ 6월 이하의 징역 또는 300만원 이하의 벌금
㉰ 1년 이하의 징역 또는 500만원 이하의 벌금
㉱ 1년 이하의 징역 또는 1천만원 이하의 벌금

해설) 영업신고를 하지 않고 영업을 한 자는 1년 이하의 징역 또는 1천만원 이하의 벌금으로 벌칙한다.

63 공중위생관리법상 위생교육에 관한 설명으로 틀린 것은?

㉮ 위생교육은 교육부장관이 허가한 단체가 실시할 수 있다.
㉯ 공중위생영업의 신고를 하고자 하는 자는 원칙적으로 미리 위생교육을 받아야 한다.
㉰ 공중위생영업자는 매년 위생교육을 받아야 한다.
㉱ 위생교육을 받아야 하는 자 중 영업에 직접 종사하지 아니하거나 2인 이상의 장소에서 영업을 하는 자는 종업원 중 영업장별로 공중위생에 관한 책임자를 지정하고 그 책임자로 하여금 위생교육을 받게 하여야한다.

해설) 위생교육은 위생업하는 자는 모두 실시할 수 있다.

64 과태료처분에 불복이 있는 자는 그 처분의 고지를 받은 날부터 얼마의 기간 이내에 처분권자에게 이의를 제기 할 수 있는가?

㉮ 10일   ㉯ 20일
㉰ 30일   ㉱ 3개월

해설) 고지를 받은 날부터 30일 이내에 이의를 제기 할 수 있다.

65 위생서비스 평가의 결과에 따른 위생관리등급은 누구에게 통보하여야 하는가?

㉮ 해당 공중위생 영업자
㉯ 도지사
㉰ 구청장
㉱ 보건소장

해설) 시장, 군수, 구청장은 보건복지부령이 정하는 바에 의하여 위생 서비스 평가의 결과에 따른 위생관리 등급을 해당 공중위생 영업자에게 통보하여야 한다.

✓ 정답   61 ㉮   62 ㉱   63 ㉮   64 ㉰   65 ㉮

PART 06 공중보건학

66 손님에게 성매매알선 등 행위 또는 음란행위를 하게 하거나 이를 알선 또는 제공할 때 2차 위반시 영업소에 부과되는 처분은?

㉮ 영업정지 2월 ㉯ 영업장폐쇄명령
㉰ 영업정지 3월 ㉱ 영업정지 15일

- 1차위반-영업정지 3월
- 2차위반-영업장폐쇄명령

67 이·미용업자는 신고한 영업장 면적을 얼마이상 증감하였을 때 변경신고를 하여야 하는가?

㉮ 5분의 1 ㉯ 4분의 1
㉰ 3분의 1 ㉱ 2분의 1

영업장 면적을 3분의 1 이상 증감하였을 때 변경신고를 하여야 한다.

68 공중위생영업자가 영업소 폐쇄명령을 받고도 계속하여 영업을 하는 때에 대한 조치사항으로 옳은 것은?

㉮ 당해 영업소가 위법한 영업소임을 알리는 게시물 등을 부착
㉯ 당해 영업소의 출입자 통제
㉰ 당해 영업소의 출입금지구역 설정
㉱ 당해 영업소의 강제 폐쇄 집행

해설
폐쇄명령을 받고도 계속하여 영업을 할 때에는 당해 영업소가 위법한 영업소임을 알리는 게시물 등을 부착한다.

69 이·미용업소에 간염의 감염방지를 위해 가장 철저히 소독해야 하는 것은 무엇인가?

㉮ 시술의자 ㉯ 면도날
㉰ 세면대 ㉱ 머리빗

이·미용업소에 간염의 감염방지를 위해서는 면도날을 가장 철저히 소독해야 한다.

70 다음 중 이·미용사면허를 발급할 수 있는 사람만으로 짝지어진 것은?

㉠ 특별·광역시장	㉡ 도지사
㉢ 시장	㉣ 구청장
㉤ 군수	

㉮ ㉠, ㉡
㉯ ㉠, ㉡, ㉢
㉰ ㉠, ㉡, ㉢, ㉣
㉱ ㉢, ㉣, ㉤

면허를 발급할 수 있는 사람은 시장, 구청장, 군수이다.

✅ 정답 66 ㉯ 67 ㉰ 68 ㉮ 69 ㉯ 70 ㉱

71 공중위생업자가 매년 받아야 하는 위생교육 시간은?

㉮ 5시간 ㉯ 4시간
㉰ 3시간 ㉱ 2시간

공중위생업자가 매년 3시간씩 위생교육을 받아야 한다.

74 시·군·구에 이용업 신고를 하지않고 이용업소 표시등을 설치했을 경우의 벌칙은 무엇인가?

㉮ 100만원 이하의 벌금
㉯ 100만원 이하의 과태료
㉰ 300만원 이하의 벌금
㉱ 300만원 이하의 과태료

시·군·구에 이용업 신고를 하지않고 이용업소 표시등을 설치했을 경우의 벌칙은 300만원 이하의 과태료이다.

72 소독을 한 기구와 소독을 하지 아니한 기구를 각각 다른용기에 넣어 보관하지 아니하거나 1회용 면도날을 2인 이상의 손님에게 사용할 때 1차 위반 시 행정처분은?

㉮ 개선명령 ㉯ 경고
㉰ 영업정지 5일 ㉱ 영업정지 10일

• 1차위반–경고
• 2차위반–영업정지 5일
• 3차위반–영업정지 10일
• 4차위반–영업장폐쇄명령

75 이·미용업의 영업신고를 하지 않고 업소를 개설한 자에 대한 법적 조치는?

㉮ 200만 원 이하의 과태료
㉯ 300만 원 이하의 벌금
㉰ 6월 이하의 징역 또는 500만 원 이하의 벌금
㉱ 1년 이하의 징역 또는 1천만 원 이하의 벌금

영업신고를 하지 않고 업소를 개설한 자는 1년 이하의 징역 또는 1천만원 이하의 벌금에 처한다.

73 위생교육을 받지 않았을 경우 3차 위반 시 정지처분 기준은?

㉮ 영업정지 10일 ㉯ 영업정지 15일
㉰ 영업정지 1월 ㉱ 영업장 폐쇄명령

3차위반은 영업정지 10일 이다.

✔ 정답 71 ㉰ 72 ㉯ 73 ㉮ 74 ㉱ 75 ㉱

PART 06 공중보건학

76 위생관리등급의 위생서비스수준 평가의 주기는?
- ㉮ 1년
- ㉯ 2년
- ㉰ 3년
- ㉱ 4년

해설) 위생관리등급의 평가주기는 2년이다.

77 다음 중 공중위생영업 신고시 시장·군수·구청장에게 제출해야할 서류가 아닌 것은 무엇인가?
- ㉮ 교육필증
- ㉯ 영업소의 임대계약서
- ㉰ 영업시설 및 설비개요서
- ㉱ 면허증 원본

해설) 공중위생영업 신고시 영업시설 및 시설개요서, 교육필증, 면허증 원본을 제출해야 한다.

78 위생관리등급의 위생서비스수준 평가의 주기는?
- ㉮ 1년
- ㉯ 2년
- ㉰ 3년
- ㉱ 4년

해설) 위생관리등급의 평가주기는 2년이다.

79 다음 중 미용사 신규 면허의 신청 수수료로 올바른 것은?
- ㉮ 5,000원
- ㉯ 5,500원
- ㉰ 8,000원
- ㉱ 8,500원

해설) 미용사 신규 면허 수수료는 5,500원 이다.

80 다음의 사항 중 공중보건에 관한 과제해결에 필요한 사항으로 볼 수 없는 것은?
- ㉮ 직업별 문제해결
- ㉯ 영리추구
- ㉰ 제도적 조치
- ㉱ 보건교육활동

해설) 재산상 이익을 꾀하는 영리추구는 공중보건에 대한 과제해결이라고 볼 수 없다.

정답 76 ㉯ 77 ㉯ 78 ㉯ 79 ㉯ 80 ㉯

실전모의고사

제 1 회 실전모의고사
제 2 회 실전모의고사
제 3 회 실전모의고사
제 4 회 실전모의고사
제 5 회 실전모의고사
제 6 회 실전모의고사
제 7 회 실전모의고사
제 8 회 실전모의고사

제1회 실전모의고사

01 상담 시 고객에 대한 주의사항으로 바르지 않은 것은?

㉮ 방문 동기를 파악한다.
㉯ 고객카드를 작성하여 피부 상태 및 생활환경을 조사한다.
㉰ 고객과의 친밀감을 갖기 위해 사적으로 친목을 도모한다.
㉱ 전문적인 지식과 경험으로 관리방법과 과정을 설명한다.

02 다음 중 표피층을 순서대로 나열한 것은?

㉮ 각질층, 유극층, 망상층, 기저층, 과립층
㉯ 각질층, 유극층, 투명층, 과립층, 기저층
㉰ 각질층, 투명층, 과립층, 유극층, 기저층
㉱ 각질층, 과립층, 유극층, 투명층, 기저층

03 천연 과일산에서 추출한 딥클렌징은?

㉮ BHA   ㉯ AHA
㉰ TCA   ㉱ Penol

04 온습포에 대한 설명으로 바르지 않은 것은?

㉮ 이완된 모공을 수축시켜 피부의 탄력을 증진시킨다.
㉯ 피부 온도 상승으로 혈액순환을 촉진시킨다.
㉰ 피지분비선을 자극시켜 피지분비를 원활하게 한다.
㉱ 피부조직 활성화로 영양 공급이 원활히 될 수 있도록 한다.

05 제모에 대한 설명으로 바르지 않은 것은?

㉮ 화상 및 상처, 피부염이 있는 경우는 금한다.
㉯ 제모 후 진정용 화장수나 진정 젤을 바른다.
㉰ 제모 후 장시간 찜질이나 수영은 피한다.
㉱ 왁스를 떼어 낼 때는 천천히 떼어 내는 것이 좋다.

06 지성피부와 여드름 피부에 사용하는 클렌징 제형은?

㉮ 클렌징 크림   ㉯ 클렌징 로션
㉰ 클렌징 젤   ㉱ 클렌징 오일

07 매뉴얼 테크닉 동작에서 쓰다듬기(effleurage)에 대한 설명으로 바른 것은?

㉮ 손가락을 사용하여 가볍게 두드리는 동작으로 피부 탄력을 증가시킨다.
㉯ 매뉴얼 테크닉의 시작과 마무리, 연결 동작에 사용한다.
㉰ 피부를 흔들어서 지각신경을 자극하고 혈액순환을 증진한다.
㉱ 근육을 반죽하듯 주무르는 동작으로 근육의 탄력성 증진 및 노폐물을 제거한다.

08 클렌징에 대한 설명으로 바르지 않은 것은?

㉮ 다음 관리 단계 시 제품의 흡수를 효율적으로 도와준다.
㉯ 모공 내 불순물과 각질층의 각질 제거를 주목적으로 한다.
㉰ 피부의 생리적인 기능을 정상적으로 도와준다.
㉱ 피부 표면의 노폐물이나 화장을 지워 청결하게 유지한다.

09 화장수(토너)에 대한 설명으로 바르지 않은 것은?

㉮ 피부에 집중적인 영양분을 공급한다.
㉯ 클렌징 후 피부에 남은 잔여물을 제거한다.
㉰ 피부결 정돈 및 피부의 PH 밸런스를 유지한다.
㉱ 다음 단계의 제품 흡수를 효과적으로 돕는다.

10 팩에 대한 설명으로 바르지 않은 것은?

㉮ 피부 수분 공급   ㉯ 진정 및 수렴 작용
㉰ 피하지방 분해   ㉱ 피부의 혈행 촉진

✓ 정답 01 ㉰ 02 ㉯ 03 ㉯ 04 ㉮ 05 ㉱
         06 ㉰ 07 ㉯ 08 ㉯ 09 ㉮ 10 ㉰

11 건성피부의 관리방법으로 바르지 않은 것은?

㉮ 화장수는 알코올 함량이 적고 보습기능이 강화된 제품을 사용한다.
㉯ 피지 흡착력이 있는 머드·클레이 팩을 사용한다.
㉰ 피지막을 쉽게 제거하는 비누세안을 자제한다.
㉱ 히아루론산, 세라마이드, 호호바오일 등이 함유된 화장품을 사용한다.

12 딥클렌징에 대한 설명으로 바르지 않은 것은?

㉮ 모세혈관 확장피부
㉯ 흉터가 많은 피부
㉰ 모공이 넓은 지성피부
㉱ 잔주름이 많은 노화피부

13 피부의 기능에 대한 설명으로 바르지 않은 것은?

㉮ 자외선으로부터 비타민D를 형성한다.
㉯ 피지선와 한선을 통하여 노폐물을 배출한다.
㉰ 정상체온인 32도를 일정하게 유지한다.
㉱ 외부의 자극으로부터 인체 내부 기관을 보호한다.

14 콜라겐 벨벳마스크에 대한 설명으로 바르지 않은 것은?

㉮ 천연 콜라겐을 냉동 건즈시켜 만든 마스크이다.
㉯ 도포 시 기포가 생기지 않도록 피부어 밀착시킨다.
㉰ 피부 수분공급, 주름 완화 등에 효과적이다.
㉱ 효과를 높이기 위해 고농축 세럼을 도포한 후 사용한다.

15 임파선을 통한 노폐물의 이동을 통허 해독작용을 도와주는 관리방법은?

㉮ 스웨디시 테크닉
㉯ 한국형 경락 마사지
㉰ 발반사 요법
㉱ 림프 드케나쥐

16 기저층에서 피부의 색을 결정하는 색소는?

㉮ 안토시안   ㉯ 헤모글로빈
㉰ 라이코펜   ㉱ 멜라닌

17 표피층에 존재하는 세포가 아닌 것은?

㉮ 멜라닌 세포   ㉯ 랑게르한스 세포
㉰ 엘라스틴   ㉱ 머켈 세포

18 다음 중 원발진이 아닌 것은?

㉮ 종양   ㉯ 반흔
㉰ 구진   ㉱ 농포

19 조기노화와 깊은 주름의 원인이 되며 생활 자외선이라 불리는 것은?

㉮ UV A   ㉯ UV B
㉰ 적외선 ㉱ 가시광선

20 피부가 건조하고 딱딱해져 가죽처럼 두꺼워지는 현상은?

㉮ 농포   ㉯ 수포
㉰ 소양증 ㉱ 태선화

✔ 정답 11 ㉯ 12 ㉮ 13 ㉰ 14 ㉱ 15 ㉱
       16 ㉱ 17 ㉰ 18 ㉯ 19 ㉮ 20 ㉱

제1회 실전모의고사

21 건강한 손톱에 대한 설명으로 바르지 않은 것은?

㉮ 손끝, 발끝을 보호한다.
㉯ 표피의 각질층이 변한 반투명한 각질판이다.
㉰ 연한 핑크빛을 띠면서 아치모양이 형성되어야 한다.
㉱ 1일 평균 1cm 성장 속도로 자라고, 케라틴 20%로 구성되어 있다.

22 에크린 한선에 대한 설명으로 바르지 않은 것은?

㉮ 사춘기 이후에 주로 발달한다.
㉯ 무색, 무취의 맑은 액체이다.
㉰ 손바닥, 발바닥에 가장 많이 분포한다.
㉱ 입술과 음부를 제외한 거의 전신에 분포한다.

23 림프드레니지 적용 피부로 적합하지 않은 유형은?

㉮ 여드름이 있는 피부
㉯ 튼 살 피부
㉰ 모세혈관 확장 피부
㉱ 염증성 질환이 있는 피부

24 선천적인 피부이상 증세는?

㉮ 백색증   ㉯ 백반증
㉰ 사마귀   ㉱ 한관종

25 생명을 유지하는 데 소요되는 최소한의 열량을 무엇이라 하는가?

㉮ 물질대사량   ㉯ 기초대사량
㉰ 활동대사량   ㉱ 유지대사량

26 인체를 구성하는 가장 작은 구조적 단위는?

㉮ 계통   ㉯ 기관
㉰ 세포   ㉱ 조직

27 세포막에 대한 설명으로 바르지 않은 것은?

㉮ 세포의 형태를 유지한다.
㉯ 선택적 투과성의 기능이 있다.
㉰ 내부에서 생명활동이 가능하도록 보호한다.
㉱ 인지질 단층의 막이다.

28 신경조직의 기본 단위는?

㉮ 뉴런   ㉯ 해리
㉰ 야드   ㉱ 인치

29 다음 중 조혈기능에 관여하는 세포는?

㉮ 섬모   ㉯ 골질
㉰ 척수   ㉱ 혈소판

30 헤모글로빈을 함유하고 있으며 산소를 모든 조직으로 운반하는 곳은?

㉮ 백혈구   ㉯ 적혈구
㉰ 혈소판   ㉱ 혈장

✔ 정답   21 ㉱   22 ㉮   23 ㉱   24 ㉮   25 ㉯
         26 ㉰   27 ㉱   28 ㉮   29 ㉱   30 ㉯

31 골격계의 설명으로 바르지 않은 것은?

㉮ 지방을 분해하는 기능을 한다.
㉯ 체중의 20~30%를 차지한다.
㉰ 뼈와 연골 및 인대 등으로 구성한다.
㉱ 장기를 보호하고, 몸을 지지한다.

32 체내로 침입하는 미생물이나 염증을 다괴하고 죽은 세포를 제거하는 기능은?

㉮ 식균작용 ㉯ 배설작용
㉰ 운반기능 ㉱ 항상성

33 교감 신경이 작용하였을 때 나타나는 반응이 아닌 것은?

㉮ 소화액 분비 촉진 ㉯ 침 분비 억제
㉰ 동공 확대 ㉱ 혈압 상승

34 세포 호흡이 일어나는 곳으로, 포도당과 같은 유기물을 분해하여 생명 활동에 필요한 에너지(ATP)를 생산하는 곳은?

㉮ 리소좀 ㉯ 골지체
㉰ 소포체 ㉱ 미토콘드리아

35 스킨 스크러버에 대한 설명으로 바르지 않은 것은?

㉮ 죽은 각질을 제거하는 효과가 있다.
㉯ 미세한 진동에 의한 마사지 효과가 있다.
㉰ 상처 부위의 재생을 촉진하는 효과가 있다.
㉱ 진동과 온열 효과로 신진대사를 촉진한다.

36 진공흡입기(suction)에 대한 설명으로 바르지 않은 것은?

㉮ 초당 10Hz이상의 주파수를 가지고 있다.
㉯ 피부 노폐물을 제거하고, 탄력을 증진한다.
㉰ 피부 조직을 흡입하는 동작으로 한선과 피지선이 활성화 된다.
㉱ 피부 물질 대사를 높여 림프순환을 촉진하여 노폐물을 배출한다.

37 피부에 미치는 갈바닉 전류의 양극(+)의 효과는?

㉮ 혈관확장 ㉯ 피부진정
㉰ 모공세정 ㉱ 피부유연화

38 스티더기기에 대한 설명으로 바르지 않은 것은?

㉮ 모공을 열어 클렌징을 해준다.
㉯ 화농성 여드름, 주사의 경우 사용을 금한다.
㉰ 살균이 필요한 피부는 수분 없이 오존만을 쐬어준다.
㉱ 얼굴과 분사구와의 거리는 30~40cm 정도 거리를 유지한다.

39 특수 광선을 이용하여 눈으로 판별하기 어려운 피부의 상태를 분석하는 기기는?

㉮ 확대경 ㉯ 우드램프
㉰ 엔더몰로지 ㉱ 피부 ph 측정기

40 신경계와 근육계의 자극에 이용되는 감응전류(Faradic current)의 피부 관리 효과와 거리가 먼 것은?

㉮ 내분비계통의 활동을 증가시킨다.
㉯ 세포의 작용을 활발하게 하여 노폐물을 제거한다.
㉰ 근육층의 정상화를 유도하여 근육의 상태를 개선한다.
㉱ 호학적 영향으로 세포에 산소의 분비가 조직을 활성화 시켜준다.

✓ 정답 31 ㉮ 32 ㉮ 33 ㉮ 34 ㉱ 35 ㉰
　　　　36 ㉮ 37 ㉯ 38 ㉰ 39 ㉯ 40 ㉱

제1회 실전모의고사

41 수분측정기로 피부의 수분 함유량을 측정할 때 고려해야 하는 내용이 아닌 것은?

㉮ 온도는 20~22°C, 습도는 40~60%에서 측정한다.
㉯ 클렌징 2시간 경과 후 측정한다.
㉰ 직사광선이나 직접조명 아래에서 측정한다.
㉱ 측정 후 다른 부위 측정 시까지 5초의 간격을 둔다.

42 원자에 대한 설명으로 바르지 않은 것은?

㉮ 물질을 이루는 가장 작은 단위이다.
㉯ 양성자, 전자, 중성자로 나뉘어 화학반응을 한다.
㉰ 원자량은 원자핵에 의해 결정된다.
㉱ 같은 극끼리는 밀어내고 다른 극끼리는 잡아당긴다.

43 다음중 기능성 화장품의 영역이 아닌 것은?

㉮ 미백   ㉯ 주름 개선
㉰ 여드름 개선   ㉱ 자외선 차단

44 물에 오일성분이 혼합되어 있는 유화 상태는?

㉮ W/S 에멀전   ㉯ W/O 에멀전
㉰ O/W 에멀전   ㉱ O/S 에멀전

45 여드름 피부용 화장품에 사용되는 성분과 가장 거리가 먼 것은?

㉮ 아줄렌   ㉯ 레티놀
㉰ 살리실산   ㉱ 글리콜릭산

46 미생물의 오염이나 보관에 따른 산화, 변색, 변질, 변취 등 시간이 경과해도 제품에 변화가 없어야 하는 화장품의 요건은?

㉮ 안전성   ㉯ 안정성
㉰ 사용성   ㉱ 유효성

47 에센셜 오일에 대한 설명으로 바르지 않은 것은?

㉮ 식물의 꽃, 잎, 줄기, 뿌리, 열매, 껍질 등에서 추출한 휘발성 정유이다.
㉯ 혼합해서 사용하면 효과가 떨어질 수 있기 때문에, 원액 그대로 사용한다.
㉰ 공기 중의 산소, 빛 등에 의해 변질될 수 있으므로 갈색병에 보관한다.
㉱ 안전성 확보를 위하여 사전에 패취테스트(patch test)를 실시하여야 한다.

48 자외선 차단제에 대한 설명으로 바르지 않은 것은?

㉮ 자외선 흡수제는 화학적인 흡수작용을 이용한 제품이다.
㉯ 자외선 산란제는 물리적인 산란작용을 이용한 제품이다.
㉰ PA는 단파장의 UV C를 차단하는 지수를 나타낸다.
㉱ SPF는 일광화상을 일으키는 UV B를 차단하는 지수를 나타낸다.

49 파운데이션에 대한 설명으로 옳은 것은?

㉮ 피부의 잡티나 결점을 커버해 주는 목적으로 사용된다.
㉯ 속눈썹이 위로 잘 올라가도록 말아 올리는 효과가 있다.
㉰ 생기있고 혈색있게 보이는 포인트로 표현 할 수 있다.
㉱ 모발의 표면을 매끄럽고, 윤기 있게 해준다.

50 염모제의 종류에 해당하지 않은 것은?

㉮ 영구염모제   ㉯ 과산화수소
㉰ 반영구염모제   ㉱ 일시염모제

✓ 정답   41 ㉰   42 ㉱   43 ㉰   44 ㉰   45 ㉯
          46 ㉯   47 ㉯   48 ㉰   49 ㉮   50 ㉯

51 일반적으로 사용하는 소독제로서 에탄올의 적정 농도는?

㉮ 20%   ㉯ 40%
㉰ 50%   ㉱ 70%

52 위생교육 대상자가 아닌 것은?

㉮ 공중위생영업자
㉯ 면허증 취득 예정자
㉰ 공중위생영업을 승계한 자
㉱ 공중위생영업의 신고를 하고자 하는 자

53 다음 중 파리가 매개할 수 있는 질병과 거리가 먼 것은?

㉮ 콜레라   ㉯ 장티푸스
㉰ 발진티푸스   ㉱ 아메바성 이질

54 면허가 없는 자가 이/미용의 업무를 하였을 때의 벌칙기준은?

㉮ 200만원 이하의 벌금
㉯ 300만원 이하의 벌금
㉰ 400만원 이하의 벌금
㉱ 500만원 이하의 벌금

55 바이러스에 대한 일반적인 설명으로 옳은 것은?

㉮ 입자가 커서 육안으로 관찰이 가능하다.
㉯ 핵산인 DNA 와 RNA 모두 가지고 있다.
㉰ 독자적인 효소가 있어서 스스로 물질대사가 가능하다.
㉱ 바이러스는 살아있는 세포 내에서만 증식 가능하다.

56 실내의 적정한 온도와 습도는?

㉮ 16°C, 40%   ㉯ 18°C, 60%
㉰ 20°C, 70%   ㉱ 24°C, 80%

57 이·미용 업소의 위생 관리 기준으로 적합하지 않은 것은?

㉮ 1회용 면도날은 소독하면 재사용 가능하다.
㉯ 영업장 안의 조명도는 75룩스 이상이어야 한다.
㉰ 소독한 기구와 소독을 하지 아니한 기구를 분리하여 보관한다.
㉱ 업소 내에 미용업 신고증, 미용요금표를 게시하여야 한다.

58 과태료 처분에 불복이 있는 경우 어느 기간 내에 이의를 제기할 수 있는가?

㉮ 처분한 날로부터 15일 이내
㉯ 처분한 날로부터 30일 이내
㉰ 처분이 있음을 안 날로부터 15일 이내
㉱ 처분의 고지를 받은 날로부터 30일 이내

59 비타민이 결핍되었을 때 발생하는 질병의 연결이 틀린 것은?

㉮ 비타민F – 풍치와 충치
㉯ 비타민A – 야맹증, 안구건조증
㉰ 비타민E – 불임, 유산
㉱ 비타민D – 구루병, 골다공증

60 자비소독시 금속 제품이 녹스는 것을 방지하기 위하여 첨가하는 물질이 아닌 것은?

㉮ 2% 붕소   ㉯ 2% 탄산나트륨
㉰ 5% 알콜   ㉱ 5% 석탄산

✅ **정답** 51 ㉰ 52 ㉯ 53 ㉰ 54 ㉯ 55 ㉱
　　　　　 56 ㉯ 57 ㉮ 58 ㉱ 59 ㉮ 60 ㉰

제 2 회 실전모의고사

01 피부 미용의 역사에 대한 설명 중 옳은 것은?

㉮ 이집트 시대-비누 사용 보편화
㉯ 중세시대-매뉴얼 테크닉크림 개발
㉰ 로코코 시대-약초 스팀법 개발
㉱ 로마시대-향수, 오일, 화장이 생활의 필수품으로 등장

02 피부미용의 영역이 아닌 것은?

㉮ 제모
㉯ 눈썹정리
㉰ 눈썹문신
㉱ 신체 각 부위관리

03 지성피부에 대한 설명으로 바르지 않은 것은?

㉮ 표피가 얇고 투명해 보이며 외부자극에 쉽게 붉어진다.
㉯ 피부표면이 항상 건조하고 잔주름이 쉽게 생긴다.
㉰ 모세혈관이 약화되거나 확장되어 피부표면으로 보인다.
㉱ 피지분비가 왕성하여 유분으로 인해 피부가 번들거린다.

04 영구적 제모에 해당하는 것은?

㉮ 족집게
㉯ 왁싱
㉰ 레이저 제모
㉱ 제모용 크림

05 마스크 적용 후 온도가 40℃ 이상 올라가 영양물질의 흡수를 높이는 마스크는?

㉮ 석고마스크
㉯ 머드마스크
㉰ 벨벳마스크
㉱ 시트마스크

06 매뉴얼 테크닉의 방법에 대한 설명이 옳은 것은?

㉮ 고객이 잠들지 못하도록 깨운다.
㉯ 크림이 눈, 코, 입으로 들어가지 않도록 주의한다.
㉰ 손을 밀착시키고 빠르고, 강하게 한다.
㉱ 고객의 복용중인 약을 반드시 체크한다.

07 냉습포에 대한 설명으로 옳지 않은 것은?

㉮ 모공을 수축 시킨다.
㉯ 피부 수렴 작용을 한다.
㉰ 혈관 수축 작용으로 탄력을 높인다.
㉱ 근육을 이완시키고 혈액순환을 돕는다.

08 딥클렌징에 대한 내용으로 가장 적합한 것은?

㉮ 매일 메이크업 제거를 위해 사용한다.
㉯ 피부표면의 노폐물을 제거하는 것이 주목적이다.
㉰ 묵은 각질과 모공 속 노폐물을 제거한다.
㉱ 물리적 필링인 AHA는 노화피부에 사용가능하다.

09 팩의 제거 방법에 따른 분류가 아닌 것은?

㉮ 티슈 오프 타입 (Tissue off type)
㉯ 워서 오프 타입(Wash off type)
㉰ 필 오프 타입(Peel off type)
㉱ 석고 마스크 타입(gysum mask type)

10 손바닥으로 연속적인 쓰다듬기 동작을 하는 매뉴얼 테크닉 방법은?

㉮ 에플라라지
㉯ 타포트먼트
㉰ 페트리사지
㉱ 바이브레이션

✓ **정답**   01 ㉱   02 ㉰   03 ㉱   04 ㉰   05 ㉮
          06 ㉯   07 ㉱   08 ㉰   09 ㉱   10 ㉮

11 클렌징 제품의 올바른 선택조건이 아닌 것은?

㉮ 피부에 미백이 되어야 한다.
㉯ 매일 사용하므로 부작용이 없어야 한다.
㉰ 피부표면의 노폐물이 잘 제거되어야 한다.
㉱ 피부의 산성막을 손상시키지 않아야 한다.

12 콜라겐과 엘라스틴이 주성분으로 이루어진 피부 조직은?

㉮ 표피   ㉯ 근육
㉰ 진피   ㉱ 피하

13 모세혈관 확장피부에 효과적인 성분이 아닌 것은?

㉮ A.H.A   ㉯ 알로에베라
㉰ 히아루론산 ㉱ 비타민C

14 피부의 천연보습인자(NMF)의 구성 성분 중 가장 많은 분포를 나타내는 것은?

㉮ 요소   ㉯ 요산
㉰ 아미노산   ㉱ 피롤리돈 카르본산

15 남성의 2차 성장에 영향을 주고 피지분비를 촉진하는 호르몬은?

㉮ 티록신(thyroxin)
㉯ 테스토스테론(testosterone)
㉰ 프로게스테론(progesterone)
㉱ 에스트로겐(estrogen)

16 피부의 타입을 결정하는 요인이 아닌 것은?

㉮ 모발의 두께   ㉯ 수분 함유량
㉰ 피지 분비량   ㉱ 피부의 조직

17 클렌징 로션에 대한 알맞은 설명은?

㉮ 친우성 에멀젼(W/O타입) 이다.
㉯ 클렌징 크림보다 오일성분이 많이 함유되어 있다.
㉰ 예민하고 민감한 피부에 적합하다.
㉱ 눈화장, 입술화장 등 포인트 메이크업을 지거하는데 사용한다.

18 피부 관리 시 제품의 도포 순서로 가장 바르게 연결된 것은?

㉮ 에센스-로션-앰플-크림
㉯ 앰플-에센스-로션-크림
㉰ 크림-에센스-앰플-로션
㉱ 앰플-로션-에센스-크림

19 표피 기저층에 위치하고 촉감을 감지하는 세포는?

㉮ 머켈 세포   ㉯ 멜라닌 세포
㉰ 각질형성 세포   ㉱ 랑게르한스 세포

20 광노화 현상이 아닌 것은?

㉮ 표피 두께 증가
㉯ 표피 탄력 증가
㉰ 진피내의 모세혈관 확장
㉱ 멜라닌 세포 이상 항진

✓ 정답   11 ㉮   12 ㉰   13 ㉰   14 ㉱   15 ㉯
         16 ㉮   17 ㉰   18 ㉯   19 ㉮   20 ㉯

제 2 회 실전모의고사

21 피부 각질형성세포의 일반적 각화 주기는?
- ㉮ 약 3주
- ㉯ 약 4주
- ㉰ 약 5주
- ㉱ 약 6주

22 노폐물, 독소 등이 배설되지 못하고 피부조직에 남아 림프 순환을 방해하는 피부 현상은?
- ㉮ 하지정맥
- ㉯ 켈로이드
- ㉰ 셀룰라이트
- ㉱ 쿠퍼로제

23 체조직을 구성하는 영양소에 대한 설명으로 옳지 않은 것은?
- ㉮ 불포화 지방산은 상온에서 액체 상태를 유지한다.
- ㉯ 필수 지방산은 식물성 지방보다 동물성 지방을 섭취하는 것이 좋다.
- ㉰ 필수 지방산인 불포화 지방산은 인체를 구성하는 성분으로 중요한 역할을 한다.
- ㉱ 지질은 체지방의 형태로 에너지를 저장된다.

24 피부에 가장 많이 분포하는 감각 기관은?
- ㉮ 촉각점
- ㉯ 통각점
- ㉰ 냉각점
- ㉱ 온각점

25 인체에 피지선이 존재하지 않는 곳은?
- ㉮ 손바닥
- ㉯ 등
- ㉰ 귀
- ㉱ 목

26 피부의 기능에 대한 설명으로 틀린 것은?
- ㉮ 체온 조절
- ㉯ 인체 내부 기관 보호
- ㉰ 감각 작용
- ㉱ 비타민 A 형성 작용

27 혈관계의 설명으로 바르지 않은 것은?
- ㉮ 동맥은 심장에서 나가는 혈액이 흐르는 관이다.
- ㉯ 정맥은 혈액의 역류를 막기 위해 판막이 있다.
- ㉰ 정맥은 높은 혈압을 견딜 수 있어야 하기 때문에 혈관 벽이 두껍고 탄력성이 있다.
- ㉱ 모세혈관은 동맥과 정맥을 연결하며 온몸에 그물처럼 퍼져 있다.

28 세포막을 통한 물질의 이동 방법이 아닌 것은?
- ㉮ 여과
- ㉯ 수축
- ㉰ 삼투
- ㉱ 확산

29 세포 내부를 최대 80%까지 채우는 투명한 점액 형태의 물질로 세포의 모양 및 항상성을 유지하는 곳은?
- ㉮ 림프액
- ㉯ 세포질
- ㉰ 혈액
- ㉱ 체액

30 비장의 설명으로 바르지 않은 것은?
- ㉮ 인체에서 가장 큰 림프 기관이다.
- ㉯ 일차적으로 우리 몸의 면역기능을 수행하는 기관이다.
- ㉰ 적색수질에서는 퇴화된 적혈구를 제거하여 혈액 내 적혈구의 질을 조절한다.
- ㉱ 백색수질에서는 항체를 합성하여 우리 몸의 면역기능을 유지해주며 세균이나 항원 등을 걸러주는 역할을 한다.

✅ **정답**
21 ㉯ 22 ㉰ 23 ㉯ 24 ㉯ 25 ㉮
26 ㉱ 27 ㉰ 28 ㉯ 29 ㉯ 30 ㉯

31 적혈구, 백혈구, 혈소판이 생성되는 곳은?
   ㉮ 척수   ㉯ 골수
   ㉰ 충수   ㉱ 흉선

32 소화과정의 순서로 바른 것은?
   ㉮ 입, 식도, 위, 대장, 소장, 항문
   ㉯ 입, 식도, 소장, 위, 대장, 항문
   ㉰ 입, 식도, 위, 소장, 대장, 항문
   ㉱ 입, 위, 식도, 소장, 대장, 항문

33 코에 주름을 만드는 표정근은?
   ㉮ 비근   ㉯ 소근
   ㉰ 협근   ㉱ 박근

34 자율신경계의 설명으로 바르지 않은 것은?
   ㉮ 소화, 순환, 호흡 운동, 호르몬 분비 등 생명 유지에 필수적인 기능을 조절한다.
   ㉯ 긴장하거나 흥분한 상태에서는 교감 신경이 작용한다.
   ㉰ 대뇌의 직접적인 영향을 받는다.
   ㉱ 평상시에는 부교감 신경이 작용한다.

35 간에서 분비된 담즙을 농축하고 저장시키는 곳은?
   ㉮ 담낭   ㉯ 모낭
   ㉰ 비장   ㉱ 신장

36 혈구의 설명으로 바르지 않은 것은?
   ㉮ 적혈구는 매주 생성된다.
   ㉯ 90%의 물과 7%의 단백질로 이루어져 있다.
   ㉰ 미생물을 잡아먹는 식서포로 구성되어 있다.
   ㉱ 혈소판 덩어리인 혈전을 형성해 출혈을 멎게 한다.

37 피부미용기기의 부적용과 가장 거리가 먼 경우는?
   ㉮ 건성피부인 경우
   ㉯ 임산부인 경우
   ㉰ 몸속에 금속장치를 지닌 경우
   ㉱ 염증성 알레르기가 있는 경우

38 고주파기기의 효과로 바르지 않은 것은?
   ㉮ 심부열은 조직의 온도를 상승시킨다.
   ㉯ 각질과 피지 제거에 효과적이다.
   ㉰ 자연치유력과 저항력을 높여준다.
   ㉱ 산소량과 영양물질, 항체, 백혈구, 림프순환이 증가한다.

39 진공흡입기에 대한 설명으로 바르지 않은 것은?
   ㉮ 진공으로 빨아들이는 유리컵(Ventouse)을 밀착하여 사용한다.
   ㉯ 혈액순환과 림프순환을 촉진시켜 부종과 노폐물 축적을 방지한다.
   ㉰ 적당한 자극으로 긴장된 근육을 풀어주며. 피부에 탄력기능을 강화시켜 준다.
   ㉱ 정맥류가 있는 부분은 다른 부위보다 강하게 적용한다.

40 전기장치에서 퓨즈(fuse)의 역할은?
   ㉮ 부도체에 전기가 잘 통하도록 한다.
   ㉯ 음압과 음파를 감소시킨다.
   ㉰ 각 부품 사이에 오일을 공급하여 마찰을 줄인다.
   ㉱ 전선의 과열 막아 주는 안정장치 역할을 한다.

✓ 정답 31 ㉯ 32 ㉰ 33 ㉮ 34 ㉰ 35 ㉮
       36 ㉯ 37 ㉮ 38 ㉯ 39 ㉱ 40 ㉱

제 2 회 실전모의고사

41 저주파에 대한 설명으로 바르지 않은 것은?

㉮ 저주파전류 1,000~10,000Hz 를 이용한다.
㉯ 근육을 이완 수축시킨다.
㉰ 스펀지 패드를 올릴 때 근육의 위치를 정확히 파악한다.
㉱ 패드부분이 피부에 접촉하게 올려두고, 고무밴드로 고정시켜 준다.

42 갈바닉(galvanic) 기기의 음극 효과로 틀린 것은?

㉮ 신경 자극 ㉯ 피부 연화
㉰ 모공 수축 ㉱ 혈액공급 증가

43 바이브레이터에 대한 설명으로 바르지 않은 것은?

㉮ 기계의 진동을 이용하여 근육과 긴장과 통증을 완화시켜준다.
㉯ 뼈가 있는 부분의 시술은 피한다.
㉰ 압력을 최대한 주어 효과를 극대화 시킨다.
㉱ 기기관리 도중 지속성이 끊어지지 않도록 주의한다.

44 컬러테라피의 색상 중 활력, 세포재생, 신경긴장완화, 호르몬대사 조절 효과를 나타내는 것은?

㉮ 빨간색 ㉯ 주황색
㉰ 파란색 ㉱ 검정색

45 기미, 주근깨 피부 관리에 가장 적합한 비타민은?

㉮ 비타민 C   ㉯ 비타민 D
㉰ 비타민 K   ㉱ 비타민 B_2

46 자외선 차단을 도와주는 화장품 성분이 아닌 것은?

㉮ 에스트로겐(estrogen)
㉯ 옥틸디메틸파바(octyldimethyl PABA)
㉰ 티타늄디옥사이드(titanium dioxide)
㉱ 파라아미노안식향산(para-aminobenzoic acid)

47 피부에 수분을 공급하는 보습제의 기능을 가지는 것은?

㉮ 글리세린   ㉯ 타르
㉰ 파라벤   ㉱ 다이옥산

48 인체 피지와 지방산의 조성이 피부와 유사하고, 다른 식물성 오일에 비해 쉽게 산화되지 않아 안정성이 높은 것은?

㉮ 라벤더(Lavender)
㉯ 로즈마리(Rosemary)
㉰ 호호바(jojoba)
㉱ 그레이프후르츠(Grapefruit)

49 향장품을 선택할 때에 검토해야 하는 조건이 아닌 것은?

㉮ 보존성이 좋아서 잘 변질되지 않는 것
㉯ 색깔과 냄새가 진한 것
㉰ 불쾌감이 없고 사용감이 산뜻한 것
㉱ 알레르기 등을 일으킬 염려가 없는 것

50 O/W형 유화타입이며, 안료가 균일하게 분산되어 투명감 있게 마무리되므로 피부에 결점이 별로 없는 경우에 사용하는 것은?

㉮ 컨실러   ㉯ 트윈 케이크
㉰ 크림 파운데이션 ㉱ 리퀴드 파운데이션

정답 41 ㉮ 42 ㉰ 43 ㉰ 44 ㉯ 45 ㉮
46 ㉮ 47 ㉮ 48 ㉰ 49 ㉯ 50 ㉱

51 다음 중 냉각기에 의해 제조된 제품은?
  ㉮ 스킨토너
  ㉯ 아이섀도우
  ㉰ 립스틱
  ㉱ 에센스

52 자연능동면역 중 감염면역관 형성되는 전염병은?
  ㉮ 임질, 매독
  ㉯ 두창, 폐렴
  ㉰ 폴리오, 디프테리아
  ㉱ 홍역, 일본뇌염

53 환자의 배설물, 토사물, 객담소독을 위한 소독용 크레졸 비누액 100mL로 100% 크레졸 비누액으로 조제하는 방법은?
  ㉮ 크레졸 비누액 3mL + 물 97mL
  ㉯ 크레졸 비누액 30mL + 물 70mL
  ㉰ 크레졸 비누액 50mL + 물 50mL
  ㉱ 크레졸 비누액 70mL + 물 30mL

54 질병전파의 개달물(介達物)에 해당되는 것은?
  ㉮ 공기, 파리
  ㉯ 우유, 모기
  ㉰ 침구, 의복
  ㉱ 물, 음식물

55 예방접종에 있어서 디.피.티(D.P.T)와 무관한 질병은?
  ㉮ 파상풍
  ㉯ 디프테리아
  ㉰ 백일해
  ㉱ 홍역

56 오염된 주사기, 면도날 등으로 인해 감염이 잘 되는 만성 전염병은?
  ㉮ 렙토스피라증
  ㉯ 파라티푸스
  ㉰ 트라코마
  ㉱ 간염

57 화학약품으로 소독시 약품의 구비조건이 아닌 것은?
  ㉮ 용해성이 높을 것
  ㉯ 부식성, 표백성이 있을 것
  ㉰ 살균력이 있을 것
  ㉱ 경제적이고 사용방법이 간편할 것

58 석탄산 소독액에 대한 설명으로 옳지 않은 것은?
  ㉮ 소독액 온도가 낮을수록 효력이 높다.
  ㉯ 금속기구의 소독에는 적합하지 않다.
  ㉰ 기구류의 소독에는 1~3% 수용액이 적당하다.
  ㉱ 세균포자나 바이러스에 대해서는 작용력이 거의 없다.

59 다음 중 이·미용업무에 종사할 수 있는 자는?
  ㉮ 시장·군수·구청장이 보조원이 될 수 있다고 인정하는 자
  ㉯ 공인 이·미용학원에서 6개월 이상 이·미용에 관한 강습을 받은 자
  ㉰ 이·미용업소에 취업하여 12개월 이상 이·미용에 관한 기술을 수습한 자
  ㉱ 이·미용업소에서 이·미용사의 감독 하에 이·미용 업무를 보조하고 있는 자

60 보건행정에 대한 설명으로 가장 올바른 것은?
  ㉮ 개인보건의 목적 목적을 달성하기 위허 공공의 책임 하에 수행하는 행정활동
  ㉯ 공중보건의 목적을 달성하기 위해 공공의 책임 하에 수행하는 행정활동
  ㉰ 가간의 질병교류를 막기 위해 국가의 책임 하에 수행하는 행정활동
  ㉱ 공중보건의 목적을 달성하기 위해 개인의 책임 하에 수행하는 행정활동

✓ 정답   51 ㉰   52 ㉮   53 ㉮   54 ㉰   55 ㉱
         56 ㉱   57 ㉮   58 ㉮   59 ㉱   60 ㉯

제 3 회 실전모의고사

01 피부미용 개념의 설명으로 잘못된 것을 고르시오.
㉮ 물리적, 화학적 방법을 이용해 피부기능을 활성화 한다.
㉯ 얼굴과 신체 근육 및 피부에 행하는 기술
㉰ 두피관리도 피부미용의 한 분야이다.
㉱ 피부와 신체를 아름답게 가꾸는 전신미용관리

02 중세시대 피부미용에 대한 설명으로 알맞은 것을 고르시오.
㉮ 아로마 요법의 기초가 되는 스팀요법이 처음 활용되었다.
㉯ 위생과 청결의 개념이 없었다.
㉰ 화장품 제조기술 발달
㉱ 클렌징크림 개발

03 피부보호를 위한 면약이 개발된 우리나라 시대를 고르시오.
㉮ 근세시대   ㉯ 고려시대
㉰ 삼국시대   ㉱ 조선시대

04 피부미용 기능에 대한 설명으로 다른 것을 고르시오.
㉮ 피부문제점의 원인을 분석하고 개선한다.
㉯ 피부기능을 활성화하여 외부자극으로부터 피부보호
㉰ 피부결함을 감추거나 미적 장식으로 표현
㉱ 심리적 요인을 파악하여 치료할 수 있다.

05 피부미용 업무영역에 대한 설명으로 바르지 않는 것을 고르시오.
㉮ 공중위생관리법에 의거 의료기기 및 의약품을 사용하여 관리가능
㉯ 질병이 아닌 피부를 상대로 피부 관리
㉰ 수기 또는 화장품, 피부미용 도구 등을 이용하여 관리
㉱ 피부분석, 관리, 제모, 눈썹손질을 실행할 수 있다.

06 피부상담의 목적과 효과로 보기 어려운 것을 고르시오.
㉮ 올바른 홈 케어 방법을 조언할 수 있다.
㉯ 고객의 방문동기와 목적을 파악할 수 있다.
㉰ 피부타입에 맞는 전문적인 관리계획을 수립할 수 있다.
㉱ 피부 관리는 전문상담분야로 고객의 상담은 무시해도 된다.

07 피부상담 시 파악해야 하는 사항으로 알맞지 않는 것을 고르시오.
㉮ 질병유무   ㉯ 급여조건
㉰ 수면습관   ㉱ 결혼유무

08 피부유형 분석 방법으로 알맞은 것을 고르시오.
㉮ 견진법: 피부의 탄력성, 수분량, 피지량, 피부두께 등을 분석할 수 있다.
㉯ 촉진법: 피부조직, 유분함유량, 모공상태, 색소침착, 혈액순환 등을 분석할 수 있다.
㉰ 문진법: 질문과 대화를 통해 피부유형을 분석하는 방법
㉱ 기기 판독법: 인공자외선 파장을 이용한 광학 피부분석기는 우드램프이다.

09 지성 피부의 화장품 적용 목적 및 효과로 가장 거리가 먼 것은?
㉮ 정화 기능   ㉯ 피비분비 및 활성화
㉰ 각질제거   ㉱ 보습력강화

10 피부유형에 맞는 화장품 선택으로 잘못된 것을 고르시오.
㉮ 건 성 피 부 - 유분과 수분이 많이 함유된 화장품
㉯ 민감성 피부 - 향, 색소, 방부제를 함유하지 않거나 적게 함유된 화장품
㉰ 지 성 피 부 - 피지조절제가 함유된 화장품
㉱ 정 상 피 부 - 오일이 함유되어 있지 않은 오일 프리(oil free)화장품

✓ 정답 01 ㉰ 02 ㉮ 03 ㉯ 04 ㉱ 05 ㉮
06 ㉱ 07 ㉯ 08 ㉰ 09 ㉯ 10 ㉱

11 매뉴얼테크닉의 기본동작으로 잘못된 것을 고르시오.
  ㉮ 두드리기(Tapotement)
  ㉯ 문지르기(Friction)
  ㉰ 누르기(Press)
  ㉱ 떨어주기 (Vibration))

12 팩과 마스크 적용시 주의사항으로 잘못된 것을 고르시오.
  ㉮ 영양물질 투입과정으로 피부타입은 고려하지 않아도 무방하다.
  ㉯ 천연팩 적용 시 사용하기 직전에 만들어 사용한다.
  ㉰ 피부상태에 따라 마스크의 종류를 선택해야 한다.
  ㉱ 도포 시 눈, 코, 입에 들어가지 않도록 주의해야 한다.

13 화학적 딥 클렌징으로 이루어진 것을 고르시오.
  ㉮ 고마쥐, B.H.A   ㉯ 효소, 스크럽
  ㉰ A.H.A, 효소   ㉱ 스크럽, 고마쥐

14 매뉴얼테크닉의 효과와 가장 거리가 먼 것을 고르시오.
  ㉮ 혈액순환 촉진
  ㉯ 피지와 땀의 분비를 촉진시켜 피부의 청정작용
  ㉰ 긴장된 근육을 이완시켜 통증완화 효과
  ㉱ 죽은 각질세포를 쉽게 박리시킨다.

15 다음 중 온습포의 효과로 보기 어려운 것을 고르시오.
  ㉮ 혈액순환과 신진대사를 촉진한다.
  ㉯ 모공확장을 통해 피비, 면포 등의 불순물 배출용이
  ㉰ 혈관 수축을 통해 염증완화 효과
  ㉱ 근육이완을 도와준다.

16 피부색을 결정짓는 멜라닌 색소를 만들어 내는 표피층을 고르시오.
  ㉮ 유두층   ㉯ 유극층
  ㉰ 진피층   ㉱ 기저층

17 피부면역에 관한 설명으로 알맞은 것을 고르시오.
  ㉮ B림프구는 항원을 인식하는 세포이다.
  ㉯ T림프구는 면역글로블린이고 불리는 항체를 생성한다.
  ㉰ 표피의 랑게르한스세포가 피부면역에 중요한 기능을 수행한다.
  ㉱ 머켈세포는 사이토카인을 생성하여 면역어 반응한다.

18 피부노화에 관한 설명으로 다른 것을 고르시오.
  ㉮ 자연적으로 발생하는 노화현상을 내인성노화라고 한다.
  ㉯ 멜라닌 세포의 증가로 자외선에 대한 방어능력 생성
  ㉰ 피지분비가 줄고 한선의 수가 감소된다.
  ㉱ 기질의 감소로 인해 보습력이 떨어져 건조한 피부가 된다.

19 사춘기 이후 모공을 통해 주로 분비되며 독특한 체취가 발생하는 것은 무엇인가?
  ㉮ 소한선   ㉯ 에크린선
  ㉰ 피지선   ㉱ 대한선

20 피부의 기능으로 다른 것을 고르시오.
  ㉮ 호흡작용   ㉯ 분비작용
  ㉰ 비타민C 합성작용   ㉱ 보호작용

✓ 정답 11 ㉰ 12 ㉮ 13 ㉰ 14 ㉱ 15 ㉰
       16 ㉱ 17 ㉰ 18 ㉯ 19 ㉱ 20 ㉰

제 3 회 실전모의고사

21 다음 짝지어진 영양소 중 열량을 공급하는 영양소로 구성된 것을 고르시오.

㉮ 단백질, 비타민, 물
㉯ 단백질, 탄수화물, 지방
㉰ 단백질, 탄수화물, 무기질
㉱ 단백질, 무기질, 지방

22 인체를 구성하는 3대영양소에 해당되지 않는 것을 고르시오.

㉮ 단백질   ㉯ 지방
㉰ 무기질   ㉱ 탄수화물

23 다음 중 1차적 병변인 원발진으로 구성된 것을 고르시오.

㉮ 인설, 태선화, 반점, 대수포
㉯ 반점, 홍반, 소수포, 팽진
㉰ 반흔, 미란, 위축, 결절
㉱ 농포, 소수포, 낭종, 태선화

24 장파장으로 피부 가장 깊게 침투하는 UV-A의 파장을 고르시오.

㉮ 200~290nm   ㉯ 100~200nm
㉰ 320~400nm   ㉱ 290~320nm

25 자외선이 인체에 미치는 영향으로 다른 것을 고르시오.

㉮ 비타민D합성 및 살균, 강장 등 인체에 이로운 영향을 준다.
㉯ 피부에 강한 화학반응을 일으킬 수 있어 화학선이라고도 한다.
㉰ 칼슘(Ca)과 인(P)의 영양분 흡수에 필수요소이다.
㉱ 구루병 예방 및 인체 면역력을 증진 시키는 효과가 있다.

26 면역의 종류 중 획득면역으로 알맞은 것을 고르시오.

㉮ 신체적 방어   ㉯ 화학적 방어
㉰ 염증반응   ㉱ 예방접종

27 진피에 속하는 세포가 아닌 것을 고르시오.

㉮ 비만세포   ㉯ 대식세포
㉰ 섬유아세포 ㉱ 촉각세포

28 한선에 대한 설명으로 바르지 않는 것을 고르시오.

㉮ 체내에 수분이나 노폐물 배출을 도와준다.
㉯ 진피와 피하지방의 경계에 위치하고 실뭉치 형태로 엉켜있다.
㉰ 입술, 음부, 손톱을 포함하여 전신에 분포한다.
㉱ 위치에 따라 대한선과 소한선으로 분류한다.

29 피부의 구조 중 진피층으로 구성된 것을 고르시오.

㉮ 유두층, 표피층   ㉯ 유두층, 망상층
㉰ 망상층, 기저층   ㉱ 기저층, 투명층

30 인체를 구성하는 기본조직이 아닌 것을 고르시오.

㉮ 근육조직   ㉯ 결합조직
㉰ 종자조직   ㉱ 상피조직

✓ 정답   21 ㉯   22 ㉰   23 ㉯   24 ㉰   25 ㉯
        26 ㉱   27 ㉱   28 ㉰   29 ㉯   30 ㉰

31 인체의 기능적, 구조적 기본단위로 알맞은 것을 고르시오.
   ㉮ 세포   ㉯ 조직
   ㉰ 기관   ㉱ 계통

32 뼈의 재생 및 성장과 밀접한 관계가 있는 부위는 무엇인가?
   ㉮ 치밀골   ㉯ 골막
   ㉰ 연골막   ㉱ 두개골

33 결합조직에 대한 설명으로 다른 것을 고르시오.
   ㉮ 각조직과 기관의 간격을 채우는 조직
   ㉯ 몸의 형태를 지지하고 유지
   ㉰ 인체의 표면과 체내의 안쪽을 싸고 있는 조직
   ㉱ 힘줄, 뼈, 인대, 연골 등이 속한다.

34 골의 기능으로 구성되어 있는 것을 고르시오.
   ㉮ 근수축기능, 저장기능, 보호기능
   ㉯ 저장기능, 보호기능, 결합기능
   ㉰ 조혈기능, 저장기능, 운동기능
   ㉱ 지지기능, 운동기능, 신경기능

35 다음 신경에 대한 설명으로 다른 것을 고르시오.
   ㉮ 수상돌기: 뉴런의 자극을 받아 세프체에 전달
   ㉯ 시냅스: 2개 이상의 신경세포와 다른 신경세포와 접촉
   ㉰ 세포체: 핵과 세포질로 구성
   ㉱ 축삭돌기: 세포의 자극을 다른 뉴런에 전달

36 골격계의 기능이 아닌 것을 고르시오.
   ㉮ 신경계 전달기능   ㉯ 지지기능
   ㉰ 보호기능   ㉱ 무기물저장기능

37 척수신경에 대한 설명으로 다른 것을 고르시오.
   ㉮ 뇌와 말초신경 사이에서 흥분을 전달하는 통로
   ㉯ 감각신경은 후각(등쪽)으로 연결
   ㉰ 척수에서 41쌍의 척수신경이 연결
   ㉱ 운동신경은 전각(배쪽)으로 연결

38 교감신경에 대한 설명으로 알맞은 것을 고르시오
   ㉮ 신체의 에너지를 보존하고 회복에 관여
   ㉯ 동공수축, 심박수감소등의 작용
   ㉰ 활동신경으로 주로 낮에 작용한다.
   ㉱ 수면과 휴식에 관여

39 피부미용기기의 개념으로 볼 수 없는 것을 고르시오
   ㉮ 피부미용기기를 이용해 문제성 피부를 치료할 수 있다.
   ㉯ 과학적 근거를 토대로 고객의 신뢰감을 얻을 수 있다.
   ㉰ 화장품의 유효성분을 피부 깊숙이 흡수 시킬 수 있다.
   ㉱ 클렌징기기를 이용해 각질 및 노폐물관리를 할 수 있다.

40 물질을 구성하는 최소단위는 무엇인가?
   ㉮ 이온   ㉯ 분자
   ㉰ 원자   ㉱ 전자핵

✓ 정답 31 ㉮ 32 ㉯ 33 ㉰ 34 ㉰ 35 ㉯
        36 ㉮ 37 ㉯ 38 ㉰ 39 ㉮ 40 ㉰

제 3 회 실전모의고사

41 전동브러시의 사용목적으로 알맞은 것을 고르시오.

㉮ 탄력관리
㉯ 근육이완과 수축
㉰ 노폐물 및 각질제거
㉱ 미백관리

42 저주파기기를 인체에 적용하는 목적으로 다른 것은 무엇인가?

㉮ 근수축을 통한 지방분해
㉯ 지방분해를 통해 체중감소
㉰ 유·수분공급 및 영양침투
㉱ 근육강화운동

43 피부보습, 색소침착, 민감성 등 피부의 심부적인 판독이 가능한 기기는 무엇인가?

㉮ 우드램프
㉯ 확대경
㉰ 루카스
㉱ 적외선램프

44 수분측정기로 표피의 수분함유량을 측정하는 방법으로 다른 것을 고르시오.

㉮ 세안 후 2시간정도 경과 후 측정
㉯ 외부환경과 개인의 신체 상태에 따라 측정이 다르다.
㉰ 운동직후에는 휴식을 취한 다음 측정한다.
㉱ 측정하기 적절한 온도는 25~30°C, 습도 40~60% 적당하다

45 시간의 흐름에 따라 극성과 방향, 크기가 비대칭적으로 전환하는 전류는?

㉮ 격동전류
㉯ 정현파전류
㉰ 감응 전류
㉱ 생체전류

46 화장수의 설명으로 다른 것을 고르시오.

㉮ 각질층에 수분을 공급한다.
㉯ 피부에 청량감을 준다.
㉰ 관리 후 남은 잔여물을 닦아 낸다.
㉱ 피부의 각질을 제거한다.

47 여드름 피부에 적용가능한 화장품으로 바르지 않는 것은?

㉮ 캄퍼
㉯ 아줄렌
㉰ 세라마이드
㉱ 티트리

48 화장품에서 제조 시 요구되는 4대 품질 특성이 아닌 것을 고르시오.

㉮ 안전성
㉯ 안정성
㉰ 보습성
㉱ 사용성

49 화장품 제조의 3가지 주요기술이 아닌 것을 고르시오.

㉮ 유화기술
㉯ 삼투압기술
㉰ 가용화기술
㉱ 분산 기술

50 기능성 화장품에 대한 설명으로 알맞은 것을 고르시오.

㉮ 자외선에 의해 피부가 심하게 그을리거나 일광화상이 생기는 것을 지연해 준다.
㉯ 피부 표면에 더러움이나 노폐물을 제거하여 피부를 청결하게 해 준다.
㉰ 피부표면의 건조를 방지해주고 피부를 매끄럽게 한다.
㉱ 비누세안에 의해 손상된 피부의 pH를 정상적인 태로 빨리 되돌아오게 한다.

✔ 정답 41 ㉰ 42 ㉰ 43 ㉮ 44 ㉱ 45 ㉰
46 ㉱ 47 ㉰ 48 ㉰ 49 ㉯ 50 ㉮

51 면허정지 및 취소 시 면허증을 어느 곳에 제출해야 하는지 고르시오.
㉮ 미용사 중앙회   ㉯ 시장, 군수, 구청장
㉰ 보건복지부장관   ㉱ 노동부장관

52 공중위생영업 신고 구비서류가 아닌 것을 고르시오.
㉮ 영업시설 및 설비개요서
㉯ 면허증
㉰ 사업자등록증
㉱ 교육필증

53 국가 간 또는 지역사회 간 보건수준 평가로 다른 것을 고르시오.
㉮ 비례사망지수   ㉯ 영아사망률
㉰ 노인사망률   ㉱ 평균수명

54 영업소 폐쇄명령 후 지속적인 영업을 할 때 공무원이 취할 수 있는 조치로 보기 어려운 것은 무엇인가?
㉮ 출입자의 검문검색을 통한 출입자 정보요구
㉯ 영업소 간판 및 기타 영업표지물 거거
㉰ 위반업소임을 알리는 게시물 부착
㉱ 필수불가결한 기구 또는 시설물 동인

55 이·미용사의 면허증을 대여한 경우 1차 위반행정 조치로 알맞은 것은?
㉮ 면허6개월 정지   ㉯ 면허12개월 정지
㉰ 면허3개월 정지   ㉱ 면허1개월 정지

56 소독법에 대한 설명으로 다른 것을 고르시오.
㉮ 여과: 균체로부터 미생물을 분리시키는 방법
㉯ 살균: 미생물을 급속히 사멸시키는 방법
㉰ 정균: 미생물의 증식을 정지시키는 방법
㉱ 소독: 병원성미생물 파괴 및 제거시키는 방법으로 세균의 포자까지 완전 사멸한다.

57 공중위생영업자의 위생교육시간을 바르게 설명한 것을 고르시오.
㉮ 매년 3시간   ㉯ 매년 12시간
㉰ 매년 4시간   ㉱ 매년 6시간

58 이·미용업소에서 수건 소독에 적합한 방법을 고르시오.
㉮ 알코올 소독   ㉯ 자비 소독
㉰ 과산화 수소소독 ㉱ 승홍수 소독

59 이·미용업소의 폐업신고의 기간으로 알맞은 것을 고르시오.
㉮ 폐업한 날로부터 60일 이내
㉯ 폐업한 날로부터 20일 이내
㉰ 폐업한 날로부터 15일 이내
㉱ 폐업한 날로부터 90일 이내

60 위생관리등급 중 최우수업소의 등급으로 알맞은 것을 고르시오.
㉮ 황색등급   ㉯ 녹색등급
㉰ 백색등급   ㉱ 남색등급

✓ 정답 51 ㉯ 52 ㉰ 53 ㉰ 54 ㉮ 55 ㉰
       56 ㉱ 57 ㉮ 58 ㉯ 59 ㉯ 60 ㉯

제 4 회 실전모의고사

01 딥클렌징에 대한 설명으로 다른 것을 고르시오.

㉮ 효소, 스크럽, 고마쥐, A.H.A 등이 있다.
㉯ 각질제거 후 제품의 유효성분 흡수를 도와준다.
㉰ 여드름피부, 민감성피부는 자주 딥클렌징 한다.
㉱ 각질관리를 통해 거친 피부결을 개선시킨다.

02 매뉴얼테크닉을 수행 시 주의해야 할 내용으로 알맞은 것을 고르시오.

㉮ 속도를 빠르게 진행함으로 긴장감을 준다.
㉯ 동작을 수행 할 때 손목과 손가락의 움직임을 유연하게 한다.
㉰ 동작은 단순하게 압은 강하게 한다.
㉱ 근육방향과 주름 생성방향을 고려해서 시행한다.

03 일시적인 제모방법이 아닌 것을 고르시오.

㉮ 레이저 제모
㉯ 왁스를 이용한 제모
㉰ 핀셋을 이용한 제모
㉱ 면도기를 이용한 제모

04 피부분석을 하는 목적으로 바르게 설명한 것을 고르시오.

㉮ 고객의 피부유형보다는 고객이 원하는 관리를 위해
㉯ 피부의 현재상황을 파악하여 피부관리 계획수립
㉰ 피부의 문제점을 알려주고 치료받기를 권한다.
㉱ 고가의 피부프로그램을 추천한다.

05 우드램프기기를 통해 건성, 수분부족피부의 반응 색상은 무엇인가?

㉮ 연보라색   ㉯ 청백색
㉰ 노란색   ㉱ 흰색

06 사춘기 이후 주로 분비되며 독특한 체취를 발생시키는 땀샘은 무엇인가?

㉮ 에크린선   ㉯ 아포크린선
㉰ 소한선   ㉱ 피지선

07 냉습포의 사용설명으로 틀린 것을 고르시오.

㉮ 염증완화 효과   ㉯ 모공수축 효과
㉰ 혈관확장 효과   ㉱ 피부진정

08 피부에 대한설명으로 바르지 않는 것을 고르시오.

㉮ 부속기관으로 한선, 피지선, 손톱, 모발 등으로 구성
㉯ 각질화 과정은 생성3주, 탈락3주로 이루어졌다.
㉰ 외부자극으로부터 신체 내부보호
㉱ 피부는 각질층, 투명층, 과립층, 유극층, 기저층으로 구성

09 탄수화물에 대한 설명으로 알맞은 것을 고르시오.

㉮ 과다 섭취 시 피부를 알칼리화 된다.
㉯ 단당류는 전분, 섬유소, 포도당으로 분류
㉰ 에너지 공급원으로 1g당 9kcal의 열량 발생
㉱ 소화흡수 후 남은 탄수화물은 글리코겐 형태로 간에 저장된다.

10 혈액 중 혈액응고에 관여하는 세포로 알맞은 것을 고르시오.

㉮ 적혈구   ㉯ 혈소판
㉰ 백혈구   ㉱ 헤마토그리트

✓ 정답 01 ㉰ 02 ㉱ 03 ㉮ 04 ㉯ 05 ㉮
        06 ㉯ 07 ㉰ 08 ㉯ 09 ㉱ 10 ㉯

11 뇌신경과 척수신경의 구성은 각각 몇 쌍인지 고르시오.
㉮ 뇌신경-12, 척수신경21
㉯ 뇌신경-22, 척수신경31
㉰ 뇌신경-12, 척수신경31
㉱ 뇌신경-22, 척수신경12

12 눈 주위에 적용하기 적합한 매뉴얼테크닉으로 알맞은 것을 고르시오.
㉮ 쓰다듬기 동작   ㉯ 문지르기 동작
㉰ 주무르기 동작   ㉱ 떨기 동작

13 인체의 뼈의 길이 성장이 일어나는 곳을 무엇인지 고르시오.
㉮ 상지골   ㉯ 골단연골
㉰ 골지체   ㉱ 연골상골

14 피부 기능으로 바르지 않은 것을 고르시오.
㉮ 감각기능   ㉯ 영양소 저장기능
㉰ 흡수기능   ㉱ 순환기능

15 근육의 기능으로 바르지 않은 것을 고르시오.
㉮ 호흡작용
㉯ 혈관의 이완작용을 통한 혈액순환
㉰ 신체의 능동적 운동 작용
㉱ 소화관 작용에 의한 음식물 이동

16 진피의 구성세포로 알맞은 것을 고르시오.
㉮ 멜라닌세포   ㉯ 각질형성세포
㉰ 섬유아세포   ㉱ 머켈세포

17 모발에 관한 설명으로 잘못된 것을 고르시오.
㉮ 모발은 보호, 지각, 장식기능이 있다.
㉯ 표피 표면위로 나와 있는 부분은 모간이다.
㉰ 모근의 뿌리는 모낭으로 윤기 부여에 관여
㉱ 모유두는 모세혈관과 신경세포가 분포된 곳이다.

18 자율신경의 지배를 받는 민무늬근이라고 할 수 있는 것을 고르시오.
㉮ 내장근, 심장근   ㉯ 내장근, 평활근
㉰ 심장근, 평활근   ㉱ 심장근, 골격근

19 골과 골 사이의 충격을 흡수하는 결합조직을 고르시오.
㉮ 연골   ㉯ 관절
㉰ 인대   ㉱ 골막

20 골격계에 대한 설명으로 바른 것을 고르시오.
㉮ 뼈의 외면을 덮고 있는 상피조직이다.
㉯ 골단의 스펀지 모양의 엉성한 조직은 치밀골이다.
㉰ 인체의 기본구조로 약 206개의 뼈, 연골, 인대로 나뉜다.
㉱ 골수에서 림프액을 생산한다.

✓ 정답   11 ㉰   12 ㉮   13 ㉯   14 ㉱   15 ㉯
         16 ㉰   17 ㉰   18 ㉯   19 ㉮   20 ㉰

제 4 회 실전모의고사

21 전류의 전압을 나타내는 단위로 알맞은 것을 고르시오.
㉮ 볼트 ㉯ 주파수
㉰ 암페어 ㉱ 옴

22 직류와 교류에 대한 설명으로 바른 것을 고르시오.
㉮ 직류전류의 종류는 정현파, 격동전류 등이 있다.
㉯ 교류전류는 시간에 따라 크기와 방향이 일정하다.
㉰ 교류전류의 감응 전류는 시간의 변화에 의해 대칭적으로 변하는 전류
㉱ 직류전류는 시간의 변화에도 전류의 흐름이 일정하게 한 방향으로 흐르는 갈바닉 전류이다.

23 피부분석을 위한 기기로 적당하지 않는 것을 고르시오.
㉮ 우드램프 ㉯ 스킨스코프
㉰ 루카스 ㉱ 유, 수분측정기

24 매뉴얼테크닉 기본요소의 주의사항으로 알맞은 것을 고르시오.
㉮ 고객의 리듬감을 주기위해 강한 테크닉을 적용한다.
㉯ 근육결의 방향으로 실시한다.
㉰ 방향은 밖에서 안으로, 위에서 아래로 실시한다.
㉱ 일반적으로 30분정도 테크닉을 구사해야 탄력을 유지한다.

25 매뉴얼테크닉을 삼가야 하는 경우를 고르시오.
㉮ 수술직후 심리적 안정을 위해 적용한다.
㉯ 전염성이 있는 피부의 경우 1인실에서 적용한다.
㉰ 화농성여드름 및 생리 전후
㉱ 비만으로 인한 셀룰라이트 관리에는 적용하지 않는다.

26 화장품의 기본요건으로 적당하지 않는 것을 고르시오.
㉮ 피부에 대한 안전성이 확보되어야 한다.
㉯ 피부 관리 시 적절한 치료의 목적이 있어야 한다.
㉰ 산패나 분리, 변질에 문제가 없어야 한다.
㉱ 사용목적에 적합한 기능을 가지고 있어야 한다.

27 상어간유에서 추출한 오일에 수소첨가반응을 일으켜 얻을 수 있는 것을 고르시오.
㉮ 스쿠알렌 ㉯ 레시틴
㉰ 레놀린 ㉱ 오메가3

28 화장품에 사용되는 계면활성제의 설명으로 다른 것을 고르시오.
㉮ 계면활성제는 한 분자 내에 친수성기와 친유성기를 분리한다.
㉯ 계면활성제는 물과 기름의 경계면을 완화시킨다.
㉰ 화장품제조 시 유화제, 가용화제, 분산제로 사용한다.
㉱ 계면활성제는 세정작용과 기포형성 작용을 한다.

29 스티머 사용방법에 대한 설명으로 알맞은 것을 고르시오.
㉮ 딥클렌징 중 효소제품 적용에는 사용하지 않는다.
㉯ 혈관 확장을 통한 신진대사를 도와준다.
㉰ 상처부위 적용 시 진정효과가 있다.
㉱ 스티머 분사구를 고객의 얼굴에 가까울수록 효과적이다.

30 컬러테라피 컬러의 효능의 설명으로 다른 것을 고르시오.
㉮ 주황: 내분비기능 활성화, 알레르기 피부개선, 세포재생
㉯ 노랑: 신경이완, 소화기계 기능강화, 신체정화작용
㉰ 빨강: 진정효과, 기분전환, 부종완화, 지성 및 여드름 피부관리
㉱ 초록: 신경안정, 스트레스성여드름 완화, 홍반 및 색소침착관리

✔ 정답 21 ㉮ 22 ㉱ 23 ㉰ 24 ㉯ 25 ㉱
26 ㉯ 27 ㉮ 28 ㉮ 29 ㉯ 30 ㉰

31. 피부미용관리 중 적외선이 많이 사용되는 단계는 무엇인지 고르시오.
   ㉮ 매뉴얼테크닉단계   ㉯ 팩 및 마스크
   ㉰ 클렌징단계   ㉱ 딥 클렌징단계

32. 인구 구성형태 중 피라미드형 해당되는 것을 무엇인지 고르시오.
   ㉮ 인구 정형으로 사망률과 출생률이 낮은 이상형
   ㉯ 인구 증가 형으로 출생률과 사망률이 높은 후진국형
   ㉰ 인구 감소 형으로 출생률이 사망률보다 낮은 선진국형
   ㉱ 생산연령인구가 다수 유출되는 농촌지역의 형태

33. 파스퇴르에 의해 개발된 소독법은 두엇인지 고르시오.
   ㉮ 방부요법   ㉯ 저온 살균법
   ㉰ 고압증기멸균법   ㉱ 간헐멸균법

34. 자외선에 대한 설명으로 잘못된 것을 고르시오.
   ㉮ 멜라닌의 양이 증가된다.
   ㉯ 각질층의 두께가 얇아진다.
   ㉰ 주름생성의 원인이 된다.
   ㉱ 비타민D합성에 도움을 준다.

35. 소독의 정의를 바르게 설명한 것을 고르시오.
   ㉮ 소독은 주로 생명력이 없는 물품에 사용한다.
   ㉯ 소독은 병원균을 완전 사멸하는 것이다.
   ㉰ 병원균의 감염을 제거하는 것을 달하며 미생물의 생활력을 파괴하여 감염 및 증식력을 없애는 것이다.
   ㉱ 소독은 완전 무균상태를 말한다.

36. 전신관리의 마무리 목적 및 효과로 잘못된 것을 고르시오.
   ㉮ 외부의 유해한 자극으로부터 피부보호는 어렵다.
   ㉯ 관리를 마무리 한 후 피부를 깨끗하게 정돈한다.
   ㉰ 피브의 유, 수분공급을 충분히 한다.
   ㉱ 피브의 노화를 예방한다.

37. 소염화장수에 대한 설명으로 잘못된 것을 고르시오.
   ㉮ 살균 소독을 통해 피부를 청결하게 한다.
   ㉯ 수분이 부족한 건성피부에 적용한다.
   ㉰ 여드름 피부에 적용한다.
   ㉱ 알코올 함량이 높아 청량감, 신선감이 있다.

38. 림프계의 기능을 바르게 설명한 것을 고르시오.
   ㉮ 대장에서 유미관을 통해 지방을 흡수하고 운반
   ㉯ 림프절 및 림프기관은 림프구를 생산하 인체를 보호한다.
   ㉰ 림프계는 체액을 생산하는 역할을 한다.
   ㉱ 소화샘에서 분비되는 효소와 함께 면역에 관여한다.

39. 미용관련 영업 신고사항이 변경되었을 경우 제출서류는 무엇인가?
   ㉮ 면허증, 계약서
   ㉯ 영업시설 및 설비개요서, 영업소의 소저지변경
   ㉰ 대표자이름, 영업시설 및 설비개요서
   ㉱ 대표자의 이름, 영업소의 명칭 또는 상호

40. 질병발생의 원인을 일으키는 직접적인 요인은 무엇인가?
   ㉮ 환경   ㉯ 병인
   ㉰ 병원소   ㉱ 숙주

✔ 정답   31 ㉯   32 ㉯   33 ㉯   34 ㉯   35 ㉰
         36 ㉮   37 ㉯   38 ㉯   39 ㉱   40 ㉯

제 4 회 실전모의고사

41 눈썹을 들어 올릴 때 사용하는 안면근육은 무엇인지 고르시오.
㉮ 추미근　　㉯ 전두근
㉰ 협근　　　㉱ 구륜근

42 신경계의 기능에 대한 설명으로 알맞은 것을 고르시오.
㉮ 감각기능: 뇌신경 자극이 신경섬유를 따라 중추신경에 전달
㉯ 운동기능: 근육을 수축시키는 기능
㉰ 전달기능: 뇌신경 자극이 척추에 전달되는 기능
㉱ 조정기능: 운동신경을 통해 자율신경계 조절

43 미백성분과 혈액순환을 촉진시키는 비타민으로 바른 것을 고르시오.
㉮ 비타민C　　㉯ 비타민B
㉰ 비타민D　　㉱ 비타민K

44 피부 관리 순서기 알맞은 것을 고르시오.
㉮ 청결-자극-보호-침투
㉯ 자극-청결-보호-침투
㉰ 청결-자극-침투-보호
㉱ 자극-보호-침투-청결

45 미용사 면허를 받을 수 없는 자에 대한 설명으로 바른 것을 고르시오.
㉮ 교육인적자원부장관이 인정하는 고등기술학교에서 1년 이상 미용에 관한 소정의 과정을 이수한 자
㉯ 전문대학 또는 이와 동등 이상의 학력이 있다고 교육인적자원부장관이 인정하는 학교에서 미용에 관한 학과를 졸업한 자
㉰ 미용관련 학원에서 학습한 후 1년이 경과되지 않은 자
㉱ 교육인적자원부장관이 인정하는 고등기술학교에서 1년 이상 미용에 관한 소정의 과정을 이수한 자

46 지성피부의 올바른 관리법으로 잘못된 것을 고르시오.
㉮ 산성막을 파괴하지 않는 약산성 세안제를 사용한다.
㉯ 모공수축효과가 있는 유연화장수를 사용한다.
㉰ 오일 성분이 적은 제품을 선택하여 매뉴얼테크닉을 적용한다.
㉱ 팩 또는 마스크는 주 1~2회 정도 적용한다.

47 매뉴얼테크닉 동작 중 경찰법에 관한 설명으로 알맞은 것을 고르시오.
㉮ 모든 동작의 처음과 끝에 사용한다.
㉯ 회전운동을 하며 마찰하는 동작
㉰ 근육을 잡고 반죽하듯이 주무르는 동작
㉱ 손 측면, 주먹 등으로 가볍게 두드리는 동작

48 제모에 관한 설명이 바르지 않은 것을 고르시오.
㉮ 눈썹은 왁스 시술 후 가위와 족집게를 사용하여 눈썹의 형태를 정리한다.
㉯ 팔의 위에서 아래 방향으로 왁스를 바르고 털의 반대 방향으로 제거
㉰ 다리제모 시 무릎에서 발목 방향으로 왁스를 도포 후 털이 난 방향으로 제거
㉱ 제모를 적용한 모든 부위는 진정 겔을 도포한다.

49 피부 관리실의 환경에 대한 설명으로 바르지 않은 것을 고르시오.
㉮ 관리실의 조명은 직접조명으로 밝은 환경이 적합하다.
㉯ 환기를 자주 시키고 청결한 환경을 유지해야 한다.
㉰ 냉·난방시설이 잘 되어 있어야 한다.
㉱ 상담실은 조용한 곳으로 상담에 집중할 수 있어야 한다.

50 물리적 딥 클렌징에 대한 설명으로 알맞은 것을 고르시오.
㉮ 지성피부와 민감성피부에 적합하다.
㉯ 피부에 자극이 없다.
㉰ 고마쥐 타입과 스크럽 타입이 있다.
㉱ 제품을 피부에 도포한 후 적당한 온도와 습도를 만들어준다.

✓ 정답
41 ㉯　42 ㉯　43 ㉮　44 ㉰　45 ㉰
46 ㉯　47 ㉮　48 ㉰　49 ㉮　50 ㉰

51 표피의 투명층에 대한 설명으로 다른 것을 고르시오.
㉮ 손바닥 발바닥에 주로 분포
㉯ 엘라이딘이라는 반유동적 단백질 존재
㉰ 진피와 경계를 이루고 있다.
㉱ 핵이 존재하지 않는 투명한 세포

52 피지에 대한 설명으로 다른 것을 고르시오.
㉮ 외부의 이물질 침투 방지
㉯ 피부표면을 알칼리성 상태 유지
㉰ 표피에 약산성 상태의 얇은 피지막형성
㉱ 수분손실 억제

53 미네랄이라고도 하며 탄소, 수소, 질소를 제외한 나머지 원소들로 이루어진 영양소는 무엇인가?
㉮ 비타민 ㉯ 무기질
㉰ 섬유질 ㉱ 물

54 피부질환 초기상태인 원발진의 병변으로 이루어진 것을 고르시오.
㉮ 반흔, 농포, 낭종, 위축
㉯ 궤양, 태선화, 미란, 결절
㉰ 가피, 반흔, 균열, 색소침착
㉱ 결절, 소수포, 농포, 팽진

55 피부상태에서 광노화의 특징이 아닌 것을 고르시오.
㉮ 각질형성세포 증가
㉯ 피부조직이 얇고 잔주름 형성
㉰ 교원섬유 감사
㉱ 멜라닌 세포 증가

56 우드램프에 대한 설명으로 바르지 않는 것을 고르시오.
㉮ 클렌징 후 사용하며 고객의 눈을 보호하기 위해 아이패드적용
㉯ 자외선광선을 통해 피부 상태를 색상으로 분석
㉰ 수분부족 피부는 노란색으로 반응한다.
㉱ 보습, 피지, 민감정도, 색소침착등 피브 상태에 따라 다양한 색상으로 반응

57 기능성 화장품의 효과로 보기 어려운 것을 고르시오.
㉮ 피부미백 효과
㉯ 주름개선 효과
㉰ 클렌징효과
㉱ 자외선으로부터 피부 보호

58 공중보건의 정의로 알맞은 것을 고르시오.
㉮ 개인위생이나 건강의 장애가 되는 것을 미연에 방지하는 기술과학
㉯ 낙후된 지역과 빈곤한 지역주민을 위한 사회보장
㉰ 조직된 지역사회의 노력을 통하여 질병을 예방하고 수명을 연장하며 건강을 증진시키는 기술과학
㉱ 특정질병을 예방하고 인류의 건강 증진에 힘쓴다.

59 예방접종 후 얻은 면역을 무엇이라 하는지 고르시오.
㉮ 인공능동면역   ㉯ 자연능동면역
㉰ 선천성 면역   ㉱ 자연수동면역

60 수은 중독으로 나타나는 질병을 고르시오.
㉮ 미나마타병   ㉯ 이타이이타이병
㉰ 과민성대장증후군 ㉱ 아플라톡신병

✓ 정답 51 ㉰ 52 ㉯ 53 ㉯ 54 ㉱ 55 ㉯
       56 ㉰ 57 ㉰ 58 ㉰ 59 ㉮ 60 ㉮

제 5 회 실전모의고사

01 다음 중 팩의 목적으로 볼 수 없는 것은?

㉮ 영양과 수분 공급
㉯ 잔주름 및 피부건조 치료
㉰ 혈액순환 및 신진대사 촉진
㉱ 노폐물의 제거와 피부정화

02 고주파 미용 기기의 효과가 아닌 것은?

㉮ 혈액순환, 신진대사 촉진 및 통증 완화 작용
㉯ 내분비선 분비 활성호 및 살균 작용
㉰ 세포 내에서 열을 발생시킴
㉱ 여드름, 지성피부의 피지 제거에 효과적

03 피부 각질형성세포의 일반적 각화 주기는?

㉮ 약 4주   ㉯ 약 3주
㉰ 약 2주   ㉱ 약 1주

04 인체의 골격은 총 몇 개로 구성되어 있는가?

㉮ 204개   ㉯ 205개
㉰ 206개   ㉱ 207개

05 다음 중 피지선에 대한 설명이 아닌 것은?

㉮ 손바닥과 발바닥, 얼굴, 이마 등에 많이 위치한다.
㉯ 피지를 분비하는 선으로 진피층에 위치한다.
㉰ 피지선은 손바닥에는 없다.
㉱ 사춘기 남성에게 집중적으로 분비된다.

06 다음 중 천연보습인자에 대한 설명은?

㉮ 진피성분의 90%를 차지한다.
㉯ 피부에서 자외선의 산란을 막아 피부에 흡수시킨다.
㉰ 피부내에 존재하는 엘라이딘이 분해되어 생성된다.
㉱ 여러 가지 아미노산 등으로 구성된다.

07 오일양이 적어 여름철에 많이 사용하고 대부분 O/W 유화타입인 파운데이션은?

㉮ 리퀴드 파운데이션   ㉯ 크림 파운데이션
㉰ 파우더 파운데이션   ㉱ 트윈 케이크

08 다음 중 기후의 3대 요소는?

㉮ 기온 - 기습 - 기류   ㉯ 기온 - 기압 - 복사량
㉰ 기온 - 복사량 - 기류   ㉱ 기온 - 일조량 - 기압

09 질병 발생의 세 가지 요인은?

㉮ 숙주 - 병인 - 병소   ㉯ 숙주 - 병인 - 저항력
㉰ 숙주 - 병인 - 환경   ㉱ 숙주 - 병인 - 유전

10 피부미용의 목적으로 적합하지 않은 것은?

㉮ 개성을 연출하기 위해 분장 또는 화장을 이용한다.
㉯ 노화예방을 통해 건강한 피부를 유지한다.
㉰ 질환적 피부를 제외한 피부는 관리를 통해 개선시킨다.
㉱ 심리적, 정신적 안정을 통해 피부를 건강한 상태로 유지한다.

정답 01 ㉯ 02 ㉱ 03 ㉮ 04 ㉯ 05 ㉮
06 ㉱ 07 ㉮ 08 ㉮ 09 ㉰ 10 ㉮

11 피부 미용의 역사에 대한 설명이 잘못된 것은?

㉮ 19세기 중반부터 국내의 피부미용이 전문화되었다.
㉯ 이집트에서는 천연재료를 사용해 피부미용을 하였다.
㉰ 그리스에서는 식이요법, 운동, 마사지, 목욕 등을 통해 건강을 유지하였다.
㉱ 로마인은 청결과 장식을 중시하였고, 오일, 향수, 화장이 필수품이었다.

12 다음 중 매뉴얼 테크닉의 효과로 볼 수 없는 것은?

㉮ 근육의 긴장을 감소시키고 피부 온도를 상승시킨다.
㉯ 혈액 순환을 촉진시킨다.
㉰ 림프 순환을 촉진시킨다.
㉱ 생리 시, 임신 초기에 진정 효과를 준다.

13 다음 중 기능성 화장품으로 볼 수 없는 것은?

㉮ 여드름 개선에 도움을 주는 화장품
㉯ 미백에 도움을 주는 화장품
㉰ 주름 개선에 도움을 주는 화장품
㉱ 자외선으로부터 피부를 보호하는데 도움을 주는 화장품

14 다음 중 화장품의 4대 요건이 아닌 것은?

㉮ 안정성   ㉯ 보습성
㉰ 사용성   ㉱ 안전성

15 컬러 테라피의 색상별 효과가 바르게 연결된 것은?

㉮ 빨강 - 혈액순환 및 신진대사 촉진, 셀룰라이트, 지방분해 개선
㉯ 노랑 - 호흡기 기능 강화, 신경성 문제피부, 조기 노화 개선
㉰ 초록 - 간기능 강화, 과민성 피부, 알레르기 피부 예방
㉱ 보라 - 모세혈관 확장관리, 피부 고민반응 진정 효과

16 피부의 각화과정을 설명하는 것은?

㉮ 피부가 주름이 생겨 늙는 것
㉯ 각질세포의 분열로 무핵의 각질이 탈락하는 것
㉰ 피부가 딱딱하게 변해가는 현상
㉱ 피부의 색이 변해가는 현상

17 다음 중 피부의 기능으로 볼 수 없는 것은?

㉮ 체온조절작용   ㉯ 순환작용
㉰ 보호작용   ㉱ 감각작용

18 다음 중 뼈의 기능이 아닌 것은?

㉮ 체열생성 기능
㉯ 내장기관 보호
㉰ 혈액세포 생성 및 저장기능
㉱ 운동추진 기능

19 다음 중 리소좀에 대한 설명으로 옳은 것은?

㉮ 세포내 소기관 중에서 세포내의 호흡생리를 담당한다.
㉯ 이화작용과 동화작용에 의해 에너지를 생산한다.
㉰ 고농축 유효성분을 피부 깊숙이 침투시킨다.
㉱ 세포 내 소화 기관으로 노폐물과 이물질을 처리하는 역할을 한다.

20 피부 분석시에 육안 관찰이 어려운 피지의 양, 민감도, 색소침착, 트러블 등 피부의 심층 상황을 분석할 수 있는 기기는?

㉮ 우드램프   ㉯ 확대경
㉰ 스킨스코프   ㉱ 피부 pH 측정기

✓ 정답 11 ㉮ 12 ㉱ 13 ㉮ 14 ㉯ 15 ㉮
       16 ㉯ 17 ㉯ 18 ㉮ 19 ㉱ 20 ㉮

제 5 회 실전모의고사

21 한 나라의 보건 수준을 측정할 수 있는 지표로 볼 수 있는 것은?
㉮ 영아사망률 ㉯ 인구증가율
㉰ 국민소득 ㉱ 감염병 발생률

22 세계보건기구에서 규정된 건강의 정의는?
㉮ 질병이 없고 허약하지 않은 상태
㉯ 육체적, 정신적, 사회적 안녕이 완전한 상태
㉰ 정신적으로 완전히 양호한 상태
㉱ 육체적으로 완전히 양호한 상태

23 다음 중 피부 관리의 시술 단계가 옳은 것은?
㉮ 피부분석-클렌징-팩-딥클렌징-매뉴얼 테크닉-마무리
㉯ 클렌징-딥클렌징-피부분석-팩-매뉴얼 테크닉-마무리
㉰ 클렌징-피부분석-딥클렌징-매뉴얼 테크닉-팩-마무리
㉱ 피부분석-클렌징-딥클렌징-팩-매뉴얼 테크닉-마무리

24 물에 오일 성분이 혼합되어 있는 유화 상태의 크림은?
㉮ W/O 크림 ㉯ W/O/W 크림
㉰ W/S 크림 ㉱ O/W 크림

25 다음 중 화장품의 4대 요건 중 안정성을 설명하는 것은?
㉮ 변색, 변취, 미생물의 오염이 없어야 한다.
㉯ 피부에 대한 자극, 알레르기, 독성이 없어야 한다.
㉰ 피부에 사용감이 좋고 잘 스며들어야 한다.
㉱ 질병 치료 및 진단에 사용할 수 있어야 한다.

26 양이온성 계면활성제의 설명이 아닌 것은?
㉮ 정전기 발생을 억제한다.
㉯ 헤어린스, 헤어트리트먼트 등에 사용한다.
㉰ 살균, 소독 작용을 한다.
㉱ 피부에 자극이 없다.

27 다음 기기 중 피부 분석을 위한 기기가 아닌 것은?
㉮ 우드램프 ㉯ 유·수분 측정기
㉰ 고주파기 ㉱ 확대경

28 다음 중 갈바닉 기기의 피부 관리의 효과 중 양극의 효과가 아닌 것은?
㉮ 산성반응 ㉯ 알칼리성반응
㉰ 진정효과 ㉱ 혈액공급감소

29 다음 중 과립층에 대한 설명으로 올바른 것은?
㉮ 짙은 띠 모양의 형태로 편평한 각질형성 세포들이 3~5층 정도로 쌓여있다.
㉯ 모세혈관으로부터 영양을 공급받아 새로운 세포들을 생성한다.
㉰ 외부자극으로부터 피부를 보호하고 이물질의 침투를 막는다.
㉱ 빛이 통과할 수 있는 작고도 투명한 세포로 구성되어 있다.

30 가장 이상적으로 볼 수 있는 피부의 pH 범위는?
㉮ pH 3.5~4.5 ㉯ pH 5.5~5.8
㉰ pH 6.5~7.5 ㉱ pH 7.5~8.5

✔ 정답 21 ㉮ 22 ㉯ 23 ㉰ 24 ㉱ 25 ㉮
26 ㉱ 27 ㉰ 28 ㉯ 29 ㉮ 30 ㉯

31 다음 중 왁스 시술에 대한 내용으로 옳은 것은?
- ㉮ 제모 할 때 왁스는 털이 자라는 반대 방향으로 바른다.
- ㉯ 제모하기 적당한 털의 길이는 1cm이다.
- ㉰ 왁스 제거용 리무버로 남아있는 왁스의 끈적임을 제거한다.
- ㉱ 레이저 제모는 일시적 제모의 한 종류이다.

32 화장품의 사용 목적으로 볼 수 없는 것은?
- ㉮ 인체에 대한 약리적은 효과를 주기 위해서 사용한다.
- ㉯ 용모를 변화시키기 위해 사용한다.
- ㉰ 피부의 건강을 유지하기 위해 사용한다.
- ㉱ 인체를 청결하게 하기 위해 사용한다.

33 다음 중 에크린 한선의 설명이 아는 것은?
- ㉮ 입술을 포함한 전신에 존재한다.
- ㉯ 에크린선과 아포크린선이 있다.
- ㉰ 체온 조절기능이 있다.
- ㉱ 특수한 부위를 제외한 거의 전신에 분포한다.

34 다음 중 골격근육의 설명으로 옳지 않은 것은?
- ㉮ 뼈를 움직이게 하여 운동을 가능하게 한다.
- ㉯ 일정한 체온유지를 돕는다.
- ㉰ 피를 만드는 조혈작용을 한다.
- ㉱ 몸을 지지하여 꼿꼿이 세우게 한다.

35 척수신경은 모두 몇 쌍으로 구성되어 있는가?
- ㉮ 36쌍
- ㉯ 31쌍
- ㉰ 33쌍
- ㉱ 39쌍

36 다음 중 피하조직에 대한 설명으로 올바른 것은?
- ㉮ 여성의 경우 주로 골반부위, 엉덩이, 허벅지에 분비된다.
- ㉯ 피하조직이란 단백질로 구성되어있다.
- ㉰ 피하조직이란 섬유성 지방을 구성하고 있다.
- ㉱ 외부로부터 물리적인 자극에 대해 방어한다.

37 다음 중 광노화 현상으로 볼 수 없는 것은?
- ㉮ 표피 두께 증가
- ㉯ 체내 수분증가
- ㉰ 멜라닌 세포 이상
- ㉱ 모세혈관 확장

38 혈관의 구조에 대한 설명이 아닌 것은?
- ㉮ 모세혈관은 3층 구조이며 혈관벽이 얇다.
- ㉯ 동맥은 평활근 층이 발달해 있다.
- ㉰ 정맥은 3층 구조이며 판막이 발달해 있다
- ㉱ 동맥은 3층 구조이며 혈관벽이 정맥보다 두껍다.

39 다음 중 혈액의 흐름 방향으로 알맞은 것은?
- ㉮ 좌심실-대동맥-전신-대정맥-우심방
- ㉯ 우심방-대동맥-좌심실-전신-대정맥
- ㉰ 우심실-대동맥-전신-대정맥-좌심방
- ㉱ 좌심방-대정맥-전신-대동맥-우심실

40 매뉴얼 테크닉의 방법 중 눈 주위에 가장 적합한 것은?
- ㉮ 주무르기
- ㉯ 두드리기
- ㉰ 쓰다듬기
- ㉱ 문지르기

✓ 정답 31 ㉰ 32 ㉮ 33 ㉮ 34 ㉱ 35 ㉯
       36 ㉮ 37 ㉯ 38 ㉮ 39 ㉮ 40 ㉰

제 5 회 실전모의고사

41 피부타입에 따른 화장품의 사용이 잘못된 것은?

㉮ 민감피부 – 지성용 데이크림
㉯ 지성피부 – 유분이 적은 크림
㉰ 정상피부 – 수분과 영양 크림
㉱ 건성피부 – 수분과 유분 크림

42 살균력의 표준 지표로 사용되는 것은?

㉮ 석탄산   ㉯ 크레졸
㉰ 포르말린   ㉱ 알코올

43 다음 중 인체의 생리적 조절작용에 관여하는 영양소는?

㉮ 비타민   ㉯ 탄수화물
㉰ 단백질   ㉱ 지방질

44 우리나라의 현재 근로기준법상에 보건상 유해하거나 위험한 사업에 종사하지 못하도록 규정되어 있는 대상은?

㉮ 18세 미만인 자
㉯ 여자와 18세 미만인 자
㉰ 13세 미만의 어린이
㉱ 임신 중인 여자와 18세 미만인 자

45 클렌징에 대한 설명으로 거리가 먼 것은?

㉮ 피지 및 노폐물을 제거를 도와준다.
㉯ 피부 표면의 각질 제거를 주목적으로 한다.
㉰ 메이크업의 잔여물을 없애기 위한 작업이다.
㉱ 제품 흡수를 효율적으로 도와준다.

46 다음 중 림프의 기능이 아닌 것은?

㉮ 영양분 운반   ㉯ 체액의 보존
㉰ 신체의 방어   ㉱ 지질 대사

47 다음 중 골격계의 기능으로 볼 수 없는 것은?

㉮ 저장 기능   ㉯ 열 생산 기능
㉰ 보호 기능   ㉱ 지지 기능

48 다음 중 피부의 과색소침장증에 대한 설명은?

㉮ 멜라닌세포가 후천적으로 죽어서 발생한다.
㉯ 시간이 지나면 편평상피암으로 발전할 수 있다.
㉰ 멜라닌이 과도하게 증가하여 발생한다.
㉱ 멜라닌 세포가 없어져서 발생한다.

49 혈액의 세포 중 혈액응고에 주로 관여하는 것은?

㉮ 적혈구   ㉯ 혈소판
㉰ 백혈구   ㉱ 뉴우런

50 다음 중 분류가 다른 화장품은?

㉮ 트리트먼트   ㉯ 수분 크림
㉰ 클렌징 크림   ㉱ 팩

✓ 정답 41 ㉮ 42 ㉮ 43 ㉮ 44 ㉱ 45 ㉯
        46 ㉮ 47 ㉯ 48 ㉰ 49 ㉯ 50 ㉮

51 공중위생영업에 종사하는 자가 위생교육을 받지 않은 경우에 해당되는 사항은?
㉮ 200만원 이하의 과태료
㉯ 200만원 이하의 벌금
㉰ 500만원 이하의 과태료
㉱ 500만원 이하의 벌금

52 영업정지처분을 받은 뒤 그 영업정지 기간 중 영업을 한때에 대한 1차 위반 시 행정처분기준은 무엇인가?
㉮ 영업정지 10일
㉯ 영업정지 1개월
㉰ 영업정지 3개월
㉱ 영업장 폐쇄 명령

53 이·미용업의 업주가 받아야하는 위생교육 기간은?
㉮ 분기별 3시간
㉯ 매년 3시간
㉰ 분기별 6시간
㉱ 매년 6시간

54 다음 중 가장 무거운 벌칙을 과할 수 있는 위법사항은?
㉮ 면허정지 중에 업무를 행한 자
㉯ 변경신고를 하지 않고 영업한 자
㉰ 신고를 하지 않고 영업한 자
㉱ 관계 공무원의 출입, 검사를 거부한 자

55 다음 중 피부의 기능으로 볼 수 없는 것은?
㉮ 비타민A 합성작용
㉯ 체온조절작용
㉰ 보호작용
㉱ 호흡작용

56 다음 중 피지분비가 많은 지성 피부의 노폐물 제거에 가장 효과적인 팩은?
㉮ 알로에팩
㉯ 머드팩
㉰ 감자팩
㉱ 오이팩

57 피부의 조직 중 콜라겐과 엘라스틴이 주성분으로 이루어져있는 곳은?
㉮ 표피상층
㉯ 피하조직
㉰ 진피
㉱ 표피하층

58 다음 중 셀룰라이트에 대한 설명으로 옳은 것은?
㉮ 피하지방이 비대해져 정체되어 있는 상태
㉯ 근육이 경화되어 딱딱하게 굳어 있는 상태
㉰ 노폐물 등이 배설되게 전 상태
㉱ 혈관이 튀어나와있는 상태

59 다음 피부 변화 중 원발진에 해당하는 상태는?
㉮ 미란
㉯ 위축
㉰ 가피
㉱ 구진

60 영업소 폐쇄 명령을 받은 후에도 영업을 계속할 때의 법적 조치는?
㉮ 6개월 이하의 징역 또는 1천 만원 이하의 벌금
㉯ 6개월 이하의 징역 또는 3천 만원 이하의 벌금
㉰ 1년 이하의 징역 또는 1천 만원 이하의 벌금
㉱ 1년 이하의 징역 또는 3천 만원 이하의 벌금

✓ 정답 51 ㉮ 52 ㉱ 53 ㉯ 54 ㉮ 55 ㉮
        56 ㉯ 57 ㉰ 58 ㉮ 59 ㉱ 60 ㉰

제 6 회 실전모의고사

01 피부의 멜라닌을 증가시키는 요인과 거리가 먼 것을 고르시오.
㉮ 알칼리성 체질   ㉯ 산성체질
㉰ 내분비계 이상   ㉱ 자외선에 의한 자극

02 여드름(Acne)피부를 악화시키는 원인 중 가장 관계가 적은 것을 고르시오.
㉮ 우유   ㉯ 피임약
㉰ 기름진 음식   ㉱ 다시마

03 표피와 진피의 경계선의 형태는?
㉮ 직선   ㉯ 사선
㉰ 점선   ㉱ 물결상

04 피부결이 섬세하고 화장이 잘 받지 않으며 쉽게 지워지지도 않는 피부를 고르시오.
㉮ 건성피부   ㉯ 지방성피부
㉰ 중성피부   ㉱ 민감성피부

05 다음 중 림프액의 기능에 해당되지 않는 것을 고르시오.
㉮ 세균감염방지   ㉯ 동맥기능의 보호
㉰ 면역반응   ㉱ 살균작용 및 체액이동

06 피부표면의 구조와 생리를 설명한 것으로 옳은 것을 고르시오.
㉮ 피부의 이상적인 산성도(pH)는 6.2~7.8이다.
㉯ 피부의 ph는 성별, 계절별로 변화가 거의 없다.
㉰ 피지막의 친수성분을 천연보습인자라 한다.
㉱ 피부의 피지막은 건강상태 및 위생과는 상관이 없다.

07 피부손질 시 이용하는 오존에 대한 설명 중 틀린 것을 고르시오.
㉮ 여드름 피부에 너무 자극적이어서 좋지 않다.
㉯ 오존의 화학기호는 O_3 이다.
㉰ 공기가 맑은 바닷가나 숲속 같은 곳에 많이 존재한다.
㉱ 피부의 살균소독효과가 있으며, 표백효과도 있다.

08 피부의 상피조직은 다음의 어느 상피에 속하는 것을 고르시오.
㉮ 편평상피   ㉯ 섬모상피
㉰ 입방상피   ㉱ 중흥상피

09 브러시(brush, 프리마돌) 사용법으로 옳지 않은 것을 고르시오.
㉮ 회전하는 브러시를 피부와 45° 각도로 하여 사용한다.
㉯ 피부상태에 따라 브러시의 회전속도를 조절한다.
㉰ 화농성 여드름 피부와 모세혈관 확장 피부등은 사용을 피하는 것이 좋다.
㉱ 브러시는 사용후 중성세제로 세척한다.

10 스티머(steamer) 기기의 사용방법으로 적합하지 않은 것을 고르시오.
㉮ 증기분출 전에 분사구를 고객의 얼굴로 향하도록 미리 준비해 놓는다.
㉯ 일반적으로 얼굴과 분사구와의 거리는 30~40cm 정도로 하고 민감성 피부의 경우 거리를 좀 더 멀게 위치한다.
㉰ 유리병 속에 세제나 오일이 들어가지 않도록 한다.
㉱ 수분 없이 오존만을 쏘여 주지 않도록 한다.

✔ 정답   01 ㉮   02 ㉱   03 ㉱   04 ㉮   05 ㉯
06 ㉰   07 ㉮   08 ㉰   09 ㉮   10 ㉮

11 수분측정기로 표피의 수분함유량을 측정하고자 할 때 고려해야 할 내용이 아닌 것을 고르시오.

㉮ 온도는 20~30°C에서 측정해야 한다.
㉯ 직사광선이나 직접조명 아래에서 측정한다.
㉰ 운동 직 후에는 휴식을 취한 후 측정하도록 한다.
㉱ 습도는 40~60%가 적당하다.

12 디스인크러스테이션에 대한 설명 중 틀린 것을 고르시오.

㉮ 화학적인 전기분해에 기초를 두고 있으며 직류가 식염수를 통과할 때 발생하는 화학작용을 이용한다.
㉯ 모공에 있는 피지를 분해하는 작용을 한다.
㉰ 지성과 여드름 피부관리에 적합하게 사용 될 수 있다.
㉱ 양극봉은 활동 전극봉이며 박리관리를 위하여 안면에 사용된다.

13 눈으로 판별하기 어려운 피부의 심층상태 및 문제점을 명확하게 분별할 수 있는, 특수 자외선을 이용한 기기를 고르시오.

㉮ 확대경   ㉯ 적외선램프
㉰ 홍반측정기   ㉱ 우드램프

14 고주파 피부 미용 기기를 사용하는 방법 중 직접법을 올바르게 설명한 것을 고르시오.

㉮ 고객의 얼굴에 마른 거즈를 올리고 그 위에 전극봉으로 가볍게 관리한다.
㉯ 적합한 크기의 벤토즈가 피부 표면에 잘 밀착되도록 전극봉을 연결한다.
㉰ 고객의 손에 전극봉을 잡게 한 후 얼굴에 마른 거즈를 올리고 손으로 눌러준다.
㉱ 고객의 손에 전극봉을 잡게 한 후 관리사가 고객의 얼굴에 적합한 크림을 바르고 손으로 관리한다.

15 매우 낮은 전압의 직류를 이용하며, 이온 영동법과 디스인크러스테이션의 두 가지 중요한 기능을 하는 기기를 고르시오.

㉮ 초음파기기   ㉯ 저주파기기
㉰ 고주파기기   ㉱ 갈바닉기기

16 화장품의 사용 목적과 가장 거리가 먼 것을 고르시오.

㉮ 인체를 청결, 미화하기 위하여 사용한다.
㉯ 용모를 변화시키기 위하여 사용한다.
㉰ 피부, 모발의 건강을 유지하기 위하여 사용한다.
㉱ 인체에 대한 약리적인 효과를 주기 위해 사용한다.

17 계면활성제에 대한 설명 중 잘못된 것을 고르시오.

㉮ 계면활성제는 계면을 활성화 시키는 물질이다.
㉯ 계면활성제는 친수성기와 친유성기를 모두 소유하고 있다.
㉰ 계면활성제는 표면 장력을 높이고 기름을 유화시키는 등의 특징을 가지고 있다.
㉱ 계면활성제는 표면활성제라고도 한다.

18 천연보습인자의 설명으로 틀린 것을 고르시오.

㉮ NMF
㉯ 피부수분 보유량을 조절한다.
㉰ 아미노산, 젖산, 요소 등으로 구성되고 있다.
㉱ 수소이온농도의 지수유지를 말한다.

19 피부에 대한 자극, 알레르기, 독성이 없어야 한다는 내용은 화장품의 4대 요건 중 어느 것에 해당하는 것을 고르시오.

㉮ 안전성   ㉯ 안정성
㉰ 사용성   ㉱ 유효성

20 여드름 치유와 잔주름 개선에 널리 사용되는 것을 고르시오.

㉮ 러 티노산   ㉯ 아스코르빈산
㉰ 토코페롤   ㉱ 칼시페롤

✓ 정답   11 ㉯   12 ㉱   13 ㉱   14 ㉮   15 ㉱
         16 ㉱   17 ㉰   18 ㉱   19 ㉮   20 ㉮

제 6 회 실전모의고사

제 6 회 실전모의고사

21 다음 중 계면활성제의 분류와 설명이 올바르게 연결된 것을 고르시오.
㉮ 유화제-고체입자를 물에 균일하게 분산시켜 주는 것
㉯ 가용화제-물과 기름이 잘 섞이게 하는 것
㉰ 세정제-피부의 오염물질을 제거해 주는 것
㉱ 분산제-소량의 기름을 물에 투명하게 녹이는 것

22 다음 중 크림의 기능으로 볼 수 없는 것을 고르시오.
㉮ 수분   ㉯ 유연작용
㉰ 자외선차단   ㉱ 기포성

23 다음 중 에멀전에 대한 설명으로 옳은 것을 고르시오.
㉮ O/W 형과 W/O 형이 있다.
㉯ 가용화를 목적으로 하는 것이다.
㉰ 소량의 오일이 수상에 섞여있는 상태이다.
㉱ 미셀(Micelle)로 이루어져 있다.

24 화장품의 분류에 관한 설명 중 틀린 것을 고르시오.
㉮ 마사지 크림은 기초화장품에 속한다.
㉯ 샴푸, 헤어린스는 모발용 화장품에 속한다.
㉰ 퍼퓸, 오데코롱은 방향화장품에 속한다.
㉱ 페이스파우더는 기초화장품에 속한다.

25 다음 중 기능성 화장품이 아닌 것을 고르시오.
㉮ 미백화장품
㉯ 자외선을 차단하는 화장품
㉰ 주름을 완화시켜주는 화장품
㉱ 여드름 화장품

26 다음 중 아하(AHA)에 대한 설명이 아닌 것을 고르시오.
㉮ 각질제거 및 보습기능이 있다.
㉯ 글리콜릭산, 젖산, 사과산, 주석산, 구연산이 있다.
㉰ 알파 하이드록시카프로익에시드의 약어이다.
㉱ 피부와 점막에 약간의 자극이 있다.

27 화장품의 4대 품질 조건에 대한 설명이 틀린 것을 고르시오.
㉮ 안전성-피부에 대한 자극, 알레르기, 독성이 없을 것
㉯ 안정성-변색, 변취, 미생물의 오염이 없을 것
㉰ 사용성-피부에 사용감이 좋고 잘 스며들 것
㉱ 유효성-질병치료 및 진단에 사용할 수 있는 것

28 다음 중 수분 함량이 가장 많은 파운데이션을 고르시오.
㉮ 크림 파운데이션   ㉯ 리퀴드 파운데이션
㉰ 스틱 파운데이션   ㉱ 스킨 커버

29 피지 분비의 과잉을 억제하고 피부를 수축시켜 주는 것을 고르시오.
㉮ 소염 화장수   ㉯ 수렴 화장수
㉰ 영양 화장수   ㉱ 유연 화장수

30 다음 중 팩의 분류에 속하지 않는 것을 고르시오.
㉮ 필오프 타입   ㉯ 워시오프 타입
㉰ 패치 타입   ㉱ 워터 타입

✓ 정답 21 ㉰ 22 ㉱ 23 ㉮ 24 ㉱ 25 ㉱
26 ㉰ 27 ㉱ 28 ㉯ 29 ㉯ 30 ㉱

31 다음 중 골격계의 기능이 아닌 것을 고르시오.
- ㉮ 보호기능
- ㉯ 저장기능
- ㉰ 지지기능
- ㉱ 열생산기능

32 다음 중 인체의 구성 요소 중 기능적, 구조적 최소단위를 고르시오.
- ㉮ 조직
- ㉯ 기관
- ㉰ 계통
- ㉱ 세포

33 다음중 담즙을 만들며, 포도당을 글리코겐으로 저장하는 소화기관을 고르시오.
- ㉮ 간
- ㉯ 위
- ㉰ 충수
- ㉱ 췌장

34 다음 중 신경계에 관련 된 설명이 옳게 연결된 것을 고르시오.
- ㉮ 시냅스-신경 조직의 최소 단위
- ㉯ 축삭돌기-수용기세포에서 자극을 받아 세포체에 전달
- ㉰ 수상돌기-단백질을 합성
- ㉱ 신경초-말초신경섬유의 재생에 중요한 부분

35 두부의 근을 안면근과 저작근으로 나눌 때 안면근에 속하지 않는 근육을 고르시오.
- ㉮ 안륜근
- ㉯ 후두전두근
- ㉰ 교근
- ㉱ 협근

36 인체의 계통(system)중에서 외부의 자극을 몸 안으로 받아들여 이를 판단해 다음 단계의 명령을 수행하도록 하는 통신망기능을 담당하는 계통을 고르시오.
- ㉮ 뼈대계통
- ㉯ 순환계통
- ㉰ 신경계통
- ㉱ 비뇨계통

37 다음은 세포막을 통한 물질의 운반과정 중 한 과정에 대한 설명이다. 가로안에 들어갈 운반 과정을 고르시오.

> 반투막(semipermeable memberane)인 세포막을 중심으로 수분은 용질농도가 낮은 구역에서 용질농도가 높은 구역으로 세포막을 통과하여 이동하게 되는데, 이를 (   )현상 이라고 한다.

- ㉮ 여과
- ㉯ 삼투
- ㉰ 소포운반
- ㉱ 능동운반

38 신경계통에 대한 설명으로 옳지 않은 것을 그르시오.
- ㉮ 척수신경은 감각섬유와 운동섬유를 모두 포함하는 혼합신경이다.
- ㉯ 중추신경계통에서 신경세포가 밀집된 곳은 백질이다.
- ㉰ 중추신경계통은 뇌와 척수로 이루어진다.
- ㉱ 부교감신경의 후절섬유는 아세틸콜린을 분비한다.

39 교감신경(sympathetic nerve)의 작용으로 옳은 것을 고르시오.
- ㉮ 피부에서 땀 분비가 감소한다.
- ㉯ 눈의 동공의 크기가 작아진다.
- ㉰ 기관지근을 수축시킨다.
- ㉱ 심장박동이 증가한다.

40 대뇌에 대한 설명으로 옳지 않은 것을 고르시오.
- ㉮ 시각은 마루엽(두정엽)에서 담당한다.
- ㉯ 청각은 관자엽(측두엽)에서 담당한다.
- ㉰ 브로카 영역이 손상되면 운동성 실어증을 초래한다.
- ㉱ 베르니케 영역이 손상되면 감각성 실어증을 초라한다.

✓ 정답   31 ㉱   32 ㉱   33 ㉮   34 ㉱   35 ㉰
         36 ㉰   37 ㉯   38 ㉯   39 ㉱   40 ㉮

제 6 회 실전모의고사

41 피부유형별 화장품 사용방법으로 적합하지 않은 것을 고르시오.

㉮ 민감성피부-무색, 무취, 무알콜 화장품 사용
㉯ 복합성피부-T존과 U존 부위별로 각각 다른 화장품 사용
㉰ 건성피부-수분과 유분이 함유 된 화장품 사용
㉱ 모세혈관 확장피부-일주일에 2번 정도 딥클렌징제 사용

42 피부분석 시 사용되는 방법으로 가장 거리가 먼 것을 고르시오.

㉮ 고객 스스로 느끼는 피부 상태를 물어본다.
㉯ 스파츌라를 이용하여 피부에 자극을 주어 본다.
㉰ 세안 전에 우드램프를 사용하여 측정한다.
㉱ 유, 수분 분석기 등을 이용하여 피부를 분석한다.

43 슬리밍 제품을 이용한 관리에서 최종 마무리단계에서 시행해야 하는 것을 고르시오.

㉮ 피부 노폐물을 제거한다.
㉯ 진정 파우더를 바른다.
㉰ 매뉴얼테크닉 동작을 시행한다.
㉱ 슬리밍과 피부 유연제 성분을 피부에 흡수시킨다.

44 매뉴얼테크닉 기법 중 닥터 자켓법에 관한 설명으로 가장 적합한 것을 고르시오.

㉮ 디스인크러스테이션을 하기 위한 준비단계에 하는 것이다.
㉯ 피지선의 활동을 억제한다.
㉰ 모낭 내 피지를 모공 밖으로 배출시킨다.
㉱ 여드름피부를 클렌징할 때 쓰는 기법이다.

45 다음에서 설명하는 베이스 오일은 무엇인지 고르시오.

인간의 피지와 화학구조가 매우 유사한 오일로 피부염을 비롯하여 여드름, 습진, 건선피부에 안심하고 사용할 수 있으며 침투력과 보습력이 우수하여 일반 화장품에도 많이 함유 되어 있다.

㉮ 호호바오일 ㉯ 스위트 아몬드 오일
㉰ 아보카도 오일 ㉱ 그레이프시드 오일

46 피부미용의 기능이 아닌 것을 고르시오.

㉮ 보호적 기능 ㉯ 장식적 기능
㉰ 인위적 기능 ㉱ 심리적 기능

47 다음 중 피부미용(esthetic)이란 의미를 지니지 않은 용어는?

㉮ 에스테틱(esthetique) ㉯ 스킨케어(skin care)
㉰ 코스메틱(cosmetic) ㉱ 헬스(health)

48 바람직한 피부미용인의 자세로 적합하지 않은 것은?

㉮ 자연스럽고 정돈된 메이크업
㉯ 피부미용사는 화려한 네일을 하여 신뢰감을 준다.
㉰ 신뢰감을 주는 이미지
㉱ 상냥하고 친절한 부드러운 인상

49 피부미용사의 위생조건으로 적합한 것은?

㉮ 관리 시 반지, 팔지 등의 장신구를 착용한다.
㉯ 밝은 화장으로 기본적인 예의를 갖춘다.
㉰ 손톱에 붉은 매니큐어를 바른다.
㉱ 밝은 계열의 깨끗한 위생복과 신발을 착용한다.

50 피부미용 관리의 목적과 관계가 먼 것을 고르시오

㉮ 피부를 보호하고 피부 건강의 항상성 유지를 위해서 노력한다.
㉯ 피부탄력증진과 주름예방 효과로 피부 노화를 지연하고자 함이다.
㉰ 피부 신진대사를 높여주고자 함이다.
㉱ 피부문제(피부염증, 기미, 모세혈관확장 등)를 치료하기 위함이다.

✔ 정답 41 ㉱ 42 ㉰ 43 ㉯ 44 ㉰ 45 ㉮
       46 ㉰ 47 ㉱ 48 ㉯ 49 ㉱ 50 ㉱

51 다음중 가장 대표적인 보건 수준 평가 기준으로 사용되는 것은 무엇인가?

㉮ 영아사망률 ㉯ 성인사망률
㉰ 노인사망률 ㉱ 사인별사망률

52 고압증기 멸균법에 있어 20lBS, 126.5°C 상태에서 몇분간 처리하는 것이 가장 좋은가?

㉮ 5분 ㉯ 15분
㉰ 30분 ㉱ 60분

53 공중위생관리법 상 이·미용 업소의 조명 기준은?

㉮ 50룩스 이상 ㉯ 75룩스 이상
㉰ 100룩스 이상 ㉱ 125룩스 이상

54 이·미용업소에서 수건 소독에 가장 많이 사용되는 물리적 소독법은?

㉮ 석탄산소독 ㉯ 자비소독
㉰ 알콜소독 ㉱ 과산화수소소독

55 행정처분 대상자 중 중요처분 대상자에게 청문을 실시할 수 있다. 그 청문대상이 아닌 것은?

㉮ 면허정지 및 면허취소
㉯ 영업정지
㉰ 자격증 취소
㉱ 영업소 폐쇄명령

56 다음 중 ( )안에 가장 적합한 것은?

공중위생관리법상 "미용업"의 정의는 손님의 얼굴, 머리, 피부 등을 손질하여 손님의 (   )를(을) 아름답게 꾸미는 영업이다.

㉮ 모습 ㉯ 외모
㉰ 외양 ㉱ 신체

57 이·미용업의 준수사항으로 틀린 것은?

㉮ 소독을 한 기구와 하지 않은 기구는 각각 다른 용기에 보관하여야 한다.
㉯ 간단한 피부미용을 위한 의료기구 및 의약품은 사용하여도 된다.
㉰ 영업장의 조명도는 75룩스 이상 되도록 유지 한다.
㉱ 점 빼기, 쌍꺼풀 수술 등의 의료 행위를 하여서는 안된다.

58 면허의 정지명령을 받은 자는 그 면허증을 누구에게 제출해야 하는가?

㉮ 보건복지부가족부장관
㉯ 시·도지사
㉰ 시장·군수·구청장
㉱ 이·미용사 중앙회장

59 보건복지부가족부장관은 공중위생관리법에 의한 권한의 일부를 무엇이 정하는 바에 의해 시·도지사에게 위임할 수 있는가?

㉮ 대통령령
㉯ 보건복지가족부령
㉰ 공중위생관리법시행규칙
㉱ 행정안전부령

60 호기성 세균이 아닌 것은?

㉮ 결핵균 ㉯ 백일해균
㉰ 가스괴저균 ㉱ 농녹균

✓ 정답 51 ㉮ 52 ㉯ 53 ㉰ 54 ㉯ 55 ㉰
        56 ㉯ 57 ㉯ 58 ㉰ 59 ㉮ 60 ㉰

제 7 회 실전모의고사

01 피부미용의 영역으로 가장 거리가 먼 것은?
㉮ 눈썹 정리 ㉯ 제모(Waxing)
㉰ 안면 관리 ㉱ 두피 관리

02 피부 관리사의 필수조건과 가장 거리가 먼 것은?
㉮ 화장품 성분과 사용에 대한 지식
㉯ 정확한 피부타입 측정
㉰ 홈케어 판매를 위한 관리사의 유창한 화술
㉱ 전문적이고 적절한 매뉴얼테크닉 적용

03 클렌징 로션에 대한 설명으로 바른 것은?
㉮ 여드름과 노화 피부에 적합하며 이중세안이 반드시 필요하다.
㉯ O/W타입으로 클렌징 효과는 클렌징 크림보다 약하지만 모든 피부에 적합하다.
㉰ 친수성으로 이중세안이 필요없으며 지성 피부에 적합하다.
㉱ 워터타입으로 클렌징 효과는 약하나 끈적임이 없고 건성 피부에 특히 적합하다.

04 소프트 왁스 사용방법에 대한 설명으로 거리가 먼 것은?
㉮ 제모하고자 하는 털을 한 번에 제거하여 즉각적인 결과를 가져온다.
㉯ 눈썹과 겨드랑이처럼 털이 깊게 위치한 부분의 불필요한 털을 제거하기 위해 사용한다.
㉰ 부직포와 같은 스트립을 사용한다.
㉱ 넓은 부위의 털을 제모하기에 적합한다.

05 아래의 문장에 ( )에 들어갈 단어는 무엇인가?

고대 이집트인들은 눈을 보호하고 아름답게 가꾸기 위해 ( )로 아이섀도를 만든다.

㉮ 적산화물 ㉯ 그을음
㉰ 화장 먹가루 ㉱ 헤나(가루)

06 미용사가 가져야 하는 교양에 해당하지 않은 것은?
㉮ 인격도야
㉯ 올바른 공중위생 개념
㉰ 단정한 용모와 언행
㉱ 예술의 이해

07 온습포의 작용으로 거리가 먼 것은?
㉮ 피지분비선을 자극하는 작용이 있다.
㉯ 혈액순환을 촉진시키는 작용이 있다.
㉰ 모공을 수축과 진정시키는 작용이 있다.
㉱ 피부조직에 영양공급과 노폐물 배출이 원활히 될 수 있도록 작용한다.

08 비타민에 대한 설명으로 바른 것은?
㉮ 레티노이드는 비타민 C를 통칭하는 용어이다.
㉯ 비타민 B가 결핍되면 피부가 건조해지고 거칠어진다.
㉰ 비타민 C는 교원질 형성에 중요한 역할을 한다.
㉱ 비타민 E는 자외선 B를 받아 피부에서 합성된다.

09 슬리밍(Slimming) 화장품을 이용한 관리의 최종 마무리 단계는 무엇?
㉮ 피부 유연과 슬리밍 성분 흡수
㉯ 피부 노폐물 제거
㉰ 매뉴얼테크닉 시행
㉱ 진정 파우더 도포

10 스크럽 제품을 사용할 때 주의해야 할 사항으로 바른 것은?
㉮ 코튼이나 해면을 사용하여 닦아낼 때 알갱이가 남지 않도록 깨끗하게 닦아낸다.
㉯ 알갱이를 심하게 핸드링이나 매뉴얼테크닉 동작을 사용한다.
㉰ 과각화된 피부, 넓은 모공, 면포성 여드름 피부에는 적합하지 않다.
㉱ 과일산이 함유된 제품으로 냉습포로 마무리 한다.

✓ 정답 01 ㉱ 02 ㉰ 03 ㉰ 04 ㉯ 05 ㉯
       06 ㉯ 07 ㉰ 08 ㉰ 09 ㉱ 10 ㉮

11 여드름피부에 직접 사용하기에 가장 좋은 정유는?

㉮ 라벤더　㉯ 티트리
㉰ 오렌지　㉱ 로즈마리

12 쓰다듬기에 대한 설명으로 가장 거리가 먼 것은?

㉮ 피부에 탄력성 증진
㉯ 혈액과 림프 순환
㉰ 진정과 마무리 작용
㉱ 처음과 끝에 사용하는 동작

13 딥 클렌징의 효과로 가장 알맞은 것은?

㉮ 모공 속 피지와 불순물을 제거하지 못한다.
㉯ 표피세포의 재생을 도와주고 미백효과가 있다.
㉰ 피부표면의 불순물과 메이크업 잔여물을 제거한다.
㉱ 화장품의 흡수와 침투를 높여준다.

14 지성피부를 위한 피부관리 방법으로 가장 올바른 것은?

㉮ 유분기 있는 클렌징 크림을 선택하여 사용한다.
㉯ 유분기가 없는 클렌징 젤로 메이크업을 지운다.
㉰ 석고베이스를 바른 후 석고마스크를 적용하여 영양을 공급한다.
㉱ 토너는 알코올 함량이 적고 보습기능이 강화된 제품을 사용한다.

15 정상피부의 특징에 대한 설명으로 가장 올바른 것은?

㉮ 피지막이 약하고 주름 발생이 쉽다.
㉯ 각질층의 수분이 30% 이하로 부족하다.
㉰ 모공이 넓으며 피부결이 거칠다.
㉱ T존 부위에는 약간의 모공이 보이지만 U존에는 모공이 거의 보이지 않고 피부결이 균일하다.

16 딥클렌징 고마쥐(Gommage) 제품에 관한 설명으로 가장 거리가 먼 것은?

㉮ 건조되면 가볍게 근육결 방향으로 밀어낸다.
㉯ 남은 고마쥐는 물로 녹인 후에 해면과 온습포로 제거한다.
㉰ 고마쥐를 도포 한 후 20분을 기다린다.
㉱ 넓은 모공, 두꺼운 피부, 지성피부에 효과적이다.

17 셀룰라이트(Cellulite)의 설명으로 가장 거리가 먼 것은?

㉮ 불균형한 내분비계　㉯ 늘어난 지방세포
㉰ 유전적 요인　㉱ 림프정체와 정맥울혈

18 각질층에 대한 설명으로 가장 거리가 먼 것은?

㉮ 천연보습인자가 존재한다.
㉯ 핵이 없으며 주로 케라틴으로 구성되어 있다.
㉰ 상처를 입으면 흉터가 남는다.
㉱ 혈관과 신경이 존재하지 않는다.

19 피부분석에 사용되는 기기에 대한 설명으로 가장 거리가 먼 것은?

㉮ 확대경으로 잔주름 정도, 모공의 청결정도를 분석한다.
㉯ 유분 측정기로 피부의 유분을 분석한다.
㉰ 스킨스캐너를 통하여 피부의 보습상태를 분석한다.
㉱ 우드램프는 밝은 곳에서 사용하며, 피부 진피층까지 관찰 가능하다.

20 물리적 인자에 의해 일어나는 피부질환이 아닌 것은?

㉮ 화상　㉯ 굳은살
㉰ 동창　㉱ 물사마귀

✔ 정답　11 ㉯　12 ㉮　13 ㉱　14 ㉯　15 ㉱
　　　　16 ㉰　17 ㉯　18 ㉰　19 ㉱　20 ㉱

제 7 회 실전모의고사

21 눈물과 침 속에 들어있는 살균성분을 가진 효소는 무엇인가?
㉮ 리소자임   ㉯ 바이러스
㉰ 약산성   ㉱ 젖산

22 멜라닌의 주요 기능이 가장 거리가 먼 것은?
㉮ 콜라겐 합성 촉진
㉯ 자외선 산란과 흡수
㉰ 피부의 세포와 조직 보호
㉱ 활성산소의 소거 기능

23 피부유형에 대한 설명으로 올바른 것은?
㉮ 지성피부 – 피부 표면에 붉은 실핏줄이 보이는 피부
㉯ 모세혈관확장 피부 – 피지분비기능의 상승으로 피지는 과다 분비되어 표피에 유분이 흐르나, 보습기능이 저하되어 피부표면의 당김 현상이 일어나는 피부
㉰ 진피수분부족 건성피부 – 피부 자체의 내적 원인에 의해 피부 자체의 수화기 능에 문제가 되어 생기는 피부
㉱ 건지루성피부 – 과잉 분비된 피지가 피부 표면에 기름기를 만들어 항상 번질리는 피부

24 림프드레나쥐의 기본동작으로 엄지를 제외한 네 손가락을 가지런히 하고 손바닥을 이용해 위로 쓸어 올리듯이 힘을 주는 동작은?
㉮ 에플로라지(Effleurage)
㉯ 펌프(Pump technique)
㉰ 스쿠프(Scoop technique)
㉱ 로터리(Rotary technique)

25 세포막의 물질이동이 저농도에서 고농도로 이동하는 수동 수송 방법은 무엇인가?
㉮ 여과현상   ㉯ 삼투현상
㉰ 확산현상   ㉱ 용해현상

26 교류전류에 대한 설명으로 가장 거리가 먼 것은?
㉮ 시간이 흐름에 따라 극성이 이동하고 크기도 비대칭적으로 변할 수 있다.
㉯ 근육계의 자극을 준다.
㉰ 체형관리에 이용된다.
㉱ 화학적 효과를 얻을 수 있다.

27 메이크업 베이스의 색상에 따른 부여 효과가 올바른 것은 무엇인가?
㉮ 그린(Green)은 붉은 얼굴에 적합하며, 선탠한 느낌의 건강한 피부 표현에 유용하다.
㉯ 옐로우(Yellow)은 모세혈관 확장, 여드름 자국 등 붉은 기운 잡티가 많은 피부에 적합하다.
㉰ 핑크(Pink)는 창백해 보이는 피부에 혈색 부여, 피부색을 밝고 화사하게 표현한다.
㉱ 블루(Blue)는 동양인의 노르스름한 피부색을 중화시켜주는데 적합하다.

28 여드름 화장품의 원료로 주로 사용되는 성분으로 수렴과 소독작용이 우수한 것은 어느 것인가?
㉮ 캄퍼   ㉯ 아줄렌
㉰ 레시틴   ㉱ 코엔자임Q10

29 피지의 구성성분 분해되어 염증성 여드름의 발생 요인이 될 수 있는 것은 무엇인가?
㉮ 트리글리세라이드   ㉯ 콜레스테롤
㉰ 스쿠알란   ㉱ 왁스

30 파라딕 전류(Faradic current)에 대한 설명으로 올바른 것은?
㉮ 감응 또는 저주파 전류라고도 한다.
㉯ 여드름이나 염증성 피부에 효과적이다.
㉰ 한 방향으로만 흐르는 전류로 감응전류이다.
㉱ 온열자극으로 혈액순환을 촉진한다.

✓ 정답   21 ㉮   22 ㉮   23 ㉰   24 ㉰   25 ㉯
26 ㉱   27 ㉰   28 ㉮   29 ㉮   30 ㉮

31 상처나 수술로 피부의 콜라겐이 증식된 형태로 반흔의 대표적인 현상은?
  ㉮ 궤양
  ㉯ 켈로이드(Keloid)
  ㉰ 아토피(Atopic dermatitis)
  ㉱ 피부염

32 스티머의 사용설명 중 가장 거리가 먼 것은?
  ㉮ 얼굴과 스티머의 거리는 정상 피부는 약 30cm, 여드름 피부는 40~50cm가 효과적이다.
  ㉯ 고객의 외측에서 전원을 켜 예열하고 고객의 눈에 마른 솜을 덮어 보호 후 적용한다.
  ㉰ 모공 확장과 피부 연화 과정으로 피부청결 작용에 효과적이다.
  ㉱ 스티머의 O_3(오존)은 지성과 여드름에 5분 이상 적용한다.

33 '마스킹(Masking)'의 의미는 무엇인가?
  ㉮ 화장품에서 피부의 영양을 공급해주는 역할을 한다.
  ㉯ 화장품에서 원료의 고유냄새를 감추는 역할을 한다.
  ㉰ 화장품에서 원료의 고유 색을 가리는 것을 의미한다.
  ㉱ 화장품에서 자외선을 차단해 주는 역할을 하는 것이다.

34 탄력섬유에 대한 설명으로 거리가 먼 것은?
  ㉮ 비교적 두께가 얇은 섬유조직이다.
  ㉯ 엘라스틴으로 탄성 작용을 한다.
  ㉰ 물에 끓여도 젤라틴화되지 않으며 화학물질에 대해 저항력을 가지고 있다.
  ㉱ 진피의 대부분인 70% 이상을 차지하는 섬유이다.

35 이온영동법의 사용방법으로 거리가 먼 것은?
  ㉮ 스위치의 꺼짐(off) 상태를 확인한 후 활동전극봉을 가만히 얼굴에 붙이고 암페어 세기를 내려 준다.
  ㉯ 일반적으로 얼굴 관리는 0~2mA, 전신 관리는 0~10mA을 사용하는 것이 좋다.
  ㉰ 앰플의 효과에 따라 (+)(−)를 선택하며, 극을 바꿀 때는 반드시 전원을 끈(off) 후에 한다.
  ㉱ 활동전극봉은 앰플 용액에 적신 스펀지나 면패드를 전극에 장착한 후 젖은 상태가 마르지 않도록 관리해 준다.

36 인공탠닝 기기 비적용자는?
  ㉮ 손과 발이 찬 손님
  ㉯ 민감성과 여드름 피부 손님
  ㉰ 튼살 피부를 가진 손님
  ㉱ 피부를 건강하게 보이고 싶은 손님

37 마이크로커런트(Micerocurrent)가 안면에 미치는 효과에 관한 설명으로 가장 거리가 먼 것은?
  ㉮ 노폐물 배출을 촉진한다.
  ㉯ 신진대사기능을 활성화시킨다.
  ㉰ 열을 발생하여 피부 순환을 돕는다.
  ㉱ 콜라겐과 엘라스틴이 증진을 시킨다.

38 성분과 작용에 대해서 바르게 연결된 것은?
  ㉮ 레티놀 – 근육이완
  ㉯ 보톨리니움 – 각질의 턴오버 촉진
  ㉰ 알파하이드록실릭에시드 – 각질을 정상적으로 유지
  ㉱ 비타민C – 항산화작용

39 메이크업 베이스의 사용 목적으로 가장 올바른 것은?
  ㉮ 피부의 결점 커버
  ㉯ 피부의 색 보정
  ㉰ 자외선으로 보호
  ㉱ 피지 흡착 기능

40 이·미용 기구의 소독기준과 방법에 대한 연결로 사이가 먼 것은?
  ㉮ 건열멸균소독: 섭씨 100°C 이상의 건조한 열에 20분 이상 쐬어준다.
  ㉯ 증기소독: 섭씨 100°C이상의 습한 열에 20분 이상 쐬어준다.
  ㉰ 자외선소독: 1cm²당 85µW 이상의 자외선을 20분 이상 쐬어준다.
  ㉱ 열탕소독: 섭씨 100°C 이상의 물속에 20분 이상 끓여야 한다.

✔ 정답 31 ㉯ 32 ㉰ 33 ㉰ 34 ㉱ 35 ㉮
       36 ㉯ 37 ㉰ 38 ㉱ 39 ㉯ 40 ㉱

제 7 회 실전모의고사

41 소화기관으로 담즙을 만들며, 포도당을 글리코겐으로 저장하는 것은?
㉮ 간 ㉯ 췌장
㉰ 위 ㉱ 담낭

42 윗팔을 올리거나 내릴 때 또는 바깥쪽으로 돌릴 때 사용되는 근육의 명칭은?
㉮ 승모근 ㉯ 흉쇄유돌근
㉰ 비복근 ㉱ 대둔근

43 저혈압은 무엇인가?
㉮ 150/100mmHg 이상 ㉯ 160/100mmHg 이상
㉰ 100/80mmHg 이하 ㉱ 100/60mmHg 이하

44 세포 내에서 호흡을 담당하고 이화작용과 동화작용에 의해 에너지를 생산하는 소기관은?
㉮ 리소좀 ㉯ 염색체
㉰ 리보솜 ㉱ 미토콘드리아

45 피부의 체표면이나 내장의 내강을 덮고 있는 단층 또는 여러 층의 세포로 된 판상의 조직은?
㉮ 상피조직 ㉯ 결합조직
㉰ 신경조직 ㉱ 근육조직

46 질병 발생의 3대 요인이 옳게 구성된 것은?
㉮ 병인, 숙주, 환경 ㉯ 숙주, 인종, 환경
㉰ 감염력, 연령, 인종 ㉱ 병인, 환경, 감염력

47 매개곤충과 전파하는 전염병이 아닌 것은?
㉮ 쥐벼룩-페스트 ㉯ 쥐-유행성출혈열
㉰ 파리-사상충 ㉱ 모기-말라리아

48 「환경정책기본법」상 대기의 환경기준과 측정방법의 연결이 가장 먼 것은?
㉮ 아황산가스(SO_2)-자외선형광법
㉯ 일산화탄소(CO)-베타선흡수법
㉰ 이산화질소(NO_2)-화학발광법
㉱ 오존(O_3)-자외선광도법

49 양이온계면활성제의 특성에 대한 것은 무엇인가?
㉮ 이·미용실에서 자주 사용
㉯ 살균과 소독작용
㉰ 샴푸의 세정 작용을 하는 성분
㉱ 정전기 발생 억제

50 이·미용실의 기구 소독 시 적당한 크레졸의 농도는 얼마인가?
㉮ 0.1~0.3% ㉯ 0.5~1%
㉰ 2~3% ㉱ 6~10%

51 미생물에 대한 설명으로 가장 거리가 먼 것은?
㉮ 효모는 진균류로 박테리아보다 크기가 작다.
㉯ 세균은 미세한 단세포 생물로 나균과 매독균 등을 제외하고는 인공배지에서 잘 자란다.
㉰ 리케차는 세균에 가까운 세포성 미생물로 세균보다는 작고 바이러스보다는 크다.
㉱ 바이러스는 자기 스스로 증식하지 못하며 다른 동식물 등에 기생해야 한다.

52 다음 중 공중이용시설의 위생관리에 대한 설명으로 가장 거리가 먼 것은?
㉮ 실내공기는 위생관리기준에 부합하도록 유지한다.
㉯ 위생관리에 관하여 다른 법령의 규정이 있더라도 「공중위생관리법」이 우선 적용한다.
㉰ 24시간 평균 실내 미세먼지의 양이 150μg/m³을 초과하는 경우에는 실내공기 정화시설을 청소 또는 교체해야 한다.
㉱ 영업소·화장실 등 기타 공중이용시설 안에서 시설이용자의 건강을 해할 우려가 있는 오염물질이 발생되지 않도록 한다.

✅ **정답** 41 ㉮ 42 ㉮ 43 ㉱ 44 ㉱ 45 ㉮
46 ㉮ 47 ㉰ 48 ㉯ 49 ㉰ 50 ㉰

53 다음 중 시장·군수·구청장이 6월 이내의 기간을 정하여 영업의 정지 또는 영업소폐쇄 등을 명할 수 있는 경우가 아닌 것은?
㉮ 미용업 영업자가 성매매알선 등 행위의 처벌에 관한 법률에 처벌에 관한 법률을 위반한 때
㉯ 미용업 영업자가 공중위생관리법에 의한 명령을 위반할 경우
㉰ 미용업 영업자가 의료법에 위반하여 관계행정기관 장의 요청이 있는 경우
㉱ 미용업 영업자가 청소년 보호법에 위반하여 관계행정기관 장의 요청이 있는 경우

54 이·미용사의 면허와 관련된 설명으로 잘못된 것은?
㉮ 미용사가 되고자 하는 자는 시장, 군수, 구청장에게 면허를 받아야 한다.
㉯ 시장·군수·구청장이 면허를 교부한 경우에는 면허등록관리대장을 작성하고 관리해야 한다.
㉰ 면허의 취소 또는 정지명령을 받은 자는 10일 이내 관할 시장·군수·구청장에게 면허증을 반납해야 한다.
㉱ 시장·군수·구청장은 이용사 또는 미용사가 면허증을 다른 사람에게 대여했을 경우에는 면허를 취소하거나 6월 이내의 기간을 정하여 그 면허를 정지할 수 있다.

55 이·미용사는 영업소 외의 장소에는 이·미용 업무를 할 수 없다. 그러나 특별한 사유가 있는 경우는 예외가 인정되는데 다음 중 특별한 사유에 해당되는 곳은?
㉮ 질병으로 영업소까지 나올 수 없는 자에 대한 이·미용
㉯ 혼례 등 기타 의식에 참여하는 자를 관리하면서 이·미용
㉰ 긴급히 국외에 출타하는 자에 대한 이·미용
㉱ 시장·군수·구청장이 특별한 사정이 있다고 인정하는 경우에 행하는 이·미용

56 이·미용사의 면허증을 다른 사람에게 대여할 때의 법칙 행정처분 조치 사항으로 옳은 것은?
㉮ 시·도지사가 그 면허를 취소하거나 6월 이내의 기간을 정하여 업무 정지를 명할 수 있다.
㉯ 시·도지사가 그 면허를 취소하거나 8개월 이내의 기간을 정하여 업무 정지를 명할 수 있다.
㉰ 시장·군수·구청장은 그 면허를 취소하거나 6월 이내의 기간을 정하여 업무정지를 명할 수 있다.
㉱ 시장·군수·구청장은 그 면허를 취소하거나 1년 이내의 기간을 정하여 업무정지를 명할 수 있다.

57 이·미용업소에서 손님의 눈에 잘 보이는 곳에 게시하지 않아도 되는 것은?
㉮ 이·미용 요금표 ㉯ 사업자 등록증
㉰ 신고증 ㉱ 개설자의 면허증 원본

58 면허증 분실로 인해 재교부를 받은 경우, 잃어버린 면허는 어떻게 해야 하나?
㉮ 지체 없이 반납 ㉯ 7일 이내 반납
㉰ 30일 이내 반납 ㉱ 반납하지 않아도 무방

59 이·미용사의 면허를 받을 수 있는 사람은?
㉮ 국가기술자격법에 의해 전문대학을 졸업한 자
㉯ 교육과학기술부장관의 인정으로 미용사 자격을 취득한 자
㉰ 교육과학기술부장관이 인정하는 고등기술학교에서 1년 이상 이·미용의 과정을 이수한 자
㉱ 이·미용에 관한 학과를 졸업한 자

60 소독한 기구와 소독하지 않는 기구를 각각 다른 용기에 넣어 보관하지 아니한 경우의 1차 위반 행정처분 기준은?
㉮ 경고 ㉯ 영업정지 5일
㉰ 영업정지 10일 ㉱ 영업정지 1개월

✓ 정답 51 ㉮ 52 ㉯ 53 ㉮ 54 ㉰ 55 ㉮
　　　 56 ㉰ 57 ㉯ 58 ㉮ 59 ㉰ 60 ㉮

제 8 회 실전모의고사

01 피부미용의 기능적 영역으로 거리가 먼 것은?
- ㉮ 장식적 기능
- ㉯ 의학적 기능
- ㉰ 심리적 기능
- ㉱ 관리적 기능

02 클렌징 크림에 대한 설명으로 바른 것은?
- ㉮ 이중세안이 필요없고 건성과 노화 피부에 적합하다.
- ㉯ 친유성(W/O)타입으로 진한 메이크업 제거에 효과적이며 이중세안이 필요하다.
- ㉰ 친수성 오일로 반드시 이중세안해야 하며 모든 피부에 사용 가능하다.
- ㉱ 오일이 포함되지 않은 제품으로 클렌징 효과는 약하나 끈적임이 없고 지성 피부에 적합하다.

03 고객과 피부상담 시 관리사의 질문이나 태도로 거리가 먼 것은?
- ㉮ 고객의 성격, 심리적 상태 및 사용하고 있는 화장품에 대해 물어본다.
- ㉯ 고객의 방문 이유, 직업, 식생활, 피부관리 경험 및 피부관리 습관에 대해서 물어본다.
- ㉰ 홈케어 관리 방법을 경청하고 올바른 방법을 조언해 준다.
- ㉱ 고객의 질병상태와 알레르기 유·무에 대해서 조사한다.

04 안면 매뉴얼테크닉의 효과와 가장 거리가 먼 것은?
- ㉮ 피부세포에 산소와 영양소 공급이 활성화되고 노폐물 배출이 촉진된다.
- ㉯ 안면 근육을 이완시키고 노화를 지연시킨다.
- ㉰ 여드름 발진을 제거한다.
- ㉱ 피부를 부드럽고 유연하게 해준다.

05 피부의 지각세포들의 민감도에 순서가 바른 것은?
- ㉮ 통각 > 촉각 > 냉각 > 온각
- ㉯ 촉각 > 통각 > 냉각 > 온각
- ㉰ 통각 > 촉각 > 온각 > 냉각
- ㉱ 통각 > 냉각 > 촉각 > 온각

06 조선시대 화장술에 대한 설명으로 가장 거리가 먼 것은?
- ㉮ 유교사상의 영향으로 화장은 훨씬 연해졌고 진한 화장을 한 사람을 '야용'이라고 했다.
- ㉯ 조선시대는 내면과 외면의 미를 동일시하는 사상이 있었다.
- ㉰ 피부관리 중심으로 관리하였으며, 분을 바를 때는 밑 화장용으로 참기름을 사용했다.
- ㉱ 사대부 여인들의 화장인 분대화장과 기생중심의 비분대화장법이 존재했다.

07 얼굴 피부관리의 마무리는 무엇인가?
- ㉮ 얼굴마스크
- ㉯ 보호로션
- ㉰ 클렌징크림
- ㉱ 딥필링

08 딥 클렌징 방법이 아닌 것은?
- ㉮ 디스인크러스테이션
- ㉯ 이온토포레시스
- ㉰ 프리마톨
- ㉱ AHA

09 쿠퍼로스(Cuperose) 피부가 나타나는 피부유형은 무엇?
- ㉮ 모세혈관 확장피부
- ㉯ 지성피부
- ㉰ 건성피부
- ㉱ 복합성 피부

10 아토피성 피부에 관계되는 설명으로 거리가 먼 것은?
- ㉮ 면직물의 의복을 착용하는 것이 좋다.
- ㉯ 소아 습진이 발전 될 수 있다.
- ㉰ 유전적 원인 존재한다.
- ㉱ 가을이나 겨울에는 완화된다.

정답
01 ㉯ 02 ㉯ 03 ㉮ 04 ㉰ 05 ㉮
06 ㉰ 07 ㉯ 08 ㉯ 09 ㉮ 10 ㉱

11 다음에서 설명하는 팩(마스크)의 재료는?

> 피부를 완전 밀폐되면서 발생하는 열이 팩(마스크) 도포 전에 바른 영양 크림의 성분을 피부 깊숙이 흡수시켜 피부개선에 긍정적인 영향을 준다.

㉮ 고무(알긴산)　　㉯ 머드(클레이)
㉰ 꿀(프로폴리스)　㉱ 석고(황산칼슘)

12 습포에 대한 설명으로 가장 올바른 것은?

㉮ 피부미용관리에서 건 수건은 사용하지 않는다.
㉯ 습포를 사용한 후에 해면을 사용한다.
㉰ 냉습포는 피부를 긴장시키며 진조효과를 위해 사용한다.
㉱ 온습포는 피부미용 관리의 마무리 단계에서 피부 진정효과를 위해 사용한다.

13 자외선이 인체에 미치는 부정적인 영향은?

㉮ 비타민 D 형성　㉯ 홍반반응
㉰ 살균효과　　　㉱ 기분고양 효과

14 다음 중 이마 주름에 가장 적합한 매뉴얼 테크닉의 방법은?

㉮ 쓰다듬기　㉯ 주무르기
㉰ 진동하기　㉱ 문지르기

15 피부유형을 결정하는 가장 기본적인 분석 기준은 무엇?

㉮ 피부의 조직상태와 탄성
㉯ 피부의 탄력도와 잔주름 정도
㉰ 모공의 크기와 땀 분비 정도
㉱ 피지분비 상태와 보습 정도

16 라벤더 에센셜오일의 사용과 관련된 설명으로 올바른 것은?

㉮ 지성과 여드름 피부에 사용된다.
㉯ 과색소침착이 피부에 좋다.
㉰ 기분 고양작용을 한다.
㉱ 진정작용이 뛰어나다.

17 피지선에 대한 설명으로 가장 알맞은 것은?

㉮ 전신에 분포하며 손바닥과 발바닥에 가장 많다.
㉯ 전분비를 하는 외분비조직이다.
㉰ 한공을 통해서 분비되며 털이 있는 곳에서만 존재한다.
㉱ 나이가 들수록 기능이 떨어지며 냄새를 풍기는 체취선이라고 부른다.

18 여드름 관리에 효과적인 성분이 아닌 것은?

㉮ 살리실산(Salicylic acid)
㉯ 글리콜산(Glycolic acid)
㉰ 스테로이드(Steroid)
㉱ 과산화벤조일(Benzoyl peroxide)

19 부직포(스트립)을 사용하며 인체의 넓은 부위의 털을 제거할 수 있는 왁스 방법은?

㉮ 하드(Hard) 왁스　㉯ 콜드(Cold) 왁스
㉰ 슈가(Sugar) 왁스　㉱ 소프트(Soft) 왁스

20 세포에 대한 설명으로 가장 거리가 먼 것은?

㉮ 세포 소기관은 세포막에 존재한다.
㉯ 세포는 세포막, 세포질(원형질), 핵으로 구성되어 있다.
㉰ 세포막은 이중막으로 선택적 투과막이다.
㉱ 핵 안에는 DNA가 존재하며 3종류의 RNA가 있다.

✓ 정답　11 ㉱　12 ㉰　13 ㉯　14 ㉱　15 ㉱
　　　　16 ㉱　17 ㉯　18 ㉰　19 ㉱　20 ㉮

제 8 회 실전모의고사

21 신경계에 대한 설명으로 가장 거리가 먼 것은?

㉮ 뇌 신경 중 가장 큰 신경은 제 5번 신경인 삼차신경이다.
㉯ 신경은 뇌와 척수로 이뤄진 중추신경과 뇌신경과 척수 신경으로 이뤄진 말초신경으로 나뉜다.
㉰ 말초신경은 체성신경과 자율신경으로 나뉜다.
㉱ 자율신경은 활동신경은 부교감신경과 휴식신경인 교감신경이 있다.

22 원자에 대한으로 가장 올바른 것은?

㉮ 원자핵은 양성자와 전자로 나눠진다.
㉯ 원자는 가장 작은 단위로 나눌 수 없다.
㉰ 원자는 핵과 그 주변을 돌아다니는 중성자로 구성되어져 있다.
㉱ 핵은 그리스어로 atoms에서 유래하였다.

23 살균소독기에 대한 설명으로 가장 올바른 것은?

㉮ 파장이 가장 짧은 UVC의 살균소독효과를 이용한다.
㉯ 진피층까지 침투하는 UVA의 살균소독 효과를 이용한다.
㉰ 피부에 비타민 D를 합성하는 UVB의 살균소독 효과를 이용한다.
㉱ UVC은 표피의 기저층까지 침투하며 살균소독효과를 가진다.

24 두 가지 이상의 마스크를 적용시킬 경우 가장 먼저 적용해야 하는 마스크는?

㉮ 영양 공급 기능
㉯ 높은 가격의 제품
㉰ 피부 흡수률이 낮은 제품
㉱ 수분 공급 기능

25 다음 중 기능에 따른 화장품 연결이 잘못된 것은?

㉮ 세정용-폼클렌징
㉯ 헤어 트리트먼트-헤어팩
㉰ 정발제-헤어왁스(Hair Wax)
㉱ 염모제-헤어블리치(Hair bleach)

26 매뉴얼테크닉 종류에 대한 설명으로 가장 거리가 먼 것은?

㉮ 발마사지-발을 자극하여 인체의 혈액순환을 원활하게 해 준다.
㉯ 스웨디쉬 매뉴얼테크닉-건성피부에 적용 가능한 가장 일반적인 마사지이다.
㉰ 림프드레나쥐-부교감신경계를 자극하여 스트레스를 완화시켜주는 마사지이다.
㉱ 한국형 매뉴얼테크닉-인체 외부로부터의 자극을 내부로 전달하여 장기의 병을 치료하고 병균의 침입을 막는 강한 자극을 주는 마사지이다.

27 골격의 기능으로 올바른 것은?

㉮ 신경전달   ㉯ 조혈작용
㉰ 면역작용   ㉱ 물질이동

28 물에 대한 설명으로 가장 거리가 먼 것은?

㉮ 10%가 감소하면 생리적 문제가 발생한다.
㉯ 생체 내의 삼투압작용, 물질대사에서 중요한 역할을 담당한다.
㉰ 인체의 함량은 체중의 약 50~70%를 하며, 5대 영양소에 속한다.
㉱ 물이 부족하면 피부가 건조해진다.

29 땀샘에 대한 설명으로 거리가 먼 것은?

㉮ 대한선에서 피부 표면에 직접 개구하는 한공을 통해서 땀을 분비한다.
㉯ 소한선은 땀 분비를 통해서 체온조절을 한다.
㉰ 에크린 한선은 손바닥, 발바닥, 이마에 많이 분포되어 있다.
㉱ 아포크린 한선에서 분비되는 땀은 단백질을 함유하고 있어 냄새(암내)가 난다.

30 피부가 일시적으로 붉어지는 증상으로 시간이 지나면 흔적도 없이 사라지는 피부 원발진은?

㉮ 반점   ㉯ 홍반
㉰ 구진   ㉱ 소수포

✓ 정답 21 ㉱ 22 ㉯ 23 ㉮ 24 ㉱ 25 ㉱
       26 ㉱ 27 ㉯ 28 ㉰ 29 ㉮ 30 ㉯

31 전기를 정류 후에 파장의 형태를 부드럽게 만들어 주는 장치는 무엇인가?
- ㉮ 변압기
- ㉯ 축전기
- ㉰ 정류기
- ㉱ 퓨즈(Fuse)

32 적외선 기기의 작용으로 가장 거리가 먼 것은?
- ㉮ 근육 이완
- ㉯ 살균효과
- ㉰ 혈액순환 촉진
- ㉱ 영양침투

33 화장품의 4대 요건에 대한 설명으로 가장 올바른 것은?
- ㉮ 안전성: 제품에 미생물 오염이 없는 것
- ㉯ 안정성: 피부에 적용했을 때 부작용이나 독성이 없는 것
- ㉰ 사용성: 사용하기 편리하며 흡수가 잘되는 것
- ㉱ 유효성: 피부에 항노화, 자외선차단, 미백, 세정 및 여드름 치료 효과가 있는 것

34 기기의 원리와 효과에 대한 설명으로 거리가 먼 것은?
- ㉮ 바이브레이터(G5)-진동작용으로 근육 이완과 노폐물 배출 효과
- ㉯ 갈바닉 기기의 디스인크러스테이션(disincrustation) -음극의 효과로 전기 서 정작용
- ㉰ 초음파 스킨스크러버(Skin scrubber)-미세한 진동으로 각질제거 효과
- ㉱ 진공흡입기-강한 진공압으로 영양흡수와 근육 이완 효과

35 항산화제에 대한 설명으로 가장 올바른 것은?
- ㉮ 여드름 예방 성분
- ㉯ 각질을 제거하는 성분
- ㉰ 피부 미백 성분
- ㉱ 활성산소 제거

36 고주파 기기에 대한 설명으로 가장 올바른 것은?
- ㉮ 직접법: 면포 제거와 살균 기능으로 예민피부에 적용
- ㉯ 직접법: 고객과 관리사가 연결되어 전류가 흐르는 방법
- ㉰ 간접법: 온열작용으로 영양을 공급하는 방법
- ㉱ 간접법: 얼굴에 거즈를 올려놓고 사용

37 계면활성제 설명 중 가장 거리가 먼 것은?
- ㉮ 기초화장품에 주로 이용되는 계면활성제는 비이온 계면활성제이다.
- ㉯ 계면활성제의 구조는 머리부분 친유기와 꼬리부분 친수기로 구성된다.
- ㉰ 계면활성제가 물에 용해할 경우 이온에 따라 음이온, 양이온, 양쪽성으로 나눠진다.
- ㉱ 계면활성제 중 어린이용 샴푸에 사용되는 것은 양쪽성 계면활성제이다.

38 서로 반대되는 작용을 하는 근육을 무엇인가?
- ㉮ 길항근
- ㉯ 수의근
- ㉰ 신전근
- ㉱ 주동근

39 혈관의 구조에 관한 설명 중 가장 거리가 먼 것은?
- ㉮ 정맥은 2층 구조이며 혈관 벽이 동맥에 비해 두껍다.
- ㉯ 동맥은 3층 구조이며 혈관벽이 두껍고 탄력이 있다.
- ㉰ 모세혈관은 단층으로 얇은 막이며 세포들과 물질교환을 한다.
- ㉱ 정맥은 3층 구조이며 혈관벽이 얇으며 판막이 발달해 있다.

40 기능성 화장품 범위에 대한 설명으로 가장 거리가 먼 것은?
- ㉮ 주름개선, 미백, 자외선 차단제, 썬탠 오일은 기능성 화장품이다.
- ㉯ 일시적 염모제, 영구적 염모제, 탈색제, 제모제 모두 기능성 화장품이다.
- ㉰ 아토피 완화에 도움을 주는 제품, 튼살로 인한 붉은 선을 엷게 하는데 도움을 주는 제품, 여드름을 완화시키는데 도움을 주는 인체 세정용 화장품은 기능성 화장품이다.
- ㉱ 탈모 증상 완화를 돕는 제품은 기능성 화장품이지만 흑채처럼 물리적인 작용을 하는 제품은 제외이다.

✓ 정답 31 ㉰ 32 ㉯ 33 ㉰ 34 ㉱ 35 ㉱
　　　　36 ㉰ 37 ㉯ 38 ㉮ 39 ㉮ 40 ㉯

제 8 회 실전모의고사

41 캐리어 오일의 종류와 효능으로 올바른 것은?
㉮ 호호바유-산뜻한 사용감으로 여드름 피부 개선
㉯ 아몬드유-건조·튼살 등에 효과적
㉰ 포도씨유-피부의 피지와 가장 유사하며 여드름 피부 개선
㉱ 달맞이유-감마리놀렌산(Gamma Linolenic acid)의 다량 함유로 피지분비 조절 효과

42 석탄산 소독액에 관한 설명으로 가장 거리가 먼 것은?
㉮ 금속기구의 소독에 부적합
㉯ 온도가 낮을수록 효력이 높음
㉰ 1~3% 수용액-기구소독에 적당
㉱ 바이러스에 작용력 없음

43 공중 이용시설의 위생관리 규정을 위반한 시설의 소유자에게 개선 명령을 할 때 명시해야 하는 것을 모두 고른 것은?

1. 위생관리 기준
2. 발생 된 오염물질의 종류
3. 개선 기간
4. 개선 후 복구 상태

㉮ 1, 2, 3   ㉯ 2, 3, 4
㉰ 1, 3, 4   ㉱ 1, 2, 3, 4

44 보건행정의 특성과 가장 거리가 먼 것은?
㉮ 정치성   ㉯ 공공성
㉰ 과학성   ㉱ 교육성

45 다음 중 예방법으로 순화독소를 사용하는 것은?
㉮ 디프테리아, 파상풍   ㉯ 두창, 콜레라
㉰ 백일해, 홍역   ㉱ 탄저, 장티푸스

46 넓은 지역의 방역용 소독제로 적당한 것은?
㉮ 알코올   ㉯ 석탄산
㉰ 과산화수소   ㉱ 역성비누액

47 다가 알코올에 대한 설명으로 가장 거리가 먼 것은?
㉮ 물 분자의 수소결합으로 보습력을 가진다.
㉯ 글리세린, 솔비톨과 프로필렌 글리콜이 여기에 속한다.
㉰ 2개 이상의 수산기(OH기)를 포함하는 알코올을 다가 알코올이라 한다.
㉱ 건조한 기후에서 피부에 강력한 수분을 공급한다.

48 상수도법상 결합잔류염소의 기준은?
㉮ 0.1 ppm   ㉯ 0.2 ppm
㉰ 0.4 ppm   ㉱ 1.0 ppm

49 공중보건학의 범위에 해당되는 것은?
㉮ 환경보건분야, 질병관리분야, 보건관리 분야
㉯ 질병의 조기치료, 환경위생 향상, 전염병관리
㉰ 질병관리분야, 보건관리분야, 전염병관리
㉱ 전염병관리, 개인위생교육, 보건관리분야

50 온열지수의 요소는 무엇인가?
㉮ 기온, 기습, 기류, 복사열
㉯ 습도, 기온, 기습, 복사열
㉰ 기류, 강수량, 기온, 복사열
㉱ 기온, 복사열, 기류, 습도

✓ 정답 41 ㉯ 42 ㉯ 43 ㉮ 44 ㉮ 45 ㉮
         46 ㉯ 47 ㉱ 48 ㉰ 49 ㉮ 50 ㉮

51 하수처리 방법에 대한 설명으로 가장 거리가 먼 것은?
㉮ 하수처리 방법은 예비처리, 본처리, 오니처리가 있다.
㉯ 생화학적 산소요구량이 높을수록 오염도가 낮다.
㉰ 용존산소량이 높을수록 오염도가 낮다.
㉱ 본 처리에는 호기성 분혀처리법이 있다.

52 바이러스, 세균, 포자 및 조류 등 광범위한 미생물에게 살균력을 갖지만 독성은 적은 소독제는 무엇?
㉮ 석탄산 화합물 ㉯ 무기염소 화합물
㉰ 유기염소 화합물 ㉱ 요오드염소 화합물

53 소독에 대한 정의로 옳은 것은 무엇?
㉮ 멸균과 같은 의미
㉯ 병원성 미생물에 의한 탈효를 방지 하는 것
㉰ 병원성 미생물과 포자까지 사멸(파괴) 하는 것
㉱ 병원성 미생물의 생활력을 파괴시켜 감염이나 증식력을 제거하는 방법

54 공중위생감시원의 업무 범위가 아닌 것은?
㉮ 위생교육 이행 여부의 확인
㉯ 위생지도 및 개선명령
㉰ 위생지도 및 개선명령어 대한 이행 여부 확인
㉱ 공중이용시설의 위생관리 상태를 확인하고 검사

55 공중위생영업의 폐업신고기간은 얼마인가?
㉮ 폐업한 날로부터 7일 이내
㉯ 폐업한 날로부터 10일 이내
㉰ 폐업한 날로부터 15일 이내
㉱ 폐업한 날로부터 20일 이내

56 공중위생업소의 위생 서비스 수준의 평가는 ( )년마다 실시한다. ( )에 들어갈 말은?
㉮ 매년 ㉯ 2년
㉰ 3년 ㉱ 4년

57 다음 중 이·미용영업에 있어 벌칙 기준이 다른 것은?
㉮ 영업신고를 하지 아니한 자
㉯ 면허가 취소된 후 계속하여 업무를 행한 자
㉰ 일부 시설의 사용중지 명령을 받고 그 기간 중에 영업을 한 자
㉱ 영업소 폐쇄 명령을 받고도 계속하여 영업을 한 자

58 현행법상 피부미용업무가 속한 미용업에 관한 사항을 규정하고 있는 법률은?
㉮ 공중위생관리법 ㉯ 이용사 및 미용사법
㉰ 의료법 ㉱ 의료기기법

59 「공중위생관리법」의 목적으로 올바른 것은?
㉮ 사회적 봉사와 서비스
㉯ 지역 중심의 위생관리
㉰ 개인의 위생 향상
㉱ 공중이 이용하는 영업과 시설의 위생관리 등에 관한 사항 규정

60 변경신고를 하지 아니하고 영업소의 소재지를 변경한 때의 1차 위반 행정처분 기준은?
㉮ 영업장 폐쇄명령 ㉯ 영업정지 1월
㉰ 영업정지 2월 ㉱ 영업허가 취소

✓ 정답 51 ㉯ 52 ㉰ 53 ㉱ 54 ㉯ 55 ㉱
       56 ㉯ 57 ㉯ 58 ㉮ 59 ㉱ 60 ㉮

REFERENCE | 참고문헌

- 최신 피부미용학, 한채정, 홍란희, 신규옥, 오윤경 저, 훈민사, 2019년
- 미용학개론: NCS 따른 현장 중심형 교과목, 한동조, 이종순, 임순녀 저, 광문각, 2020년
- 미용학 개론, 허정록, 최정순, 김노수, 정은영 저, 형설출판사, 2018년
- 미용학개론(Introduction to Cosmetology), 장선엽, 이현진, 김환지음, 광문각, 2014년
- NCS 기반 림프드레나지 실습서: 피부미용 직무능력표준 학습모듈, 김유정, 김나영, 최은영저, 구민사, 2016년
- NCS를 기반으로 한 기초 에스테틱: [개정판], 권혜정, 안경민, 양미영, 임현지, 하문선 저, 메디시언, 2017년
- NCS를 기반으로 한 기초 피부미용 관리학, 김경미, 김희진, 윤석나, 이영아, 장정현 저, 메디시언, 2016년
- NCS 기반 특수뷰티 테라피. 1,2,3노순선, 박경희, 전소현, 이인희, 전재현 저, 훈민사, 2017년
- NCS기반 교육에 따른 한국 형 뱀부 테라피, 손소희, 신숙희, 이재남 저, 구민사, 2019년
- NCS 스톤&뱀부테라피, 권혜영, 김영주, 김민선, 박경선, 송선영 저, 메디시언, 2017년
- 개정판 '에센스 화장품학', 김경영, 배유경, 이은주, 김수미, 김은애, 송다해, 안경민, 최수기, 미디시언, 2019
- 'New 화장품 학', 고혜정, 김노수, 김은화, 오정숙, 엄미선, 가담, 2013
- 피부미용학, 김유정, 김나영, 최은영, 김영주, 김숙희 저, 구민사, 2019년
- 피부미용 한방에 끝내기 훈민사, 2019년
- 피부미용 한방에 끝내기, 2016년
- 피부미용사 필기시험 한번에 합격하기 리순화 외 크라운출판사
- 에센스 미용학개론, 메디시언, 2019년
- 콕콕콕 짚어주는 피부미용사, 김은희, 책과 상상, 2020
- 피부미용 한 번에 합격하기, 황혜정 외 1인, 크라운 출판사, 2019
- 원큐 피부미용사 필기, 이지민 외 4인, 다락원, 2020